STATISTIQUE MONUMENTALE

DU

DÉPARTEMENT DE L'AUBE

STATISTIQUE MONUMENTALE

DU

DÉPARTEMENT DE L'AUBE

PAR

CH. FICHOT

DESSINATEUR, OFFICIER D'ACADÉMIE

ARRONDISSEMENT DE TROYES

1er, 2me ET 3me CANTONS

AVEC LES CANTONS D'AIX-EN-OTHE ET DE BOUILLY

TOME PREMIER

PARIS — PUBLIÉ PAR L'AUTEUR, 39, RUE DE SÈVRES

TROYES

Chez LACROIX, Successeur de Dufëy-Robert, libraire

RUE NOTRE-DAME, 83

1884

PRÉFACE

Décrire les monuments civils et religieux de son pays natal, signaler les merveilles de l'art enfouies dans les églises de villages, copier les inscriptions propres à éclairer l'histoire des anciennes familles de la Champagne, faire connaître cette grande bourgeoisie qui a joué un rôle si important dans la régénération de notre art national, enfin tirer de l'oubli les noms des artistes qui ont consacré leur talent à l'œuvre monumentale du département de l'Aube : voilà le but que s'est proposé l'auteur de cet ouvrage.

Il s'est efforcé de dresser un inventaire fidèle de toutes les richesses artistiques du département, accompagné de des-

sins exacts, reproduits avec tout le soin et la rigueur que l'on peut trouver dans les plus belles illustrations modernes.

Le Conseil général de l'Aube, comprenant l'importance et l'utilité d'une pareille œuvre, a bien voulu accorder à l'auteur une subvention qui lui a permis d'entreprendre cette publication.

Mais, pour qu'un travail d'aussi longue haleine, et qui nécessite des frais aussi considérables, puisse être mené à bonne fin, il faut que le public, prenant en considération des efforts qui ne sont guidés par aucun intérêt matériel, vienne, lui aussi, en aide à l'auteur, et le mette à même, par de nombreuses adhésions, d'accomplir avec succès la tâche patriotique qu'il s'est imposée.

DE TROYES

Premier canton

ÉGLISE SAINT-AVENTIN

CRENEY

L'église de Creney est située à peu près au centre du village.
A quelque distance dans la plaine, ce monument prend une certaine
importance; les travées des bas côtés, terminées par des pignons qui
viennent se concentrer sur la toiture de la nef principale, lui donnent
un aspect grandiose et des plus pittoresques. Cette disposition est particulière aux monuments religieux des environs de Troyes.

L'église de Creney a pour patron saint Aventin, dont les reliques ont été données en 1605 par le chapitre de Saint-Étienne de Troyes. Le procès-verbal de cette translation existe au presbytère. Il est orné d'une vignette peinte représentant les habitants de Creney, avec le curé à leur tête, accompagné de deux enfants de chœur, portant chacun une croix processionnelle. Ils sortent du village par une porte fortifiée, dont le pont-levis est abaissé, et se rendent au-devant de la procession des chanoines de Saint-Étienne de Troyes, sujet qui est représenté, du côté opposé, par six chanoines, et deux enfants portant aussi deux grandes croix. Les bourgeois et bourgeoises de la ville les suivent, et sortent, comme ceux de Creney, par une porte fortifiée.

Le texte est entouré de rinceaux et de fleurs des champs, et commence par ces mots : *Publici hujus instrumenti.* Le P est orné d'une vignette qui représente la remise du reliquaire, sous la forme d'une petite statuette, à l'église de Creney. Ce reliquaire est remplacé aujourd'hui par une châsse en bois du commencement de ce siècle. La partie illustrée de ce parchemin n'a rien d'artistique. Le texte est altéré par l'humidité, et c'est avec peine que M. l'abbé Lalore a pu le déchiffrer. De ce document il résulte que, le 7 novembre 1605, la châsse de saint Aventin, dans l'église collégiale de Saint-Étienne de Troyes, fut solennellement ouverte, qu'une côte du saint en fut tirée par Pierre Denise, prévost de la collégiale, et que le dimanche 20 novembre cette côte fut transportée, en procession, avec la cérémonie accoutumée, et déposée dans un reliquaire d'argent.

Parmi les personnages présents à la cérémonie, on remarquait Pierre Denise, prêtre et prévost de Saint-Étienne, et Nicolas Jaquart, sous-doyen, etc.

En plan, l'église Saint-Aventin offre un parallélogramme régulier divisé en trois nefs; le chœur en saillie est à trois pans.

Une tour s'élève à la troisième travée de la nef centrale; ayant peu d'élévation, elle se trouve engagée dans les combles de la grande nef. C'est une tour carrée du XIII° siècle percée de deux fenêtres jumelles sur les quatre faces. Elles sont divisées par des colonnettes isolées à six côtés avec des chapiteaux simples, abattus en biseau sur les angles, mais offrant quelques différences dans leur composition. Un large tailloir qui reçoit deux petits arcs ogives surmonte ces chapiteaux. Ce n'est qu'à une très grande distance que l'on aperçoit le couronnement de cette tour, qui se compose d'une corniche très saillante et que supportent des corbeaux de la plus grande simplicité. Au-dessus du toit s'élance une flèche en bois haute de 23 mètres.

Porte principale. — En avant de la façade ancienne, on a construit, de 1847 à 1848, une travée entière sur toute la largeur du monument, pour remplacer un vieux porche en bois vermoulu, qui s'appuyait au-dessus de l'arc de l'entrée principale.

Cette façade se compose d'une porte ogivale, ornée dans l'ébrasement de trois colonnes avec chapiteaux à crochets sur lesquels viennent retomber les moulures de l'archivolte. Le tympan est occupé par une rose à quatre feuilles et deux arcs trilobés, qui, à leur rencontre, retombent sur la clef des claveaux du linteau, ornée d'un énorme dragon replié sur lui-même. Au-dessus de cette porte, un œil-de-bœuf à quatre feuilles éclaire les combles, et le pignon est surmonté d'une croix. A droite et à gauche de ce nouveau portail, deux fenêtres à meneaux avec rose trilobée éclairent d'un côté la sacristie, de l'autre l'escalier conduisant aux combles de l'édifice.

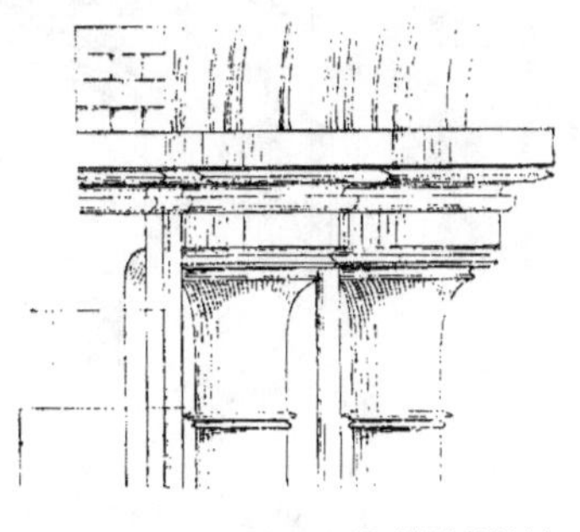

CHAPITEAUX DE LA PORTE PRINCIPALE
(XIIIe SIÈCLE).

C'est en pénétrant sous ce porche que l'on a devant soi l'ancienne porte principale, datant des premières années du XIIIe siècle. Elle est à voussure ogivale sans tympan, ornée d'un damier de moulures, de gorges et de boudins retombant dans l'ébrasement sur deux colonnes, ornées de chapiteaux lisses. Ces chapiteaux étaient probablement décorés seulement par des peintures comme tout le reste.

Porte latérale. — A la première travée du bas-côté méridional, il existait une porte, aujourd'hui complètement murée, qui devait servir aux habitants de la partie haute du village, ou qui peut-être était l'entrée seigneuriale donnant accès à l'escalier de la tribune qui lui faisait face. Cette petite porte est décorée à l'extérieur d'une fantaisie architecturale (si je puis m'exprimer ainsi), qui n'est pas sans mérite.

Vers la fin du XVIe siècle, les innombrables ouvriers sculpteurs, les appareilleurs, tailleurs de pierre, les maçons mêmes qui venaient de terminer leurs travaux aux églises et aux couvents de Troyes, presque tous reconstruits ou réédifiés à cette époque, ces ouvriers,

DÉCORATION DE LA PORTE LATÉRALE (1557).

dis-je, se répandirent dans les campagnes, quelques-uns seuls, les autres par deux ou trois, s'associant ensemble, entraînant par leur présence les seigneurs et les habitants à faire quelque chose pour la décoration de leur temple. Là ils se livrèrent à leur imagination artistique, sans le secours d'une direction savante et produisirent des œuvres originales dont est celle-ci. Elle se compose d'une porte cintrée, encadrée d'une jolie bordure en zigzag, avec rosaces dans les angles, et flanquée à droite et à gauche de deux niches. Cette porte est surmontée d'un entablement que supportent des consoles-pilastres. Au-dessous se trouvent deux panneaux réunis par une tête d'ange et

destinés à recevoir des textes sacrés. Le texte de ces panneaux est resté
inachevé; on lit sur celui de gauche :

DOMVS MEA DOMVS ORATIONIS VOCABI
TVR DICIT DOMINVS : IN EA OĪS [1] QVI
PETIT ACCEPIT ET QVI QVERIT
. . . . [2]

Au-dessus de l'entablement est percée une fenêtre cintrée, divisée
par un meneau qui se termine par deux pleins cintres surmontés d'un
cercle. Deux niches de chaque côté complètent cette décoration.

L'ensemble de cette composition a l'aspect d'un arc triomphal,
la sculpture est finement ciselée et n'a pas plus d'un à trois centimètres de relief, ce qui fait que cette jolie porte passe inaperçue pour
tous les visiteurs.

Cette construction, ainsi que les deux dernières travées, est
l'œuvre de Jademet et de J. Thiedot, maîtres maçons en 1557, comme
le prouvent une inscription et des fragments d'un même style et de la
même ordonnance existant sur l'un des contreforts de la tour de
l'église de Saint-Parres-les-Tertres.

Intérieur. — Nous avons dit que la nef comprenait cinq travées ; que le sanctuaire était une fraction d'octogone à trois pans.

Toute cette partie de l'église est de la dernière période gothique,
c'est-à-dire des premières années du xvie siècle. Les piliers sont simplement cylindriques, élevés sur un socle octogone avec base mou-
lurée à talons renflés, excepté les piliers des premières travées et ceux
des bas côtés correspondants, qui offrent les profils de la base attique
sur un socle également à huit pans. Cette construction date de la
deuxième moitié du xvie siècle, les voûtes sont toutes de la même
hauteur et composées de nervures croisées, simples et à vives arêtes ;
les clefs sont sans sculpture. La troisième travée centrale, occupée par
la tour, a conservé presque en entier son style du xiiie siècle avec ses

1. Omnis.
2. Saint Luc, 11, 10 ; saint Matthieu, 7, 8, 13, 21 ; saint Marc, 11, 17 ; Isaïe.

arcades ogivales, ses piliers carrés, accompagnés de colonnes dans les angles, sans chapiteaux, n'ayant qu'un simple bandeau pour recevoir les nervures, système suivi, plus tard, pour toute la construction de l'édifice. Au centre de la voûte s'ouvre un œil-de-bœuf d'un assez grand diamètre pour livrer passage aux cloches.

Sur les piliers du chœur et de la nef on remarque, sous le badigeon qui les recouvre, des traces de peintures, au-dessus des croix de consécration : ce sont des figures d'apôtres avec leurs attributs.

Verrières. — Tout le sanctuaire et toutes les travées des bas côtés sont percés de fenêtres ogivales à meneaux flamboyants. Ce qui reste de vitraux permet d'apprécier quelle fut, à la fin du xvi⁰ siècle, la richesse de cette merveilleuse décoration.

La plus intéressante de ces verrières est celle qui occupe la fenêtre centrale du sanctuaire, et qui représente le crucifiement de J.-C. entre les deux larrons. L'un de ceux-ci a disparu ; c'est le mauvais larron ; il est remplacé par deux panneaux qui proviennent d'une autre fenêtre. Malgré ses nombreuses mutilations, cette verrière est encore très intéressante à étudier. Les costumes sont généralement riches et très curieux, principalement ceux des soldats, des scribes et des pharisiens, vêtus de robes, de pourpoints et de hauts-de-chausses à crevés, et coiffés de toques à panaches. Ce sont les costumes du temps de François I⁰ʳ. L'un des bourreaux vient d'ajuster une échelle au pied de la croix du bon larron. Un large couperet à la main, il se dispose à monter pour couper les cordes qui retiennent le supplicié.

Dans les lobes flamboyants de cette fenêtre, des anges sur des nuages tiennent les instruments de la Passion.

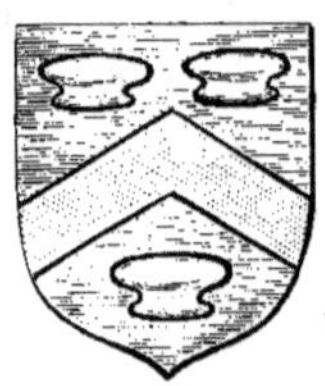

Au bas du sujet principal à gauche, au-dessous de saint Jean l'évangéliste qui soutient la mère de Dieu évanouie, on voit un prêtre agenouillé, les mains jointes, devant un prie-Dieu, sur lequel est un tapis timbré de son blason, armes parlantes, d'azur, à un chevron d'or, accompagné de trois godets d'argent. Un fragment d'inscription en vers français nous fait connaître que nous devons cette magnifique verrière à la générosité de Nicolas Godet, curé de Creney vers 1520.

A droite de cette verrière est représenté un saint tenant de la main droite une grande branche de vigne garnie de raisin. Au-dessus de sa tête on lit, sur un phylactère à fond d'or, 𝔖𝔞𝔫𝔠𝔱𝔢-𝔅𝔢𝔯𝔫𝔞𝔟𝔢. Un autre saint, sans indication, surmonte ce panneau; il est attaché avec des cordes à un énorme cep de vigne, les pieds dans une fournaise. Un des bourreaux attise le feu avec une grande fourche, l'autre tire la corde qu'on lui a passée aux poignets, aux bras et au col pour le maintenir. Ce saint a les bras croisés et de la main droite il tient une serpe qui vient caractériser notre sujet. C'est saint Vincent, patron des vignerons. Saint Vincent a été brûlé vif, couché sur un gril, comme bien d'autres martyrs.

L'artiste qui a exécuté les dessins de ce vitrail, n'ayant pas la place nécessaire pour mettre le saint de toute sa longueur sur l'instrument de son supplice, a sauvé la difficulté en le représentant debout les pieds dans un brasier.

Ces deux panneaux faisaient partie de la première fenêtre à droite de la chapelle de la Vierge, verrière donnée par la corporation des vignerons, ainsi que l'indique le blason qui se voit dans les lobes de cette fenêtre.

La fenêtre à droite dans le chœur est occupée par six sujets. Le premier à gauche est un panneau rapporté. Il représente saint Éloi dans sa forge, ferrant le pied d'un cheval ombrageux, après l'avoir coupé pour faciliter son opération. Il tient le pied du cheval de la main gauche et frappe avec un marteau de la main droite. Il est vêtu d'un pourpoint rouge à collet bleu et de hauts-de-chausses violets. Il porte un petit tablier de peau et sa tête est couverte d'un béret rouge.

A sa droite se trouve le cheval retenu par son propriétaire qui semble très inquiet de ce qui se passe. A sa gauche est le compagnon forgeron tirant le soufflet de la forge. Au-dessus de sa tête, on voit un châssis en laiton destiné à le garantir des éclats du foyer, détail intéressant qui a disparu de nos jours des ateliers de forgerons.

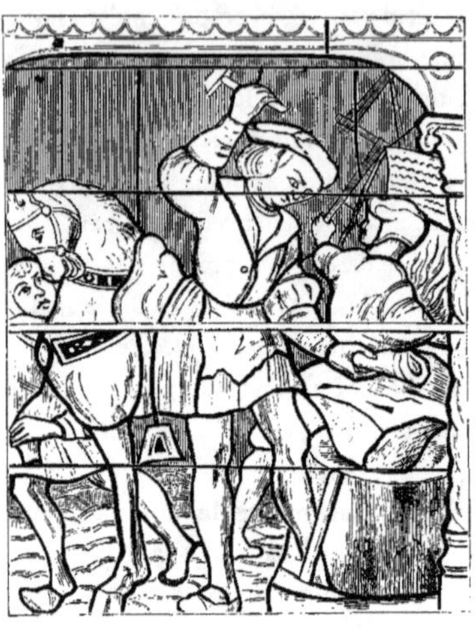

SAINT ÉLOI, VERRIÈRE DU XVIᵉ SIÈCLE.

Le deuxième panneau représente la circoncision et le troisième la donatrice de cette verrière assistée de son patron saint Louis. Au bas de la fenêtre on lit, en une seule ligne, ce fragment d'inscription :

> . . . neur·de·precy·et·damoiselle. . . sa·femme·ōt·dōnez cefte
> v. . . lan·mil·vᶜ·et·x...
> priez·dieu·pour·les·trefp.....

Cette noble damoiselle est agenouillée, les mains jointes. Elle est vêtue d'une robe violette avec larges manches doublées de fourrures et porte une coiffe noire. De sa bouche s'échappe une banderole avec cette inscription :

> Nō cōfūdas me ab expectatione mea[1].

1. Tiré de la Bible, ps. 118, v. 116.

Derrière elle se tient une petite fille en robe verte.

Le prie-Dieu sur lequel est agenouillée la donatrice porte un blason de gueules à deux étoiles d'or en chef, et un croissant d'argent en pointe ; ce sont les armes de la famille Molé.

Cette figure est celle de Louise Molé, la femme de François Hennequin, seigneur de Précy-Notre-Dame, fille de François Hennequin et de Jaquette Molé.

Le sujet supérieur occupe trois panneaux et représente les Rois Mages offrant leurs présents dans des vases et des coffres d'or. En

haut de la enêtre, dans les lobes, J.-C. après sa résurrection apparait à Marie et à Marie-Madeleine.

Entre ces deux sujets, le blason Hennequin Molé, à la bordure engrelée d'argent, vairé d'or et d'azur, au chef de gueules chargé d'un lion léopardé d'argent, qui indique clairement que le panneau représentant saint Éloi remplace ici la figure de l'un des donateurs, François Hennequin.

La fenêtre de gauche est, comme celle qui lui fait face et que nous venons de décrire, divisée en trois parties. Elle contient neuf panneaux dans sa largeur. Les sujets du bas représentent saint Henri, sainte Barbe et sainte Marguerite, patrons des donateurs ; au bas on lit en deux lignes :

monſieur henri de ſoyſſi capitaine de chaouſſe ſeigneur de ceſte ville et Marguerite… aurenn… ſa feme En lā de grace mil vᶜ ꝫ deux ſoꝰ dix ont done ceſte verrière en lhōneur de dieu et de ſa paſſion prie dieu poʳ eulx ꝫ pour tous les treſpaſſes Et pour nous tous quant nous ſerons paſſes.

Dans le compartiment qui est au-dessus est représentée l'entrée
à Jérusalem. Jésus monté sur une ânesse bénit la foule. Un ânon
accompagne la mère et s'occupe à brouter. Dans le compartiment
suivant, on voit J.-C. lavant les pieds à ses Apôtres, puis la Cène. En
haut le jardin des oliviers, la trahison de Judas, et Jésus jugé par
Anne et Caïphe. Dans les lobes, Pilate se lave les mains devant Hérode,
et J.-C. porte sa croix en montant le Calvaire. Dans la pointe de
l'ogive, Dieu en pape bénit son fils ; dans la partie flamboyante des

meneaux de la fenêtre, on voit le blason du capitaine de Chaource,
Henri de Foissy : d'azur, à un cygne d'argent membré et becqué au
naturel [1], accompagné de celui de sa femme, d'argent à la bande de
gueules, et de six merlettes de même, trois de chaque côté de la bande.
Malheureusement nous n'avons aucun renseignement généalogique
sur la famille d'Henri de Foissy qui nous mette à même de combler
une lacune si regrettable, celle du nom de la famille de la donatrice.

Fenêtre de la chapelle de la Vierge, bas côté méridional. —
Cette fenêtre, divisée en deux parties, se compose de quatre panneaux en hauteur, consacrés aux joies et douleurs de la Vierge, peintures exécutées vers les premières années du XVIᵉ siècle. Le premier
sujet, en commençant par le bas, à gauche, représente l'Annonciation
de la mère de Dieu. Dans ce même tableau, c'est-à-dire dans la même
composition du sujet, sont représentés le donateur et ses deux fils,
tous les trois agenouillés.

Au deuxième panneau, les Apôtres se réunissent à la porte de la

____

1. La Chesnaye dit « membré et becqué de sable ». Alphonse Roserot, *Armorial de l'Aube.*

ville de Sion pour assister aux derniers moments de la Vierge. Comme le sujet qui précède, la donatrice est représentée à genoux, les mains jointes, au bas du tableau.

Le troisième panneau nous donne la mort de la Vierge. Les Apôtres sont réunis à son chevet, la Vierge est couchée sur son lit; saint Pierre, un goupillon à la main, la bénit. Saint Jean met entre les mains de Marie la palme que l'archange Gabriel avait cueillie dans le paradis. J.-C., que rien ne caractérise, tient dans ses bras l'âme de la Vierge, représentée par une petite figure d'enfant vêtue d'une robe violette; trois apôtres lisent les Évangiles au pied du lit.

Le quatrième et dernier panneau représente le convoi de la Vierge; les Apôtres portent le corps renfermé dans un cercueil, couvert d'un drap d'or. Saint Jean en tête du cortège porte la palme d'or. Le grand prêtre des Hébreux porte la main sur le cercueil pour le renverser, mais les deux bras sèchent subitement et les deux mains sont clouées à la bière. Dans les lobes, partie haute de la fenêtre, Jésus assiste au dernier soupir de sa mère. Il reçoit son âme sous la forme d'une petite figure nue. La Vierge, portée par les anges, monte au ciel. Les anges reçoivent son âme. La Vierge est couronnée par la sainte Trinité. Au bas de ce vitrail on lit en une seule ligne :

Jehan Cuibelin et sa femme ont dõne ceste verriere.

La tribune. — Une tribune existait autrefois au-dessous de la porte principale et longeait le mur occidental de la grande nef. Elle servait principalement au seigneur du lieu et à sa famille pour assister aux offices quand ils n'avaient pas de chapelle particulière, et le plus souvent aux gens de la maison, afin d'éviter tout contact avec les habitants du pays; c'était en même temps la tribune des gens de justice et aussi des réunions publiques qui avaient lieu autrefois dans la nef des églises pendant les grands événements politiques.

Cette tribune a été supprimée en 1847, lors de la construction du nouveau portail.

L'architecte s'en est servi pour en faire un tombeau d'autel au

sanctuaire, se composant de sept panneaux sur le devant et de quatre
sur les côtés. Tous ces panneaux sculptés à jour et formant de petites
fenêtres ogivales à meneaux flamboyants sont ornés de rosaces surmontées de contre-courbes à crochets, et divisés par des contreforts à
retrait qui se terminent en pinacle. A la partie centrale se trouvait le

PANNEAUX DE LA TRIBUNE (XVIe SIÈCLE).

blason de France. A droite et à gauche se voyaient deux autres blasons,
aujourd'hui effacés, ceux des seigneurs de Creney. Cette sculpture,
finement exécutée, date des premières années du XVIe siècle.

Cuve baptismale. — La chapelle des fonts baptismaux se
trouve dans la première travée du bas côté gauche. Elle est fermée
par une grille en bois et garnie d'un autel en bois plus que médiocre.

La cuve baptismale ne manque pas d'un certain intérêt. Elle date
de la Renaissance. Elle est de forme ovoïde, ainsi que le pied sur
lequel elle repose, et ornée de moulures dans la gorge desquelles
alternent des mascarons à l'antique et des têtes de chérubins.

Quatre enfants nus supportent la cuve. Leurs pieds sont appuyés
sur la corniche des quatre compartiments où l'on voit dans des niches
les évangélistes, très reconnaissables encore malgré la mutilation qu'ils
ont subie. Sur la face de notre dessin, on distingue saint Jean avec
l'aigle son attribut, et saint Matthieu avec l'ange soutenant le livre

CUVE BAPTISMALE (XVIᵉ SIÈCLE).

sur lequel il écrit ses évangiles. Ce pied, d'une exécution très remarquable, est contrebuté par deux énormes griffes qui s'allongent sur
une pierre en forme de losange et remplissent les angles.

Sur le renflement de la cuve est un blason à l'arbre ou à l'oranger
arraché accompagné en points de deux étoiles.

Nous pensons que ce sont les armes des Guichard, barons du
Vouldy, qui ont été modifiées depuis ; cette famille possédait déjà au
XVIᵉ siècle une partie de la seigneurie des villages des environs. Ces
fonts étaient donnés à l'église en mémoire du baptème d'un pre-
mier-né.

Nous avons étudié avec soin tous les détails de ce petit monument et nous ne sommes pas éloignés de croire que cette jolie cuve pourrait bien sortir des ateliers de Dominique et Gentil.

Dalle tumulaire. — Il existe une seule tombe dans l'église de Creney ; elle est située à la deuxième travée du bas côté septentrional. Cette pierre tombale était autrefois au milieu du chœur ; on la transporta dans la place qu'elle occupe aujourd'hui, lors de la reconstruction du portail.

Malgré les brisures qui la divisent en plusieurs parties, le dessin en est très bien conservé. Elle fut mutilée, comme bien d'autres tombes, par suite du décret de 1792 qui ordonnait aux municipalités de visiter les caveaux de familles et toutes les sépultures sans exception et d'en faire extraire tous les cercueils de plomb qui s'y trouvaient. Ce métal était destiné à fondre des balles pour l'armée.

Les habitants des villages n'ayant pas d'engins propres à soulever des pierres d'une pareille épaisseur et d'une dimension aussi grande ne trouvèrent rien de mieux que de les briser[1].

Partout cette ordonnance a été exécutée avec plus ou moins de vandalisme. Il est donc assez rare de trouver des tombes qui ne soient pas brisées. Il faut excepter toutefois celles de moyenne grandeur qui pouvaient se soulever sans peine.

Cette pierre porte l'inscription suivante, qui lui sert d'encadrement :

Ci · gifent · honorables · persōnes · et · fages · maiftre · Jehans · de · Creney · clers · maiftres · es · ars · Et · dame · marguerite · de · bruillecourt · fa · femē · lequel · maiftre · Jehan · trepaf · fa · lan · M · ccc · xlix · le · xxii · Jour · de · feurier · Et · la · ditte · dame · marguerite · lan · mil · ccc · lxxv · le · premier · Jour · de · mars · dieux · leur · face · pardon · de · leurs · pecchiez · amen.

Jean de Creney et Marguerite de Bruillecourt sont représentés tous deux en regard l'un de l'autre, les mains jointes, ayant chacun un petit chien sous les pieds, emblème de la fidélité. Leur pose est

---

1. Hauteur 2,21, largeur 1,06.

TOMBE DE JEAN DE CRENEY, CLERC, MAITRE ÈS ARTS. 1349.
ET DE MARGUERITE DE BRUILLECOURT SA FEMME. 1375.

simple et naturelle. Les figures sont couchées toutes deux sous deux
arcs à contre-courbes tribolées ornées de crochets ; ces arcs retombent
sur des consoles à feuillages au centre et aux deux extrémités qui
viennent s'appuyer sur la bordure de la pierre. Entre les deux arcs,
Abraham nimbé, assis sur un trône, reçoit dans son giron deux petites
figures nues, les mains jointes et les bras allongés. C'est la représentation de l'âme, reçue dans la gloire céleste.

Au bas de la pierre est représentée, dans un compartiment
séparé, la famille du défunt.

Tous les personnages sont agenouillés, les mains jointes. Une
croix s'élève entre les deux groupes, les hommes d'un côté, les femmes
de l'autre. Du côté des hommes, l'on remarque en première ligne un
moine et derrière ce moine un magistrat. Il n'y a du côté des femmes
aucune différence dans le costume.

En rapprochant les dates du décès des deux époux, on voit que
la femme est morte 26 ans après son mari. Cette différence d'âge est
parfaitement indiquée sur la pierre. Le visage de l'homme dénote un
âge avancé ; celui de la femme est jeune encore, et les traits ont de
la finesse et de la distinction. D'après ces dates on est autorisé à conclure que ces deux figures représentent le père et la mère de Michel
de Creney, qui, né dans ce village, se fit une grande réputation dans
l'Université, vers 1368. Après avoir été procureur de la nation de
France, Michel devint précepteur du fils du roi Charles V. Il fut
ensuite évêque d'Auxerre et confesseur du roi, et il mourut à Paris le
13 octobre 1409. Il fut enterré dans l'église des Chartreux, près de la
chapelle Saint-Michel, son patron, où on voyait un tombeau en marbre
noir sur lequel était incrustée en marbre blanc la figure d'un évêque
en chasuble. Autour on lisait :

HIC JACET DOMINUS MICHEL DE CRENEY ESPISCOPI
. . . . QVI OBIIT. . . . M CCCC. . . . . . [1].

Ce monument est des plus intéressants, et il y aurait lieu,
croyons-nous, de le déplacer, afin de le préserver de mutilations nouvelles et d'une dégradation qui à la longue deviendrait irréparable.

1. Courtalon, tome III, page 8. Millin, tome V. page 19.

Vers 1377, un descendant de cette famille, Guillaume de Creney, clerc tonsuré, fut, par ordre du prévôt Jean de Renneval, mis à la torture sur une fausse dénonciation. Un an après, ce dernier fut condamné par la cour du parlement à faire amende honorable à la procession de l'église cathédrale de Troyes pour l'avoir indûment et malgré son privilège de tonsure fait soumettre à la question [1].

Statues. — Nous avons rencontré dans beaucoup d'églises des statues anciennes de la vierge Marie, presque toutes d'un beau style et d'une remarquable exécution. On sent que les artistes d'alors apportaient tous leurs soins et tout leur talent à la représentation de cette image vénérée.

LA VIERGE AUX DONATEURS
(XIII° SIÈCLE).

Il est regrettable que ces statues soient pour la plupart aujourd'hui, nous ne savons pourquoi, reléguées dans les coins les plus obscurs des églises, ou remplacées, quand elles sont détruites, par des statues en plâtre, ridiculement accoutrées et sans aucune valeur artistique.

La statue de la vierge Marie que nous représentons ici se trouve dans la chapelle de ce nom, et y repose encore, sur la console même sur laquelle elle avait été placée, vers les dernières années du XIII° siècle. Elle a été donnée à l'église par deux habitants de Creney, le mari et la femme, tous deux agenouillés et réfugiés sous le manteau de Marie, implorant sa protection en lui offrant un bouquet que la Vierge présente à son fils et que celui-ci reçoit en souriant.

La seconde statue de la Vierge est placée au premier pilier du

<hr>

1. *Archives historiques de l'Aube.*

chœur, à droite. Elle est assise, l'enfant Jésus debout sur ses genoux, attitude que nous ne rencontrons pas souvent. La pose de ces deux statues
est des plus gracieuses et elles sont toutes deux de la même époque.

Nous avons encore à signaler comme sculpture une petite
statuette de saint Antoine dans la chapelle
Sainte-Marguerite, bas côté nord, et une
Notre-Dame-de-Pitié de la fin du XVIᵉ siècle,
reposant *provisoirement* sur le sol, derrière
la chaire à prêcher, depuis une trentaine
d'année.

VIERGE DU XIIIᵉ SIÈCLE.

Tabernacle. — En visitant la sacristie,
nous avons remarqué dans un coin, derrière
un meuble, un fragment de tabernacle en
bois doré du XVIᵉ siècle. La base est hexagonale avec panneaux ajourés sur le devant,
pour laisser voir les vases sacrés. Ce petit
monument devait s'élever en pyramide et
dans les mêmes proportions que ceux de
Saint-André et de Bouilly qui sont venus
complets jusqu'à nous. Ce fragment devient
intéressant pour nous, parce qu'il est plus ancien de quelques années
que les deux tabernacles dont nous venons de parler et qu'il diffère
beaucoup avec eux par la disposition et la décoration.

La petite armoire placée sur l'autel, au milieu du retable, ne
se voit qu'à partir du milieu du XVIIᵉ siècle.

Fréquemment, la sainte Eucharistie était déposée dans un
édicule en pierre, en bois, ou en métal, indépendant du maître-
autel au-dessus duquel, au XIIIᵉ siècle, elle était continuellement
suspendue. Elle était enfermée dans le corps d'une colombe en
métal, que soutenait une longue hampe en cuivre terminée par une
volute en forme de crosse. Une ouverture pratiquée sur le dos et
entre les ailes de la colombe permettait d'introduire une petite
boite, de métal également, contenant l'hostie consacrée. D'autres
colombes ne renfermaient pas le saint sacrement, mais portaient
le saint ciboire dans le bec.

Tous ces riches ostensoirs gothiques, dont nous trouvons des fragments dans différentes églises des environs de Troyes, étaient placés sur un socle assez élevé au milieu du chœur et quelquefois dans le centre de la nef, les jours de grandes cérémonies religieuses.

Dans l'un des étages de cet édicule brûlait une petite lampe.

RESTES D'UN TABERNACLE EN BOIS DORÉ (XVIᵉ SIÈCLE).

ÉGLISE SAINT-SULPICE.

MERGEY

Ce village borde sur une longueur de deux kilomètres la route de Troyes à Méry. Son église, dédiée à saint Sulpice, s'élève au milieu d'un vaste cimetière situé au nord-est et à l'extrémité du pays.

En plan, cette église a la forme d'une croix latine. Sa façade, des plus simples, se compose seulement d'un mur à pignon. La porte principale, reconstruite en 1771, a conservé son ancienne silhouette du XIIe siècle. On devine encore cette vieille porte avec ses pilastres, son entablement et son porche en bois récemment détruit, dont la toiture montait jusqu'à la petite ouverture cintrée qui éclaire les combles.

La nef et la première travée des bas côtés sont plus bas que tout le reste de l'édifice. Le clocher se dresse à l'extrémité de la toiture de la nef, contre le mur de la nouvelle construction.

Il renferme une cloche portant la date de 1644. L'inscription est en caractères gothiques ; les lettres, mal venues à la fonte, en rendent la transcription assez difficile et la position qu'occupe la cloche n'en permet pas complètement la lecture. Nous avons appris seulement qu'elle fut baptisée par M⁰ Gratien X......., curé de Mergey, et nous avons pu relever les noms de Claude Legras, Pasquier, Berthier et Pierre Boyat, de Jehanne Creney, Guillaume, femme de Symon, tous marguilliers parrains ou marraines.

Deux petites portes s'ouvrent dans le mur occidental de la première travée des bas côtés, construction ancienne inachevée qui s'enclave dans la partie du XVIᵉ siècle.

Intérieur. — L'abside est à cinq pans ; le chœur occupe deux travées accompagnées de deux bas côtés se terminant au chevet, c'est-à-dire en mur droit. Toute cette partie de l'édifice, restée inachevée, devait se prolonger beaucoup plus loin et former trois nefs parallèles comme dans toutes les églises des environs de Troyes construites vers les premières années du XVIᵉ siècle. Les travées du sanctuaire sont éclairées par des fenêtres ogivales à meneaux flamboyants et les nervures de la voûte ornées de fleurons. Sur l'une de ces dernières on voit le blason d'un prêtre, probablement celui du curé qui a contribué à la réédification du sanctuaire.

Ce blason porte un chevron accompagné des lettres P. L. M. et d'un calice en pointe.

Les voûtes du chœur sont à nervures croisées retombant sur des piliers à colonnes en faisceau avec bases à retraits profilés et renflés.

Les bas côtés se terminent par deux chapelles. Celle de droite est consacrée à la Vierge. Le retable est sculpté dans la masse du mur. C'est une niche centrale renfermant une Vierge moderne surmontée d'un clocheton gothique. De chaque côté, on voit deux petites niches en accolades contenant sainte Anne et saint Joachim, et au-dessous se trouvent deux petits bas-reliefs modernes : l'Annonciation et l'Assomption. Le tombeau de l'autel est une composition toute récente représentant le Purgatoire. A côté, à droite, est une piscine gothique de la plus grossière exécution.

Les travées de cette chapelle sont éclairées par deux grandes fenêtres divisées par un seul meneau à trilobes. A la clef de la voûte de la première travée on remarque les armes de France ; à la deuxième celles de Louis XII, accolées à l'hermine d'Anne de Bretagne, sa femme.

Le bas côté nord se compose de deux travées comme celui du sud. L'autel est dédié à saint Nicolas ; son retable est plus simple et se divise en trois niches cintrées. Celle du milieu, un peu plus haute que les deux autres, est couronnée d'un dais gothique abritant une statue de saint Nicolas du xvi$_e$ siècle. Les niches de droite et de gauche renferment, l'une un saint Antoine, l'autre un saint Jean l'Évangéliste. Un christ surmonte cette décoration, qui repose sur une frise ornée de feuilles de ronces et de trois blasons lisses.

La clef de voûte de cette chapelle porte les armes écartelées du dauphin de France. En rapprochant ce blason de ceux de Louis XII et d'Anne de Bretagne, qui se trouvent dans le bas côté opposé, il est très facile de préciser la date de la construction de cette partie importante de l'église, date que l'on peut fixer entre les années 1505 et 1515.

La nef, comme son ancienne porte d'entrée, date du xiie siècle. Elle est plafonnée et éclairée par deux petites fenêtres en meurtrières à gauche, et par trois à droite, dont deux plus grandes ont été refaites un siècle plus tard. Entre la vieille nef et le chœur, il existe une travée avec ses bas côtés, éclairés par des fenêtres en lancettes cintrées. Cette partie, restée inachevée, n'est pas voûtée. Le style de son architecture nous indique que le chœur et le sanctuaire de l'ancienne église appartenaient au xiiie siècle.

Verrières. — Les vitraux sont assez remarquables dans leur exécution. Ils ont été déplacés en partie pour combler les vides et pour faire, avant toute chose, un assemblage de couleurs. Nous allons les décrire tels qu'ils sont, avec leurs lacunes et la transposition des sujets légendaires qui en dénature le sens.

Dans la fenêtre centrale du sanctuaire est représenté le Calvaire : J.-C. en croix, deux anges recevant son précieux sang ; sainte Madeleine en pleurs se tient au pied de la croix.

A droite est la Vierge Marie, à gauche saint Jean, et devant celui-ci un prêtre en surplis, agenouillé et les mains jointes. C'est le donateur. Au bas du sujet, une Notre-Dame-de-Pitié et la mise au tombeau.

La fenêtre centrale est la place d'honneur; c'est, naturellement, le retable du maître-autel, où se célèbrent les mystères de la Passion.

L'éclat de ses vives et harmonieuses couleurs rayonne au soleil levant; c'est ce qui frappe d'abord les regards lorsqu'on entre dans le temple. Aussi voyons-nous les curés du xiiie au xvie siècle se complaire à décorer ces verrières et y faire représenter avec leur propre image le sujet le plus grand, le plus émouvant de la Passion de J.-C. : sa mort !

La fenêtre à gauche contient la résurrection de J.-C., la mort de la Vierge et saint Julien le Pauvre ou l'Hospitalier, patron des bateliers pêcheurs de la Seine, de la confrérie desquels provient ce panneau.

Ce saint Julien, étant encore jeune, avait, par suite d'une affreuse

SAINT JULIEN L'HOSPITALIER, VERRIÈRE DU XVIe SIÈCLE.

méprise, tué son père et sa mère. Il s'était alors retiré avec sa femme dans un lieu désert, où ils avaient fondé un hôpital sur les bords d'un fleuve dont le courant était fort rapide et dangereux.

Pour expier son crime involontaire, Julien, à quelque heure du jour ou de la nuit qu'ils se présentassent, passait les voyageurs d'une rive à l'autre. Un soir, pendant une tempête, le Christ lui-même, sous la forme d'un malheureux lépreux, vint lui demander le passage et ne fut point refusé. Alors il se fit connaître et promit au passeur charitable le pardon et la récompense du ciel.

Dans le panneau que nous reproduisons, et qui est consacré à cette légende, on voit saint Julien conduisant sa barque à force de rames ; sa femme l'éclaire avec son falot. Jésus au milieu d'eux, tenant dans sa main gauche les cliquettes que les lépreux étaient obligés de porter pour annoncer leur présence, étend la main droite sur les flots et les bénit pour calmer leur fureur.

Nous reviendrons sur cette naïve et émouvante légende quand nous parlerons de l'église de Plancy, où la vie de ce saint est représentée sur une verrière du sanctuaire.

A la même fenêtre se voient encore un saint Nicolas et un saint Sébastien martyrisé par deux bourreaux en costume du temps de François Ier. Dans les lobes, la Vierge porte l'enfant Jésus.

La première fenêtre en entrant dans le chœur, à droite, est en partie murée par la sacristie qui se trouve adossée derrière. Dans la seconde fenêtre nous voyons la tentation d'Adam et Ève ; un fragment de l'Annonciation ; l'entrée à Jérusalem de J.-C. que suivent les apôtres et sur le chemin duquel le peuple jette des branches de laurier ; Jésus au jardin des Oliviers invoquant son père, tandis que Pierre, Jacques et Jean dorment à quelque distance ; la trahison de Judas et Pierre coupant une oreille à Malchus ; Jésus conduit devant Anne et Caïphe ; Pilate se lavant les mains.

Les autres fenêtres n'ont plus que des verres blancs, ainsi que toutes celles des bas-côtés.

Chaire à prêcher. — Cette chaire est une œuvre du dernier siècle. Les attributs sculptés sur le dossier expriment tout un poème. Le ciel s'entr'ouvre, la foudre jaillit, les trompettes sonnent, la terre se voile, la lumière éclate ; c'est la voix de Dieu et l'Évangile qui parlent ; sur le panneau de la cuve, saint Sulpice arrête les progrès de l'incendie. Des livres ouverts, des trompettes renversées, des palmes de

chêne et de laurier décorent les autres panneaux et ceux de l'escalier.
L'abat-voix est couronné d'un aigle tenant un flambeau.

L'église est entièrement carrelée en carreaux de terre, excepté le
sanctuaire, qui vient d'être recarrelé en marbre et en pierre. On voit
çà et là quelques carreaux émaillés de la fin du xvi⁰ siècle. Dans le
nombre nous en avons trouvé un appartenant au xii⁰ siècle ; nous
le publions comme point de départ de l'art céramique dans nos
contrées.

En général, cette église n'a rien de remarquable ; cependant la
construction du xvi⁰ siècle ne manque pas d'une certaine grandeur ;
mais nous ne pouvons passer sous silence la grossière exécution des
piscines et des retables qui la décorent et que nous venons de décrire.
Les bases des piliers ne sont pas mieux faites. En un mot, toute la
décoration de ce monument a dû être exécutée par des maîtres maçons
n'ayant pas la moindre notion de l'art sculptural.

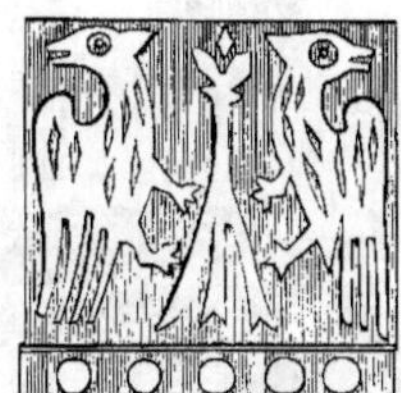

CARREAU ÉMAILLÉ, XII⁰ SIÈCLE

ÉGLISE DE L'ASSOMPTION

PONT-SAINTE-MARIE

Ce village est situé à deux kilomètres de Troyes, l'église est très heureusement placée. A ses pieds, coule la Bâtarde, dans laquelle elle se mire et qui n'est qu'une dérivation de la Seine.

En face du portail, s'étend une riante et verte prairie, bordée de peupliers et de saules, végétation puissante se développant à perte de vue depuis Troyes jusqu'à Sainte-Maure.

L'église de Pont-Sainte-Marie est dédiée à l'Assomption de la Vierge ; le plan en est rectangulaire et divisé en sept travées sur toute sa longueur. Le sanctuaire affecte une forme octogonale et est éclairé par cinq fenêtres. La nef est accompagnée de bas côtés se terminant par des murs droits. Les voûtes sont peu élevées et de même hauteur ; elles se composent de nervures, croisées au chœur, simples et à vives arêtes pour le reste de l'édifice et se contre-butant entre elles. Il en résulte que la nef centrale n'a pas de fenêtre et qu'elle reçoit le jour des fenêtres des bas côtés qui diffèrent de grandeur.

Le collatéral du midi est divisé par des murs de refend à partir de la porte latérale, comme aux églises de Saint-André et de Sainte-Savine, disposition qui dispense de construire des contreforts à l'extérieur.

Les piliers de la nef sont cylindriques avec bases à profils renflés sur un socle octogone. Toutefois, dans les deux premières travées, les bases ont des profils athéniens. Quant aux piliers du chœur ils sont flanqués de colonnes saillantes engagées dans la masse du pilier cylindrique.

Les deux premières travées de la nef sont d'une construction plus récente que celle de l'ensemble de l'église. Les nervures de la première travée sont croisées en compartiments et présentent à leur rencontre des cartouches variés et chargés de blasons, dont celui du milieu a été martelé. Il est bon de remarquer que ces blasons sont ceux de gens de métiers, tels que charpentiers, vignerons ; le plus héraldique, le premier, est timbré d'une croix en sautoir accompagnée

  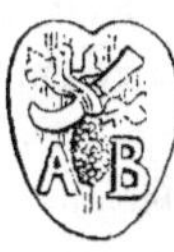

des lettres P. B et d'une fleur en pointe. Ces travées ont été construites en même temps que le portail principal, et ces armes parlantes pourraient bien être les blasons des personnes qui ont contribué à la construction et à la décoration de ces admirables portes.

Depuis quelques années, l'ameublement de cette église a été entièrement renouvelé ; les autels et les bancs ont été refaits à neuf. Un des anciens bancs portait l'inscription suivante :

EN · L'ANNÉE · 1644 · MESTRE · CLAVDE · VARLET · PROCVREVR · FISCAL · IEHAN · DE · COISEY · LE · IEVNE · NICOLAS · COLLOT · MARGVILLERS · DE · LEVVRE · ET · FABRIQVE · DE · CEANS · ONT · FAICT · FAIRE · CE · BANC.

Un seul banc a échappé à cette transformation, il porte les armes de Champagne sur son dossier. C'est l'ancien banc des gens de justice.

Les grilles du chœur ont été enlevées ; elles formaient, avec la grille de communion, les grilles des bas côtés et le lutrin, un ensemble de travail industriel en fer forgé d'une très habile exécution [1]. Cet ensemble décoratif avait été posé par les soins et aux frais de la fabrique, en 1771, ainsi que l'indique une inscription gravée sur l'une des traverses d'une des portes. Nous publions un dessin du lutrin pour donner une idée de la richesse de l'œuvre artistique du forgeron.

Façade principale. — La façade de l'église de Pont-Sainte-Marie se compose de trois portes correspondant tout naturellement aux trois nefs. Celle du milieu, la plus importante par sa richesse décorative, est du style ogival du milieu du xvie siècle ; les deux autres sont dans le style de la Renaissance.

La porte centrale se compose d'un arc ogival à large voussure, s'appuyant sur deux pilastres appliqués, ornés d'aiguilles à crochets ; l'arc est couronné d'une contre-courbe sur les rempants de laquelle sont des feuillages roulés, largement exécutés, s'enlevant sur le nu du mur et d'un grand effet en pleine lumière.

Cette archivolte se termine en accolade par une console destinée à recevoir une statue. Dans le vide de cette contre-courbe se voit le blason de France mutilé, surmonté d'une couronne royale. La vous-

---

1. Cette grille a été supprimée, parce qu'elle gênait la vue d'une verrière moderne posée dans la fenêtre centrale du sanctuaire.

sure est divisée par deux gorges remplies de feuillages, de têtes de
chérubins et de petites figures d'enfants nus, au nombre de treize.

L'ébrasement de la porte est accompagné d'un support appliqué,
orné de petits meneaux fins et légers, réunis par des ogives trilobées,
qui se perdent dans les montants et les profils de la base que surmonte
une niche recouverte d'un riche clocheton à jour. Dans la niche à
gauche de la porte se trouve le tronçon d'une statue complètement
décapitée. Un reste de barbe qui se sépare en deux pointes sur la poitrine, le fragment d'un glaive resté dans la main gauche, nous indiquent
que cette figure devait représenter saint Paul.

Une troisième gorge moins grande, et garnie de rinceaux et de
petits anges nus, se contourne sur le linteau en forme d'arc surbaissé
et sur le trumeau qui divise cette porte en deux parties. Ce pilier, avec
son piédestal plus élevé que ceux placés en regard, se termine par un
élégant pinacle sculpté à jour au-dessous duquel est creusée une niche
qui a dû recevoir une statue du Christ, accompagné de saint Pierre à
sa droite et de saint Paul à sa gauche.

Le tympan est orné de dais à jour divisés en quatre parties par des
supports appliqués ; au bas sur la bordure du linteau, de petites consoles, qui devaient porter des statuettes, complétaient l'ensemble de
cette décoration.

Après la porte centrale, la porte méridionale est celle qui a le
plus d'importance au point de vue architectural. Elle présente deux
ordres superposés, dont l'inférieur est corinthien et l'autre ionique.
L'ébrasement, divisé par des médaillons, encadre
cette porte. Ces médaillons se composent de jolis
cartouches décorés d'entrelacs, d'anges, de guirlandes de fleurs avec un médaillon central portant
une figure : celui-ci, la Charité, celui-là, le dieu
Mars, cet autre Vénus, etc., assemblage d'allégories chrétiennes et païennes. De chaque côté de
cette espèce d'encadrement, une colonne soutient
un entablement orné de palmes de laurier passées

dans des croissants. Des figures de chérubins supportent les guirlandes de fleurs et de fruits sur le fût des colonnes ; le piédestal, qui

sert de soubassement aux parois de la baie, est orné de médaillons complètement mutilés.

A la clef du linteau, dans l'épaisseur du cadre, on voit une tête

de mort, soutenue par deux anges, et au-dessus, à la rencontre de la frise, le millésime de 1553.

La décoration de l'ordre supérieur est soutenue par des pilastres, sur lesquels sont appliqués des pinacles formés de petites arcades maintenues par des contreforts et terminés par un petit dôme délicatement fouillé. A l'aplomb de ces pilastres, au-dessus de l'entablement sont des vases à jour remplis de fleurs. Au milieu, pour remplir le vide du pignon, est une arcade appliquée que surmonte un fronton circulaire accompagné d'enroulements en accolades, lui servant de support. Sur l'entablement, au centre d'une auréole, Dieu le Père, à mi-corps, entouré d'anges, s'incline vers la terre, bénit de la main droite et porte le monde de la main gauche.

L'espace entre les pilastres est ouvert par une fenêtre plein-cintre, dont l'ébrasement oblique contient deux gorges, où s'ébattent des petites figures d'anges, et où se déroulent des branches de feuillages entremêlées de petits oiseaux très saillants et admirablement sculptés. A la hauteur de la naissance des cintres, règne un petit entablement sur lequel est écrit: NON NOBIS DOE NON NOBIS; SED NOMINI TVO DA GLO. Il se divise par un trumeau sur lequel est appliqué un petit dais, couronné d'un clocheton. A droite et à gauche deux petites arcades à claire-voie éclairent le bas côté.

La porte septentrionale présente le même ensemble, mais dans des proportions un peu plus petites. Il ne diffère que par l'arc ogival de la fenêtre (dernière trace d'un art qui expire) comprise dans la partie supérieure de cette décoration et le fronton

triangulaire de l'entablement. La baie et les pieds-droits de cette porte sont occupés par des cartouches distribués par assises et

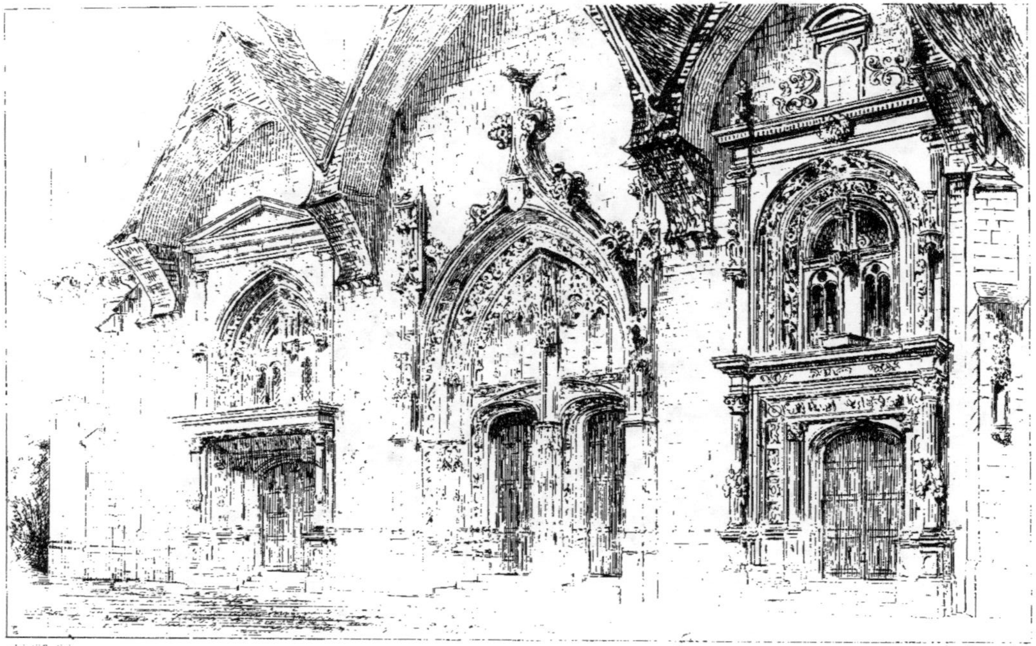

FAÇADE PRINCIPALE

ornés de guirlandes et de médaillons allégoriques, comme au portail
du sud. A la clef du linteau, on voit le saint suaire, porté par
deux anges et sur lequel la figure du Christ est ornée d'un nimbe
crucifère.

On remarque aussi sur l'un des piédestaux, qui forment soubassement à cette porte et soutiennent les colonnes,
un cavalier nu, armé d'un bâton dont il frappe
sa monture, qui traverse un pont au galop.

Malheureusement toutes ces sculptures fines
et délicates sont fort détériorées.

Chacune des portes dont nous venons de parler est abritée par la saillie du pignon du toit, qui
est soutenu par des liens, reposant sur des corbeaux en pierre. Autrefois toute la charpente ogivale des pignons
était apparente et d'un effet très pittoresque.

Du sommet des ogives de cette charpente pend un poinçon orné
d'une statuette sous un petit clocheton à crochets. Les extrémités des
grands blochets qui reçoivent les pieds des arcs sont décorées de figures
d'anges tenant des écussons pris dans la masse du bois. Tous ces jolis
détails de la charpente sont enfouis sous des ardoises, posées là sans
nécessité.

Ces trois portes ont dû être construites l'une après l'autre, par certains
habitants qui mettaient leur amour-propre à enrichir leur église, mais
imposaient au maître de l'œuvre leur goût et le style qu'ils préféraient.
C'est ce qui explique la différence des ordres d'architecture que l'on
rencontre parfois sur la même façade.

Les églises de Troyes nous fournissent un exemple de ce genre de
construction successive. Voyez Saint-Nizier, entre autres : la décoration
d'aucune de ses portes n'est du même style. L'une de ces portes, celle
du nord, est presque la copie ou le modèle de celle de Pont-Sainte-
Marie.

La tour. — Trois années avant l'achèvement de ce portail s'élevait,
au nord de l'église, une tour carrée maladroitement encastrée dans
la première travée du bas côté septentrional, dont elle obstrue l'entrée. Il est facile de reconnaître que cette construction n'entrait pas

dans le projet de l'architecte du portail, encore moins dans le premier projet datant du commencement du xvi⁰ siècle.

En effet, à cette époque, l'on devait, comme aux églises des Noës, Sainte-Savine et Saint-André, élever une flèche en bois sur la cinquième travée de la nef centrale. Un pilier d'une proportion énorme, comparé aux autres, accuse parfaitement le projet du constructeur, projet qui a été abandonné lors du prolongement de l'église par les deux travées qui suivent et le portail. Malgré l'effet désagréable de ce raccord avec la façade, la tour n'en est pas moins remarquable dans son ensemble et les détails de sa décoration. Des contreforts à retraits s'élèvent jusqu'à son étage supérieur et appuient ses angles.

Une tourelle ronde renferme l'escalier. Elle est établie en saillie à l'angle nord-ouest, et dépasse en élévation le couronnement de la tour pour s'introduire dans la charpente du clocher. Au bas de cette tourelle on lisait encore vers 1851 cette inscription gravée en creux :

LE · 4me · IOVR · DV · MOIS · DAOVST

LAN · 1550 · FVT · COMENCEE

CESTE · GENTE · TOVR.

M. Arnaud, notre très regretté maître, indique la date de 1556. Nous nous rappelons avoir vérifié cette date en 1851, époque de notre publication de l'*Album de l'Aube;* nous insistons sur cette rectification en mettant 1550, qui est la vraie date que nous avons copiée avec la plus scrupuleuse exactitude.

En 1857 des réparations jugées nécessaires eurent lieu aux soubassements de la tour et de la façade. Ces travaux ont été exécutés aux frais de l'État et partie aux frais de la commune, sous la direction et la surveillance d'un architecte nommé par l'administration préfectorale. Des assises nouvelles ont remplacé les anciennes sur lesquelles étaient gravés la date et le jour où fut commencée cette *gente tour*. La pierre qui rappelait ce fait était peut-être en mauvais état et demandait à être renouvelée, c'est probable ! Comment se fait-il qu'avant de la détruire l'on n'ait pas pris un calque de cette inscription pour la graver à nouveau ?

La balustrade de cette tour, œuvre artistique de premier ordre, a été descendue au début des travaux avec la ferme volonté de la restaurer et de la remettre en place. Aujourd'hui les débris de cette balustrade sont réduits en partie à l'état de poussière et des morceaux sans suite existent encore dans un caveau de l'église sous l'escalier conduisant à la tour.

Surpris, je me suis renseigné et voici ce qui m'a été répondu : Le devis de l'architecte étant épuisé, il nous manquait trois cents francs pour finir cette restauration; nous avons dû en rester là, sauf à y revenir plus tard. Or, il y a aujourd'hui vingt-trois ans de cela. Et pendant ces vingt-trois ans on a trouvé moyen de dépenser environ vingt mille francs pour transformer la décoration et l'ameublement de cette église.

Les trois étages de la tour se divisent par des cordons, régnant sur les contreforts. Le dernier étage est ouvert sur ses quatre faces par des fenêtres jumelles plein cintre garnies d'abat-sons.

Une corniche soutenue par des consoles ornées sert de couronnement à la tour et de base à une flèche à huit pans, qui s'élève au-dessus dans de belles proportions.

Sur la face du contrefort à l'ouest, on voit, gravées de la même manière, les litanies des saints et de la Vierge sur deux colonnes et un passage des commandements de Dieu ainsi conçu :

TV · AYMERAS · TON ·
DIEV · ET · TON · SEIGNEVR · DE
TOVT · TON · CVEVR · ET · DE · TOVT
TON · AME · ET · AVSSI · DE · TOVTE · TA
FORCE · ET · DE · TOVTE · TA · PENSEE.
ET · TON · PCHAIN · COME · TOI-MESME

LUCE-DECIMO-CAPIT. V.-19.

A la hauteur des supports des pignons du portail règne une corniche à riche modillon, qui contourne les contreforts de la façade, entre lesquels est un plein cintre qui la supporte et s'appuie sur une plate-bande où l'on voit une date récente, celle de 1731. Cette corniche supportait, il y a quelque temps, une balustrade à jour dans le genre de celle que l'on construisait en 1554 au bas côté nord de l'église de Nogent-sur-Seine.

On lit aussi, sur le contrefort buttant le portrail, un passage de l'Écriture :

ECCE · POSITVS · EST

HIC · IN · RVINAM · ET

RESVRECTIONEM · MVL

TORVM · IN · ISRAEL · LVCE

Et plus bas, à un mètre du sol, sous la saillie d'une longue console appliquée sur le mur occidental de la tour, se trouve l'inscription suivante :

SI QVIS VVLT · VENIRE · POST · ME : ABNEGET

SEMET · IPSVM · ET · TOLLAT · CRVCEM · SVAM

ET · SEQVATVR · ME · MATHEI · IO.

Cette console supportait une statue du Christ succombant sous le poids de sa croix.

Porte latérale. — Cette porte s'ouvre au midi, à la quatrième travée, et fait face à la rue principale du pays. Les proportions en sont belles et les détails plus sagement distribués qu'à celles de la façade.

C'est une œuvre élégante et remarquable.

De chaque côté se dressent deux pilastres, ornés de supports et d'élégants pinacles évidés à jour, et décorés par des motifs gothiques de la plus grande richesse. PL. II. 1. 2.

Ils supportent un arc ogival à gorges profilées, accompagnées de demi-cercles tréflés et réunis par des groupes de feuilles (3). Au-dessus de l'ogive s'élève une contre-courbe qui à leur rencontre forme une aiguille s'élevant jusqu'au pignon. Toutes ces courbes sont ornées sur les rampants par des feuilles roulées et saillantes d'un grand caractère (4).

La porte d'entrée est légèrement cintrée; son cadre est composé de deux gorges à rinceaux courants, maintenus à leur naissance par des dragons ailés (5).

A la hauteur des clochetons des supports, une corniche, formée de gorges à rinceaux, traverse cette décoration d'un pilastre à l'autre et se trouve divisée en deux parties par l'aiguille de la contre-courbe,

et forme avec ces lignes, de chaque côté, des vides qui sont remplis
par des meneaux et des ogives tréflées appliqués aux murs.

Le tympan est divisé par des meneaux et des ogives dont on
voit les traces à l'intérieur. Il serait désirable qu'un de ces jours l'on
rétablît ces vides qui ont dû être murés à la suite de verrières brisées.

Les vantaux de la porte sont de la même époque, ils sont divisés
en compartiments remplis de draperies à plis ondulés. La ligne de
jonction des deux vantaux est masquée par une colonnette couverte
d'écailles et surmontée d'une statue de la Vierge portant l'enfant Jésus.

Cette porte, comme au portail principal, est terminée par un
pignon. La toiture, très saillante, est soutenue par un arc ogival qui
repose sur des blochets et des potences en bois et s'appuie sur des
consoles en pierre.

La couverture des deux premières travées attenantes à cette
porte est très curieuse, elle est ornée de tuiles vernissées de différentes couleurs, de manière à former des zigzags, véritable mo-

COUVERTURE EN TUILES ÉMAILLÉES (XVIᵉ SIÈCLE).

saïque d'un bel effet où l'on voit le noir, le jaune, le vert-pomme et
le brun rouge.

La tribune. — Dans les campagnes, on suspendait des tribunes de
bois pour recevoir, comme nous l'avons déjà dit, des personnes privi-
légiées ou des chœurs, les jours de grandes solennités.

Celle-ci est du XVIᵉ siècle et se compose de treize panneaux à
jour, sculptés avec une finesse extrême. Le motif du centre de cette
tribune est plus large que les autres qui se suivent à droite et à gauche.
Il est divisé en deux parties : orné du blason de France supporté par

deux anges et surmonté d'une couronne royale, à gauche celui du
dauphin de France à quatre quartiers, à droite l'écu de France se
répète pour la seconde fois.

Depuis que cette tribune a été consolidée, pour y recevoir un
orgue, on a supprimé les supports anciens pour les remplacer par
des poteaux sans caractère architectural.

Verrières. — Il existe encore plusieurs peintures sur verre
du xvie siècle dans l'église de Pont-Sainte-Marie. Ainsi, nous voyons
dans le sanctuaire, à droite, l'arbre généalogique de Jessé; sous la
porte dorée, sainte Anne et saint Joachim, la Naissance de la Vierge
et son Mariage ; dans les lobes de la même fenêtre, le blason de
France accolé à celui de Savoie. A gauche, ce sont : la Salutation
angélique, la Visite de Marie à sainte Élisabeth, la Mort de la Vierge
et plusieurs figures de donateurs. Tous ces panneaux ont été déplacés
et n'offrent plus que des légendes sans ordre et sans suite.

La fenêtre centrale, qui était murée depuis bien des années,
vient d'être ouverte par les soins de M. Laour, curé actuel de Pont-
Sainte-Marie, et ornée d'une verrière exécutée par M. Erdmann,
peintre verrier à Paris. Cette verrière représente divers sujets de la
vie de la Vierge.

Dans les bas côtés, apparaissent çà et là quelques restes d'anciens vitraux, ce qui prouve que, à
une certaine époque, toutes ces fenêtres étaient garnies de vitraux peints.

Mais la plus belle et la plus intéressante de ces verrières est une grisaille, peinture sur émail, des dernières années du xvie siècle. Elle est
située dans la première travée, du côté
méridional, où se trouve actuellement
la chapelle des fonts baptismaux. Cette
vaste composition, qui occupe toute
la fenêtre, représente le Jugement
dernier et les Vertus chrétiennes combattant contre les Vices et la Mort,
composition allégorique conçue avec
les idées tant soit peu alambiquées
de la Renaissance, qui, pour faire
du neuf, n'hésitait pas à transformer
au gré de sa fantaisie les merveilles
de l'ancienne loi et de l'Évangile.

ANCIENS SUPPORTS DE LA TRIBUNE.

Il y a dans ce vitrail des lacunes regrettables qui rendent difficile la description des sujets représentés. Cependant l'ensemble
de la composition est assez clair pour que l'on puisse encore s'y reconnaître. Au bas du tableau, on voit la Religion agenouillée, les bras
croisés sur la poitrine, dans une attitude de recueillement ou d'abattement. Le mot RELIGIO se lit au-dessous. Devant la Religion, une
autre figure se tient debout. C'est saint Michel, l'ange de l'Alliance.
ANGELVS FŒDERIS, comme le porte la légende.

Cet archange, dont nous n'avons qu'une partie du corps, devait
porter un glaive de la main gauche, et des balances de la main droite,
pour peser les âmes. Derrière lui, des figures d'élus sont en contemplation.

Du côté opposé, derrière la Religion, on voit l'Enfer. Un des
damnés a le corps entouré d'un serpent qui lui mord le bras. Au-

dessus, des démons nus sortent des flammes de l'enfer, les pieds posés sur une mappemonde. Ils sont armés de torches enflammées et conduits par la Mort armée d'une faux. En tête, marche le Diable, personnage aux formes athlétiques, dont le front est orné d'une petite corne et qui a des oreilles de porc. Armé de deux torches enflammées, il crie, il blasphème, comme l'indique un petit jet de fumée qui lui sort de la bouche. Ces démons s'élancent furieux contre le Juste vêtu à la romaine, qui leur fait face et tient à la main une large épée; sur cette épée, on lit : VERBVM; sur son casque : SALVS; sur son bouclier, orné d'une croix : FIDES; enfin, sur le plateau qui lui sert de support : ETRAR...VM [1]. Ce combattant est secondé par l'Esprit-Saint et par les trois Vertus théologales placées derrière lui.

Au-dessus de la Charité, un ange, avec ces mots : VENITE BENEDICTI, tient dans sa main droite le calice de la foi; dans la main gauche il tient un petit broc plein d'eau qu'il verse sur les torches enflammées des démons pour les éteindre.

Dans la partie supérieure du vitrail, le Christ, debout dans une gloire céleste, où est écrit : DEVS MEVS ET DEVS MEVS, tient l'étendard de la croix et pose une couronne sur la tête du guerrier vainqueur, qui s'incline devant lui en fléchissant le genou. Son casque est à ses pieds. Plus bas, sur un nuage, se dessine le mot ALED [2].

Deux anges de chaque côté jettent des fleurs et chantent son triomphe. On lit au bas de la fenêtre :

Ceste Verriere a Feste aicte.... Temps que Maistre Nicolas le.... lienten.... A Canau [3] Simon....
oult le.... Jehan M.... dement a lanallote [4] Morguilliers de la Fabricque de ceste Eglise.... deniers de la dicte fabricque.

Cette verrière est d'autant plus remarquable, que ce genre de

---

1. Il manque une ou deux lettres à ce mot ou à ce nom, qu'il nous a été impossible de rétablir.

2. Abréviation d'un nom, que nous ne pouvons comprendre.

3. Dépendait autrefois de Pont-Sainte-Marie, aujourd'hui de Sainte-Maure.

4. Dépendance de Lavau.

CH. PINDRAY DEL.   LEMOINE LITH.

peinture, entièrement exécuté sur verre blanc, n'existe nulle part en France. Cette façon de faire vient s'ajouter au mérite de la composition, œuvre (dit **M.** Arnault) attribuée à notre habile peintre verrier, Léonard Gonthier.

Dans cette fenêtre, au milieu d'un panneau rapporté, qui y est tout à fait étranger, nous voyons le blason écartelé de Pierre Mauroy, seigneur de Colaverdey (Charmont) et de Catherine Drouot, sa femme [1].

Stalles. — Les stalles qui ferment le chœur de l'église datent

Face.   LES STALLES (XVIᵉ SIÈCLE).   Profil.

de la première moitié du XVIᵉ siècle. Elles n'ont évidemment pas été faites pour la place qu'elles occupent aujourd'hui, et proviennent d'anciens couvents des environs de Troyes. Les accoudoirs sont plus que grotesques. Ce sont des figures nues et des animaux fantastiques

---

1. *Armorial*, Alph. Roserot.

se repliant sur eux-mêmes, dans des positions que je me dispense de
détailler.

Sur les miséricordes ou patiences, qui permettent à l'assistant

LES ACCOUDOIRS.

aux offices de s'asseoir, tout en paraissant être debout, on voit : sous
la première, à droite, une tête, coiffée d'une toque dont la physionomie a quelque chose de rabelaisien ; puis, en suivant, un moine, la tête
couverte de son capuchon ; une figure d'enfant à mi-corps, sans bras,

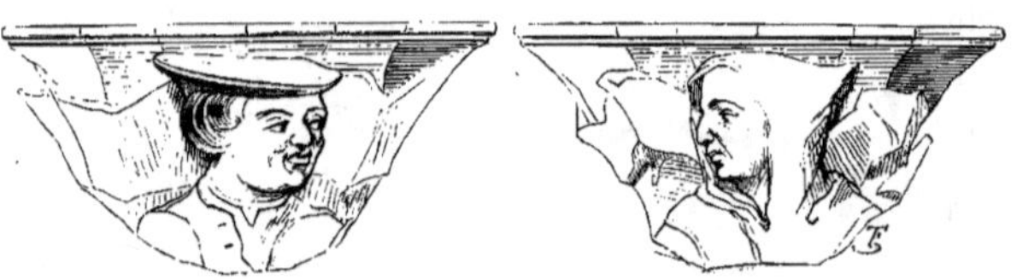

LES MISÉRICORDES.

les épaules se terminant en fleurons ; une salamandre à bec crochu ;
un enfant jouant avec un philactère ; un masque à feuillage ; un
moine plus jeune que celui dont nous avons parlé plus haut.

Allant maintenant à gauche, nous voyons un dragon qui cherche
à se mordre la queue ; une figure vulgaire ; un enfant ailé, dont les
bras et les jambes se terminent en pieds de biche ; un tillet ; une
seconde figure, ayant la tête couverte d'une toque ; un enfant nu,
couché. Cela fait en tout treize stalles, dont sept à droite et six à
gauche. Les montants des dossiers et les pieds de ces stalles sont

ornés de colonnettes octogones avec bases et chapiteaux profilés.

Dalles tumulaires. — Plusieurs tombes se voient encore dans la nef et les bas côtés. La plus ancienne est de 1519. Les inscriptions de ces tombes ont été en grande partie effacées par le frottement des pieds. Sur la première, on lit ces mots, en caractères gothiques :

..... en son viuant feme deſtienne de la bar viuāt
ſeigneur du pont........... laquelle treſpaſſa le....
lan mil vᶜ₃ dix neuf. prie₃ dieu pour elle.

Cette pierre mesure 2ᵐ 10 sur 1ᵐ 05.

La seconde pierre n'est pas mieux conservée, ses dimensions sont les mêmes. Elle porte les restes de l'inscription suivante :

.... xxviii. Et auſſy giſt Innocente beſerde femme
du dᵗ bichaut laquelle treſpraſſa lan mil vᶜ xxviii.
Et auſſy......

Une troisième tombe est placée dans le collatéral méridional, près de la chapelle de la Vierge, c'est celle de Marie Corneille, femme de Pierre Hocquet, dont nous donnons le fac-similé, page 44.

Pierre Hocquet fut commissaire de la marine de 1634 à 1662.

François Hocquet de 1662 à 1665. Un autre François Hocquet ou Hequet est garde magasin de 1640 à 1643.

En 1643, il y a dans l'état des officiers de la marine, porté à la cour des aides, Jean Corneille. En 1645, ce dernier remplit les fonctions de commissaire de la marine[1].

La principale rue du village porte encore le nom du Moulinet.

La seigneurie du Moulinet est située à la sortie du Pont-Hubert. sur la route de Troyes à Piney.

Elle était, il y a quelques années, la propriété de M. Bouilly-Ferrand. A sa mort, M. le docteur Hervey en devint le propriétaire.

---

1 Archives de la marine. Laffilard.

comme héritier direct de cette famille. C'est aujourd'hui M. Périer, négociant, qui la possède, suivant acquisition faite le 29 juillet 1873.

<table>
<tr><td>Pierre.</td><td>Largeur 1,00. Hauteur 1,90.</td></tr>
</table>

Peintures. — Des tableaux peints sur bois, vers la fin du xvie siècle, étaient autrefois distribués et accrochés aux murs des bas côtés. On vient de les rendre à leur première destination, en les plaçant sur l'autel de la Vierge et sur l'autel du Calvaire.

Anciennement, ces peintures formaient des diptyques à volets qui se fermaient à volonté. Quelques-unes de ces peintures sont d'une merveilleuse exécution. Celles de l'autel de la Vierge réprésentent la Naissance de sainte Anne, la Salutation angélique, le Mariage de la

Vierge, son Convoi, avec la scène émouvante du grand prêtre Bezeray, prince des Juifs, et celles de l'autel du Calvaire : la flagellation de Jésus-Christ, son Crucifiement et sa Résurrection. Au-dessus de ce retable se trouve un christ en bois du xviᵉ siècle, assez remarquable.

A la sortie du Pont-Hubert, à gauche, sur la route nationale de Nancy à Orléans, on rencontre une petite chapelle, sans importance, dans laquelle se voit une Notre-Dame-de-Pitié du xviᵉ siècle.

CARTOUCHE DE LA PORTE NORD

ÉGLISE SAINT-BENOÎT

SAINT-BENOIT-SUR-SEINE

Saint-Benoît est situé sur la route de Méry et sur le bord de la prairie longeant les rives du bras de la Seine appelé *Melda*. Ce village se nommait autrefois *Thurcy*; mais, vers le XIᵉ siècle, Hugues II, évêque de Troyes, l'ayant donné à l'abbaye de Saint-Benoît-sur-Loire, il prit le nom qu'il porte aujourd'hui.

L'église occupe, à droite sur la route, la partie la plus élevée du village. On y arrive par quinze marches pratiquées dans l'épaisseur du mur et des terres du cimetière.

La porte principale est du XIIᵉ siècle, elle se compose de trois pieds-droits à retraits portant des arcs plein cintre dont le second est orné d'un damier. Les vantaux de la porte battaient autrefois intérieurement sur l'archivolte, et s'ouvraient jusqu'au haut du cintre.

L'ensemble de cette porte en est saillie sur le mur, et se termine par un petit pignon qui recevait jadis la charpente du porche, abri très utile, qui disparaît de nos jours.

De chaque côté de la porte, deux contreforts maintiennent le mur, qui se termine par un pignon très aigu, percé d'une petite rosace éclairant les combles ; sur ce pignon s'élève une petite tour en bois insignifiante, dans laquelle

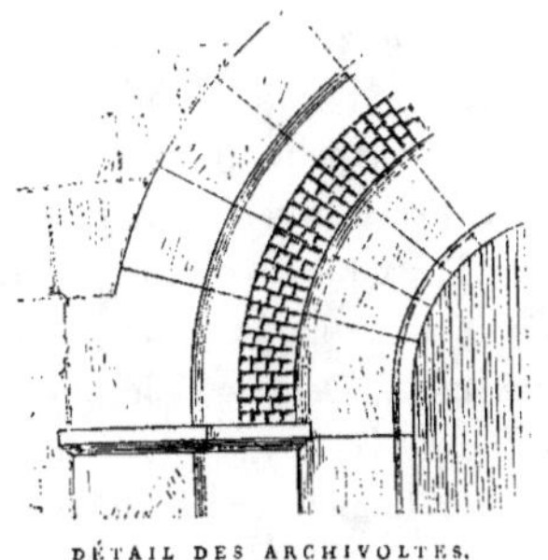

DÉTAIL DES ARCHIVOLTES.

nous avons trouvé une cloche portant cette inscription :

✠ ANNO DNI 1779 BENEDICTA FUI ET NOMINATA MARIA
CLAUDIA DE S^T MAURICE AD DOMINA ANGELICA
VICTORIA DE SAULGER ABBATISSA BEATÆ MARIÆ ET A R P
DOMNO HENRICO GAYET PRIORE ABBATIÆ S^{TI} PETRI CELLENSIS
I D BOLLEE I F MICHAUT ET C. PETIT FOUR NOS FECERUNT[1]

En plan, cette église a la forme d'une croix latine, la nef est du xiie siècle, mais remaniée ; elle n'est pas voûtée, deux fenêtres ogivales l'éclairent. Le chœur se compose d'une seule travée et s'ouvre sur la nef par un arc-doubleau ogival devenu cintré par l'écartement des piliers engagés dans les murs de la nef. La voûte est à nervures croisées, formant une étoile à quatre branches, dont les diagonales retombent et s'engagent dans la masse des piliers cylindriques encastrés dans le mur des deux chapelles qui l'accompagnent.

Ces deux chapelles sont voûtées, à nervures simples, et éclairées par des fenêtres à meneaux. Deux portes existent pour chacune d'elles au mur occidental.

---

1. Cette cloche provient de l'abbaye de Notre-Dame-des-Prés, située autrefois entre le faubourg Sainte-Savine et la paroisse de Saint-André, dont elle dépendait.

La chapelle du sud est consacrée à la Vierge, elle est ornée d'un retable gothique (style de nos jours) au centre duquel est une statue de la Vierge portant l'enfant Jésus. Cet autel cache une fenêtre aujourd'hui murée et appartenant à la construction du XIIIᵉ siècle.

La chapelle du nord est dédiée à sainte Anne, un retable du XVIIᵉ siècle en fait toute la décoration.

Deux pilastres avec chapiteaux ioniques portent un entablement renflé au centre, en une portion de cercle, sur le sommet duquel est une croix. Dans le cadre du milieu du retable, formant une niche, se trouve la statue de sainte Anne, instruisant la Vierge enfant. Contre le mur occidental de cette chapelle, à droite de la petite porte, on lit l'épitaphe suivante :

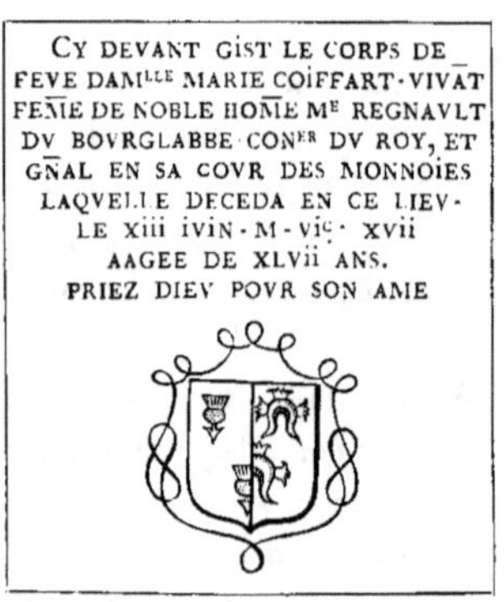

Marbre blanc.   Hauteur 0,56. Largeur 0,46.

Le sanctuaire est à trois pans, peu profond, avec fenêtres sans meneaux ; les voûtes sont à nervures simples ; le maître-autel se compose d'un grand retable en bois, placé à la rencontre des deux fenêtres de la première travée. Il est appuyé à droite et à gauche par une clôture en bois, qui se répète en lambris sur les murs et sur les contours des piliers du sanctuaire.

A gauche, contre la fenêtre, une niche cintrée est pratiquée dans l'épaisseur du mur ; elle renferme une statue de saint Benoît du XIIIe siècle. Cette figure est complètement barbouillée de blanc, excepté sur l'évangéliaire qu'il tient de la main gauche, et qui a reçu quelques dorures dans ses parties ornées.

Le sanctuaire, le chœur et les deux chapelles attenantes sont du XVIe siècle.

Toutefois les murs de la chapelle de la Vierge et les arcs-doubleaux, qui reçoivent la voûte, sont du XIIIe.

Une chaire à prêcher est fixée au premier pilier du chœur à gauche. Le mobilier de cette église n'a rien d'intéressant, il n'est pas très riche ; cependant nous devons reconnaître qu'il est parfaitement entretenu.

On monte au clocher par un escalier à vis, placé dans l'angle de la nef, à droite de la porte d'entrée. En visitant les combles nous avons vu une sainte Anne en bois sculpté du XVIe siècle. Cette sainte Anne remplacerait avec avantage celle en plâtre qui décore l'autel du bas côté septentrional ; nous en concluons que celle-ci a été substituée à celle-là. Il est très regrettable de commettre de nos jours une semblables méprise.

SAINT BENOÎT (XIIIe SIÈCLE).

ANCIENNE ENTRÉE DU CHATEAU DE VERMOISE.

VERMOISE

Le fief de Vermoise dépend aujourd'hui de la commune de
Saint-Benoît; son entrée principale a été édifiée vers les premières
années du xvi° siècle, du temps de Noël Coëffard, maire de Troyes
en 1534, et seigneur de Saint-Benoît.

Cette famille était propriétaire de la seigneurie depuis la dernière
moitié du xv° siècle.

Louis Huez, conseiller au bailliage de Troyes, en fit l'acqui-

sition en 1651. Le château moderne fut construit en 1750, par
M. Nicolas Huez, lieutenant au même bailliage; mort à Troyes, le
14 novembre 1774, et inhumé dans la grande nef de l'église Sainte-
Madeleine, où l'on voit sa tombe en marbre noir. La construction de
ce château n'offre rien d'intéressant, et fait suite aux dépendances de
la porte du vieux domaine.

Cette porte, dont l'arrangement a quelque chose de grandiose
et d'imposant, est flanquée de deux contreforts, supportant deux
tourelles en encorbellement, recouvertes d'un toit en cône dont les
poinçons sont ornés d'épis en plomb. Entre les deux contreforts
s'ouvre une porte charretière cintrée, complètement murée depuis
que la route de Troyes à Mery a été surélevée de plusieurs mètres;
il en résulte que cette porte est enfoncée aujourd'hui dans une
espèce de fossé.

Au-dessus de la porte, un bandeau en larmier réunit les bases
des deux tourelles. Celle de gauche est percée d'une fenêtre avec
meneaux à contre-courbes trilobées. Cette fenêtre regarde l'orient.
Cette situation, ainsi que ses meneaux, indiquent que là était l'oratoire, qui devait se composer, suivant l'élévation de la fenêtre, d'un
petit autel surmonté d'un triptyque. Les murs étaient décorés de
peintures à filets courbés et losangés, figurant les assises de pierre.
Nous en avons vu quelques traces en 1850. Le carrelage de ce petit
sanctuaire était en petits carreaux émaillés, ornés de fleurs de lis et
de fleurons. La tourelle de droite servait simplement de petit cabinet
de toilette.

Entre ces deux tourelles, deux croisées à moulures prismatiques,
se répétant sur les jambages et les croisillons, encadrent ces deux
fenêtres qui éclairent le passage des deux tourelles et l'unique étage
de la construction. On y arrive par un escalier construit dans l'épaisseur des murs et dans un reste de bâtiment ancien, adossé au sud de
cette porte. C'est une vaste salle carrée et sans ornements; à droite
se trouvait la grande cheminée dont le châssis et la hotte ont été
détruits. Le corps principal du logis est couvert d'une toiture aiguë,
à quatre pans, décorée d'une lucarne ogivale à pignon, du côté de
la façade.

Une jolie corniche, accompagnée de corbeaux en quarts de cercle
à biseaux, règne sur toute la façade; elle est simple et d'un grand
effet. Je l'appellerai la corniche champe-
noise, parce que nous la voyons figurer
pendant près de cinq siècles sur les monuments civils et religieux de notre province.

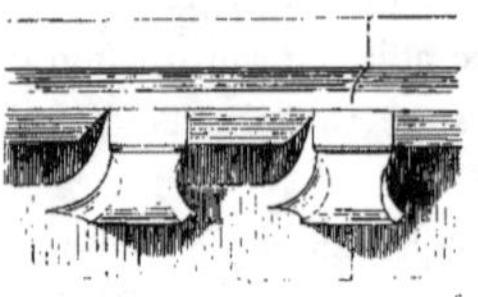

DÉTAIL DE LA CORNICHE.

Nous avons visité, pour la seconde
fois, cette jolie porte à l'intérieur, pour
nous rendre compte s'il existait quelques moyens de défense dans
cette construction. Mme veuve Thiesset, propriétaire actuelle du petit
manoir, a bien voulu nous recevoir, nous accueillant de la manière
la plus flatteuse, nous accompagnant dans nos recherches et nous
éclairant dans nos appréciations. Cette visite terminée, nous sommes
sorti convaincu que cette porte ne rappelait, dans aucune de ses
parties, les constructions militaires de cette époque. Une pareille
entrée ne pouvait présenter aucun obstacle sérieux à des assaillants.
Il n'y avait donc là, vraisemblablement, qu'un simple pavillon, pied-
à-terre d'une demeure seigneuriale. La propriété avait son enceinte
limitée par le bras de la Seine, à l'occident; elle était fermée, sur
tout le reste du pourtour, par des murs se prolongeant jusqu'au
village de Saint-Benoît.

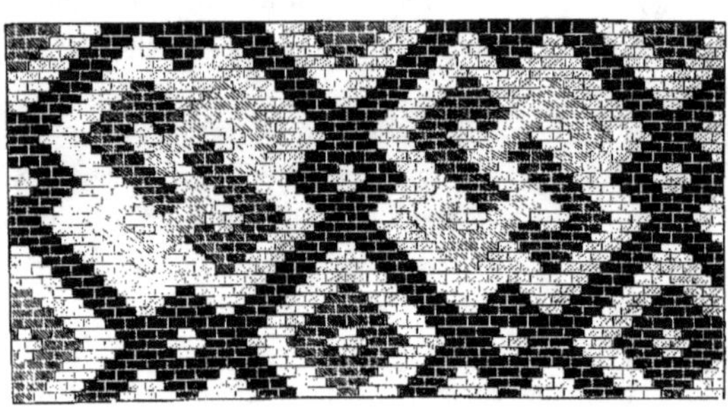

COUVERTURE EN TUILES ÉMAILLÉES (XVIe SIÈCLE).

A quelques pas de l'entrée du village, on voit, à gauche, une

grande tour carrée surmontée d'un toit à quatre versants, couvert,
comme quelques-unes des maisons du pays, de tuiles émaillées de
différentes couleurs : noir, brun-rouge, jaune et vert. Les tuiles sont
disposées de manière à former des compartiments carrés se pénétrant
et sur fond jaune d'un très bel effet.

Cette tour se trouve enclavée dans une propriété particulière, et
rien, dans sa construction, n'indique le rôle qu'elle pouvait remplir
dans les dépendances d'un château, ou bien dans celle d'une enceinte
fortifiée.

En face de l'église, nous avons remarqué sur le tuyau de la
cheminée d'une maison des carreaux émaillés encastrés dans la construction en brique de cette cheminée. Ils représentent deux blasons ;
sur l'un sont des lions passant, deux, un ; sur l'autre, trois roseaux.
Ces carreaux ont été rapportés et fixés là, simplement comme décoration, postérieurement à la construction de la maison.

SAINTE-MAURE

Sainte-Maure se trouve sur le flanc d'une colline dominant la vallée du canal de la Seine. Cette montagne était autrefois ouverte par d'anciennes carrières de craie qui ont servi pendant des siècles à la construction des différents édifices de la ville et des environs de Troyes. Aujourd'hui ces exploitations sont presque toutes abandonnées.

L'église Sainte-Maure, autrefois Saint-Barthélemy, est située sur le haut de la montagne. Elle peut se diviser en deux parties bien distinctes. La première partie comprend la nef et ses collatéraux, construction d'une belle régularité, qui peut avoir été commencée vers la fin du xve siècle et forme dans son ensemble un carré parfait.

La deuxième partie, comprenant le transept et le chœur construits en 1546, indique l'intention d'une reprise générale de l'édifice dans des proportions beaucoup plus grandes ; elle déborde dans sa largeur, sur les bas côtés de la nef, d'environ deux mètres de chaque côté.

Le sanctuaire construit en même temps est une portion d'octogone à cinq pans. Malgré ces irrégularités le plan de cette église a la forme d'une croix·latine.

Façade. — A droite de la façade s'élève une tour beaucoup trop large pour sa hauteur. Cette tour se divise en quatre étages, y compris le rez-de-chaussée. Les trois premiers étages sont éclairés par de petites fenêtres cintrées. Le quatrième étage s'éclaire sur ses quatre faces par deux fenêtres jumelles en partie garnies d'abat-sons. C'est l'étage du beffroi, où se trouve une cloche assez volumineuse timbrée aux armes de Chavaudon-Péricard et portant cette inscription :

✠ IAY ETE NOMME PAR MESIRE PIERRE GVILLAVME DE CHAVAVDON

ESCVIER SEIG[R] DV DI S[TE] MAVRE CHARLEY DOCHE DV DY

CHAVAVDON ET AVTRES LIEVX CON[ER] DV ROY DE LA VILLE DE TROYES

CY DEVANT LIEVT[T] DV ROY & LIEVT[T] GENERAL DE PEE (sic)

& DE DAME MARIE PERICARD SON EPOVSE LE DY S[R]

ET DAME PERE ET MERE DE M[RE] DE CHAVAVDON

CON[R] AV PARLEMENT DE PARIS & DE M[R] DE CHA-

VAVDON DE S[TE] MAVRE CON[ER] AN LA COVR DE AIDES

IAY POVR PARIN LES SVS DI SEG[R] ET DAME ET

BENI PAR LOVIS SEGVINEAV [1]

PRIEVR CHAN[NE] REG[ER] CVRE DV DI LIEV.

G. D. S. IVLLIEN RIVIER ANDRE GERARD MARGVILLIER E CHARGE

LES BARBETTES EN 1725 (les fondeurs).

C. R. MON G. B. D.

Cette tour est maintenue à ses angles par des contreforts à retraits, s'élevant jusqu'à la corniche du couronnement. Cette dispo —

1. Le jour de la Pentecôte 1728, le prieur Seguineau menaça en chaire ses paroissiens de la colère divine, dont les effets, selon lui, n'étaient suspendus que pour éclater avec plus de violence. Deux heures après tout le pays fut saccagé par un orage épouvantable. Alors le prophète, assailli par une foule d'habitants, n'eut que le temps de s'enfuir, abandonnant sa cure pour toujours. L'église fut interdite pendant plus de six mois. Ce n'est qu'à la suite d'une procession et d'une amende honorable que l'église fut rendue au culte. (Courtalon.)

sition indiquerait que le constructeur avait l'intention d'élever une flèche en bois sur cette tour, et expliquerait le développement de sa base. Le tout est couvert d'un toit à quatre versants, sur la crête duquel est un petit campanile à jour et sans cloche

Les deux contreforts, du côté de l'occident, sont ornés de petites consoles qui ont dû recevoir des statues.

Cette tour est construite dans l'axe du bas côté sud ; elle empiète par sa largeur sur une partie de la grande nef. Il en résulte que la porte principale de l'église se trouve resserrée entre cette massive construction et le contrefort buttant le collatéral nord.

Cette porte est très simple dans sa décoration, elle s'ouvre sur deux pieds-droits portant un linteau à claveaux en arc surbaissé. Sur la clef du linteau est une petite console qui portait une statue, seule décoration du tympan qui est lisse. Ce dernier, en arc ogival, est couronné par une archivolte dont les profils retombent sur deux colonnes engagées dans l'angle de la tour et du contrefort opposé.

A la hauteur des voûtes, un œil-de-bœuf éclaire la nef ; au-dessus est une ouverture carrée pour aérer les combles. Mais ce qui ajoute encore à l'écrasement général de l'édifice, c'est le gigantesque pignon de la façade, s'élevant jusqu'à la naissance de la corniche de la tour. Ce pignon fut élevé en 1546, pour recevoir la charpente qui couvre la grande nef, en même temps que les deux collatéraux. Le système est sans doute économique, mais du plus disgracieux effet.

Intérieur. — La nef se divise en quatre travées accompagnées de bas côtés. Les arcs-doubleaux sont pro-filés avec des moulures anguleuses et prismatiques. Ils reposent sur des piliers cylindriques, accompagnés de quatre colonnes engagées avec des bases à ren-flement (2).

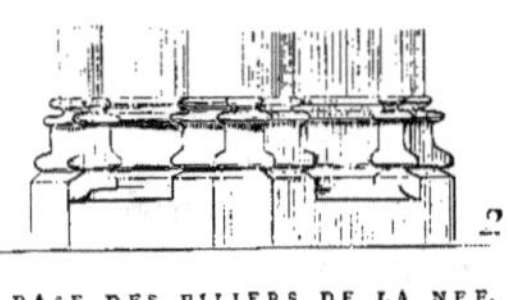

BASE DES PILIERS DE LA NEF.

Au-dessus des arcs ogives de la nef s'élève un mur sans fenêtre. Cette disposition donne un peu d'obscurité à la nef, qui ne reçoit de la lumière que par les petites fenêtres des bas côtés ; ces fenêtres sont divisées par un seul meneau, portant deux arcs surbaissés à contre-courbes tréflées. Une seule fenêtre diffère dans sa décoration, la

courbe ovale des lobes enveloppe une fleur de lis très bien appa-
reillée et très élégante de forme. Dans les vitraux qui se trouvent
encore à la hauteur des lobes, on remarque les armes d'une branche
cadette de la famille Largentier de Chapelaines (1) accolée à celles
des Molé (2); de même dans la première fenêtre de ce bas côté, nous
voyons le monogramme de Guillaume de Chavaudon (3).

Cette partie de l'édifice est d'un effet d'ensemble très remarquable.

Le chœur et ses bas côtés sont un peu plus élevés que ceux de
la nef et d'un développement plus considérable. Ils se divisent en
trois travées. La première comprend le transept ; la troisième, à elle
seule, a les dimensions des deux premières. Le pèlerinage de Sainte-
Maure étant très suivi au XVIe siècle, on devine sans hésitation
qu'avant toute chose l'on ait cherché à donner l'espace et la lumière
à cette partie de l'œuvre.

Les murs des bas côtés sont percés par de grandes fenêtres cintrées, divisées horizontalement en deux parties par une plate-bande,
sur laquelle s'élèvent des meneaux
formant des espèces de portiques à
pleins cintres superposés.

Les voûtes sont surchargées de
nervures profilées, dessinant des
figures géométriques où l'on remarque des losanges, des étoiles et des
croix; le tout se pénétrant et se
reliant par des lignes diagonales qui

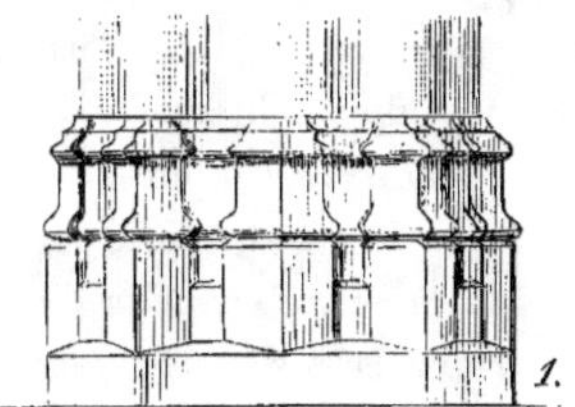
BASE DES PILIERS DU CHŒUR.

se réunissent en faisceau, et viennent retomber sur la masse d'un pilier
ondé, orné d'une base à talon (1).

Ces voûtes sont lourdes et donnent un aspect grêle aux piliers qui les supportent. Elles nous rappellent, comme construction, les voûtes et les piliers de l'église Saint-Jean de Troyes, qui sont, avec ceux de Sainte-Maure, la dernière et la plus mauvaise expression de l'architecture gothique.

Une particularité est à observer dans la construction de ce sanctuaire : le plan n'est pas tout à fait dans l'axe de la nef; en outre il s'incline à gauche, d'une manière très sensible; on a certainement voulu éviter un écueil dans le tracé de cette construction. Des fouilles faites depuis peu ont fait découvrir un caveau longeant les piliers à gauche du chœur.

La présence de ce caveau explique parfaitement cette déviation. De tout temps les seigneurs du lieu avaient à leur charge la construction du chœur et du sanctuaire, la nef était entretenue et construite aux frais des habitants. Le seigneur qui fit reconstruire cette partie de l'édifice avait un caveau de famille dans l'ancien chœur. C'est probablement par respect pour cette sépulture que l'architecte crut devoir sortir ainsi des règles.

Le chœur est fermé par trente-deux stalles modernes, qui sont une copie de celles de Pont-Sainte-Marie. Contre le premier pilier du chœur s'élève une chaire à prêcher toute moderne, mais dans le style gothique du xvi siècle. Les panneaux de la cuve sont à jour et sculptés avec une grande finesse, le couronnement est octogonal et se termine par un pinacle ajouré, surmonté d'un ange sonnant de la trompette. Malgré la lourdeur de ce couronnement, cette chaire est une œuvre remarquable, exécutée, en même temps que les stalles, par M. Valtat, sculpteur à Troyes.

Tombeau de Sainte-Maure. — Ce tombeau était, avant 1637, au milieu du chœur, porté par quatre piliers. A cette date, il fut placé dans la première chapelle du collatéral à gauche; c'est là que nous l'avons vu et dessiné en 1860. Le 12 octobre 1865[1], avant que le sarcophage reprît sa place primitive, on en fit l'ouverture en sciant les

---

1. Voir le compte rendu de cette translation, *Annuaire de l'Aube*, 1868, par M. l'abbé Socqard, ancien curé de Sainte-Maure.

ferrements qui scellaient le couvercle avec la bière ; on ne trouva qu'un
peu de terre mêlée avec quelques parcelles d'ossements. Les restes
de cette sainte avaient été, à plusieurs reprises, relevés et transportés
à l'abbaye de Saint-Martin-ès-Aires de Troyes, dont dépendait le
prieuré-cure de Sainte-Maure.

Ce monument est en pierre d'un grain très dur. L'une des parois,
celle du côté des pieds, laissait apparaître, par des éclats de brisures,
les traces d'une violation qui eut lieu, sans doute, par suite du décret
de 1792. Cette partie brisée avait été bouchée depuis avec de la terre
et des briques.

Aujourd'hui ce tombeau repose au milieu du chœur, en avant
de la deuxième travée, qui est la place même où la sainte avait été
enterrée, dans une crypte dont il reste encore de beaux vestiges.
Comme celui de Sainte-Geneviève de Paris, il est revêtu d'une riche
herse en cuivre doré, dans le style du XIIIe siècle, exécutée, sur les
dessins du R. P. Martin, par la maison Poussielgue-Rusand, de
Paris. Huit colonnes, avec chapiteaux à crochets, supportent un couvercle semi-cylindrique, orné de rosaces à trilobes avec rinceaux d'une
grande richesse. Cette décoration enveloppe le couvercle en pierre de
ce monument. Il en est de même pour le tombeau, qui, lui aussi,
est garni de panneaux dans le même genre et dans le même style.

Il y a, entre le couvercle et la bière, une distance assez grande pour permettre de voir à l'intérieur une figure en cire couchée, vêtue en Romaine des premiers siècles, et tenant une palme d'argent dans la main droite. C'est une prétendue représentation de la figure de sainte Maure.

Nous sommes heureux de pouvoir mettre sous les yeux de nos lecteurs la copie exacte de ce vieux et vénéré sarcophage, datant du ixe siècle environ, et qui disparaît complètement sous la richesse de son magnifique entourage. C'est une perte pour l'étude archéolo-gique et pour la science; il ne suffit pas de faire une belle chose, il faut encore savoir la raisonner ou la résoudre dans l'intérêt de l'œuvre que l'on veut glorifier.

Pour notre part, nous avons été plus impressionné devant cette imposante masse de pierre, laissant tant de place à l'imagination, que devant ce luxe d'orfèvrerie et surtout en présence de cette prétendue réalité qui n'est rien, et que l'action du temps fera tomber en poussière.

Tabernacle. — Le sanctuaire est éclairé par cinq fenêtres divi-sées par un seul meneau cintré. Les nervures de la voûte, à moulures prismatiques, s'appuient sur une demi-colonne engagée et reposant sur des consoles à figures humaines en partie brisées. La clef centrale de cette voûte représente Jésus-Christ ressuscité, portant l'étendard de la croix, au milieu d'une gloire à rayons flamboyants. Des restes de peintures décorent ce sujet avec une partie des nervures.

La première fenêtre à droite est murée par la sacristie qui se trouve adossée à cette travée.

Au-dessous et à côté de la porte de cette sacristie se trouve une piscine dans le style de la Renaissance; sur le bandeau on voit la date de la construction avec ce jeu de mots :

$$\text{MAI·QVIA·PIS·QVINA}$$
$$1546$$

Le maître-autel est en marbre; sur les gradins se trouve un riche tabernacle de forme monumentale, en bois sculpté et doré, accom-

gné, à droite et à gauche, de jolies peintures. En plan, il représente une moitié d'hexagone, orné sur les angles d'un faisceau de colonnes torses à feuillages, surmonté d'un chapiteau composite portant un riche entablement sculpté de rinceaux à jour. Au milieu de cette corniche on lit sur une petite plaque de marbre noir :

O SACRVM
CONVIVIVM IN QVO
CHRISTVS SVMITVR

Sur la porte du tabernacle, se voit une figure du bon pasteur, Jésus-Christ portant un agneau sur ses épaules; et sur les panneaux des côtés, saint Pierre à droite, et saint Paul à gauche.

Les panneaux du retable sont décorés de deux peintures représentant l'Assomption de la Vierge et la descente du Saint-Esprit sur les Apôtres. Au-dessus de la corniche s'élève un étage qui était destiné à recevoir les reliquaires; ses angles sont appuyés par des consoles à têtes de chérubins. Le panneau sculpté de la face principale représente l'institution de l'Eucharistie, la Cène; celui de droite, en retour, Moïse conduisant son peuple à la manne du désert et à l'eau du rocher; celui de gauche, Élie se nourrissant d'un pain miraculeux qu'un ange lui apporte du ciel. Ces deux sujets sont devenus à peu près incompréhensibles par suite d'une restauration maladroite.

Ces compartiments sont coiffés d'une portion de dôme, sur lequel s'élève un petit campanile surmonté d'une croix. Notre dessin nous dispense d'une plus longue description pour ce qui regarde les détails de sa décoration.

Ce riche monument a été exécuté en 1635, par les soins du prieur Nortas, curé de Sainte-Maure, et porte sur le revers les initiales de ses auteurs, M·I·L·G·P· suivies de la date de son exécution ·1635·

Au-dessus de ce tabernacle, un peu en retraite, sont suspendus à la voûte deux anges, sculptés en bois et plus grands que nature. Ils portent une châsse dans le style Louis XV, renfermant les reliques de sainte Maure. D'après Courtalon, ces figures et cette châsse auraient été exécutées à Paris en 1776, sur les dessins de Boulard, Troyen, architecte de Notre-Dame de Paris, et données par MM. de Chavaudon.

Siège curial. — **A** gauche du sanctuaire, sous la fenêtre de la pre-

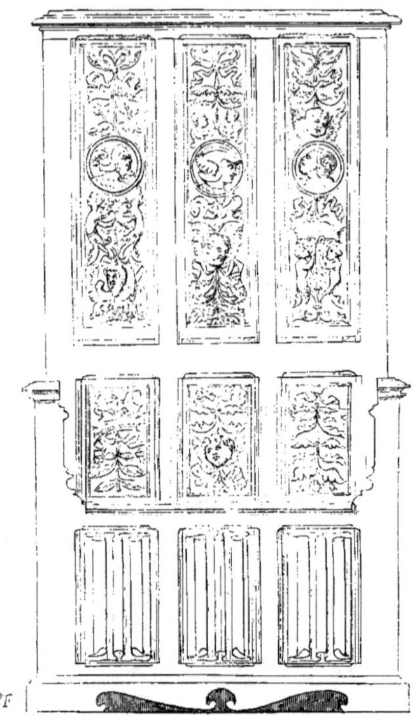

SIÈGE CURIAL (XVIe SIÈCLE).

mière travée, est placé le siège curial, sculpture en bois du XVIe siècle. Les panneaux du dossier sont décorés de médaillons à têtes casquées, accompagnées d'arabesques des plus gracieuses, parmi lesquelles nous voyons des têtes de chérubins et des rinceaux à figures d'enfants à mi-corps, qui se terminent en feuillages. Le couronnement de ce siège est moderne. Nous l'avons supprimé dans notre dessin, parce qu'il n'a pas le moindre rapport de style avec ce joli et curieux meuble.

Ce sanctuaire est fermé par une grille de communion du xviiie siècle. Elle a dû être exécutée par le même forgeron qui a décoré le chœur de l'église de Pont-Sainte-Marie.

Chapelles latérales. — Il existe trois chapelles dans chacun des bas côtés du chœur. La première à droite est dédiée à la Vierge. Elle est occupée par un retable en bois, adossé contre le mur et montant jusqu'à la voûte. Il se compose de trois compartiments divisés par des pieds-droits ornés des statuettes de sainte Maure, saint Joseph, saint Bernard et sainte Catherine, et supportant des arcs à contre-courbes. A droite et à gauche, deux peintures représentant l'Annonciation et une Notre-Dame-de-Pitié ; au centre, la statue de l'Immaculée-Conception. Dans le couronnement, une Vierge portant l'enfant Jésus, sur un large pinacle sculpté à jour ; tout cet ensemble de décoration exécuté depuis quelques années dans un style fantaisiste n'offre rien de bien intéressant. Au-dessous de la grande fenêtre, qui éclaire cette chapelle, sont suspendues au mur deux belles peintures sur bois, de petites dimensions, représentant le Mariage de la Vierge, et les Apôtres visitant son tombeau, après son assomption. Un prêtre en surplis, portant la barbe en pointe, se trouve au milieu des Apôtres. C'est, sans aucun doute, le donateur qui a fait faire ces jolies peintures, qui datent de la fin du xviie siècle.

La deuxième chapelle, dite de Sainte-Barbe, faisant suite, est décorée d'un autel moderne, au-dessus duquel se trouve un tableau assez remarquable, représentant la communion de saint Jérôme, d'après le Dominiquin. La grande fenêtre de cette chapelle est ornée d'une grisaille de la fin du xvie siècle, dont le sujet, en partie brisé, représente les restes d'un jugement de Salomon, attribué par Courtalon à Linard Gonthier.

La troisième chapelle, dite des Prieurs, fait partie du transept. Sa fenêtre est divisée en trois portiques, et occupée par une fraction de ces verrières qui devaient représenter, dans leur ensemble, l'arbre généalogique des rois de Juda ; sur des banderoles au-dessus de la tête des rois, on lit les noms de **hefron-Salathiel-Abias-Roboam-Juda-Pha-res-Naak-Abraham-Jacob-Nabafon**. En haut, près du cintre de cette fenêtre, la Vierge portant l'enfant Jésus est entourée d'une gloire à rayons flamboyants. Les autres rois de Juda, qui se trouvaient au point de départ de cet arbre de Jessé, étaient représentés sous la figure des rois de France de la troisième race; on y reconnaissait Henri IV, sous le nom d'Amos. A ses pieds était Jean Thévignon, de Troyes, qui fit rétablir le couvent de Saint-Martin-ès-Aires vers la fin du xvie siècle, donateur de ce vitrail en 1603, **Nagueres prieur de Ste Maure**, depuis abbé de cette abbaye, commandeur de Saint-Antoine et aumônier du roi [1]. Cette verrière, comme celle qui précède, est de la main de Linard Gonthier. Toutes ces intéressantes figures ont disparu depuis bien des années.

La première chapelle, à gauche du chœur, a pour patron saint Barthélemy. L'autel est orné d'un bas-relief en pierre, ancien retable du xvie siècle, ayant subi de nombreuses réparations assez bien exécutées.

Il représente au centre un calvaire; à gauche, Jésus chargé de sa croix; à droite, la Résurrection. Au-dessus et derrière ce retable, une grande fenêtre nouvellement rétablie, dans laquelle est représenté le martyre de saint Barthelémy, peinture nouvelle dont je m'abstiens de dire un mot.

La deuxième chapelle qui suit est celle de Saint-Joseph, occupée par un autel Renaissance tout moderne; la fenêtre, ayant la même division dans son armature, est vitrée avec un mélange de verres de couleurs dans le fouillis duquel on voit Daniel dans la fosse aux lions; c'est toujours la même exécution en grisaille, et la même main qui a composé et peint ce vitrail. Quelques fragments d'inscriptions nous donnent les noms des donateurs. Ce sont ceux de **Pierre Mechin** et **Jeane Marre fa feme**. L'homme est vêtu d'un veston bleu, col rabattu, culotte violette, attachée au-dessus du genou, bas verts, souliers à rosettes; la femme, en robe brune, coiffée d'un fichu noué derrière la tête et retombant sur le dos. Elle est accompagnée de son patron, saint Jean-Baptiste.

1. Courtalon, vol. III, page 121.

La troisième chapelle, dite de Sainte-Maure, comme celle qui lui fait face, est le prolongement du transept; l'autel est moderne, composé avec des débris anciens et divers panneaux peints. Sur le tabernacle est représenté le Christ au milieu de deux anges en adoration, et sur les côtés, saint Pierre et saint Paul. Sur le retable, se trouvent deux peintures où l'on voit sainte Maure convertissant son père au christianisme, et la même sainte, assistée à ses derniers moments par saint Prudence, trente-quatrième évêque de Troyes.

Dans cette chapelle il existe des restes de peintures murales; sous le badigeon, de chaque côté de la fenêtre, on voit encore la silhouette de la composition du sujet, représentant une Annonciation, la Vierge est à droite de la fenêtre, du côté de l'autel, et l'ange est à gauche, de l'autre côté de la fenêtre.

Le bas de la fenêtre est en verre blanc; dans le haut se trouve un **Ste Leo abbas mautimareris** et dans les lobes le blason de l'évêque de Troyes, Odard Hennequin (1), en outre celui de l'alliance des familles de Nicolas Bizet, de Troyes, seigneur de Charley;

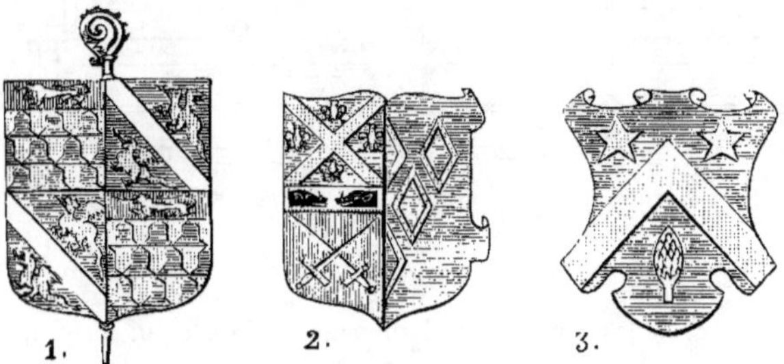

de Jaquette Berthier, sa mère; accolé à celui de Guillaumette de Marisy, sa femme (2)¹.

Un troisième blason nous est inconnu. Il a beaucoup de rapport avec celui de la famille Corps; il ne diffère de celui-ci que par les émaux (3).

---

1. *Généalogie des Marisy*, par A. Roserot. — *Mémoire de la Société académique de l'Aube*, tome XL. — *Armorial de l'Aube*, par le même.

Tribune. — Cette tribune est finement exécutée; beaucoup plus complète que celles de Pont-Sainte-Marie et de Creney, elle a conservé son support; voussure qui vient s'appuyer, par un arc de cercle, contre le mur occidental de l'église. La balustrade de cette tribune est divisée en sept panneaux sculptés à jour, figurant des petites

LA TRIBUNE (XVIe SIÈCLE).

fenêtres en accolades à meneaux flamboyants. Dans celui du milieu, deux anges portent l'écu de France. La ferme supportant la tribune, la frise qui reçoit la retombée de la voussure ainsi que la corniche d'appui sont décorées de feuilles courantes.

Statues. — Plusieurs statues de saints décorent l'église de Sainte-Maure et sont à signaler. Citons, en première ligne, une sainte Maure placée aujourd'hui à droite et à l'entrée du chœur, autrefois dans le bas côté gauche, sur le pilier d'angle de la chapelle où se trouvait le tombeau de cette sainte. Cette statue est digne d'attention. La pose est élégante et les draperies sont bien ajustées.

Dans la chapelle de la Vierge, nous avons remarqué un saint Nicolas et une sainte Barbe. Dans la chapelle des Prieurs, un saint
Sébastien, attribué à Dominique et à Gentil;
il est attaché à une colonne sur le haut de
laquelle est fixé un blason, armes parlantes
de Jean Villain, prieur-curé de Sainte-Maure,
à la fin du XVIᵉ siècle. Il portait d'azur, au
calice d'or, accosté à dextre d'un I et à sé-

nestre d'un V, aussi d'or,
et en pointe d'un poisson
de même, appelé Vilna
ou Vilain. Nous avons
encore distingué, au-des-
sus de la petite porte latérale méridionale, un *Ecce
homo* portant cette inscription sur son socle :

HIC·ME·PONIT·FECIT
IOHANNES·DES·CHAMPS
1674.

Excepté cette dernière statue qui accuse
son âge, toutes ces sculptures ont été exécutées de 1550 à 1580.

Sur le côté de la même porte, à droite,
est un bénitier ayant la forme d'une console renversée, surmonté
d'une tête de chérubin portant une large coquille qui reçoit l'eau
bénite. Il porte la date du 20·MAY·1627.

Dans la chapelle des fonds, l'on voit accroché au mur occidental
du bas côté nord un tableau dont le sujet principal est la Présentation de la Vierge au Temple. Ce tableau ne manque pas d'une
certaine puissance de couleur et d'effet. Mais ce qui en fait une
curiosité toute particulière, c'est la présence de deux personnages en
costume religieux à droite de l'action principale. L'un est un moine
des Augustins de Saint-Martin-ès-Aires de Troyes, peut-être ancien

prieur de Sainte-Maure, dans une attitude de contemplation. L'autre
une religieuse agenouillée et priant, les mains jointes. Les vêtements
de cette religieuse ont beaucoup de rapport avec l'habit religieux de
l'abbaye de Notre-Dame-aux-Nonnains. Ces deux figures portent à

peu près le même âge ; seraient-ce le frère et
la sœur, donateurs du tableau ? Leurs armes se
trouvent au-dessous d'eux. Nous avons espéré,
un instant, faire connaissance avec ces deux religieux ; contre notre attente, nous n'avons rien
trouvé dans l'*Armorial de la Champagne.*

Nous publions ce blason, dans l'espoir que la lumière se fera par la
suite. C'est pour la seconde fois que nous le rencontrons, avec quelques
différences il est vrai, qui augmentent la difficulté de nos recherches.

A droite de ce tableau, sur le parement du mur, on voit les
restes d'une litre seigneuriale,
aux armes de la famille de Chavaudon, anciens seigneurs de
Sainte-Maure.

Une litre est un cordon funèbre, que l'on peignait sur les
murs intérieurs et sur les murs
extérieurs des églises, aux décès
et pour les cérémonies mortuaires des seigneurs du lieu. Ces peintures étaient renouvelées à chaque décès dans la famille ; il en résul-
tait que l'église était ceinte de son voile funèbre éternellement. La
litre seigneuriale portait, de distance en distance, sur les piliers, les
contreforts et les parements des murs, le blason du seigneur décédé.
Aujourd'hui ce bandeau est remplacé par des tentures en drap noir,
qui s'enlèvent à volonté.

En montant à la tour de l'église, nous avons aperçu, au rez-de-
chaussée, derrière un dépôt de planches et de pierres, les restes d'un
tabernacle en bois doré, du commencement du xvi siècle. Comme le
fragment de Creney, son plan est hexagonal, mais celui-ci a conservé
deux étages, ornés de panneaux gothiques, dans le goût de ceux de
la tribune.

Ces panneaux sont maintenus aux angles du petit monument par des contreforts surmontés de pinacles à crochets ; c'est à partir du deuxième étage qu'un troisième s'élevait un peu en retraite sur le précédent, et se terminait par un riche clocheton. Chacun des étages avait sa porte fermée à clef sur le devant. Le compartiment du bas renfermait le saint ciboire, celui du deuxième les châsses ou reliquaires. On n'avait qu'à ouvrir les portes pour présenter ces reliques à l'adoration des fidèles.

Depuis une vingtaine d'années, l'église de Sainte-Maure a subi, à son grand avantage, une véritable transformation dans son mobilier, dans la décoration de ses autels et de ses statues. Une partie de ces travaux ont été exécutés avec beaucoup de goût et de soin. D'autres laissent à désirer. Nous ne spécifierons pas, pour ne froisser les susceptibilités de personne. Ajoutons que ces travaux ont été exécutés, partie aux frais de la commune et de la fabrique, partie aux frais de M. le prince de Lucinge et de Mme veuve Calmon et ses enfants. M. l'abbé Soc-

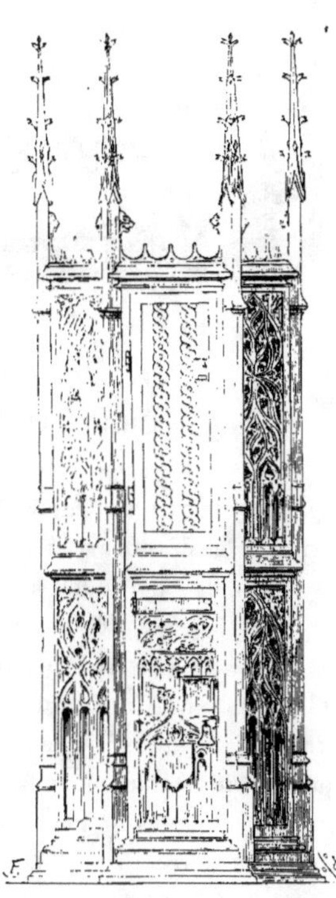

TABERNACLE (XVIe SIÈCLE).

quard, ancien curé de Sainte-Maure, actuellement curé de l'église Saint-Pantaléon, à Troyes, en avait pris l'initiative.

CHATEAU DE SAINTE-MAURE.

CHATEAU DE SAINTE-MAURE

Le château de Sainte-Maure est situé sur l'emplacement des terres et les dépendances des anciennes seigneuries de Charley, dont la famille de Chavaudon avait acquis les terres vers 1678.

Le château, très vaste, fut commencé en 1696, par Maillet, architecte de Troyes. Deux ailes y furent alternativement ajoutées sur les plans de M. Contant d'Ivry, de l'Académie royale d'architecture, architecte du duc d'Orléans, auteur du grand escalier, et des galeries annexes de la cour du Palais-Royal, côté du jardin. Aujourd'hui ce château n'est plus qu'une construction toute moderne. Il est, en effet, entièrement réédifié à l'italienne, vers 1840, par les soins de M. le comte de Chavaudon, mort célibataire en 1867.

Une rotonde, de forme octogonale, existe sur la pelouse à droite de la grande façade. Sur l'un de ses côtés, en regard de la pelouse, est pratiquée une niche qui renfermait une statue d'Atlas, en marbre blanc, d'une proportion colossale. Cette statue provenait du château d'Édouard de Colbert, situé à Villacerf. Elle a été vendue depuis quelques années et remplacée par un moulage en plâtre.

Cette propriété appartient encore aujourd'hui à Mme la marquise de Chavaudon, née Amélie Duhamel, et à M. le prince de Lucinge, son gendre.

Sur la bordure de la route, en face de la maison d'école, existe un petit bâtiment, dépendant de la ferme du château. Cette maison, percée de quatre croisées avec des profils rectangulaires, qui se répètent dans le cadre de la fenêtre, est un des derniers vestiges d'une construction civile du XVIe siècle.

ÉGLISE DE L'ASSOMPTION.

VANNES

Ce village, dépendant de Sainte-Maure, est situé sur le bord de la Melda, jolie petite rivière prenant sa source au moulin de Sainte-Maure, dépendance du château et longeant la route jusqu'à l'entrée de Méry, où elle se perd dans la Seine.

Du temps des comtes de Champagne, il existait à Vannes des moulins à grains, et plus tard, vers le XVIe siècle, des moulins à papier appartenant aux Le Bey, qui avaient acquis, à juste titre, une certaine célébrité dans l'imprimerie et dans la fabrication du papier.

Il ne reste aucune trace ni aucun souvenir historique, dans le pays, de ces anciens établissements, qui ont disparu depuis bien des années.

L'église, sous le vocable de l'Assomption, a la forme d'une croix latine très régulière. Une flèche en bois, d'une assez belle proportion et couverte en ardoise, s'élève sur les combles du transept. Elle renferme une cloche portant cette inscription :

1645. iay este beniſte par mᵉ iean uortas
prieur de Sᵗᵉ maure et vanne nomee par
iean de gombault eſcuyer¹ sᵣ en parti
vermoise et feuge et damoiselle marie
de menaut
iean et iacques les ſaas (les fondeurs).

On entre à l'église de Vannes par une petite porte cintrée du dernier siècle, encadrée d'un entablement et de deux pilastres cannelés, élevés sur des piédestaux. Au-dessus de cette porte, une grande rose, dans le style du xiiiᵉ siècle, éclaire la nef. Elle est surmontée d'un pignon couronné d'une croix en pierre à quatre branches, isolée à sa base par un socle assez élevé.

Toute cette partie de la façade a été rétablie, en 1875, par M. Victor Moriset, architecte à Troyes.

La nef est du xiiᵉ siècle, mais elle a été refaite en partie pendant la reconstruction de la nouvelle façade. Elle prend jour, sur

1. Dans nos recherches sur les inscriptions de l'ancien diocèse de Troyes, nous avons remarqué une tombe en marbre noir, de Sébastien de Gombault, escuyer, commandant une compagnie d'infanterie de Sa Majesté, 1560, et de Jean de Gombault, probablement celui dont il est question dans l'inscription de la cloche. La sépulture de cette famille se trouve dans le bas côté nord, derrière la chaire à prêcher de l'église Saint-Jean. Nous avons rencontré encore une autre tombe, également en marbre noir, dans l'église de Sainte-Madeleine, bas côté méridional, devant l'autel de la Vierge, de Denis de Gombault, écuyer-seigneur de Bois-Regnaut, premier conseiller, assesseur et lieutenant criminel particulier à Troyes, décédé le 30 juin 1625, et damoiselle Antoinette Le Marguenat, sa femme. Signalons aussi une épitaphe de cette famille dans l'église de Poivre, que nous publierons à l'arrondissement d'Arcis-sur-Aube.

les côtés, par deux fenêtres plein cintre très étroites. Les fenêtres de droite sont bouchées par suite de la construction d'une nouvelle sacristie, qui occupe toute la longueur du mur méridional de cette nef.

La voûte de la nef, de style ogival, est en bois avec entraits et poinçons en fer. Une porte latérale s'ouvre à droite, au milieu de la nef, et donne accès à cette nouvelle sacristie dont il vient d'être question, et au cimetière qui contourne tout le monument.

La chapelle de la Vierge, du côté méridional, s'ouvre sur le chœur par deux ogives en tiers-point, reposant sur une forte colonne isolée, ornée d'un simple tailloir en biseau pour chapiteau, et d'une base ayant la même hauteur que le fût de la colonne, dont la masse carrée est abattue sur les angles. Cette travée, d'un beau caractère architectural, date de la fin du xiii⁰ siècle, comme tous les murs qui enveloppent le chœur et les deux chapelles du transept.

Au-dessus des ogives dont nous venons de parler, et à l'intérieur de la chapelle, règne une jolie corniche, supportée par des corbeaux en quart de cercle, portant primitivement la sablière de l'ancienne charpente. Aujourd'hui elle est voûtée en bois, dans le style ogival du commencement du xvi⁰ siècle. Les entraits de la charpente, portant les arcs qui empêchent l'écartement des arbalétriers, sont décorés, à leurs extrémités, de têtes de monstres engoulant cette pièce de bois horizontale (1). Un poinçon per-
pendiculaire repose sur cette poutre
transversale. Elle est façonnée et
chanfreinée sur ses arêtes, et le
poinçon est orné d'une base renflée.
Sur son socle est un écu aux initiales de Marie et de Jésus-Christ (2).

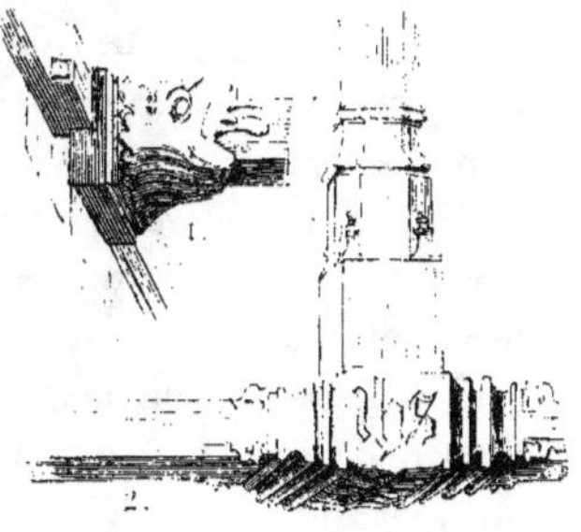

La charpente de la nef, avant
sa restauration, était traitée dans les
mêmes conditions que celle-ci ainsi
que la voûte du chœur. Il en résul-
tait un ensemble décoratif de l'art de la charpenterie des plus intéressants, et méritant certainement d'être conservé.

L'autel de cette chapelle de la Vierge est d'une grande simplicité. Un retable en bois, composé de deux colonnes cannelées avec chapiteaux ioniques, portant un entablement, en fait toute la décoration. Au milieu de ce retable est une vierge moderne, et de chaque côté, deux peintures assez médiocres, représentant, celle de droite, l'Annonciation; celle de gauche, Jésus au milieu des enfants.

La chapelle septentrionale est la seule partie de l'église qui soit voûtée en pierres. Elle reçoit la lumière, comme celle qui lui fait face, par une fenêtre ogivale à trilobe, divisée en deux parties.

Au chevet de cette chapelle se trouve une fenêtre bouchée, entourée de sculptures en bois, dans un style gothique quelconque. Elle sert de niche à une statue de saint Thomas de Cantorbéry, second patron de l'église. La tradition rapporte qu'en sortant de Troyes, ce saint se rendit à Vannes pour y consacrer l'église.

Le sanctuaire, voûté aussi en bois, est un rectangle peu profond, éclairé aux deux extrémités par deux fenêtres en lancettes. Un retable en bois occupe le mur du chevet. Il est divisé en cinq parties, et d'un style quelque peu gothique, avec ogives surmontées de contre-courbes à crochets, divisées par des contreforts et réunies par une corniche sur toute sa longueur. Chacun des panneaux est occupé par des statues anciennes et modernes, dont deux sont assez remarquables. Ces statues représentent une Notre-Dame-de-Pitié, un saint Joseph moderne, une sainte Catherine et un saint Thomas l'incrédule, mettant le doigt dans la plaie du côté de Jésus-Christ.

Dans la travée du milieu du même retable, on a ménagé une ouverture pour laisser voir une fenêtre occupée par une verrière qui représente l'Assomption de la Vierge. Au-dessus de cette ouverture, et sur l'arc ogival, s'élève jusqu'à la voûte un grand gâble, orné d'un trilobe ajouré, portant une jolie statue de la Vierge du XIIIe siècle, très richement vêtue; malheureusement la richesse des détails de ses ajustements disparaît dans la pénombre du sanctuaire. Encore un chef-d'œuvre de l'art de la statuaire qui a perdu sa place à l'autel de la Vierge, où elle est remplacée par une figure toute moderne.

FIEF DE DAVAU

Le petit fief de Davau est situé sur les rives fraîches et ombragées de la Melda.

La maison d'habitation est en bois, et n'a rien de bien remarquable. Cependant avec son aspect vermoulu et pittoresque, elle est très agréable à voir au milieu de cette végétation.

La porte d'entrée est belle de proportions, et ne manque pas d'une certaine grandeur.

Elle s'ouvre par une large baie, avec pied-droit, portant un plein cintre dont les claveaux en relief sont taillés en table à biseaux. Il en est de même pour les assises des montants de la porte.

La clef est richement ornée d'un blason, que l'on pourrait prendre pour celui d'une branche cadette de Nivelles, ancienne famille de magistrats à Troyes. Notons que dans le blason de la famille des Nivelles l'étoile est remplacée par une croix.

Une large corniche sert de couronnement à cette porte. Elle est abritée par un toit à quatre versants, couvert de tuiles vernissées encore apparentes dans certaine partie, offrant les mêmes dispositions que celles de la tour de la maison de Saint-Benoît.

ÉGLISE SAINT-PATROCLE[1].

SAINT-PARRE-LES-TERTRES

Saint-Parre est situé à deux kilomètres de Troyes, sur le haut de la colline appelée Mont-des-Idoles, où saint Parre, noble citoyen de Troyes, souffrit le martyre en l'an 275.

C'est dans la place où il fut enterré que l'archiprêtre Eusèbe, lorsque la persécution eut cessé, fit bâtir une chapelle devenue plus tard une paroisse, sous le patronage de saint Patrocle.

L'église actuelle fut construite vers les premières années du XVIe siècle ; le chœur est une partie d'octogone. Dans son ensemble, cette église a la forme d'un vaste rectangle divisé en trois nefs et en cinq travées.

1. Vue prise avant la restauration du portail.

La tour de l'église est en saillie sur la façade et précède la nef septentrionale. Autrefois une sixième travée s'appuyait sur cette tour. Nous avons vu, il y a quelques années, les arrachements des arcades et des nervures des voûtes qui ont disparu depuis 1876. Le mur de la tour, côté du midi, conserve encore les traces de l'arcdoubleau de cette travée qui s'appuyait sur un pilier en demi-relief, engagé dans le mur de la nouvelle façade.

Un fragment de l'ancienne entrée existe encore sur les assises du premier contrefort de la tour. Il porte, avec la date de la construction de celle-ci, les noms des maîtres maçons qui l'ont élevée et décoré le portail. En voici le fac-similé :

```
LE  9·DV  MOIS  DE·MAY·1557·
FV·CŌMENCES  CESTE·TOUR·PAR
IADEMET·ET·I·THIEDOT·ET·C·D·
```

Il est donc certain que cette ancienne façade était au droit du mur occidental de la tour. Les restes de sculptures indiquent que sa décoration était une répétition exacte de celle de la porte sud de l'église de Creney. (Voyez page 6.)

Nous ne savons rien de l'accident qui a pu amener la chute de cette travée, accident qui peut remonter au XVIIe siècle, puisqu'à cette époque l'on crut devoir fermer l'église à la deuxième travée.

L'église s'ouvre aujourd'hui par une porte cintrée, encadrée d'un entablement d'ordre dorique, peu saillant, soutenu par deux pilastres élevés sur des piédestaux. Au-dessus de la porte est un œil-de-bœuf; plus haut, une grande fenêtre cintrée, divisée en deux parties par des ouvertures cintrées, avec un petit cercle au-dessus et surmontée d'un archivolte.

Le pignon est terminé par une croix élevée sur un socle. A partir de la grande fenêtre cintrée, tout ce mur a été reconstruit, de 1877 à 1878, aux frais de la commune et de l'État, sous la direction de M. Roussel, architecte à Troyes.

La tour, assez lourde d'apparence, s'élève et fait saillie à gauche de la porte d'entrée; des contreforts à retraits doublés sur les angles s'appuient jusqu'à la corniche de son couronnement.

L'étage supérieur est ouvert sur ses quatre faces par deux pleins cintres fermés par des auvents. Un toit en pyramide couvre cette tour, surmontée d'une croix en fer, accompagnée de deux épis en plomb. Une tourelle circulaire fait saillie dans l'angle rentrant des contreforts, au nord-est. Le mur droit, opposé à cette tour et fermant la nef méridionale, n'a pour ouverture qu'un œil-de-bœuf d'une grande dimension.

A l'angle de la tour, on lit une inscription qui se trouve gravée au-dessous de celle des maîtres maçons cités plus haut. Elle rappelle un désastre qui a ruiné une partie des hameaux environnants :

> LAN 1697 LE 20 IUIN IL EST ARIVE
>
> VN GRAND CRVE DEAV QVI A RVINE
>
> BEAUCOUP

Courtalon raconte qu'à dater du 20 juin 1697, il plut pendant trois jours et trois nuits; cette pluie cessa enfin, et au bout de vingt-quatre heures elle reprit avec une telle violence que bientôt les eaux débordèrent et passèrent comme un torrent devant la Trinité de Saint-Jacques. Plus de quinze maisons furent renversées et ruinées. Le couvent de Foicy, bâti autrefois sur l'emplacement de la maison de campagne de Saint Parre, fut inondé; il y avait dans l'église deux ou trois pieds d'eau. Une grande partie des murailles du couvent furent renversées, plusieurs arbres déracinés, des moulins entraînés, des personnes noyées.

Porte latérale. — Une jolie porte latérale s'ouvre au midi, à la seconde travée. Elle a beaucoup de rapport avec la porte sud de Pont-Sainte-Marie, dont elle ne diffère un peu que par les détails.

Parmi les figures sculptées dans les gorges, on remarque, à gauche, une figure d'homme vêtu d'un pourpoint et de hauts-de-

chausses crevés et coiffé d'une toque à panaches. Il tient un large
glaive à la main, et repose debout sur une énorme tête grimaçante.

La figure qui lui fait face, à droite, complète la signification du
sujet représenté. Un enfant nu, dansant, brandit une épée au-dessus
de sa tête en signe de triomphe; de la
main gauche, il tient une fronde garnie
de pierres. Sous ses pieds, on voit une tête
expirante : c'est David enfant, vainqueur
de Goliath (1). En face c'est le guerrier
armé de pied en cap; de l'autre côté c'est
la déification de l'adolescent, dompteur du
géant des Philistins.

Intérieur. — L'église, comme nous
l'avons déjà dit, se compose de cinq travées, y compris celle du chœur. Les cinq
arcades reposent sur des piliers cylindriques à base octogone; les voûtes sont

DAVID VAINQUEUR DE GOLIATH.

larges, basses et égales dans leur élévation; c'est-à-dire qu'il n'existe
pas de fenêtres pour éclairer la nef centrale, dont les voûtes sont à
nervures croisées avec étoiles à quatre branches et à doubles pendentifs, et simples pour les deux nefs latérales.

L'abside est voûtée comme la nef, les nervures forment une
étoile à six branches, elle est à cinq côtés, percés chacun d'une fenêtre
ogivale tréflée à un seul meneau. La fenêtre centrale est obstruée par
une énorme Gloire sculptée en bois et dorée.

Le chœur est fermé par des stalles et des bancs avec des dossiers
et appuis à balustres. La chaire à prêcher est très simple. Le panneau
du milieu, représentant saint Parre portant sa tête, est d'une exécution médiocre.

Verrières. — L'église Saint-Parre a conservé une grande partie
de ses merveilleuses verrières, qui, comme partout, ont beaucoup
souffert. Il en reste toutefois quelques fragments et des sujets entiers,
qui sont d'une exécution remarquable.

La première fenêtre du sanctuaire à droite est condamnée, l'ancienne sacristie se trouvant derrière. Une nouvelle sacristie, très joli-

ment aménagée, vient d'être construite en contre-bas de cette fenêtre, qui par suite va pouvoir être rendue à sa première destination.

La deuxième fenêtre contient divers sujets, représentant la création de l'homme et sa chute. Adam et Ève reçoivent du serpent le fruit maudit; Ève offre ce fruit à Adam. Le démon, sous la figure d'une sirène ayant des ailes de chauve-souris et une queue de serpent, entoure de ses anneaux l'arbre du bien et du mal, sur lequel il se trouve. Dieu le Père, en pape, reproche à Adam et à Ève leur désobéissance. Un ange armé d'une épée flamboyante les chasse du Paradis.

En haut du vitrail est représentée la Nativité; et à côté, l'adoration des rois mages. Dans les lobes, on voit le blason de Chantaloe (1)

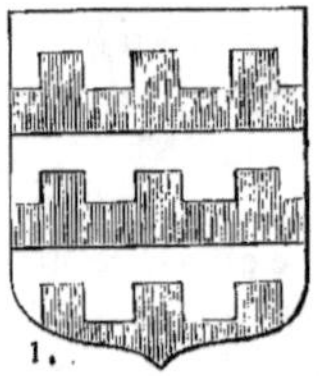

et celui de son alliance avec la famille Dorigny (2), donateurs du vitrail de la Création. Sous le panneau dé la Nativité, on lit : 𝕮𝖊𝖘𝖙𝖊 𝖛𝖗𝖎𝖊𝖗𝖊 𝖆 𝖊𝖘𝖙𝖊 𝖋𝖆𝖎𝖊𝖙𝖙𝖊 𝖉𝖊 𝖑𝖆𝖗𝖌𝖊𝖙... 𝖕𝖆𝖗 𝖕𝖆𝖗𝖊 𝖍𝖆𝖗𝖎𝖔𝖙 𝕮𝖑𝖆𝖚𝖉𝖊 𝖓𝖔𝖊𝖑. . 𝖒𝖎𝖑 𝖘𝖎𝖝 𝖈𝖊𝖓𝖘 𝖉𝖔𝖚𝖟𝖊. Dans d'autres fragments on lit ce nom et cette date : 𝕹𝖎𝖈𝖔𝖑𝖊 𝕭𝖊𝖗𝖙𝖎𝖓... 𝖑𝖆𝖓 𝖒𝖎𝖑 𝖈𝖎𝖓𝖖 𝖈𝖊𝖓𝖘...

La première fenêtre à gauche ne contient que deux sujets dans le haut du vitrail. Un saint est reçu dans la gloire céleste par Dieu le père.

Dans la deuxième fenêtre se trouve une partie de la légende de saint Nicolas. Ici, on le voit s'enfuyant, après avoir jeté sa bourse aux filles d'un pauvre vieillard; là, encore enfant, il est instruit par sa mère; à côté, il prie au pied d'un autel. Dans les panneaux du haut de cette fenêtre est représentée la rencontre de saint Joachim et de sainte Anne. Sous la porte dorée, et plus loin, les mêmes personnages assis sur un siège à dossier, en regard l'un de l'autre, s'entretenant. Au-dessus de Joachin, on lit sur une banderole d'or : **Joachin son bien departoy**, et au-dessus de sainte Anne sont inscrits ces mots : **Au teple aux pauvres**.

Plus haut est un quatrième panneau, appartement à la verrière de saint Nicolas ; ce dernier assiste le donateur de ce vitrail, Nicolas Vinot, accompagné de ses cinq fils ; à côté se tiennent sa femme et sa fille sous l'assistance de saint Jean-Baptiste. Dans les lobes, nous revenons aux sujets de la légende de la Vierge par son Assomption. On lit au milieu de tous ces panneaux, posés là au hasard, les noms qui suivent : **Nicole Berthier... hannette Vinot... Nicolas Vinot mil cinq cens xx**.

Chapelle de la Vierge, bas côté sud. — Cette chapelle est ornée d'un retable avec colonnes doriques, surmontées d'un entablement du même ordre. Au milieu de ce retable est une sainte vierge en plâtre ; de chaque côté, un saint Augustin et un saint Fiacre complètent cette décoration.

Dans la verrière, derrière l'autel, un panneau représente la Vierge sur un trône d'or, portant l'enfant Jésus ; un autre, la mort de sainte Anne.

La fenêtre de la quatrième travée du même bas côté est en partie remplie de sujets de la vie de saint Nicolas. On voit d'abord sa consécration ; saint Nicolas sauve un navire de la tempête ; le diable, logé dans la mâture, emploie force sortilèges pour paralyser ses efforts. Puis, c'est le miracle de l'arbre : l'évêque fait couper cet arbre qui était consacré à la déesse Diane. Dans les lobes, enfin, on voit saint Nicolas sur son lit de mort et deux prêtres lui donnnant les sacrements.

On peut remarquer, par ce qui précède, qu'il serait très facile de reconstituer les deux légendes de la Vierge et de saint Nicolas en comblant, par de nouveaux sujets, les quelques vides insignifiants de ces deux verrières.

C'est dans cette chapelle que se trouve, sous les bancs à gauche, près de la clôture du chœur, la tombe de Jean-Baptiste Dorigny, escuyer, seigneur de Saint-Parre, ancienne famille de Troyes, alliée pendant plusieurs siècles avec toute la noblesse bourgeoise de la province de Champagne, comme l'attestent de nombreux monuments.

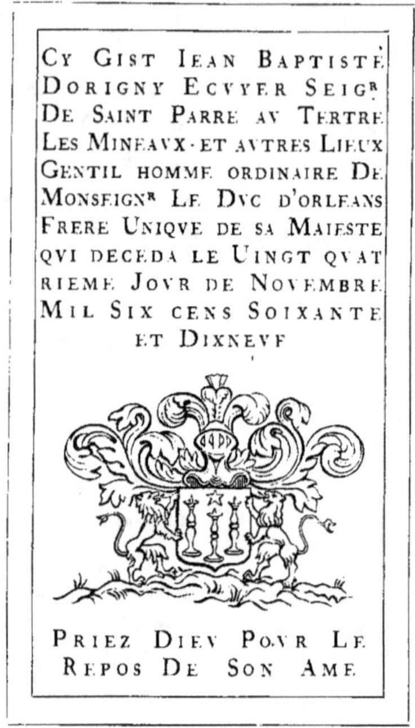

Pierre.   Hauteur 1,85. Largeur 0,95.

La plus intéressante des verrières de l'église Saint-Parre est celle consacrée à la légende de la vision de l'empereur Auguste, qui se trouve dans la troisième travée de la même nef.

Plusieurs pères de l'Église ont classé dans les sujets légendaires la révélation de l'incarnation du fils de Dieu faite à l'empereur par la sibylle de Cumes. Aussi les peintres et les sculpteurs l'ont-ils représentée volontiers dans nos monuments religieux. Sur notre verrière, la sibylle est accompagnée de ses suivantes et montre à Auguste

agenouillé la Vierge et l'enfant Jésus entourés d'un nuage lumineux. Sur un phylactère qui descend du ciel, on lit : « Cet enfant est plus grand que toi, donc adore-le. » La scène se passe sur la place du palais de l'empereur où son armée est rangée en bataille, les gardes semblent éblouis de l'apparition, et un chien qui fixe les yeux sur son maître porte la patte sur un lambel où est écrit : *Octavianus,* le nom de l'empereur avant qu'il portât le titre de César et d'Auguste. Le sceptre avec le bonnet à couronne est posé aux pieds du prince, pendant qu'il fléchit le genou devant l'enfant Jésus.

L'apparition céleste est enveloppée en partie d'une banderole portant ces mots : « Ceci est l'autel du Dieu du Ciel. » C'est que, dit le R. P. Cahier, Auguste fit élever un autel à cet enfant qu'il avait adoré d'avance. Et aujourd'hui encore, le couvent d'*Ara-Cœli* à Rome a la prétention d'être construit sur l'endroit où la vision fut constatée par l'empereur.

Aussi est-ce là que l'on conserve le *Santo-Bambino* qui est porté solennellement chez les grands de Rome lorsque leurs femmes sont en couches.

Cette magnifique verrière est émaillée sur verre blanc, comme celle du jugement dernier de Pont-Sainte-Marie. Sur le ciel au-dessous de l'auréole de la Vierge, on distingue un b en gothique très accusé. Serait-ce la signature du peintre verrier?

La verrière qui occupe le tympan de la porte du midi est une jolie et fine grisaille. Elle représente toute une famille rangée en file sous une longue galerie aux élégants portiques. En avant se trouve un bourgeois agenouillé les mains jointes. Près de lui son patron saint Frobert, puis un autre bourgeois avec son fils. Saint Jean-Baptiste intercède pour eux. C'est enfin une femme sous la protection de son patron saint Nicolas. Dans le haut de la fenêtre se voit une Assomption de la Vierge enlevée par les anges dans une gloire lumineuse. Dans le bas de ce vitrail on ne trouve pas une seule inscription qui puisse nous donner les noms de cette famille. On n'y voit qu'une date, 1547, la date de la construction de cette jolie porte.

Dans la deuxième travée, du côté septentrional, est peinte aussi en grisaille, rehaussée de quelques couleurs, la Transfiguration; on voit

Jésus-Christ sur une montagne dans une gloire céleste aux reflets dorés, entre Moïse et Élie. Au-dessus, Dieu le Père et l'Esprit-Saint entourés d'anges et de chérubins sur fond d'azur étoilé. Au bas, les apôtres Pierre, Jacques et Jean sont les témoins de cette éblouissante et merveilleuse transfiguration. Encore plus bas et au premier plan, un prêtre est agenouillé devant un prie-Dieu, couvert d'un tapis vert avec un blason d'or à la face d'argent; derrière lui saint Jacques, son patron, en costume de pèlerin.

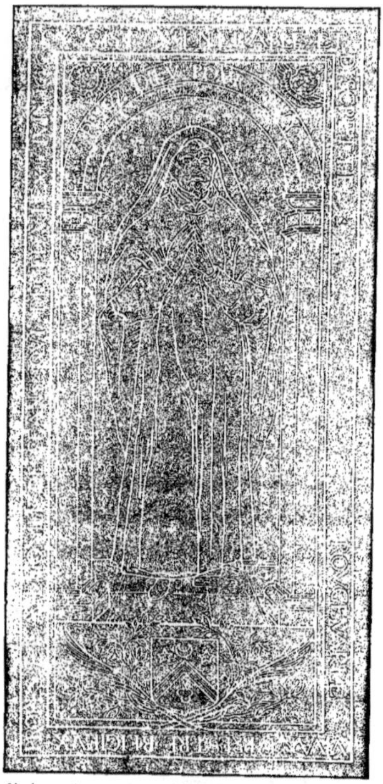

Cette belle verrière, exposée au vent du nord, a cruellement souffert de cette orientation, comme l'attestent ses nombreuses brisures. Elle fait face à la vision d'Auguste, l'exécution en est de la même main et probablement elle a été posée dans le même temps.

Chapelle Saint-Nicolas, bas côté nord. — La fenêtre de cette chapelle est en partie murée; cependant dans les lobes, il reste encore une peinture sur verre représentant saint Nicolas multipliant les sacs de froment et distribuant des aumônes aux malheureux.

L'autel est en marbre noir, ainsi qu'une dalle tumulaire qui lui sert de marchepied. Elle provient de l'ancien couvent de Moutier-la-Celles, et a été rapportée dans l'église Saint-Parre depuis peu de temps; elle servait avec l'autel à orner une chapelle funéraire du château

Marbre noir. Hauteur 1,65. Largeur 0,78

TOMBE DE LEROUGE VARLET (1626).

de Saint-Parre, démolie depuis deux années. Cette pierre porte
l'inscription suivante en partie martelée :

CY GIST VENERABLE ET DISCRETE. . . . . ROVGEVARLE[1]
VIVANT PRESTRE RELIGIEVX PROFES ET AVLMONIER DE CEANS
QVI DECEDA LE XIIIᴹᴱ IVIN 1626.

Les châsses. — Quinze châsses décorent le tombeau du maître-

CHASSE DE SAINTE EUGÉNIE (1688).

autel, le sanctuaire et les deux chapelles latérales. Deux sont en
écaille avec filets d'ébène et de cuivre ciselé et repoussé, d'autres en
bois doré dans le style Louis XV du dernier goût. Une partie de ces
reliquaires provient de l'ancien couvent de Foissy de l'ordre de Fontevrault. Les châsses en écaille avaient été données à cette maison reli-

1. Lerouge Varlet.

gieuse par Mme de Bourbon, abbesse de Fontevrault en 1688, elles contiennent les reliques de sainte Euphémie et de saint Eugène.

Deux autres sont en bois peint et doré dans le style du xviᵉ siècle. C'est la représentation d'un petit monument en forme d'église gothique, avec nef et transept ; au centre de ces deux parties s'élève une tour tronquée qui devait se terminer par un clocheton. Sur les panneaux sont différents saints dont les attributs ont disparu ; on reconnaît cependant saint Parre, saint Phal et saint Frobert.

CHASSE DE SAINT PARRE (XVIᵉ SIÈCLE).

La deuxième châsse est du même style et de la même époque, mais plus détériorée ; sur sa face principale, on remarque un petit Savoyard jouant de la vielle. Il est bien difficile d'expliquer les figures de chacun des panneaux décorant le pourtour de ces reliquaires, par cette raison que plusieurs de ces panneaux étaient vides et qu'on les a ornés de figures prises dans les groupes légendaires, ce qui leur enlève toute signification.

Statues. — Nous publierons de préférence les statues des saints de l'ancien diocèse de Troyes, parce qu'elles ont leur valeur historique, et qu'elles intéressent les localités où elles se voient; aussi devons-nous citer en première ligne celle de saint Parre, qui se trouve placée au-dessous de la grande fenêtre du nord, éclairant la chapelle Saint-Nicolas. Ce saint a été décapité après de nombreuses tortures. Il porte son évangéliaire de la main gauche; de la main droite, il maintient sa tête qui est posée sur ce livre. L'expression de la physionomie est des plus calmes et les vêtements sont fouillés avec une certaine habileté.

Deux autres statues du xviiᵉ siècle sont assez bien exécutées. Ce sont celles de saint Maure et de saint Jean-Baptiste, posées sur des consoles aux deux premiers piliers du chœur, et une Vierge de la même époque sous la fenêtre de la chapelle de ce nom.

Cimetière. — La partie la plus importante du cimetière se trouve devant le portail de l'église, et forme dans son développement un carré régulier au centre duquel s'élève une jolie croix fleuronnée,

SAINT PARRE (XVIᵉ SIÈCLE).

portée par une colonne monolithe en pierre assez élevée et posée sur un socle surélevé de trois gradins. Sur la face du socle on lit l'inscription suivante :

CETTE CROIX
A ÉTÉ POSÉE LE 25 AVRIL
1761 PAR LES SOINS DE Mᴿ
SAVARY NÉ LE 10 MARS
1707 CURÉ DE CETTE
PAROISSE LE 10 MARS
1738.

Pierre.   Hauteur 0,30. Largeur 0,65.

ÉGLISE SAINT-JEAN-BAPTISTE.

VILLACERF

Villacerf, anciennement Samblières, ensuite Saint-Sépulcre, est
situé au bas du coteau bordant le canal de la Seine et que nous avons
suivi depuis Saint-Maure jusqu'à Mergey. En descendant la côte de ce
dernier village, on aperçoit le clocher et l'abside de l'église de Villacerf, on presse le pas avec l'espoir de se trouver en présence d'un
monument complet de l'époque romane, si rare dans notre département; mais plus on avance et plus la déception arrive, surtout en pénétrant dans le cimetière qui enveloppe l'église de tous côtés. On aperçoit bien vite que le xvi° siècle a défiguré ce monument, en ajoutant
à cette ancienne basilique deux travées de chaque côté, formant aujour-
d'hui le transept et les deux chapelles latérales.

La porte principale de l'église Saint-Jean-Baptiste de Villacerf
est très simple : elle a conservé sa physionomie primitive de la fin
du xiiᵉ siècle, mais renouvelée. Elle comprend une porte plein cintre

à deux retraits et un entablement un peu en saillie sur le mur, avec un pignon appuyé par un contrefort doublé sur les angles.

Les murs de la nef sont de la même époque, surmontés d'une corniche à corbeaux variés (1), profilés de tors et de moulures concaves, d'autres en quart de cercle.

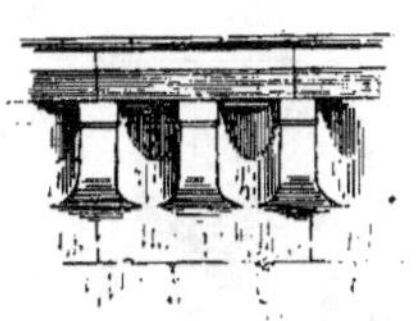

Une petite porte, avec la date de 1685, s'ouvre au nord et fait face à l'étroit chemin conduisant à la principale rue du village.

La tour à un seul étage s'élève au-dessus et au milieu de la première travée du transept; sur ses quatre faces sont deux fenêtres plein cintre, divisées par une petite colonne isolée, avec chapiteaux à feuilles simples, et avec une base à deux tors portant deux petits arcs cintrés en retraite sur la baie de la fenêtre.

Il existe une tourelle contre le mur occidental du transept, côté nord. Elle renferme l'escalier conduisant aux combles du monument et à la tour; sa corniche est profilée de deux gorges, et au centre l'on voit un blason à un chevron chargé en chef d'un croissant et accompagné de trois têtes de Maures 2 et 1. A côté de cette tourelle, une petite porte donne accès à la chapelle du bas côté et à l'escalier de cette tourelle.

Intérieur. — La nef est plafonnée, elle s'éclaire à gauche par trois petites fenêtres très élevées n'ayant que 10 centimètres d'ouverture et environ 60 centimètres de hauteur. Au XVIᵉ siècle, reconnaissant la nécessité de donner plus de jour à cette partie de l'édifice, on pratiqua dans le mur du côté droit deux fenêtres ogivales assez grandes pour y laisser pénétrer librement la lumière.

L'entrée du chœur est beaucoup plus étroite que la nef, ce qui a permis d'établir, à droite et à gauche, deux petits autels se composant de deux retables en bois du XVIIᵉ siècle. Au centre de ces retables, on a ménagé une niche pour recevoir deux jolies statues. L'une, du XVIᵉ siècle, intéressante par ses détails de sculpture, représente sainte Barbe ayant sa tour à sa gauche; l'autre saint Jean-Baptiste portant son petit agneau, œuvre remarquable du XVᵉ siècle.

On monte trois marches sous un arc plein cintre pour arriver au

chœur. A gauche est placée la chaire à prêcher avec panneaux et profils sculptés dans le goût du xviie siècle; sur l'un des panneaux,
on remarque un blason à quatre quartiers et sur l'autre, au milieu de

la couronne, un H et deux II reliés par un ruban qui les contourne et les enlace (2). Ce sont sans doute le chiffre et le blason d'un couvent quelconque, peut-être du prieuré ou de la communauté des sœurs de charité, fondée en 1690 par Colbert.

Cette travée du chœur est
simplement plafonnée, ses arcs-doubleaux s'appuient sur d'énormes
piliers dont l'un est cylindrique, l'autre à droite est accompagné de
demi-colonnes sur les quatre faces. Ils sont sans chapiteaux, avec base
attique de la fin du xvie siècle. Ils portent la tour avec les deux pilastres qui s'appuient et s'engagent dans le mur de la cloture de la nef.

La seconde travée du chœur a conservé intacte sa construction
ancienne : nous sommes en face de la partie la plus intéressante de ce
vieux monument. La voûte est sans nervures. Elle forme à droite et
à gauche au-dessus de l'arc-doubleau une
courbe brisée. Ce genre de construction n'a
été en usage que du xe au xiie siècle. Extérieurement les murs de l'abside sont couronnés d'une corniche d'un puissant caractère,
ornée de corbeaux simples (3).

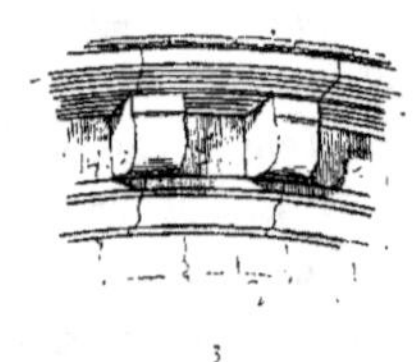

Le sanctuaire, dont les murs ont un mètre
d'épaisseur, est construit en cul-de-four. Il est éclairé par trois petites
fenêtres très étroites. Celle du fond de l'abside est plein cintre. Les
deux autres de chaque côté sont ogivales avec une baie un peu plus
grande.

Les arcs-doubleaux sont en ogive et s'appuient sur des piliers
ayant de petites colonnes engagées dans les angles de leurs masses
carrées. Les colonnes sont surmontées de chapiteaux à palmettes avec

un large tailloir (4). Cet ensemble de construction accuse bien la dernière période de l'architecture romane.

Le maître-autel est simple avec un retable en bois orné de colonnes doriques et d'un entablement du même genre. Il encadre le tableau représentant la sainte famille.

Chapelles latérales — La chapelle de droite a pour patron saint Adérald, chanoine, archidiacre de Troyes, qui rapporta de son voyage en terre sainte un morceau de pierre du saint sépulcre. Il fit bâtir à Samblières un monastère de l'ordre de Cluny, où il déposa cette

pierre et lui donna le nom de Saint-Sépulcre que retint le village. Il mourut en 1104 et fut enterré dans l'église de son monastère, dont il ne reste aucun vestige aujourd'hui. L'autel est composé à peu près dans le même style que ceux que nous avons déjà décrits, mais avec des motifs différents. Ici nous voyons le monogramme de Marie dans la frise de l'entablement, accompagné de cornes d'abondance ; dans le fronton une grosse tête de chérubin occupe toute sa surface. Le tableau, très médiocre, a pour objet la prédication de saint Vincent de Paul devant la cour de Louis XIII.

La chapelle à gauche est dans le même goût ; cependant l'ordre architectural est plus simple. Ses colonnes sont composites avec un entablement orné de rinceaux courants séparés au centre par une tête d'ange.

Les fenêtres de la deuxième travée de ces deux chapelles sont ogivales, divisées par un meneau tréflé. Quelques vitraux rappellent la légende de saint Jean-Baptiste.

Les deux autres fenêtres des premières travées sont beaucoup plus grandes et sans divisions. Une petite porte, dite du prieuré, existe encore dans le mur occidental de la chapelle de la Vierge.

L'ancien prieuré est situé au sud de l'église, il est occupé aujourd'hui par une ferme et ses dépendances. Nous avons remarqué sur le seuil de la porte d'entrée de l'habitation une épitaphe en marbre noir veiné, presque entièrement usée par le frottement, aux armes des Colbert: à la couleuvre posée en pal, surmontée d'une couronne de marquis. Les premières lignes de cette épitaphe sont encore assez apparentes pour y lire les noms de Charles-Joachim de Colbert, évêque de Montpellier, né à Paris, le 1er juin 1667, mort le 28 avril 1738, la quarante-deuxième de son épiscopat.

L'évêque de Montpellier avait sa sépulture dans la chapelle du Saint-Sépulcre dépendante du château de Villacerf. Il est bien regrettable de voir à notre époque le marbre qui recouvrait la sépulture d'un haut dignitaire de l'église, issu d'une famille troyenne qui a rendu d'éminents services à la France, de la voir ainsi foulée aux pieds, à la porte de la cuisine d'une ferme.

Pendant notre mission ministérielle des inscriptions de l'ancien diocèse de Paris, nous avons trouvé dans la tour de l'église de Saint-Gratien, près de Paris, l'ancienne et dernière cloche de ce prieuré; elle porte l'inscription suivante :

✠ EN L'AN 1783 MESSIRE FRANÇOIS COUET
DU VIVIER DE LORRY EVEQUE D'ANGERS PRIEUR
DE St SEPULCRE DE VILLACERF M'A FAIT FONDRE
PAR LES SOINS DE MRE LUPIEN BROCARD NOTAIRE
DU ROY A TROYES SON RECEVEUR.
BOLLEE ET PETITFOUR FONDEURS.

Le prieur du Saint-Sépulcre, Michel-François Coüet du Vivier de Lorry, prit possession, en 1782, du siège d'Angers, qu'il occupa jusqu'à l'époque de la constitution civile du clergé en 1790[1].

Deux fragments d'une dalle tumulaire sont déposés près de la porte principale de l'église.

Il y a environ six ans, ces deux fragments avaient leur place à l'église, dans le chœur à droite près de la clôture du sanctuaire; cette tombe a été déplacée pour toujours. M. Antoine Dard, meunier à Villacerf et membre du conseil d'arrondissement, s'en est rendu adjudicataire avec l'intention de la conserver.

Elle porte comme inscription les noms de Jehan sire de Villa-

1. *Inscriptions de la France*, par F. de Guilhermy.

cerf, mort en 1324. Le dessin de cette tombe représentait le sire de
Villacerf avec sa noble dame dont les noms ont disparu.

Ils étaient couchés tous deux sous deux arcs trilobés surmontés d'un pignon à crochets portant quatre anges encensant. Jean est vêtu d'un costume de chevalier. Il a la tête couverte de son chaperon de mailles ; une cote d'armes lui couvrait le corps : c'est encore le costume de guerre du temps de Philippe le Hardi. Les traits de la femme ont complètement disparu. Malgré leur mutilation ces fragments ont un grand intérêt pour l'histoire locale et l'on ne peut trop féliciter M. Dard d'avoir songé à en assurer la conservation.

Pierre. Hauteur 1,10. Largeur 0,93.

TOMBE DE JEAN DE VILLACERF (1324).

La maison Colbert possédait depuis le xvie siècle la terre de Villacerf, qui fut érigée en marquisat en 1670, en faveur d'Édouard de Colbert, marquis de Saint-Pouange et de Villacerf, conseiller d'État, maître d'hôtel de la reine Marie-Thérèse d'Autriche, et surintendant des bâtiments du roi, qui la tenait de son père Jean-Baptiste Colbert, intendant de Lorraine.

Il fit bâtir le château avec tous les agréments qui l'accompagnaient. A l'époque de la Révolution cette terre fut vendue comme bien d'émigré, et le château rasé. Il ne reste d'autres souvenirs dans le village de cette splendide demeure que des boiseries sculptées, des chambranles de cheminées en marbre et des plaques de foyers aux armes de la famille des Colbert. Le musée de Troyes conserve deux beaux bustes de Louis XIV et de Marie-Thérèse, œuvre remarquable de Girardon et provenant de ce château.

ÉGLISE SAINT-NICOLAS.

VAILLY

Vailly est situé dans les bas-fonds d'une vallée, au nord-est de Troyes, entre la route d'Arcis et celle de Piney. On y arrive après avoir franchi plusieurs coteaux crayeux, à la végétation maigre.

L'église a pour patron saint Nicolas ; sa façade se compose d'une petite porte cintrée en briques, d'un pignon très aigu surmonté d'une croix ; un œil-de-bœuf s'ouvre au-dessus de la porte.

Une petite tour en bois surmontée d'un clocher s'élève sur le milieu des combles de la nef. Au midi est la petite porte qui donne accès à cette nef. Au-dessus de cette porte se trouve encastré dans le mur un petit bas-relief du xvie siècle représentant saint Nicolas bénissant les trois petits enfants dans la cuve. Il est debout, sous un portique à

fronton supporté par deux colonnes et entouré d'un cadre orné de banderoles. Cette petite sculpture semble avoir été exécutée pour servir
de modèle aux couvertures de quelques beaux
missels ou livres d'heures.

Intérieur. — La nef est rectangulaire, et
beaucoup plus élevée que le chœur, elle se
compose de deux murs droits percés d'une
petite fenêtre cintrée à gauche et à droite de
trois fenêtres ogivales dont la première est un
peu surbaissée.

Cinq entraits en bois, avec bases profilées,

portent les poinçons d'une voûte ogivale en bois très aigu et plafonnée. Le deuxième entrait repose sur une colonne appuyée au mur,
qui devait être autrefois la limite de cette nef, ainsi que l'indiquent
les deux contreforts posés sur l'angle à l'extérieur de l'édifice. Je dois
en conclure que les murs de la nef sont les restes d'une construction
plus ancienne et que la première travée ainsi que le pignon de la
façade ont été construits en même temps que le chœur vers 1678.

Le chœur est très bas et forme un carré parfait. Il est voûté avec
nervures croisées, ainsi que les deux chapelles latérales qui l'accompagnent.

Le sanctuaire s'ouvre sous un large plein cintre surbaissé n'ayant
comme voûte qu'un simple plafond en quart de cercle, appuyé sur
le mur droit du chevet, et sur des piliers à colonnes d'un mètre de
hauteur.

A la voûte au-dessus de l'arc-doubleau de ce sanctuaire, on voit
une petite peinture murale représentant la Trinité. Dieu le Père soutient le Christ en croix. Le Saint-Esprit, sous la forme d'une colombe,
est placé sur la poitrine du Père. Il procède du Père et du Fils.

Ce sanctuaire n'a pas du tout de profondeur, il se ferme à quelques centimètres au droit des deux piliers de son ouverture et n'est
éclairée que par une fenêtre cintrée divisée par un meneau portant
des cintres avec un cercle au-dessus.

Chapelles latérales. — La chapelle septentrionale est dédiée à la
Vierge ; un retable en bois, d'ordre dorique, en fait tout l'ornement

avec un tableau représentant l'Assomption de la Vierge. Cette chapelle est éclairée par une fenêtre divisée par des meneaux avec une
plate-bande formant une espèce de portique.

Au mur occidental de cette chapelle on a gravé une inscription
qui rappelle que ce temple a été réédifié aux frais de l'église de
Vailly, et achevé le 25 novembre en l'année 1678, par les soins de
M. Edmond Grisier, curé, avec l'aide de Jean Aubert et Pascal
Fouchey, marguilliers. Il fut bâti par Bartholomi Perroché, maçon
limousin. En voici le fac-similé :

Ex ÆDIFICATUM A FVNDAMENTIS HOC SACELLVM ÆRE PRO-
PRIO HVIUS VALLIACENSIS ECCLESIÆ SUM MARERUM ANGVSTIA
ET DIFFICVLTATE MAGNO TANDEM ANIMO ABSOLUTVM EST-
VII-KAL DECEMB. ANNO 1678. NON INDILIGENTEM AD HOC
OPEM ET OPERAM PRÆBENTE D. EDMVNDO GRISIER
TVNC PARACHO. *adiuuanti Joāne-Aubert & Paſchalj
Fouchey ædituis : Struxit qᵏ Bartholoma Perroché Cœ-
mentari Lemouicus.*

La chapelle méridionale dédiée à saint Nicolas est une répétition
de celle de la Vierge, avec cette seule différence que le retable de l'autel renferme un tableau représentant un saint Nicolas. A droite de
chaque côté de la fenêtre et sur le mur occidental se voient encore
sous le badigeon les restes de peintures. Ce sont des figures d'apôtres,
assez médiocres du reste, qui devaient correspondre aux croix de consécration, comme nous l'avons déjà remarqué à Pont-Sainte-Marie et
à Creney.

Une chaire à prêcher est appuyée contre le mur de la nef, à
gauche, en face la petite porte latérale; cette chaire est du siècle dernier; les panneaux du devant en sont décorés par des attributs d'é-
vêque, la mitre et la crosse; sur ceux des côtés, on voit un saint Pierre
et un saint Jean.

Sur le sol de cette église nous avons remarqué des restes de carreaux émaillés, un portant une date et qui pourrait bien être le blason du fabricant. Il indique, en outre, que vers 1620 la décoration
céramique n'était pas encore tout à fait abandonnée.

ÉGLISE SAINT-NICOLAS.

VILLECHETIF

La commune de Villechetif est située près des anciens marais d'Argentole, à deux kilomètres de Saint-Parre-les-Tertres.

L'église Saint-Nicolas, construite en 1865, se compose d'une nef, à quatre travées éclairées par des fenêtres en lancettes, d'un transept et d'une abside polygonale.

La tour, surmontée d'une flèche, sert de porche à l'entrée. Elle est accompagnée dans ses angles par deux tourelles dont les escaliers desservent la tribune et les combles.

Le chœur est fermé par des stalles et donne accès aux deux chapelles latérales du transept. A gauche est la chapelle de la Vierge, l'autel est en pierre sculptée dans le style du xiiie siècle. La table est portée par deux colonnes isolées, sur les gradins est une Vierge portant l'enfant Jésus. La chapelle Saint-Nicolas est à droite dans le même style et surmontée d'une statue de ce saint, bénissant et ressuscitant les trois enfants dans le saloir.

De chaque côté de ces deux autels se trouve une porte qui donne entrée à deux sacristies accompagnant l'abside de l'église.

Le sanctuaire est divisé en cinq travées avec fenêtres en lancettes. Celle du milieu est décorée d'un vitrail représentant la naissance de la Vierge et au-dessus un saint Nicolas avec cette inscription: *par V ex-voto 1872.*

Le maître-autel est en pierre avec un tabernacle et une exposition portés par des colonnes sur lesquelles s'appuient des arcs trilobés réunis par une voussure surmontée d'une croix. Aux extrémités de l'autel, sont deux colonnes annelées avec chapiteaux à crochets. Au-dessus des tailloirs se trouvent des volutes en forme de crosse destinées à recevoir des suspensions. Le tombeau de l'autel est divisé par des colonnes en cinq parties; cinq niches trilobées renferment au centre le Christ et à droite et à gauche les quatre Évangélistes.

La chaire à prêcher est fixée au premier pilier de la nef, à gauche, à l'angle de la chapelle de la Vierge. Sur la cuve sont sculptées les trois vertus théologales.

L'église de Villechetif est entièrement construite dans le style ogival, du xiiie siècle, n'a coûté que soixante-deux mille francs et peut contenir trois cents personnes. Elle est entièrement voûtée sur plan barlong, les arêtiers et les arcs-doubleaux de ces voûtes sont en pierres de Brauvilliers et les remplissages en briques creuses enduites de mortier à l'intérieur. En résumé, monument modeste, mais bien conçu dans son ensemble et ses détails et qui n'a pas eu besoin du secours de la sculpture pour être une œuvre d'architecture remarquable due au talent de M. V. Lédanté, architecte troyen.

DE TROYES

Deuxième Canton

ÉGLISE SAINT-SULPICE.

BARBEREY-SAINT-SULPICE

Barberey est situé sur la rive gauche de la Seine, à six kilomètres nord-ouest de Troyes. L'église Saint-Sulpice a la forme d'une croix; sa façade est fermée par une cloison en bois, au centre de laquelle s'ouvre une petite porte en accolade surmontée d'une aiguille à crochets frisés. La charpente de la toiture se développe en saillie sur cette façade de manière à protéger cette clôture en bois des effets directs de l'atmosphère.

Sur la première travée du chœur se dresse une jolie flèche en bois, recouverte d'ardoises.

Intérieur. — La nef, qui date du xiie siècle, a été reprise presque entièrement au xvie siècle. Elle est voûtée en berceau recrépi, avec entraits apparents ornés de moulures à leurs bases, et s'appuyant de chaque côté sur les murs. Une petite porte cintrée en accolade et surmontée d'un arc ogival s'ouvre au midi. Dans l'angle de la nef et du transept est ménagée la sacristie.

Au mur occidental de la nef, règne une tribune en bois sculpté à

PANNEAUX DE LA TRIBUNE (XVIe SIÈCLE).

jour, d'une grande finesse d'exécution, supportée par quatre pilastres cannelés contre-butés par des arcs de cercle. La balustrade se compose de vingt-cinq panneaux avec médaillons et rinceaux de la belle époque de la Renaissance. On monte à cette tribune par un escalier placé à droite et appuyé contre le mur septentrional. Dans la tribune, règne sur toute la longueur un lambris en bois de facture plus moderne, composé de quinze panneaux séparés par des pilastres.

La partie la plus importante de l'édifice se compose du chœur, de deux chapelles latérales et d'un sanctuaire polygonal à cinq côtes.

L'architecture n'a rien de bien intéressant : c'est une construction du commencement du XVIe siècle, voûtée en pierres à nervures simples, avec arcs-doubleaux fouillés de gorges triangulaires. Ces nervures viennent s'abattre sur des piliers cylindriques composés de colonnes engagées et ornés de bases à renflements.

Le sanctuaire est décoré de quatre statues ; à droite est une sainte Anne de 1777 et une Vierge du XVIe siècle ; à gauche, un saint Sébastien et un saint Sulpice de la même époque.

LAMBRIS DE LA TRIBUNE
(XVIIe SIÈCLE).

Verrières. — Les fenêtres du chœur ont conservé une partie de leurs vitraux. Dans la première, à droite, sont les restes d'un calvaire. Dans la deuxième fenêtre, saint Jacques assiste une dame, donatrice de ce vitrail. On ne voit plus que la tête de cette dame, ainsi que les visages de six petites filles agenouillées derrière elle. Au-dessus, nous voyons le panneau du donateur accompagné de ses quatre fils protégés par saint Nicolas. Dans la même fenêtre, à droite, un fragment de l'Annonciation ; au-dessus, un saint Antoine ; dans les lobes les deux blasons (1 et 2). Dans la pointe de l'ogive une Annonciation ; et dans la bordure de cette

1

2

fenêtre le monogramme (2) répété plusieurs fois. Dans la première fenêtre à gauche, il n'y a pas de sujet légendaire. Ce sont des figures de différents saints, entre autres une sainte Catherine et un saint

Nicolas. La deuxième fenêtre renferme un saint Jean-Baptiste et un saint Sulpice. Au-dessus, la mère de Dieu accompagnée de deux anges, l'un portant une croix, l'autre la colonne de la flagellation. A côté un *Ecce homo* assis, près de lui, un saint Jean l'Évangéliste.

La fenêtre centrale du sanctuaire est complètement murée ; à sa base se trouve une frise ornée de rinceaux, au centre un saint suaire et aux extrémités deux blasons lisses. La saillie de cette sculpture devait supporter un groupe qui a disparu depuis longtemps.

Derrière le maître-autel, se trouve placé un coffre en forme de socle ayant servi de support à la statue de sainte Anne qui, ainsi que celle désignée plus haut, porte la date

de 1777. Sur les panneaux des portes de ce coffre sont sculptées les armoiries des Le Mairat accolées à celles des Augenoust, anciens seigneurs de Barberey (1, 2).

Tout le sanctuaire est lambrissé et recouvre en partie une piscine à coquille, décorée de fleurs de lis alternées d'étoiles flambées.

Dans le chœur rien d'intéressant, si ce n'est un banc portant cette inscription :

BANC · DE · MES · LES · OFFICIERS · DE · JUSTICES.

Chapelle latérale. — L'autel de la Vierge est à droite du chœur ; il est décoré d'un retable très simple ayant quelque peu du style corinthien. Au centre, on a ménagé une niche pour recevoir une sainte Vierge. Derrière cet autel est une fenêtre ogivale divisée en deux parties : dans l'une est une grisaille représentant Jésus-Christ descendu de la croix, le corps affaissé sur le calvaire ; la Vierge mère de Dieu est figurée dans l'attitude de la douleur ; au-dessus de ces deux sujets se lit sur une banderole : **vide an sit tunica filii tui an non.**

A droite, au mur méridional, est une grande fenêtre qui éclaire cette chapelle. Elle est divisée en trois jours se terminant par trois lobes flamboyants tréflés. Dans la surface vitrée de cette fenêtre, nous voyons la Visitation, la Circoncision et l'Assomption de la Vierge. Dans les angles des trèfles, des anges avec des banderoles et des instruments de musique; dans la partie centrale des lobes, les blasons 3, 4, 5.

Au-dessous de cette fenêtre, on voit une piscine surmontée d'un arc trilobé. A côté, un fût de colonne en marbre noir, élevé à la mémoire de M. Claude-Louis Bruslé, baron de Valsuzenay, conseiller d'État, premier préfet de l'Aube, puis nommé préfet de la Gironde en 1815; et rappelé à la préfecture de l'Aube; né à Paris le 6 décembre 1766, il est mort dans la même ville le 6 décembre 1825.

La chapelle Saint-Nicolas est à gauche; l'autel ne mérite aucune description; un mauvais tableau, qui en fait toute la décoration, représente saint Joseph et Marie retrouvant leur fils Jésus à la porte du Temple. Au chevet du mur de cette chapelle, on aperçoit encore, malgré le badigeon, les traits d'une peinture, représentant une figure de chevalier, lance au poing, écu au côté, portant les armes du blason n° 1. Cette peinture est tellement endommagée par l'enduit qui la recouvre, qu'il nous est impossible d'en faire une description complète.

Citons, avant de terminer, une inscription de cloche du XVIᵉ siècle, remplacée depuis notre première visite et qui portait cette phrase assez curieuse, relatant la générosité d'une simple femme :

lan m vᶜ xxv la feme de honorable home
maiſtre edmon morr.

CHATEAU DE BARBEREY

Le château de Barberey est agréablement situé près des bords de la Seine, au milieu d'une végétation plantureuse, quasi sauvage; il est en partie entouré d'eau, sa construction est en pierres et briques, distribuées par panneaux avec art, c'est une des merveilles du département de l'Aube.

En plan, il a la forme d'un parallélogramme flanqué à ses extrémités de deux ailes en saillie, faisant corps avec la masse du bâtiment principal : du côté du jardin, les ailes sont doubles, mais de moindre importance et font saillie de chaque côté. Deux petites constructions à simple rez-de-chaussée ont été ajoutées à droite et à gauche de la façade principale par son ancien propriétaire, M. de Valsuzenay.

Nous connaissons aujourd'hui la date certaine de cette construction, d'après une notice que vient de publier M. Alphonse Roserot, guidé par un document contemporain de la construction du château et conservé aux archives de l'Aube, dans la série E. Cet édifice seigneurial avait été élevé en 1626, par Jean Ier Le Mairat, conseiller au Grand Conseil et, en outre, seigneur de Droupt Saint-Bâle, Lavau, et la Vallotte, fils de Louis Le Mairat, maire de Troyes en 1578 et en 1594 pour la seconde fois. Cette notice nous apprend aussi que ce nouveau château remplacerait un ancien manoir féodal existant encore en 1725. A la Révolution, le château de Barberey devint propriété nationale et fut vendu à M. Petit-Buot, entrepreneur, qui le céda à M. le baron de Valsuzenay, ancien préfet de l'Aube; celui-ci l'habita jusqu'à sa mort. C'est aujourd'hui M. le comte de Laye, son gendre, qui en est le propriétaire.

CHATEAU DE BARBEREY-FAÇADE PRINCIPALE

ÉGLISE SAINT-LUC.

CHAPELLE-SAINT-LUC

La Chapelle-Saint-Luc est située à cinq kilomètres de Troyes, sur la lisière des prairies que traverse le grand chenal de la Seine.

L'église et le village sont placés sous l'invocation de saint Luc, à cause d'une relique de ce saint que l'église possédait jadis. Il ne reste plus aujourd'hui que le reliquaire en forme de bras. Les anciens habitants racontent que cette relique fut exposée à leur vénération jusqu'à l'invasion de 1814, époque à laquelle elle aurait disparu.

Extérieurement, l'église de la Chapelle-Saint-Luc a une certaine importance, surtout du côté de l'abside. Cette église, de grande étendue, comprend dans son ensemble quatre travées et un sanctuaire à trois côtés. Les deux travées du chœur sont flanquées de deux chapelles latérales. Le plan de l'ensemble affecte la forme d'une croix, dont les bras sont doubles.

Elle n'a ni tour ni flèche; seulement l'escalier, accolé au mur de l'un des contreforts, au nord de la nef, est contenu dans une petite tourelle conduisant aux combles. Cette tourelle était autrefois la limite de l'église à l'occident, avant la construction de la première travée, à la fin du XVI° siècle. Une sacristie de la même époque est disposée dans l'angle du transept et de la nef, du côté du midi.

Quant à l'espèce de clocher qui s'élève au centre de la toiture, sur la première travée du chœur, il est en bois, à six angles, et paraît être la base d'une ancienne flèche détruite par le vent ou la foudre.

Une petite porte est percée latéralement dans le mur de la première travée du transept méridional. Sa situation, par rapport au village, a fait de cette porte l'entrée généralement adoptée pour pénétrer dans l'église, et la grande porte occidentale de la nef n'est ouverte que pour les cérémonies importantes du culte. Cette dernière porte donne sur la prairie et n'a d'autres décorations qu'un arc en accolade mouluré de gorges et de filets avec petites bases à talon. Au-dessus de la porte est une fenêtre ogivale surmontée d'un pignon contre-buté sur ses angles par des contreforts à retraits.

Intérieur. — La nef comprend deux travées : la première fut construite en 1579, comme l'indique cette date gravée à l'extérieur de la fenêtre du nord avec les initiales des maîtres maçons constructeurs N. D. S. La fenêtre faisant face, au midi, est de la même année.

Elle est ornée d'une verrière donnée à la même époque par Ysabeau Boucher, dont la famille a possédé la terre de Palis pendant le XVII° siècle. Suivant le fragment d'inscription qui se trouve au bas de la verrière, cette dame était veuve de Jean Foret, bourgeois de Troyes. En voici le texte :

Damoifele Ysabeau Boucher, veufve de feu Noble
... . Foret....... de Troyes, A donne cette
veriere en lhonneur.... ... ... et dix neuf
prie pour elle et Pour....... .. ..

Ce vitrail, en partie brisé, représente les deux fondateurs agenouillés, les mains jointes, Jean Foret sous la protection de saint Jean-
Baptiste, son patron. A droite sa femme dont la patronne a disparu.
Plus bas les blasons de Jean Foret d'azur à un chevron d'argent,
accompagné de trois forets d'or (1) et celui d'Ysabeau Boucher, d'ar-

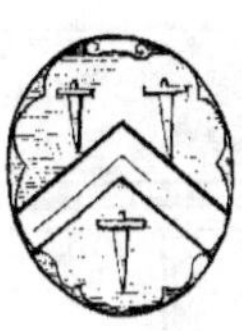
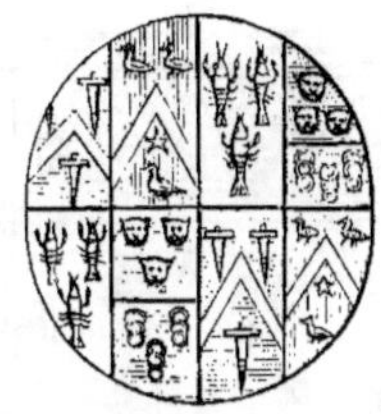

gent à trois écrevisses d'or (3), puis dans les lobes de la fenêtre les
huit quartiers des alliances de famille (2).

Il est évident, en rapprochant les dates de la construction de
cette travée et celle de l'établissement de la verrière, que travée et
verrière ont dû être faites aux frais de la veuve Ysabeau Boucher.

Il en a été de même pour l'ameublement de la chapelle des
fonts baptismaux, laquelle occupe la même partie de l'édifice.

La cuve en marbre rouge a malheureusement été mutilée, le pied
a été brisé et remplacé par un socle en pierre. La clôture de cette
chapelle est en bois sculpté; elle est ornée de cariatides sur les montants et surmontée d'une frise à jour. Une succession de balustres
complète cet ensemble.

Contre le mur occidental est suspendu un triptyque, peint sur
bois et daté de 1551. Il représente : au centre, la mère de Dieu, devant
le corps de son fils, couché sur le Calvaire, montrant au Père Éternel
ce cadavre sanglant de Jésus-Christ et lui demandant si c'est là le
vêtement de son fils bien-aimé : VIDE AN SIT TVNICA FILII TVI
AN NON. Allusion à la robe ensanglantée de Joseph, figure de
Jésus-Christ, envoyée à Jacob par ses frères. Le Père, dans le ciel,
entouré d'anges, s'écrie, à la vue de son fils immolé au Calvaire :

FERA PESSIMA DEVORAVIT FILIUM. (Une bête cruelle a dévoré mon fils![1])

Le volet de gauche représente la Circoncision; celui de droite, Jésus au milieu des docteurs. Au-dessus de ce triptyque est un tableau peint sur bois, assez mauvais, si on le compare à celui dont nous

CLÔTURE DE LA CHAPELLE DES FONTS (XVIIe SIÈCLE).

venons de parler. Ce tableau comporte trois sujets : la naissance de la Vierge, son mariage et l'Annonciation.

Tous les arcs-doubleaux de l'édifice sont en ogive, excepté celui de la première travée dont nous venons de parler qui est en plein cintre. Les voûtes sont à nervures multipliées formant pour la nef et le chœur des étoiles à quatre branches. Les nervures des chapelles latérales sont à moulures simples avec un carré divisé par les diagonales qui viennent retomber sur les piliers. Le chœur comprend deux travées; ses voûtes, ainsi que celles des deux chapelles latérales, se contre-butent entre elles et reposent sur deux piliers isolés.

1. C'est le même sujet que la peinture sur verre de la chapelle de la Vierge à Barberey-Saint-Sulpice, page 102.

Indépendamment de ces deux piliers, il en existe seize autres engagés et en saillies aux angles et aux encoignures de la nef, du chœur et du sanctuaire. Ils reçoivent la retombée des arcs et des nervures des voûtes. Tous ces piliers ont une base, mais pas de chapiteaux. L'arc-doubleau de la première travée porte la date en chiffres de 1553. Les nervures sont ornées de pendentifs contre-butés de petits trilobes. Le centre de cette voûte est percé d'un œil-de-bœuf orné de têtes d'anges sculptées dans l'intervalle des nervures qui s'y croisent.

A l'entrée du chœur est une petite pierre carrée portant l'épitaphe suivante, en partie usée :

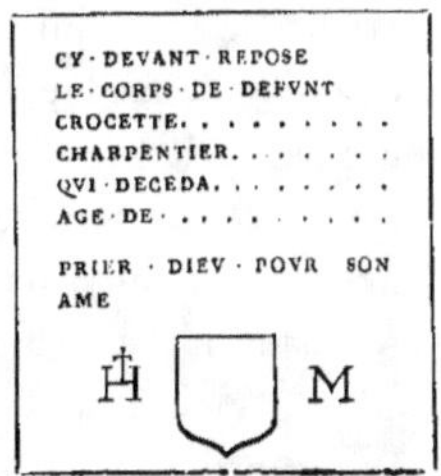

La deuxième voûte du chœur porte quatre médaillons au croisement des nervures, représentant les quatre évangélistes écrivant les évangiles et accompagnés de leurs attributs : l'ange, l'aigle, le lion et le bœuf : l'homme, la divinité, la résurrection, le sacrifice. A la clef centrale est représenté le Christ assis sur un arc-en-ciel, les pieds posés sur le globe du monde et montrant ses stigmates. Toutes ces sculptures et une partie des nervures portent, comme à Sainte-Maure, des peintures et des dorures.

Le sanctuaire s'ouvre par un arc ogival. Les nervures de la voûte portent la date de MV^eXIII. Les fenêtres sont divisées par des meneaux flamboyants. Celle qui occupe le fond de l'abside était autrefois garnie d'une verrière portant le blason de l'abbé de Saint-Loup, Nicolas Forjot, amateur éclairé des arts, très grand et très généreux pour la décoration de son abbaye et pour les églises qui en dépendaient.

En 1868, cette verrière a été remplacée par un vitrail moderne, œuvre de M. Vincent Feste, peintre verrier à Troyes[1]. Cette peinture, divisée en petits panneaux, reproduit la légende de saint Luc.

Tabernacle. — Le maître-autel du sanctuaire est surmonté d'un tabernacle en bois doré du XVII° siècle. Ce tabernacle, à deux étages, surmonté d'un dôme, ne manque pas d'importance et d'une certaine richesse; il a été affreusement mutilé, il y a quelques années. Le curé d'alors a fait scier le soubassement du deuxième étage, dans le but de laisser voir dans toute sa hauteur la verrière moderne remplaçant celle de Nicolas Forjot dont nous venons de parler.

Cette différence d'élévation est choquante et enlève toute harmonie à l'ensemble désormais lourd et sans grâce. Il serait vraiment à désirer que de semblables erreurs de goût, qui sont encore fréquentes, ne puissent se produire avec autant de facilité.

La face antérieure du tabernacle présente de chaque côté une couple de colonnes torses complétée par derrière par un pilastre correspondant à chaque colonne. Entre les deux s'ouvre la porte du tabernacle, porte cintrée, formant niche pour la figure du Sauveur qui tient d'une main la boule du monde et de l'autre bénit l'humanité. Cette niche est basée sur une petite console en saillie sur la porte. Au-dessus est une tête de chérubin soutenant la corniche. Sur les faces de côté sont deux autres niches plus petites, mais dans le même genre que la précédente; la première, à droite, abrite la statue de saint Pierre; la seconde, à gauche, celle de saint Paul. Au-dessus, de fortes têtes d'anges remplissent l'intervalle entre la niche et la corniche.

De chaque côté du tabernacle, deux panneaux forment un retable; ils sont encadrés de colonnes torses supportant un entablement cintré; au centre, le vide est rempli par une tête d'ange. Un premier cadre entoure un tableau sculpté représentant une religieuse en contemplation, qu'un séraphin perce d'un dard enflammé (c'est sainte Thérèse); un autre tableau montre saint Joseph avec une palme de la main gauche et, de la main droite, dirigeant l'enfant Jésus. Le couronnement est un ange en adoration posé sur un groupe de nuages.

1. Décédé le 5 septembre 1880.

TABERNACLE DU MAITRE AUTEL.

RETABLE DE L'AUTEL DE LA VIERGE

Le deuxième compartiment est en partie la répétition du compartiment inférieur, mais dans de plus petites proportions. Il se termine par un dôme en accolade à trois pans, couvert d'écailles et orné de guirlandes de feuilles et de fruits retombant en festons. Enfin le dôme se couronne par un globe portant le Christ ressuscité.

L'intérieur du tabernacle est parsemé d'ornements gravés et de petits cœurs; au milieu, dans un plus grand, paraît une religieuse en adoration. Ce buste est en relief. Il fait présumer que ce tabernacle avait été construit dans le principe par une communauté de religieuses carmélites. On ignore dans le village de quel endroit et comment ce travail est devenu la propriété de l'église de la Chapelle-Saint-Luc.

Chapelles latérales. — La chapelle de la Vierge est ménagée à droite du chœur; elle comporte, comme nous l'avons déjà dit, deux travées. L'autel est décoré d'un joli bas-relief de la dernière moitié du xvi⁰ siècle. Il est constitué par trois pierres assemblées entre elles d'une manière invisible pour former un portique d'ordre ionique, divisé par six colonnes et cinq arcades, celles-ci abritant chacune un sujet de l'histoire de la Vierge; ainsi, à gauche, la Rencontre de Joachim et de sainte Anne; à côté, la Naissance de la Vierge; à droite, d'une part, l'Annonciation et de l'autre, la Présentation au temple; au milieu, au moyen de deux pilastres surélevés, le sculpteur a développé son sujet en élévation pour représenter l'Assomption de la Vierge portée par des anges; au-dessus, les trois personnes divines tiennent la couronne qui lui est destinée. Au bas est reproduit l'épisode de saint Thomas. Incrédule à la résurrection et à l'assomption de la Vierge, comme il l'avait été à la résurrection de Jésus-Christ; Thomas n'était pas avec les autres apôtres au dernier soupir de Marie; il était arrivé trop tard! Trois jours après, il se rendit au tombeau de la Vierge, qu'il trouva vide, mais levant les yeux au ciel, il vit Marie qui y montait environnée d'une gloire resplendissante de lumière, au milieu d'un concert d'anges et aux acclamations des saints. Au même instant, la ceinture de Marie tomba du ciel et saint Thomas la reçut avec transport. Alors sa foi en la Vierge fut plus vive que celle des autres apôtres.

Le mérite de ces sculptures, qui sont en demi-relief, fait regretter

que la finesse de l'exécution en ait été altérée par le badigeon à l'huile
qui la recouvre.

Au-dessus de ce joli retable est une statue de la Vierge, portant
l'enfant Jésus, image remarquable du xiiie siècle, mais qui a été complètement défigurée par le zèle peu heureux de l'ancien curé, celui-là
même qui a coupé le tabernacle ayant remplacé la verrière de l'abbé
Forjot.

Ce bon curé, très appliqué à la décoration de son église, fut
probablement choqué des formes accentuées de la Vierge. Il fit venir
un ravaleur du pays, et lui donna l'ordre de raboter du haut en bas.
Nous avons rencontré, dans notre tournée artistique, bien des actes
de vandalisme, mais celui-là dépasse trop ce qu'il était possible d'ima-
giner.

Près de la porte latérale de la chapelle de la Vierge est scellée la

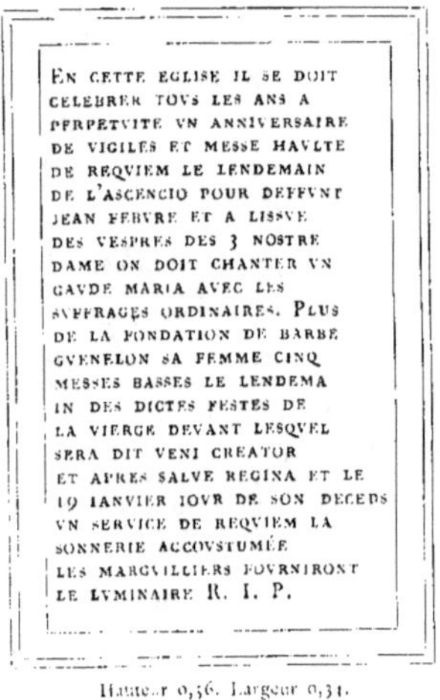

EN CETTE EGLISE IL SE DOIT
CELEBRER TOVS LES ANS A
PERPETVITE VN ANNIVERSAIRE
DE VIGILES ET MESSE HAVLTE
DE REQVIEM LE LENDEMAIN
DE L'ASCENCIO POUR DEFFVNT
JEAN FEBVRE ET A LISSVE
DES VESPRES DES 3 NOSTRE
DAME ON DOIT CHANTER VN
GAVDE MARIA AVEC LES
SVFFRAGES ORDINAIRES. PLVS
DE LA FONDATION DE BARBE
GVENELON SA FEMME CINQ
MESSES BASSES LE LENDEMA
IN DES DICTES FESTES DE
LA VIERGE DEVANT LESQVEL
SERA DIT VENI CREATOR
ET APRES SALVE REGINA ET LE
19 IANVIER IOVR DE SON DECEDS
VN SERVICE DE REQVIEM LA
SONNERIE ACCOVSTVMEE
LES MARGVILLIERS FOVRNIRONT
LE LVMINAIRE R. I. P.

Hauteur 0,56. Largeur 0,31.

pierre de fondation de Jean Febure, qui rappelle que l'on doit chanter une messe le lendemain de l'Ascension et les vêpres aux trois
fêtes de Notre-Dame, pour le repos de son âme; plus cinq messes,
le lendemain des fêtes de la Vierge pour Barbe Guenelon, sa femme.

La chapelle de gauche est dédiée à saint Nicolas; elle n'a rien d'intéressant, si ce n'est un bas-relief en pierre, contenu dans un encadrement en forme de chambranle de cheminée, peu en rapport avec la finesse et l'exécution artistique du sujet. Il se compose de deux pilastres toscans, ornés de consoles avec pinacle au-dessus devant couvrir deux petites statuettes.

SAINT HUBERT (XVIᵉ SIÈCLE).

Ce bas-relief représente saint Hubert ou saint Eustache, à genoux, en présence du Christ qui lui apparaît entre les bois d'un cerf. Derrière lui, on aperçoit son écuyer encore à cheval et contenant, au moyen des rênes, la monture de son maître, puis aussi les chiens qui eux-mêmes semblent partager l'attitude respectueuse de leur maître. Dans le haut, au milieu d'une touffe de feuillage, apparaît un ange, aux ailes déployées, tenant un phylactère.

Tout ce sujet, malgré sa naïveté, est exécuté avec un soin et une étude qui en font une œuvre remarquable.

Verrières. — Nous avons dit que l'ancienne verrière centrale du sanctuaire avait été remplacée par une moderne, représentant la légende de saint Luc; celle de gauche est aussi toute nouvelle, elle est occupée par les figures de saint Claude, de saint Joseph et de saint Augustin; à la base, un petit sujet représente saint Joseph dans son atelier.

La fenêtre de droite possède encore son ancienne verrière, sujet assez rare et des plus curieux. C'est la représentation des trois Maries : Marie mère de Dieu, Marie Cléophée et Marie Salomé, accompagnées de leurs enfants.

Le premier panneau représente sainte Anne, mère des trois Ma-

LA VERRIÈRE DES TROIS MARIES, 1515.

ries; elle est assise, un livre ouvert est sur ses genoux. Elle interrompt sa lecture, écoute et semble étonnée d'entendre le petit Jésus, près d'elle avec sa mère, la vierge Marie, lire les mots que celle-ci lui indique dans une bible placée sur ses genoux.

Dans le deuxième panneau, à droite, est assise Marie Cléophée, mère des Alphées, entourée de ses quatre enfants. Elle tient sur ses genoux Joseph le Juste; devant elle, est saint Simon, une croix à la main; à côté de lui, saint Jude tenant un cartel, où on lit : REGINA CELI ALLELVIA; à sa droite, saint Jacques le Mineur. Enfin, dans le troisième panneau est représentée Marie Salomé, mère des enfants de Zébédée. Elle est debout, tient un livre de la main gauche, tandis que de la droite elle offre à saint Jean l'Évangéliste une pomme; ce dernier s'empresse d'y porter la main.

A droite, devant Salomé, se tient, agenouillé et les mains jointes, un prêtre en aube sur laquelle est brodé à la place du cœur un bourdon avec une coquille, emblème du pèlerin qui vient d'accomplir un long pèlerinage. De sa bouche s'échappe une banderole ou phylactère portant ces mots : **Ut xps parcat postulat · Iste colet** (Pour que le Christ pardonne, le prêtre priera!) Saint Jacques le Grand, son patron, l'accompa-gne, lui pose la main sur l'épaule en signe de protection. Ce prêtre, probablement curé de la Chapelle-Saint-Luc, vers 1513, portait un écu d'azur à deux clefs d'argent passées en sautoir, accompagné d'une croix d'or en chef et d'une

coquille de même en pointe, armes parlantes qui peuvent indiquer un pèlerinage aux lieux saints. ,

Dans les lobes du haut de la fenêtre sont les attributs distinctifs des évangélistes : l'aigle, l'ange, le lion et le bœuf groupés ensemble avec leur nom. De chaque côté, dans les encoignures, on lit sur une banderole: **tout en paix**. Il y a une vingtaine d'années, on lisait au bas de cette intéressante verrière : **l'an mil cinq cens quinze cette verrière**. . . . .

La disparition de toutes les anciennes verrières de nos églises de campagne n'est plus qu'une question de temps. Généralement les verrières modernes sont si peu en rapport de ton avec les anciennes, qu'aussitôt qu'elles garnissent une fenêtre, elles entraînent la perte des autres vitraux. C'est ce qui est arrivé aux verrières de cette église de la Chapelle-Saint-Luc. Il en résulte qu'avec cette malheureuse manie de faire du neuf *à tout prix*, on en arrive peu à peu à rejeter la partie la plus intéressante de cette merveilleuse décoration.

C'est ce qui, à l'heure où j'écris ces lignes, menace la verrière des trois Maries. On doit la démonter pour la remplacer par de grandes figures de saints mieux en rapport avec celles de la fenêtre d'en face.

Heureusement que M. l'abbé Fèvre, curé actuel de l'église de la Chapelle-Saint-Luc, est un homme de goût, amateur éclairé des arts, qui saura, nous aimons à le croire, replacer cette intéressante verrière dans une des fenêtres des chapelles latérales.

La chapelle de la Vierge conserve encore quelques verrières anciennes. Dans la fenêtre percée derrière l'autel, on voit l'Annonciation, la Naissance du Sauveur et le Couronnement de la Vierge par les trois personnes divines. Sur le côté de l'autel, au sud, la fenêtre contient les restes d'un arbre généalogique de Jessé. On aperçoit encore les têtes de **Manaſſes, Joſias,** [m] a **Athan et Aſa.** Au-dessus, dans les lobes, **Joſeph Aminadabʒ,** au milieu, la Vierge et l'enfant Jésus. Les tri-

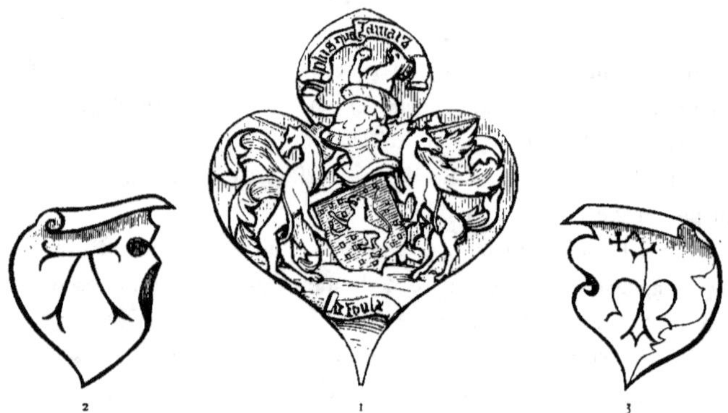

lobes renferment l'étable et la crèche. Dans les angles, des anges avec des rouleaux développés, portant ces mots **Obſecro dñe mitte quem miſſurus es,** sur un autre : **Fuit in ōi terra.** Dans la pointe de l'ogive, ce blason avec ces deux monogrammes (1, 2, 3).

Le fini du dessin, la richesse du coloris, la beauté des figures, font vivement regretter la perte de ce vitrail.

Une des fenêtres de la nef, la deuxième à droite, contient aussi des restes de vitraux assez curieux, représentant le Christ assis sur un arc-en-ciel, au milieu d'une gloire lumineuse, entouré d'anges. De sa bouche sort le glaive apocalyptique, ancienne forme du Jugement ; à ses côtés, la Vierge et saint Jean sont en contemplation. Plus haut, à droite et à gauche, des anges portant des instruments de la Passion.

Près de cette fenêtre, à l'angle du transept, se trouve la chaire à prêcher, œuvre moderne d'un style gothique assez grossier. Sur les faces du garde-corps sont représentés les quatre évangélistes.

Au xvie siècle, l'église de la Chapelle-Saint-Luc était entièrement carrelée en carreaux émaillés, divisés en compartiments à la rencontre de chaque travée ; on en voit encore quelques-uns assez bien conservés, un entre autres portant la date de 1646, dernier vestige d'un art qui s'éteint.

ÉGLISE SAINT-MARTIN.

MACEY

Macey est situé à douze kilomètres de Troyes, dans une vallée, à droite de la route de Sens.

L'église est dédiée à saint Martin. Rien de bien remarquable dans l'architecture de ce monument, reconstruit vers la fin du xvi° siècle.

Il n'offre à la curiosité du visiteur que sa porte principale datant du xii° siècle, intacte malgré les reconstructions successives de l'église.

Cette porte romane est formée de deux pieds-droits portant un plein cintre, dont les claveaux sont ornés de dents de scie en relief. Elle est accompagnée dans l'ébrasement de trois archivoltes ornées de tores reposant sur des pieds-droits et maintenues de chaque côté par deux contreforts.

La saillie sur le mur du pignon mesure, y compris l'épaisseur des contreforts, 1ᵐ,02.

Au-dessus des archivoltes est un rang d'assises, puis un petit bandeau orné de billettes. Sur la rangée d'assises est gravée, en deux lignes, une inscription comprenant toute la longueur de la porte et faisant connaître qu'en 1615, N. R. étant curé, le pignon de cette église fut reconstruit pendant le mois de mai par Mathé Gatouillat l'aîné, Nicolas Martin, Jacques Herluison, Nicolas Dola et Mathé Gatouillat le jeune, tous maçons, assez bons garçons, demeurant à Villeloup[3].

Nous avons retracé cette inscription parce qu'à la première lecture, elle n'est pas très claire. Nous en donnons ici une copie fac-simile.

LAN DE GRACE $\cdot$ 1615 NR $\cdot$ PRE $\cdot$ AV VRAY DVRANT ET PENDANT

LE MOYS DE MAY CE PIGNO QVE ICY TV VOID $\cdot$ FVT PAR

MATHE GATOVILLIAT LESNEL FAICT $\cdot$ NICOLAS MARTIN

AVSSY Y ESTOIT IACQVES HERLVISON $\cdot$ NICOLAS DOLA

AVEC LE IEVNE MATHE GATOVILLIA $\cdot$ TOVS DV LIEV

DE VILLELOVPS[1] MASSOS $\cdot$ Y DEM ET ASSEZ BOS GARSOS

Cette porte est abritée par un porche en bois appuyé sur le mur du pignon.

Un petit clocher, sans caractère, s'élève au-dessus des combles de la nef; sa charpente est maintenue par la première travée du chœur, plus élevée que celle de la nef, et cette travée reçoit, à droite et à gauche, les combles des chapelles latérales.

Intérieur. — L'église de Macey a la forme d'une croix; sa nef est plafonnée; ses murs ont été refaits en partie en 1615. Le chœur et les chapelles sont voûtés, ainsi que le sanctuaire, dont le plan est une section d'octogone.

Le sanctuaire a été reconstruit en 1864 sous la direction de M. Roussel, architecte à Troyes. La clef de voûte porte les armes de l'ancien collateur, le chapitre de Troyes. Les nervures des voûtes du sanctuaire sont simples. Il en est de même pour celles de la chapelle

____

1. Commune du même canton à huit kilomètres de Macey.

septentrionale. Les autres voûtes sont surchargées de nervures en
forme d'étoiles, de triangles et de croix; ces nervures se concentrent
et s'appuient sur des piliers engagés dans les murs d'angles du sanctuaire et des chapelles latérales formant le transept. Elles prennent

également de l'appui sur les deux premiers piliers du chœur qui
sont isolés et de forme ondée avec bases à talon. Un petit arc, appuyé
contre le mur de la nef, maintient leur équilibre.

Dans les deux chapelles latérales, la naissance de deux travées
indique l'intention, dans le projet de cette nouvelle construction, de
développer le monument par l'édification de trois nefs parallèles.

Verrières. — Aux fenêtres du sanctuaire, quelques restes de vitraux représentent la Création de l'homme, celle de la femme et leur
désobéissance. Dans la chapelle de la Vierge, à droite du chœur,
les restes des verrières ont une plus grande importance. Dans les
lobes de la fenêtre qui se trouve derrière l'autel est peinte la Résurrection de Jésus-Christ, et sur les vitraux de la même fenêtre est
représenté un saint Martin à cheval coupant son manteau pour vêtir
un malheureux à demi nu. Près de lui est une femme agenouillée,

les mains jointes, vêtue d'une robe violette, la tête couverte d'une
coiffe noire ; à côté de cette femme, son patron saint Guillaume ;
sur le prie-Dieu placé devant elle, son blason. Ce blason est en
partie brisé et porte d'azur à un chevron d'or, accompagné en chef de
deux roses de même. En suivant, on voit un jeune homme en prière
et près de lui saint Nicolas. Au-dessous de ces figures de donateurs,
on lit ces mots :

Guillemyne.......... et de la rotiere
Ces troys ont............ ere lan mil

Sculptures et peintures. — Dans la chapelle de la Vierge, un
banc porte sur son dossier cette inscription : DIEV Y POVRVOIS, avec
les initiales F P liées par un ruban, et au milieu du chœur est un
lutrin, style Louis XV, surmonté d'un aigle de saint Jean aux ailes
déployées.

La chaire à prêcher est fixée au premier pilier du chœur à gauche ;
sur le panneau de devant, une sculpture en demi-relief représente
saint Martin, évêque.

Près de la petite porte latérale, au sud de la nef, s'aperçoivent
encore sous le badigeon les traces d'une peinture murale ; c'est une
grande figure dont il est impossible de préciser le caractère et cependant les contours de cette figure sont d'un style élégant, que l'on peut
attribuer au XIIIe siècle.

Près des fonts baptismaux, à droite en entrant dans la nef par la
porte principale, est posée à terre une statue de la Vierge, de la fin
du XIVe siècle. Cette statue est, comme tant d'autres, remplacée, dans
la chapelle qui lui est consacrée, par une Vierge en plâtre.

Près de cette figure, abandonnée à terre parmi des débris de toute
sorte, sont trois tableaux composés de vingt-trois sujets peints dans
les dernières années du XVIe siècle. Ces trois tableaux formaient un
triptyque dont le panneau central comprend à lui seul neuf sujets
ayant trait à la Passion de Jésus-Christ.

Ils représentent la Cène, la Trahison de Judas, Jésus devant
Hérode, la Flagellation, le Jugement devant une nombreuse assem-

blée; c'est une véritable mise en scène curieuse à étudier. Au bas de cette peinture, on lit : SENTENCE OV AREST DES SANGVINAIRES IVIFZ CONTRE IESVS·CHRIST LE SAVVEVR DV MONDE.

En suivant, on voit Jésus qui tombe sous le poids de sa croix, Jésus crucifié, Jésus sortant de son tombeau, puis l'Ascension.

Les volets sont composés chacun de sept sujets tirés de la légende de saint Martin.

Le premier volet comprend : sa naissance, son baptême, par saint Hilaire, l'épisode du manteau, sa consécration épiscopale.

Saint Martin se présente à la porte d'un couvent. Le Christ lui apparaît en songe. Il est devant l'empereur Maxime.

Le deuxième tableau complète les actes de la vie de saint Martin. Il visite les malades, secourt un malheureux. La messe de saint Martin. Un ange lui apporte une hostie du ciel. Saint Martin à la porte d'un monastère semble attendre des étrangers arrivant dans un chemin creux. Sa mort. Son âme, sous la figure d'un enfant, enlevée au ciel, enfin l'amende honorable de Hugues de Sainte-Maure devant son tombeau.

Ce triptyque est une curiosité qui mériterait une place d'honneur dans l'église; il devrait être conservé et entretenu avec le plus grand soin. Nous l'avons trouvé couvert d'une poussière telle, que, faute de mieux, il nous a fallu prendre une touffe d'herbes et de l'eau pour le laver et nous rendre compte à peu près des sujets représentés, afin de pouvoir en donner une description succincte.

Ces peintures sont très bien conservées; elles ne réclament qu'un lessivage un peu moins primitif que le nôtre; un simple vernissage leur rendrait ensuite tout leur ancien éclat.

ÉGLISE SAINTE-CROIX.

MONTGUEUX

Ce village est situé sur la montagne de Montgueux, où jadis s'exploitaient de nombreuses carrières de craie, et d'où l'on jouit d'un panorama splendide sur Troyes, bien que cette ville soit distante de huit kilomètres

L'église paroissiale de Sainte-Croix, construite sur une place rectangulaire, se compose de trois nefs de quatre travées, sauf le sanctuaire en saillie et à angle droit.

La porte principale s'ouvre par un linteau droit arrondi aux extrémités et profilé de gorges très profondes. Au-dessus de cette porte, dans le mur du pignon, est percée une grande fenêtre ogivale divisée en trois parties avec arcs tribolés. Le pignon est maintenu par deux contreforts dans l'axe des piliers de la nef et par deux autres sur les angles des bas côtés.

La nef centrale et ses deux bas côtés sont plus élevés que le chœur et le sanctuaire. Sur la toiture couvrant ces trois nefs, à la rencontre de la troisième travée, s'élève une flèche en bois de belle proportion; elle contient une cloche portant cette simple inscription ✠ ihs maria mil Vᶜ unᵗᵗ et trois ichan pillie; plus bas sont gravés, avec soin, au burin, les noms LORETE PERIN, EDMONE

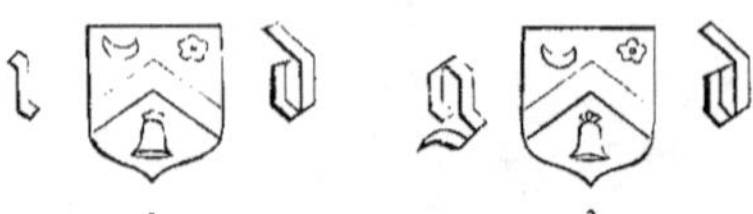

1					2

GVION, autres donatrices, sans doute oubliées à la fonte, puis aussi les blasons des fondeurs, les deux frères, avec leurs initiales (1 et 2).

Deux petites portes latérales s'ouvrent au midi et au nord, à la deuxième travée des bas côtés. Tout autour de l'édifice, règne une corniche à biseaux avec plate-bande.

Ce monument peut avoir été élevé en partie de 1550 à 1560; il n'offre rien d'intéressant par le système de sa construction comme par son ensemble.

Les voûtes sont de même hauteur; simples au chœur et au sanctuaire, cette partie étant antérieure de quelques années aux trois nefs. Les nervures sont multipliées en tiercerons et liernes à la nef et aux bas côtés, c'est-à-dire qu'elles forment des figures géométriques.

Les arcs-doubleaux reposent sur des piliers cylindriques sans chapiteaux, avec bases à filets, tors et renflements sur plan octogonal. La nef s'éclaire par les fenêtres des bas côtés. La première voûte, en entrant, est encore couverte d'une composition peinte, se distinguant assez bien, quoiqu'elle soit voilée par le badigeon qui la recouvre sur toute son étendue.

Le ciel s'ouvre et laisse apparaître la sainte Trinité entourée d'anges portant les instruments de la Passion; puis voici la Résurrection et la Descente de Jésus-Christ aux enfers, représentés par une gueule de monstre dans laquelle sont les patriarches.

Chapelles. — La chapelle de la Vierge, est ménagée dans le bas côté sud, à droite du chœur. L'autel est en bois sculpté de style gothique moderne. Il est surmonté d'une statue de la Vierge. C'est au premier pilier de cette chapelle que l'on remarque le raccord de la nouvelle construction avec la première.

La chapelle du nord est consacrée depuis peu au Sacré-Cœur; son autel est simple; le raccord de la nouvelle construction à l'ancienne se remarque dans cette chapelle comme dans celle de la Vierge. Une console de la voûte, dans l'angle à gauche, représente un petit bois d'où sort un ours.

Dalle tumulaire. — Dans cette chapelle, au pied de l'autel, reposent le corps de Nicolas Riglet, d'une famille originaire de Bourges, maire de Troyes en 1544[1], et celui de Colette Legoix, sa femme, recouverts d'une dalle en marbre noir sur laquelle l'un et l'autre sont représentés.

Leur épitaphe est ainsi conçue :

> Cy gysent nobles perſonnes Nicolas
>
> Riglet en ſon viuant ſr de Montgueux Notaire et ſecretaire
>
> du Roy et damoiſelle
>
> colette legoix ſa femme·qui deceda le
>
> Ve Jr de nouembre Lan Mil ve lx et le dt ſr le ve Jor
>
> de debre Mil ve lxxvii

Les vêtements de Nicolas Riglet sont très intéressants à étudier. Les figures reposent sous un portique à doubles arcades cintrées, entre lesquelles se détache le blason du maire de Troyes, aux 3 pals alaisés de (argent) et au chef de (gueules) chargé de 3 étoiles de (argent).

Au bas de la tombe, le blason se répète, réuni à celui de Colette Legoix au 2 de (argent) à 3 y de (sable) et au chef de trois oiseaux....

Verrières. — L'église de Montgueux a perdu toutes ses verrières; quelques panneaux montrent encore çà et là les derniers ves-

---

1. Moyse Riglet, son fils, fut maire de Troyes sous Louis XIII, en 1626.

tiges d'une décoration qui disparaît de jour en jour. Dans le sanctuaire on peut voir l'Exaltation de la Croix. L'empereur Héraclius, monté sur un cheval richement caparaçonné, porte la croix et arrive devant Jérusalem dont la porte est fermée. Un ange lui apparaît au-dessus des murs de la ville, portant une banderole sur laquelle sont écrits ces mots :

Rex celōr humilitatis exēpl reliquit.

C'est que l'empereur voulait entrer avec toute la pompe byzantine de son rang; et le patriarche lui fit observer que cet appareil ne convenait pas au souvenir de Jésus-Christ portant sa croix avec humilité.

A la troisième travée du bas côté méridional, on remarque une sainte agenouillée, un bâton de pèlerin sur le bras; elle semble implorer la faveur d'un roi, debout devant elle, portant un sceptre de la main gauche. Ce roi est revêtu du costume du temps de François Ier.

Dans les autres fenêtres sont quelques sujets relatifs à la Passion, à la Création de l'homme ou intéressant des familles de donateurs, et enfin le blason de Clérey, seigneur de Vaubercey (1), et un second de Le Mercier, seigneur de Saint-Parre-aux-Tertres et de Baire (2).

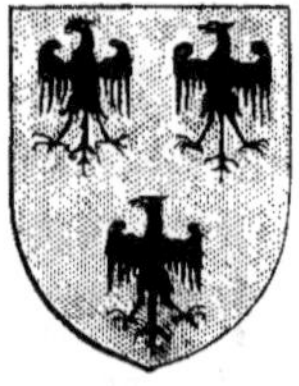

Peintures sur bois. — De chaque côté de la porte d'entrée, on aperçoit, contre le mur occidental, deux peintures sur bois remontant au XVIe siècle. Elles ont été retouchées en partie; le sujet de droite est le Calvaire, Jésus expirant; sainte Madeleine au pied de la croix et saint Jean soutenant la vierge Marie, puis une multitude de Scribes et de Pharisiens.

Dans le fond du tableau, la grande Jérusalem avec ses tours et ses innombrables clochers. Des montagnes et la mer limitent l'horizon.

Celui du panneau de gauche, la Résurrection : Jésus sort de son tombeau, portant les signes de la Rédemption; des soldats, ses gardiens, s'éveillent et s'enfuient effrayés. Dans le lointain, on voit venir les saintes femmes portant des vases de parfums pour embaumer le corps de Jésus-Christ; elles trouveront le tombeau vide.

Ces peintures sont d'anciens volets de triptyques dont le motif central a disparu. Les vantaux portent au revers les portraits des donateurs, le mari et la femme, tous deux agenouillés devant un prie-Dieu daté de 1571. Ils sont assistés des apôtres Pierre, André, Jacques et Jean, qui ont été témoins de la pêche miraculeuse. Dans le fond du tableau, Jacques et Jean dirigent une barque sur un immense océan; enfin le Christ présente à saint Pierre les clefs de son Église.

Ces peintures doivent être un don fait à l'église par quelque poissonnier riche des bords de la Seine.

Statues. — A l'entrée du sanctuaire se dressent deux statues assez remarquables de la fin du XVI° siècle. Celle de droite représente saint Roch et celle de gauche sainte Barbe. Celle-ci devait être en grande vénération dans nos contrées; car son image se retrouve dans presque toutes les églises des environs de Troyes et toute la chrétienté l'honorait jadis comme particulièrement secourable pour la bonne mort. Sainte Barbe est ici bien exécutée comme sculpture et représentée avec une certaine richesse.

ÉGLISE DE LA SAINTE-VIERGE.

LES NOËS

Petit village à deux kilomètres de Troyes, peuplé de cent quatre-vingts habitants.

L'église, une des plus grandes du canton, est très régulière; sa construction remonte aux premières années du XVI° siècle.

Elle est dédiée à la Nativité de la Vierge[1]. Son plan est un vaste parallélogramme divisé sur sa longueur en trois nefs. Le sanctuaire forme une saillie à cinq pans. A la quatrième travée méridionale se trouvent la sacristie et le trésor.

---

[1]. Autrefois, le patron était la Vierge, honorée dans son Assomption. Mais cette fête étant aussi celle de Pont-Sainte-Marie, cette dernière commune demanda à la fabrique de l'église de Noës de transférer sa fête à la Nativité, et lui offrit en échange de cette concession une tribune sculptée et des petites orgues. La tribune et les orgues ont disparu, et la concession persiste.

Il est difficile de comprendre pourquoi s'élève une église de cette importance dans une population aussi faible. Sans doute il y avait au XVI° siècle quelques grandes cérémonies religieuses qui devaient attirer les habitants de Troyes et ceux des environs. Comment sans cela expliquer l'importance de ce monument et les richesses qu'il renferme? Le portail, plus moderne, a été construit vers le milieu du XVII° siècle. Grand dans ses proportions et d'un aspect vraiment monumental, il se compose d'une porte plein cintre reposant sur des pieds-droits; la clef des claveaux est ornée d'une tête de chérubin ailé. Dans les angles du cercle, deux anges de grandeur naturelle, aux ailes déployées, sont couchés sur l'arc du cercle.

Ils portent, comme attributs, les instruments de la Passion; celui de droite tient la couronne d'épine d'une main; de l'autre, la lance et l'éponge fixée au bout d'un bâton. L'ange de gauche porte une petite croix de la main droite; de la main gauche, il tient les trois clous.

Deux colonnes cannelées, d'une belle proportion, encadrent cette porte, et ces colonnes posent sur un socle. Elles sont ornées de chapiteaux ioniques et supportent un vaste entablement décoré à ses extrémités de deux mascarons avec draperies. Sur cet entablement est un fronton rompu de chaque côté en demi-cercle. Le centre de ce fronton est occupé par un socle sur lequel est posée une statue de la Vierge-mère.

Les vantaux de la porte sont divisés par panneaux saillants que fixent des clous dont les têtes sont ornées de plaques en tôle repoussées au marteau de manière à former des petites roses. La jonction des deux vantaux est dissimulée par un pilastre cannelé surmonté d'un chapiteau portant une console très allongée. Entre le chapiteau et cette console se lit gravée en creux la date de sa pose : 1661.

Au point de rupture du fronton de la porte s'élève une fenêtre ogivale divisée en deux parties par deux arcs en ogive. A l'intersection de ces arcs est dressée une petite croix. Au-dessus de cette fenêtre se développe le mur du pignon terminé par une croix. A gauche de la porte se dresse une tourelle octogonale renfermant l'escalier qui conduit aux combles de l'église et à la flèche. Celle-ci monte, gracieuse

et légère, au centre de la toiture et à la rencontre de la quatrième travée formant extérieurement le transept et distingué par deux pignons
plus élevés que la couverture des autres travées des bas côtés.

Intérieur. — La nef centrale est assez large pour permettre d'en-
velopper d'un seul regard tout l'ensemble de ce vaisseau. Elle comprend huit piliers cylindriques isolés, flanqués de quatre demi-colonnes
sans chapiteaux à bases profilés. Les arcs-doubleaux sont à profils
prismatiques; les voûtes ogivales à nervures simples et d'égale hauteur. Cette église reçoit le jour par des fenêtres en ogive, variées dans
la disposition de leurs meneaux flamboyants; une seule se fait remarquer par le dessin d'une jolie fleur de lis. Ces fenêtres sont percées
dans le mur de chacune des travées et ont conservé en partie leurs
verrières, notamment du côté méridional.

Tel est dans son ensemble cet édifice qui répète dans son ordonnance toutes les églises importantes des environs de Troyes que nous
avons déjà décrites.

Chaire à prêcher. — Le premier pilier du chœur à droite porte
une chaire à six pans. Les angles sont marqués par des colonnes
cannelées surmontées de chapiteaux corinthiens, posant sur des socles
et sur la frise contournant la chaire.

Le garde-corps s'appuie au centre sur une tête de chérubin et
sur les côtés; deux consoles ornées de têtes à feuillages lui servent
de support. Les panneaux de face représentent l'Annonciation de la
Vierge. L'ange est à gauche, il fléchit le genou, un lis à la main; la
Vierge est à droite, agenouillée sur son prie-Dieu. Le panneau central est décoré d'un vase contenant des lis. Le bas de la frise porte la
date de 1644. Cette chaire fut exécutée par Noël Fournier, maître
menuisier, sculpteur, demeurant à Troyes, et entièrement restaurée
depuis une vingtaine d'années.

Les stalles. — Le chœur, compris dans les quatrième et cinquième travées, est fermé sur la nef par quatre stalles de la Renaissance d'une remarquable richesse de sculpture. Les accoudoirs sont
décorés de têtes plus ou moins grotesques. Sous les miséricordes, on
voit des têtes de guerriers coiffées les unes de casques simples, les
autres de casques ailés.

Une seule de ces figures a la tête rasée quoiqu'elle ne porte pas le costume religieux. Serait-ce le portrait du sculpteur de ce remarquable travail? Si c'est lui, l'expression de sa physionomie semble

Face. STALLES DU XVIe SIÈCLE. Profil.

ébranlée par le résultat de son œuvre. Les panneaux sont ornés de cartouches variés, d'une grande originalité d'exécution.

Le retable. — Le sanctuaire est une section d'octogone à cinq travées; sa voûte est décorée d'une mauvaise peinture du XVIIe siècle, représentant les quatre évangélistes entourés d'anges et de chérubins. L'autel, un peu en avant du mur de l'abside, porte un retable en bois sculpté et peint, divisé en trois parties. Dans le premier compartiment, on voit Jésus fléchissant sous le poids de sa croix, aidé par Simon le Cyrénéen. Dans le second, plus élevé et occupant le centre du retable, est représenté le Calvaire; Jésus est crucifié entre deux larrons; le soldat Longin, à cheval, lui porte un coup de lance. A droite du tableau sont d'autres cavaliers; dans le fond, des Scribes et des Pharisiens. Au pied de la croix, la mère de Dieu est évanouie entre les bras de saint Jean et des saintes femmes. Le troisième compartiment, la Résurrection; Jésus sort de son tombeau. Des soldats tombent à la renverse, tandis que d'autres s'enfuient effrayés.

LE RETABLE DU MAITRE-AUTEL (DERNIÈRE MOITIÉ DU XVIe SIÈCLE).

Le couronnement de ce retable se termine par une frise avec ornements courants à jours, restaurés depuis peu. La pose des petites figures, l'arrangement des groupes, l'ajustement des costumes variés, les mouvements et les expressions, tout est d'une exécution parfaite et remonte à la dernière moitié du xvı° siècle.

Chapelles, portes latérales et verrières. — Sur les vingt fenêtres éclairant ce monument, treize ont conservé une grande partie de leurs verrières. Nous commençons cette description par le côté méridional en entrant par la porte principale. La fenêtre faisant partie du mur occidental représente le Baptême de Jésus-Christ par saint Jean, verrière du xvıı° siècle. La première fenêtre du bas côté est celle qui, dans ces meneaux, présente une jolie fleur de lis, vitrifiée sur fond d'or. La fenêtre de la deuxième travée est divisée en trois parties, en hauteur comme en largeur. Elle contient par conséquent neuf sujets consacrés à la dévotion envers Jésus et Marie[1].

Le panneau de la première partie, en commençant par le bas à gauche, représente les donateurs accompagnés de leurs patrons, les frères Pierre et Jacques Docy. Ce dernier porte le costume des dominicains; il tient un livre dans la main gauche et tous deux ont un rosaire dans la main droite. Ce dominicain pourrait avoir donné au peintre verrier le programme de cette jolie et intéressante composition.

Le deuxième panneau est consacré à la vision de saint Bernard. D'après la légende, ce saint reçut du sein de la Vierge un jet de lait qui le guérit d'un mal de gorge. Ici, saint Bernard est agenouillé, les mains jointes, devant la Vierge et l'Enfant-Jésus. La Vierge presse son sein et fait jaillir un rayon qui le frappe au front comme un jet lumineux devant éclairer son cerveau. Rappelons-nous que Clairvaux, la célèbre abbaye de saint Bernard, appartient au département de l'Aube.

Le troisième panneau nous montre la femme de Pierre Docy et ses deux filles assistées de saint Jean-Baptiste et de sainte Savine.

---

1. On a fait observer avant nous que Jeanne d'Arc, à partir de son séjour dans Troyes, marqua ses lettres et son drapeau par les noms *Jésus, Maria;* pratique que répandait alors en Champagne un célèbre observantin (frère Richard), et dont la trace paraît plus d'une fois dans notre volume (voyez, par exemple, page 73).

La deuxième partie comprend dans son premier panneau saint
Bernardin de Sienne portant un disque lumineux à rayons flam-

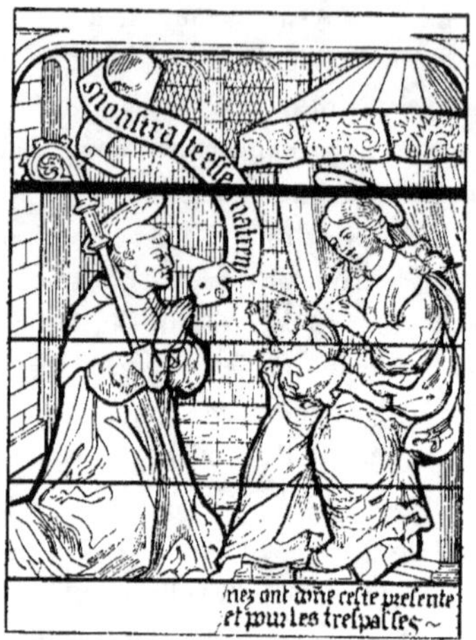

VISION DE SAINT BERNARD (1529).

boyants, dans lequel est la figure du Christ bénissant. Le plus souvent ce disque renferme le monogramme moderne de Jésus-Christ.
Saint Bernardin est ici accompagné de saint Paul; apparemment parce
que l'apôtre affecte de répéter le nom de Jésus, pour lui rendre
honneur à tout propos.

Dans le deuxième panneau, nous voyons l'Assomption de la
Vierge. Le troisième qui suit représente saint Nicolas et sainte Barbe,
deux saints très vénérés autrefois dans le pays et par toute la chrétienté.

La troisième partie représente dans son premier panneau saint
Dominique portant un lis de la main gauche, emblème de sa chasteté
constante; de la droite il tient une croix, comme fondateur d'une
grande famille religieuse.

A côté de lui, à gauche, un chien blanc moucheté de noir porte
en sa bouche un flambeau, figure du zèle et de la vigilance, écla

rant le monde par ses prédications. Devant lui, un peu à droite, un homme nu, accroupi, couvert de lèpre.

Au XVIe siècle plusieurs maladies contagieuses se déclarèrent dans la ville de Troyes et ses environs : serait-ce par son intercession que ces maladies auraient disparu?

Dans le deuxième sujet qui fait suite est la représentation de la Sainte Trinité; puis dans le troisième et dernier panneau, le Martyre de saint Pierre le dominicain, mis à mort par deux bourreaux : l'un lui fend le crâne, l'autre lui passe son sabre au travers du corps.

Dans les lobes du couronnement de la fenêtre se voient l'image du Calvaire, à gauche la figure mystique de saint Jean recevant dans un calice le sang de Jésus-Christ, parce qu'il a témoigné du coup de lance au Calvaire. A droite sainte Catherine de Sienne, du tiers ordre des dominicains. Elle porte une couronne d'épines sur la tête. Au milieu des peines qu'elle s'imposait, Jésus lui offrit un diadème éclatant et une couronne d'épines; la sainte adopta la dernière. Ses mains sont stigmatisées, parce qu'elle professait un grand amour pour les souffrances de Jésus-Christ et que ses plaies lui furent communiquées à Pise après une communion [1].

Dans la main gauche elle tient quelque chose comme un cœur, de forme toute particulière, qui indiquerait que le peintre verrier n'était pas très fort en anatomie. Ce cœur constate son profond amour pour Dieu. Enfin, elle foule aux pieds le vice, sous la figure d'un démon dont le corps se termine en serpent. Il tient dans sa main une masse munie de pointes de fer, en guise de sceptre. Serait-ce à cause de la mort chrétienne qu'obtint la sainte pour un supplicié qui refusait toute consolation religieuse?

Tels sont les sujets de cette verrière, complète dans tous ses détails et qui mérite d'être conservée et entretenue avec grand soin; bien que sa conception soit un peu touffue au point de faire tâtonner celui qui cherche la pensée d'ensemble. Car il y a là une sorte de compromis entre les dévotions dominicaines, observantines et troyennes.

1. Le P. Ch. Cahier, *Caractéristique des saints*.

Dans les angles des lobes on lit 𝕵𝖊 𝖋𝖚𝖎𝖘 𝖒𝖎𝖘 𝖙𝖔𝖚𝖙 𝖓𝖊𝖚𝖋, et au bas ce reste d'inscription nous faisant connaître les noms des donateurs et la date de sa pose.

> 𝕷𝖆𝖓 𝖒𝖎𝖑 𝖋𝖎𝖓𝖖 𝖈𝖊𝖓𝖘 𝖛𝖎𝖓𝖌𝖙 𝖓𝖊𝖚𝖋 𝕻𝖎𝖊𝖗𝖗𝖊 𝕯𝖔𝖈𝖞..........
> 𝖔𝖓𝖙 𝖉𝖔𝖓𝖊 𝖈𝖊𝖋𝖙𝖊 𝖕𝖗𝖊𝖋𝖊𝖓𝖙𝖊 𝖛𝖊𝖗𝖗𝖎𝖊𝖗𝖊 𝖊𝖓 𝖑𝖍𝖔𝖓𝖊𝖚𝖗 𝖉𝖊 𝖉𝖎𝖊𝖚
> 𝖊𝖙 𝖉𝖊 𝖑𝖆 𝖌𝖑𝖔𝖗𝖎𝖊𝖚𝖋𝖊.......... 𝖊𝖙 𝖕𝖔𝖚𝖗 𝖑𝖊𝖘 𝖙𝖗𝖊𝖋𝖕𝖆𝖋𝖋𝖊𝖘

La troisième travée de ce bas côté est occupée par une porte à linteau surbaissé, profilé de gorges profondes; la clef des claveaux est ornée d'un écusson lisse et contourné, soutenu par des lanières. Sur le contrefort qui flanque la gauche de cette porte, on lit, gravé au couteau :

Me Simon Drege
Recteur de l'École des Noës

et au-dessous : *Qui jacet in terra non habet unde cadat. S. Jeh. Frechot. 1613.*

Plus loin, à côté de la sacristie, est fixée au mur une petite plaque de plomb, avec cette épitaphe :

> REQVIESCAT IN PACE
> CI DEVANT GIST AU PIED DE
> CESTE CROIX LE CORPS DE
> HONORABLE HŌME ABRAHAM
> MAILLET VIVANT MARCHANT
> A TROYES QVI DECEDA DE
> LA MALADIE CONTAGIEUSE
> LE IOUR S^T PANTHALEON
> 1598.

Au-dessus de la porte de cette troisième travée est une fenêtre ogivale dont les vitraux comprennent la Crèche, la Fuite en Égypte

---

2. De 1596 à 1599. Les pluies furent si abondantes que les récoltes manquèrent; la peste, la guerre et la famine, trop souvent fidèles compagnes, s'abattirent sur la contrée et réduisirent la population à une affreuse misère. (T. Boutiot, *Histoire de la ville de Troyes.*)

et la Cène. Dans le haut de cette fenêtre est un évêque mort, exposé à la vénération du peuple, c'est saint Martin.

La quatrième travée donne accès au trésor et à la sacristie. Les verrières de la fenêtre sont consacrées à la légende de saint Georges. Le premier panneau contient une famille de donateurs, le mari et la femme assistés de saint Gilles. Les autres représentent le Baptême de saint Georges, puis le même saint, agenouillé dans un temple païen, fait par ses prières tomber les idoles; le temple s'écroule et brûle. Saint Georges est pendu à une potence par les mains. Le même saint, à cheval, combat un énorme dragon. Au pied du cheval, un personnage implore sa protection.

La fenêtre de la cinquième travée a perdu toutes ses verrières.

Chapelle Saint-Nicolas. — Un retable peint sur bois, mais de mauvaise exécution, représente sainte Barbe décapitée par son père, saint Nicolas apaisant la tempête, et saint Roch; l'autel est également décoré de plusieurs statues en pierre : saint Roch, saint Nicolas, saint Sébastien de l'école de Gentil, saint Gontran et saint Maur. Sur les verrières saint Nicolas ressuscitant les enfants; puis le deuxième sujet nous montre les donateurs, le mari et la femme accompagnés de saint Jean-Baptiste. Au bas on lit **damoiselle Sibille feme de Anthie difor......** En suivant toujours la même fenêtre, on voit des épisodes de la vie de saint Nicolas, sa naissance, sa consécration, la multiplication des grains. Dans les lobes flamboyants du sommet de la fenêtre, saint Nicolas sur un navire, sauvant les passagers d'une affreuse tempête; il fait couper l'arbre consacré à la déesse Diane.

Les trois premières fenêtres du côté septentrional n'ont rien conservé de leurs verrières. Elles portent seulement la date de 1676.

Une porte qui s'ouvre à la quatrième travée fait face à la porte du sud. Elle est à deux linteaux droits, arrondis aux extrémités et encadrés d'une accolade, profilée de moulures larges et profondes dans lesquelles on a ménagé six corbeaux.

Cette porte, divisée par un trumeau, repose sur deux pilastres surmontés de consoles avec écussons que supportent de petits anges et des dragons ailés dont les queues fleuronnées se terminent en volutes. Sur la pointe de l'accolade rompue, on a placé une statue de saint Loup écrasant un dragon; sur les pilastres se dressent un petit saint Claude et un saint Maur, ce dernier accompagné d'une petite figure de la donatrice agenouillée à ses pieds.

Au-dessus de cette porte s'ouvre une large fenêtre à meneaux contournés dont le vitrage a été rétabli en 1728.

La fenêtre de la quatrième travée est la plus riche en verrières. Elle a conservé presque en entier la représentation de l'arbre généalogique de la vierge Marie. Au bas, Jessé est endormi; de sa poitrine sortent les tiges entrelaçant les rois et patriarches, depuis Abraham jusqu'à Joseph, l'époux de la Vierge Marie.

A droite de Jessé est représenté Gédéon revêtu d'une armure, prêt à combattre les Madianites; devant lui la toison. A gauche, le buisson ardent et Moïse faisant paître les brebis. Au bas de cette fenêtre se lisent les restes d'une inscription..... **Des marguilliers de leglise de ceans des deniers de leglise et des aulmones des homes ..... moment Joseph..... et Nicolas Jourmiliart..... verriere en la mil vᶜ et xxi.**

Dans les vitres de la fenêtre de la cinquième travée se remarquent

deux blasons du xvııᵉ siècle aux armes d'un abbé commendataire. L'écu du tout indique que ce blason est celui d'un Choiseul et les quartiers de l'écartelé indiquent que c'est celui d'un membre de la branche des *comtes du Plessis, ducs de Choiseul, pairs de France.*

Le premier quartier est aux armes de l'ancienne famille baronnale d'Aigremont qui se fondit vers 1250 dans celle de Choiseul. Le deuxième quartier, aux armes des du Plessis, rappelle que Nicolas de Choiseul, auteur de la branche des marquis de Praslin, était fils de Pierre, dit Gallehaut, seigneur de Doncourt, et de Catherine du Plessis, et qu'il hérita vers 1500 des terres et seigneuries de Praslin, du Plessis-Saint-Jean, de Barberey, etc., à la mort de Jeanne du

Plessis, sa tante maternelle, décédée sans enfants de Ferri de Gran-
cey et de Mathelin de Balathier, ses deux maris. Il est à remarquer
que le P. Anselme donne pour armes aux du Plessis : fascé d'or
et de sable de huit pièces.

Le troisième est aux armes des Béthune, brisées d'un chef de
sable. Cette brisure était celle qu'avait adoptée la branche d'Hostel,
dont la dernière représentante, Anne de Béthune, épousa, dans la
première moitié du xviᵉ siècle, Ferri de Choiseul, deuxième de la
branche des seigneurs de Praslin. Ce Ferri eut entre autres fils Ferri,
auteur de la branche des comtes du Plessis; celui-ci épousa en 1593
Marguerite Barthélemy, fille de Guillaume, seigneur de Beau-
verger, et de Gatinière, conseiller au parlement de Paris. Ce sont
probablement les armes de cette famille qui occupent le quatrième
quartier.

Ferri de Choiseul et Madeleine Barthélemy eurent entre autres
enfants Gilbert de Choiseul, abbé commendataire de Boulaucourt,
Chantemerle, Saint-Martin-ès-Airs de Troyes et Basse-Fontaine, puis
évêque de Comminges et ensuite de Tournay. Il mourut le 31 décembre 1689 et fut enterré à Paris dans l'église de Feuillants[1]. C'est
à lui qu'appartient le blason qui nous occupe, il le portait encore
lorsqu'il était évêque de Tournay.

Au-dessus de ce blason, la figure de saint Nicolas arrêtant le bras
du bourreau et empêche le massacre de trois officiers condamnés à
tort. Dans la pointe de l'ogive sont les armes de France.

Chapelle de la Vierge. — Autel moderne surmonté d'une remarquable statue en bois de la Vierge-mère provenant de l'abbaye
de Notre-Dame-des-Prés. D'un côté de l'autel, une sainte Anne; de
l'autre, une sainte Véronique. Dans la fenêtre supérieure, une répétition du blason de Choiseul; puis un saint Éloi guérissant le pied
d'un cheval et un saint Michel terrassant le démon.

Le sanctuaire est éclairé par cinq fenêtres; celle du milieu est

---

1. Lorsqu'un haut dignitaire de l'Église venait officier dans une paroisse non
placée dans ses attributions, son passage était marqué soit par une inscription, soit
par l'apposition de son blason sur les murs ou les verrières de la chapelle où il
avait dit sa messe.

remplie par des sujets rapportés, notamment des figures de saints.
Mais le plus curieux dans cet ensemble quelque peu désordonné, ce
sont deux panneaux provenant de la représentation des vices ou des
péchés capitaux, comme nous les voyons souvent reproduits dans la
sculpture des cathédrales.

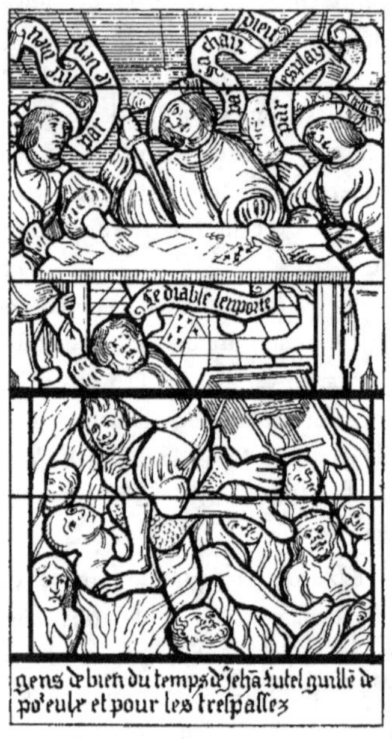

VERRIÈRE DU XVIᵉ SIÈCLE.

La scène est vraiment émouvante : elle se passe dans une maison
mal famée où des soudards, joueurs de profession, mettent comme
enjeu de l'or, leurs vies, même leurs âmes; c'est ce que représente
cette curieuse peinture avec toutes les conséquences d'une semblable
vie de débauche.

Le joueur qui occupe le milieu de la table vient de perdre son
argent; son désespoir n'a plus de bornes, il va se poignarder, il crie,

il blasphème **par la Chair Dieu.** Ses deux autres compagnons le regardent stupéfaits, sans s'opposer à son action, ils répondent à ses paroles impies par d'autres imprécations contre Dieu. L'un jure **par le ventre dieu;** l'autre **par les playsirs.**

La carte auteur de tout ce désespoir, c'est le cinq de trèfle, dit le Jésus, carte de malheur dans le jeu de la bataille.

Une femme, au second plan, proclame sa sortie en élevant au-dessus de sa tête une banderole sur laquelle est écrit ce mot **Jhesu S.** Au-dessous de la table, un des joueurs est emporté par le diable, comme l'indique la banderole où sont inscrits ces trois mots : **le diable lenporte.** Le malheureux damné cherche à se retenir au pied de la table. Dans le désordre, son escabeau se renverse, le cinq de trèfle, cause de son malheur, tombe avec ce siège dans les flammes de l'enfer, où nous voyons une foule de damnés de tous sexes et de toutes conditions. Au bas de ce vitrail, on lit..... **gens de bien du temps de Jehān Cutel-guille de..... priez pr eulx et les trespasses.**

Dans la fenêtre de droite, nous lisons.... **Ue saint Jehan batiste-Lan mil vᶜ et dix priez dieu pour luy.** Dans cette même fenêtre, sont distribués des fragments de la vie de saint Nicolas qui complètent la légende de ce saint que l'on a eu la maladresse de disperser de tous côtés. D'autres panneaux représentent la Résurrection de Jésus-Christ et son apparition à la Madeleine.

Dans la première fenêtre à droite, en entrant dans le sanctuaire, est représentée la Vierge-mère, les épaules couvertes d'un ample manteau; les extrémités de ce vêtement, relevés par deux anges, laissent voir une foule de dames en costume du xviᵉ siècle réfugiées sous ce manteau, implorant la protection de la Vierge. Dans la partie haute de la fenêtre est figuré un personnage nimbé ayant un sabre dans la tête et une épée lui traversant le corps (saint Pierre de Vérone). La deuxième fenêtre a été donnée par testament, comme l'indique ce fragment d'inscription......... GEMILLART A LESSE CESTE VRIERE PAR TESTAMENT. Dans les panneaux suivants sont : une figure de saint Gilles accompagnant le donateur; la rencontre de saint Joachim et sainte Anne sous la perte dorée, l'Annonciation. Dans la fenêtre en face ont été peintes la Présentation au temple et l'Assomption.

Cuve baptismale. — Cette cuve, d'apparence assez lourde, fut

exécutée par N. Herluison avec les deniers de la fabrique, comme l'indique le texte de l'inscription gravée sur le couvercle :

CES FONTS ONT ESTE FACITS PAR N·HERLVISON DES
DENIERS DE LA FABRIQVE EN LAN 1654 ESTANT CVRE
M. PIERRE ROVSSELOT·M·EDME BOVTAR ET JEAN
COLLIN MARGVILLIERS.

L'espèce de campanile s'élevant au-dessus du couvercle de la cuve est en bois. Il se soulevait par une corde fixée à la boule du dôme et une poulie montée dans les combles de la voûte. Le plan et la silhouette de ce petit monument ne manquent pas d'une certaine originalité; la sculpture en est très soignée.

Statues. — Outre les statues que nous avons déjà signalées, deux autres attirent l'attention. Une sainte Barbe adossée au premier pilier du chœur, à gauche, porte l'inscription suivante :

Oudin lequeu
x margueritte sa
fēme ont dōne
ceste ymage pr
dieu pr eulx.

A l'intérieur de l'église et au-dessus de la porte principale est

CROIX PROCESSIONNELLE (XIIᵉ SIÈCLE).

une statue colossale de la Vierge-mère, dans le style du XIIIᵉ siècle, mais d'exécution assez grossière. Au pied de cette statue, un petit homme est agenouillé, tandis que du côté opposé est figuré un buisson ardent près duquel repose un troupeau de pourceaux. Ce sujet est un *ex-voto* qui rappelle la guérison de la maladie appelée feu de saint Antoine ou dartre dévorante.

Le trésor possédait autrefois une croix romane du XIIe siècle en bronze. Afin d'en assurer la conservation, on l'a déposée au presbytère.

Le Christ qui porte une couronne royale est d'une exécution assez naïve, surtout de profil. Il est vêtu d'une draperie qui le couvre de la ceinture aux genoux. Le haut de la croix, y compris l'inscription, est une restitution du XVIe siècle. Le cadre en relief de la croix devait entourer un fond d'émail qui paraît n'avoir jamais été posé.

Cette croix était fixée à l'extrémité d'un manche; on la portait à la main en tête des processions, et à domicile pour la levée des corps des défunts.

Quelques carreaux émaillés perdus dans le carrelage de l'édifice disparaissent peu à peu.

CARREAU ÉMAILLÉ (XVIe SIÈCLE)
Mi-parti au 2 d'Augenoust.

LE PAVILLON

Ce village, qui doit son nom à trois maisons isolées, bâties autrefois en forme de pavillon, est situé à mi-côte, dans un terrain sec et découvert, sur l'ancienne route de Troyes à Paris.

L'église, consacrée à la Nativité de la Vierge, a la forme d'une croix latine composée d'une nef rectangulaire du XIIe siècle, d'un transept et d'une abside à cinq pans remontant au commencement du XVIe siècle.

La porte principale est un arc cintré surmonté d'une ogive à double moulure, supportée dans l'ébrasement par deux colonnes ornées de chapiteaux du XIIIe siècle. De chaque côté de cette porte, deux contreforts étayent le mur très élevé du pignon.

Au nord, c'est-à-dire vers la partie la plus peuplée du village, s'ouvre une porte latérale. Un petit clocher surmonte la toiture à l'extrémité de la nef.

Intérieur. — La nef est simplement plafonnée. Elle s'éclaire par une fenêtre de forme carrée surbaissée et d'une fenêtre ogivale du xiiie siècle percée au-dessus de la porte latérale.

Le chœur, d'un large développement, se compose de deux travées voûtées à nervures croisées en pointe d'étoile.

Les arcs-doubleaux du chœur et des chapelles latérales s'appuient sur des piliers isolés de forme cylindrique avec colonnes engagées sur les quatre faces et bases, largement profilées et sur deux autres piliers qui se dressent dans les angles du sanctuaire et de la nef.

Ces derniers, plus forts, étaient le point de départ d'une nef qui devait se construire et se prolonger dans le même style.

Le sanctuaire est voûté en tiercerons, formant les rayons d'une étoile à six branches. Il est éclairé par cinq fenêtres variées dans leur disposition et dans la division des meneaux de style flamboyant parmi lesquels on remarque une fleur de lis.

Le maître-autel est en bois avec retable et boiseries du dernier siècle. Il se compose de deux colonnes corinthiennes portant un entablement sur lequel repose une niche cintrée accompagnée de deux vases à la rencontre des colonnes.

Cette niche contient une Vierge-mère du xvie siècle.

Au centre du retable, un tableau représente la Vierge Marie avec l'enfant Jésus sur ses genoux. De chaque côté de l'autel, deux portes de la sacristie font corps avec le retable par leur décoration et donnent un ensemble complet.

Verrières. — La première fenêtre du sanctuaire, à droite, est divisée en trois parties, contenant les restes d'une verrière représentant les Rois mages, l'Annonciation, le Calvaire; à gauche est la Création de l'homme et de la femme et leur chute par la désobéissance.

La fenêtre du chevet contient quelques panneaux des passages de la Passion de Jésus-Christ, entre autres le Jardin des Oliviers. Jésus-Christ est agenouillé devant le calice d'amertume. Un ange lui présente une croix en lui disant ces mots : **Pater mi fy poffibile ē** (est) **trāfeat a me calix Ifte.**

Dans les lobes de cette fenêtre on voit la sainte Trinité, puis deux anges portent deux blasons aux armes de la famille Raguier, seigneur de Payns et du Pavillon.

Chapelles. — La chapelle de la Vierge est à droite. Son autel moderne est ornementé suivant un style gothique douteux. Elle est éclairée par trois fenêtres divisées en deux parties, excepté celle du chevet qui est en trois avec lobes contournés. Dans cette fenêtre est représenté l'arbre de Jessé, à peu près complet, d'un dessin correct, d'une couleur éclatante, mais très harmonieuse. C'est une des plus belles représentations de ce magnifique sujet. Dans le panneau inférieur, Abraham, un sabre en main, se dispose à immoler son fils. Isaac porte un fagot sur son épaule et un flambeau de la main droite. L'arbre se développe en portant sur ses branches trente-huit des ancêtres de la Vierge. Elle-même couronne le sommet.

NOTRE DAME-DE-PITIÉ (XVᵉ SIÈCLE).

En face de l'autel, contre le mur occidental, sur un socle élevé, est placée une Notre-Dame de Pitié portant sur ses genoux le corps inanimé de son fils, datant de la fin du XVᵉ siècle, exécutée avec une finesse remarquable, malgré le manque de souplesse et la pose un peu maniérée du sujet. C'est le groupe des affligés que nous retrouvons dans nombre d'églises, à partir du xve siècle, innové pour le soulagement de ceux qui souffrent et pour la consolation de leurs peines.

La chapelle de gauche a pour patron saint Nicolas. Elle ne diffère de la précédente que par la fenêtre du chevet qui se divise seulement en deux parties avec arcs pleins cintres trilobés, surmontés de meneaux en forme de cœur.

Les verrières, en partie brisées et bouleversées, représentent d'abord un fragment du lavement des pieds des apôtres par Jésus-Christ : **Si non lavero te non habebis ptem mm** (partem mecum). Saint Pierre dit : **Doe tu mihi lavas pedes**. Enfin plusieurs sujets tirés de la Passion : un *Ecce homo* **Ave rex judeorum**; la condamnation de Jésus-Christ, un soldat tient une banderole sur laquelle est écrit **tolle crucifige eum**. Dans le troisième et dernier panneau, Pilate se lave les mains.

Cette église est entourée d'un cimetière et enserrée dans des constructions qui lui font perdre toute son importance.

CARREAU ÉMAILLÉ (XVIe SIÈCLE).

ÉGLISE DE L'ASSOMPTION.

PAYNS

Village situé dans la prairie, entre la ligne du chemin de fer de l'Est et la rive gauche de la Seine, à six kilomètres de Troyes.

Au mois de juin 1665, la terre de ce village fut érigée en marquisat, en faveur de François-Michel Colbert, mestre de camp du régiment de Berry, inspecteur général de cavalerie.

Ce général fut tué d'un coup de canon au siège de Furnes, le 5 janvier 1693. Il eut pour successeur, dans sa seigneurie, son frère Pierre Colbert, chevalier de Malte.

Le château a disparu, les anciennes dépendances sont devenues bâtiments de ferme. Le colombier date du xvie siècle. Son rez-de-chaussée est voûté et servait autrefois de bergerie.

Une colonne au centre porte les nervures de la voûte où elles se concentrent, en même temps elle supporte l'échelle mobile du premier étage, aidant à dénicher les pigeonneaux réfugiés dans les boulins couvrant toute la surface des parements de la tour.

L'église, sous le vocable de l'Assomption, n'a rien d'intéressant. Sa forme est celle d'une croix; l'abside est à cinq pans. Le portail se compose d'une porte cintrée moderne, accompagnée de pilastres et surmontée d'un entablement; une petite fenêtre éclairant les combles.

Intérieur. — On entre dans l'église du côté du nord par une petite porte cintrée. La nef, du commencement du xiiiᵉ siècle, a été remaniée et replâtrée. Elle s'éclaire par quatre fenêtres. Dans la première de ces fenêtres, à gauche, on voit un fragment de peinture sur verre, représentant l'Annonciation; au bas on lit : 𝔈𝔫 𝔩𝔞𝔫 𝔪𝔦𝔩 𝔳ᶜ......

La chapelle des fonts baptismaux est à droite en entrant et entou-

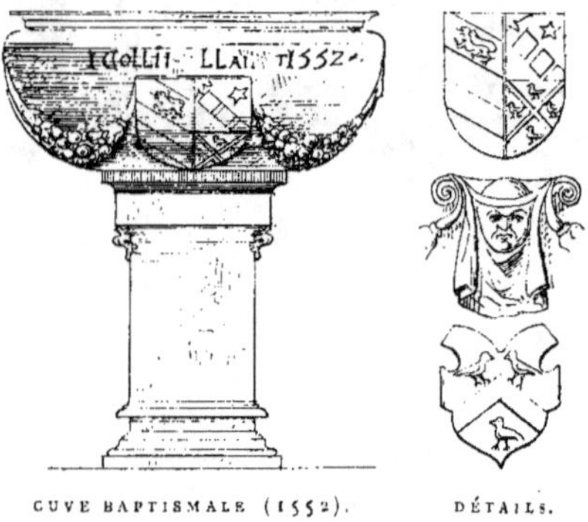

CUVE BAPTISMALE (1552).   DÉTAILS.

rée d'une simple clôture en bois avec petits balustres. La cuve des fonts porte la date de son exécution et les traces illisibles du nom de son auteur. Elle est décorée de mascarons soutenant des guirlandes de fruits qui reposent sur deux blasons aux armes de la famille Robert Dauvet, seigneur de Rieux, baron de Payns, et Anne Bricourt, sa femme, avec l'alliance des Raguier, car la mère d'Anne Bricourt s'appelait Louise Raguier.

Le chœur s'ouvre par un arc plein cintre s'appuyant sur deux piliers cylindriques engagés dans l'épaisseur des murs de la nef et du transept.

Toute l'église est plafonnée; les voûtes semblent avoir été détruites, l'arrachement des arcs et des nervures existe encore et indique plutôt une rupture que l'attente d'un achèvement.

Il y a quelques années, en réparant un des contreforts du côté de l'abside, au nord, on a trouvé dans les fondations une pierre portant cette inscription : LOVIS DAVVET PRESTRE· 1633·. Cette date pourrait bien être celle de la chute des voûtes, accident qui a dû nécessiter à cette époque une consolidation de l'édifice.

L'autel du sanctuaire est orné d'un retable en bois du dernier siècle. Il se compose de deux colonnes ioniques cannelées, portant un entablement surmonté de vases et d'une niche renfermant une statue de la Vierge-mère. Le tableau central de ce retable représente l'Assomption de la Vierge.

Le chevet de l'église sert de sacristie. Les boiseries qui font la clôture et les portes d'entrée de cette sacristie se relient par leur décoration avec l'ensemble du retable. Sur les portes, deux peintures représentent l'Annonciation.

Les ouvertures qui éclairent le sanctuaire sont à plein cintre, divisées par un seul meneau. Dans la fenêtre de gauche, un vitrail du xviie siècle nous représente la Vierge-mère, saint Jean-Baptiste et saint Nicolas. Au bas, on lit :

**Nicolas tifiere et Jehanne gaudier fa fëme ont dõne
fete vitre par devotion priez Dieu pour les trepaffe. 1647.**

Chapelles.—La chapelle de la Vierge s'ouvre à droite du chœur. Elle se compose d'un retable en bois avec pilastres et entablement obstruant la fenêtre à meneaux du chevet. Dans une niche centrale est une Vierge moderne en plâtre. Le mur méridional de cette chapelle est percé d'une porte à linteau droit qui jadis donnait accès aux habitants du château. Au-dessus s'ouvre une fenêtre divisée en deux parties. Dans son embrasure, une énorme console supporte une Notre-Dame de Pitié, de la dernière moitié du xviie siècle.

Même disposition pour la chapelle de gauche dédiée à sainte Catherine. A côté de l'autel se voit, sur une lame de cuivre de forme

ovale, la fondation de Jean Petit, maître d'hôtel de M. François Bou-
thillier, évêque de Troyes, de 1678 à 1697, gravée par *D. Chabouillet;*
nous en donnons le fac-similé. Dans l'embrasure de fenêtre de cette
chapelle se voit une statue de saint Jean-Baptiste, disposée comme
celle de Notre-Dame de Pitié que nous avons signalée dans la chapelle de la Vierge. Cette figure reçoit la lumière par derrière avec
une telle intensité qu'il est impossible d'en distinguer les traits. Singulière façon d'éclairer, de montrer et de faire admirer une œuvre de
sculpture.

LE S^R JEAN PETIT
VIVANT M^R D'HÔTEL DE MONSEIGNEUR
L'ANCIEN ÉVÊQUE DE TROYES, C^{ER} D'ÉTAT
ET DE RÉGENCE, A FONDÉ A PERPETUITÉ EN
CETTE EGLISE DE PAYENS, 12 MESSES BASSES DE
REQUIEM, ET RECOMMANDISE, AVEC UN LIBERA
A LA FIN DE CHACUNE DES DITES MESSES POUR LE
REPOS DE SON AME; ET UNE MESSE TOUS LES 1er LUNDIS
DE CHAQUE MOIS, QUI SERA ANNONCÉE TOUS LES 1ers
DIMANCHES DES MOIS AU PRÔNE DE LA MESSE PAROISSIALE
ET EN CAS D'EMPÊCHEMENT, AU 1er JOUR NON EMPÊCHÉ,
ET CE A COMMENCER DANS LE MOIS DE JANVIER 1720 POUR LE
QUEL MOIS, ET CELUI DE FÉVRIER SUIVANT, IL SERA CÉLÉBRÉ 2.
MESSES, POUR LE PAYEMENT DESQUELLES, ET AUES MESSES A DIRE,
LES MARGERS LEURS SUCCESSEURS SERONT TENUS DE PAYER AU
S^R VICAIRE, LA SOMME DE 12 SOLS COMME IL A ÉTÉ ORDONNÉ PAR
MGR L'ANCIEN ÉVÊQUE, EXECUTEUR TESTAMENTAIRE, ET POUR LE
PAIEM^T DE LA FONDATION LE S^R J. PETIT A LAISSÉ A L'OEUVRE
ET FABRIQUE DE LA D^E EGLISE, LA QÛTE DE 43 ARPENS OU ENVIRON
DE TERES SCIZE AU FINAGE DE PAYENS ET LIEUX VOISINS, QUE LES
S^{RS} CURÉ ET MARGERS ONT ACCEPTÉ, ET DONT ILS SE SONT TENUS
CONTENS TANT POUR EUX QUE POUR LEURS SUCCESSEURS. A L'EFFET
DE QUOY LE S^R BELIN RECEVEUR DE LA TERRE DE S^T LIE LEURS A
REMIS ENTRE LES MAINS TOUS LES CONTRATS D'ACQUISITION,
DÉCLARATIONS, BAUX ET AU^{RES} TITRES ET PAPIERS CONCERNANT LES
HÉRITAGES CY DESSUS ENONCEZ, POUR ÊTRE MIS ET DÉPOSEZ
DANS LE COFFRE DU TRÉSOR DE LA FABRIQUE DE CETTE
EGLISE, ET ONT AU MOYEN DU PRESENT CONTRAT DE FONDATION
QUITTÉ ET DÉCHARGÉ MONSEIGNEUR L'ANCIEN ÉVÊQUE DE TROYES
ET LE S^R BELIN, COMME IL EST PLUS AMPLEMENT PORTÉ PAR LE
CONTRAT PASSÉ PAR DEU^T BERTHIER NOTAIRE AV BAILLAGE
DE S^T LIÉ J. DELEINE ET PIERRE DESPREZ PRATICIENS
ET TÉMOINS DU 10 MAR 1720 ET ONT AUSSI SIGNÉ
SVR LE CONTRAT LE R. P. REMY PAVOT. LES
MARGERS ET LE S^R BELIN.
R J P
D. Chabouillet.

Hauteur 0,50. Largeur 0,65.

ÉGLISE SAINT-LYÉ.

SAINT-LYÉ

Saint-Lyé s'appelait autrefois Mantenay, du nom d'une abbaye fondée au vi⁰ siècle par saint Romain, natif de ce lieu et successeur de saint Remi à l'évêché de Reims.

Depuis plusieurs siècles, il ne reste rien de cette abbaye, qu'une simple croix dressée sur son emplacement.

Sur l'une des faces de cette croix, côté du levant, est représentée la figure brisée de saint Lyé qui succéda à saint Romain, comme abbé, dans le gouvernement de son monastère.

« Du côté du couchant est un Christ n'ayant plus ni tête, ni jambes. Sur le fût de la colonne se développe un phylactère dont l'inscription, par l'effet du temps, a disparu. Tel est le seul souvenir encore existant de la vieille abbaye.

L'église de Saint-Lyé est vaste et intéressante dans les détails de sa construction; son plan est de forme rectangulaire avec une abside à cinq pans. La partie la plus ancienne remonte au xi⁰ siècle.

Le mur de la nef latérale, côté septentrional, présente l'aspect d'une imitation d'anciennes constructions romaines : ce sont des rangées de silex symétriquement disposés en chevrons de 20 centi-

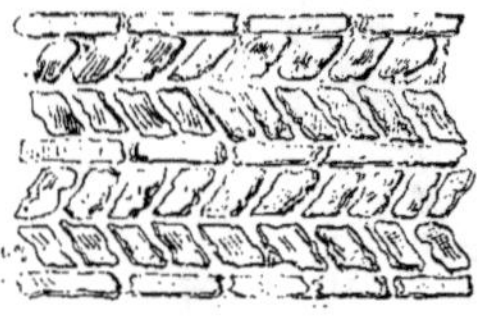

REVÊTEMENT EXTÉRIEUR.

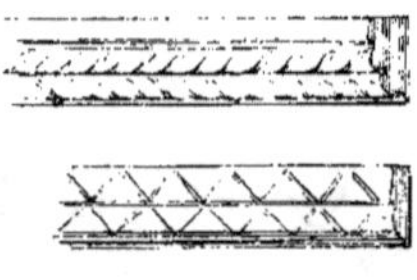

BANDEAU DE LA TOUR.

mètres de largeur et séparés par des chaînes horizontales de pierres dures de la forme et de la dimension des briques.

Ces curieux et intéressants détails ont disparu, depuis peu de temps, sous l'enduit d'un laid mortier jeté à la truelle. Les murs sont

1

2

couronnés d'une jolie corniche du xvi⁰ siècle à modillons en quart de cercle alternés de mascarons grotesques (1 et 2).

La tour, sur la façade, occupe la moitié de la première travée de la nef. Sa base repose sur le mur de cette dernière et sur un pilier massif de style roman. Elle servait autrefois d'entrée à l'église, mais, depuis bien des années, on a muré ses arcades et consolidé sa base au moyen de sarcophages qui rappellent les monuments funéraires des temps carlovingiens, qui proviennent sans doute de l'ancien cimetière de l'église ou bien des caveaux du couvent de Mantenay.

Cette tour s'élève à 16 mètres au-dessus du sol ; elle s'éclairait au premier étage par des œils-de-bœuf et de petites fenêtres très

DÉBRIS DE SARCOPHAGES CARLOVINGIENS

étroites en forme de meurtrières, comme il en existe des traces dans les bas côtés de la nef. L'étage supérieur était percé sur ses quatre faces de petites fenêtres plein cintre séparées par une colonnette trapue avec chapiteau lisse. Une seule de ces fenêtres a été conservée du côté de l'orient. Cette partie de la tour est plus moderne, d'un siècle environ, que les constructions de l'époque romaine qui caractérisent le bas de cette tour. Sur une corniche composée de corbeaux simples s'élève une flèche présentant les mêmes proportions.

La construction de la porte principale de l'église, reportée sur la gauche de sa façade, est du siècle dernier ; elle est formée de pieds-droits supportant un arc surbaissé que surmonte une fenêtre ogivale percée dans le mur du pignon, celui-ci s'élevant jusqu'à la corniche de la tour.

Intérieur. — La nef et ses bas côtés présentent tous les caractères du style roman, mais repris à la première moitié du XVIᵉ siècle. A cette époque, on remania la niche des combles, et l'on agrandit les baies des bas côtés pour remplacer les espèces de meurtrières dont se voient encore les traces.

Cette grande nef mesure 9 mètres de hauteur et 13^m,50 de largeur; elle est constituée par quatre arcades reposant sur des piliers massifs à section barlongue.

Au-dessus des arcs s'ouvrent de grandes baies plein cintre, évasées extérieurement et irrégulièrement placées; la quatrième à droite est plus grande que les autres.

Le mur de la nef supporte un plafond qui, malheureusement, a été substitué à une charpente existant dans les combles, exécutée et assemblée avec une précision et un soin des plus remarquables.

La chaire à prêcher s'appuie sur le troisième pilier de la nef à droite; le panneau central du garde-corps représente saint Lyé ayant une mitre à ses pieds: il tient un livre de la main droite et sa crosse de la main gauche.

La première travée du bas côté méridional est remplie par la saillie de la tour; elle sert de chapelle des fonts baptismaux dont la cuve, du xviiᵉ siècle, est à six faces.

Dans cette chapelle, contre le mur de la tour, est un bas-relief mutilé du xviᵉ siècle d'une exécution grossière, mais cependant d'une certaine richesse de détails. Il reproduit très exactement les sujets du bas-relief de la chapelle de la Vierge, à l'église de la chapelle Saint-Luc. A gauche, la Rencontre sous la porte dorée et la Naissance de la Vierge; à droite, l'Annonciation et la Présentation au temple; au centre, l'Assomption de la Vierge accompagnée de l'épisode de saint Thomas. Les sujets de droite et de gauche sont encadrés sous un riche portique que la gravure nous dispense de détailler. Au-dessus de l'image de l'Assomption, au moyen d'une pierre superposée qui n'a pas été retrouvée, le sculpteur avait complété son sujet en représentant le couronnement de la Vierge par la Trinité.

Au centre de la frise lui servant de soubassement, on lit cette antienne de Laudes :

ASSV̄ETA·EST·MARIA

IN CELV̄M·GAVDET

ANGELI·LAVDATES

BENEDICV̄T·DOMINV̄

Ce bas-relief décorait jadis l'autel de la Vierge, actuellement
chapelle du Rosaire; il y a quelques années, il fut trouvé enfoui sous
terre et sauvé par les soins du curé, M. l'abbé Massin.

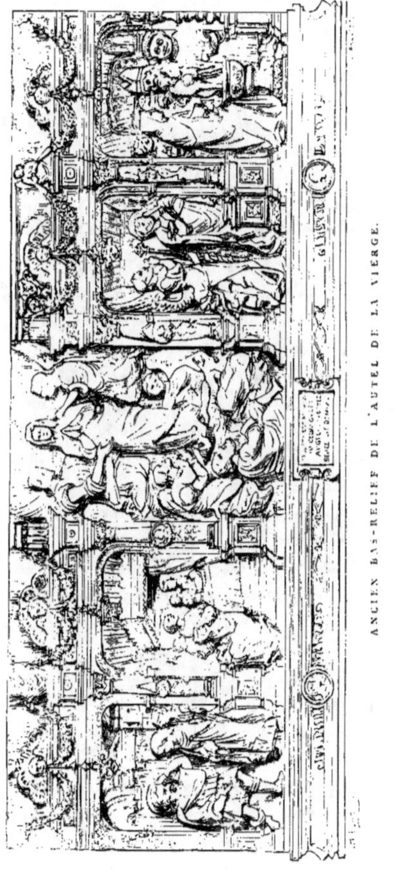

ANCIEN BAS-RELIEF DE L'AUTEL DE LA VIERGE.

A l'extrémité de ce bas côté s'ouvre l'entrée de la chapelle du
Rosaire faisant suite à cette nef latérale. Cette entrée est rétrécie de
moitié par un mur droit. Dans la chapelle est un petit autel consacré aujourd'hui à la Vierge Marie, autrefois à Notre-Dame-de-Pitié,

dont il est question dans la fondation suivante La statue est placée entre la fenêtre et la porte latérale de ce bas côté.

Près de cet autel, à droite, se trouve la Fondation de Jean Lenfumé, procureur fiscal à Saint-Lyé.

En voici le texte exact avec toutes ses abréviations et surcharges :

Pierre. — Hauteur, 0,76. Largeur, 0,70.

A côté de cet acte de Fondation se voit encore une console ornée du blason du fondateur avec la date de 1615. Cette console supportait une statue de saint Jean-Baptiste, patron du donateur. Elle a été changée de place sans nécessité ni raison appréciables et transportée dans la chapelle du Rosaire.

La première travée du bas côté septentrional sert au remisage de la pompe à incendie de la commune de Saint-Lyé. Ce bas côté est éclairé par deux fenêtres comme le bas côté opposé.

La chapelle limitant cette nef est consacrée à saint Fiacre, dont la statue est, à gauche, entre la fenêtre et la porte septentrionale percée au centre de cette nef, en face de la porte du sud. Extérieurement, cette porte septentrionale était abritée, comme la porte méridionale, par un porche en bois à moulures profilées du xvi⁰ siècle, qui s'est effondré il y a quelques années. Ce porche recouvrait des peintures murales tracées à larges traits de chaque côté de la porte, et qui, à en juger par le peu qu'il en reste, devaient reproduire les scènes de la vie de saint Lyé. Il abritait également un calvaire qui se voit encore à gauche de l'entrée.

Le chœur, les chapelles qui l'entourent et le sanctuaire, en un mot, toute cette partie de l'édifice, est une construction de la fin du xiii⁰ siècle; sauf que dans le sanctuaire et la chapelle du bas côté gauche, quelques fenêtres ont été refaites au xvi⁰ et au xviie siècle.

Les voûtes sont à simples nervures croisées retombant sur des chapiteaux à crochets. Les arcs-doubleaux reposent sur des colonnes groupées à pans, avec chapiteaux à feuillages appliqués.

Le chœur donne accès dans les chapelles latérales. La chapelle de droite est consacrée au saint Rosaire, confrérie établie dans cette église en 1631, suivant la Fondation de Jean Lenfumé. La clef de voûte porte un Agnus Dei.

Le retable de son autel est orné de pilastres avec entablement surmonté d'un cadre arrondi en fronton accompagné de deux vases. Ce retable renferme un tableau, qui n'est pas sans mérite, représentant la Vierge et son fils remettant le saint Rosaire à saint Dominique; à droite sainte Catherine de Sienne, en extase, admire cette vision. Sur le socle des pilastres, deux peintures représentent saint Denis et sainte Catherine d'Alexandrie.

L'autel est seulement décoré par quatre statues : une de la Vierge, du XVI⁰ siècle, assez mal exécutée ; une petite de sainte Anne, une de saint Roch et une jolie statuette de saint Jean-Baptiste portant un agneau sur son livre. Cette image du patron de Jean Lenfumé était autrefois posée sur la console portant ses armes dans la chapelle de Notre-Dame-de-Pitié du bas côté sud, ainsi que nous l'avons indiqué plus haut.

Dans cette chapelle du Rosaire, on retrouve deux nouvelles fondations du même Jean Lenfumé, datées de 1648 et de 1653. Voici la teneur de ces deux inscriptions par ordre de date :

MRE IEAN LENFVMÉ DEMEVRANT A ST LIE ET HONESTE
FME LIETE DARNVEL SA FEME ONT FONDÉ A PPETVITÉ
EN CETTE EGLISE LA MESSE DV ROSAIRE QVI SE DOIT
DIRE LE PREMIER DIMANCHE DE CHACVN MOIS DE L'ANEE EN
LA CHAPELLE DVDIT ROSAIRE AVEC LA PROCESSION
LE PREMIER DIMANCHE DESDITZ MOIS APRES LES VESPRES EN
LAQVELLE SE DOIVENT CHANTER LES LITANIES DE LA
VIERGE. DE PLVS ONT FONDÉ VNE MESSE DE REQVIEN ET
APRES ICELLE VN DEPROFVNDIS CHACVN VENDREDI DE
L'ANEE ET ENCORES VNE HAVLTE MESSE DE REQVIEN
AVEC VIGILES ET RECOMANDISES LA VEILLE DE LA FESTE
ST LAVRENT LE TOVT A PERPETVITÉ POVR LE REMEDE
DES AMES DESDITZ LENFVMÉ SA FEME ET LEVRS ENFANS
POVR LAQVELLE FONDATION ILZ ONT DONNE A CETTE
EGLISE VNE MAISON ET ACCIN AVEC DOVZE ARPENS DE
TERRE ET DEVX ARPENS ET DEMY DE PREY ASIS AV FINAGE
DVDIT ST LIE COME IL EST PORTÉ PAR LE CONTRACT PASSÉ
PAR DEVANT F. CHABONET ET N. DV PONT NOTTES AV BAILLIAGE
DE ST LIE LE SECOND AVRIL L'AN MIL SIX CENTS QVARANTE
HVICT, LADITE DARNVEL EST DECEDÉE LE DIMACHE XXIIII⁰
MAY DVDIT AN. PRIEZ DIEV POVR EVX.

Pierre.   Hauteur, 0,55 ; largeur 0,47.

Cette fondation a été faite juste un mois avant le décès de Liete Darnuel, femme de Jean Lenfumé, avec les prières spéciales à la chapelle du Rosaire dont Lenfumé était le syndic.

La seconde fondation qui suit complète la précédente, nous fait connaître que la femme du fondateur est inhumée dans la chapelle de Notre-Dame-de-Pitié, et qu'en 1653 le curé de Saint-Lyé s'appelait Claude Oudinet.

MRE IEAN LENIVME PR FISCAL A ST LIÉ DESIRAN DAVGMENTER
LE SERVICE DIVIN EN CESTE EGLISE A FONDÉ DEVX MESSES
A PERPETVITÉ. SCAVOIR VNE HAVTE DV ROZA CE QVI SERA
CELEBREE A LAVTEL NOSTRE DAME PAR LE SIEVR CVRE DE
LADITE EGLISE ET SES SVCCESSEVRS CVRES LE PREMIER DIMA
CHE DE CHACVN MOIS DE LANNÉE ET ENCAS QVIL NE LA PVISSE
CELEBRER LE DIMANCHE A CAVSE DV SERVICE DE LORBRE SERONT
TENVZ LA DIRE LE LVNDI SVIVANT ET FAIRE LA PROCESSION
ALLENTOVR DE LEGLISE APRES LES VESPRES LE CHACVN DES
PS DIMANCHE A PERPETVITÉ CHANTANT LES LITANIES DE LA
VIERGE. ET VNE MESSE BASSE QVI SERA DITE EN CESTE EGLI
SE A PERPETVITÉ PAR LEDIT SR CVRE ET SES SVCCESSEVRS
CHACVN VENDREDI DE L'ANNEE DE LORDRE DVIOVR OV DES
TRESPASSEZ ET APRES CHACVNE MESSE SERA DIT LE DE PROFVN DIS
EN LA CHAPELLE NRE DAME DE PITIE OV EST INHVME HONNESTE
FEMME LIETE DARNVEL FEMME DV FONDATEVR LAQVELLE
MESSE NE POVRA ESTRE REMISE A AVTRE IOVR SINON EN
CAS QVIL SOIT FESTE LE VENDREDI OV QVIL Y AIT VN
MORT POR LAQLE FONDATION LE DT LENIVME A DONÉ A LA DITE CVRE NEVF
ARPENTS DE TERRE ET DEVX ARPENS DEMI DE PRE CONTENV AV CON
PASSE ENTRE DISCRETE PERSONNE ME CLAVDE OVDINET CVRE
TELLE DIT IONT PAR CHARBONET ET DV PONT LE SAVE

Pierre.   Hauteur, o,7c. Larg. o,o58.

La chapelle de gauche, sous le vocable de saint Nicolas, a un retable du même genre que le précédent.

A droite est une statue en pierre de Jésus-Christ portant le globe du monde et bénissant de la main droite; c'est une œuvre de la fin du XVIe siècle; à gauche est un saint Nicolas du XVIe siècle.

Au pied de l'autel, des fragments d'une dalle tumulaire du XIIIe siècle ont été débités pour servir de degrés. Cette dalle, d'une grande simplicité, présentait pour toute décoration : au centre, la gravure d'un calice (signe de prêtrise) et sur le pourtour seulement une

inscription en lettres onciales d'un beau style. On peut lire encore ces
mots :

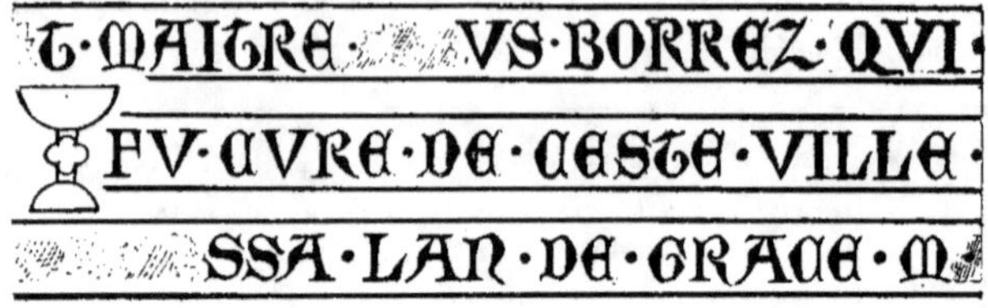

Le Sanctuaire. — A droite du sanctuaire, contre le mur de la
première travée, est encastrée l'épitaphe de dame Éléonore de Courcelles, décédée à l'hôtel épiscopal de Saint-Lyé en allant en pèlerinage à Saint-Syre[2]. En voici le fac-similé :

Cy devant gist partie du corps de Noble
dame-dame Elienor de courcelles vefue
de feu Meffire Iehan de coulligny en
fon vivant feigneur de chaftillon fur
loing·dandelo et de formentes·Laqu-
elle dame-en alant faire certaim-
pelerinage a la glorieufe vierge ma
dame fainte fire-trefpaffa en loftel
epifcopal de ce lieu de faintt lye le
penultime Iour de Iuing·Lan de-
grace Mil cinq cens et dix-
priez dieu pour fon ame

Pierre. Hauteur, 0,60; Largeur, 0,55.

<hr>

1. Autrefois la qualification de ville s'employait souvent pour un simple village, comme le montre encore une foule de noms locaux dans nos campagnes.

2. Rilly-Sainte-Syre, canton de Méry, à onze kilomètres de Saint-Lyé. On
voit que la famille des Coligny était encore assez bonne catholique.

Le maître-autel est orné d'un retable du milieu du xviie siècle avec pilastres corinthiens, qui portent un entablement à fronton rompu en quart de cercle et terminé en enroulement. Dans le fronton, au centre, est un cadre également surmonté d'un fronton triangulaire. Ce cadre entoure une représentation du Père Éternel. Le tableau central du retable expose la merveilleuse vision de saint Lyé, peinte par Cossard, en 1736. En voici le sujet historique :

Un jour, affaibli par le jeûne et accablé de lassitude, saint Lyé s'endormit et vit en songe trois évêques, saint Hilaire, saint Martin et le bienheureux Anien (Aignan), qui l'invitèrent à se préparer pour sortir de ce monde. Dans trois jours, lui dirent-ils, nous reviendrons vous conduire dans un pays rempli de délices spirituelles. Trois jours après, au milieu d'une clarté céleste qui illuminait son visage, et entouré de ses religieux, saint Lyé rendit son âme à Dieu, le 26 mai 545, âgé de cinquante-cinq ans [1].

Plus bas, deux autres peintures accompagnent le tabernacle : elles montrent : l'une la figure d'Abraham, l'autre Jésus-Christ rencontrant les disciples à Emmaüs. De chaque côté de l'autel, deux niches renferment une Vierge mère et un saint Nicolas; sur la porte de la sacristie, deux portraits : saint Pierre et saint Paul.

Tout le sanctuaire est lambrissé et ses boiseries se relient avec l'ensemble de la clôture de la sacristie et du retable. Dans le mur de la première travée, à droite et à gauche, sont ménagées deux ouvertures ogivales correspondant aux chapelles latérales pour que les fidèles, réunis dans ces chapelles, puissent voir l'officiant au maître-autel.

Au-dessus de l'une de ces ouvertures, celle de droite, on a placé la châsse de saint Lyé ornée de sujets ayant trait aux actes de la vie du ce saint abbé. La décoration de ce reliquaire est composée d'ornements bizarres de la fin du xvie siècle, avec additions plus modernes.

Sur la face principale est une grande figure de saint Lyé. A gauche, un petit bas-relief représente saint Lyé donnant le viatique à une femme couchée au premier plan. Le saint est accompagné de ses religieux et d'acolytes portant ses insignes et les fioles aux saintes huiles.

---

1. *Vie des saints du diocèse de Troyes*, par l'abbé Defer.

La femme est couchée dans un lit, mais, détail particulier à noter, c'est qu'elle semble liée sur sa couchette avec des lanières, comme on représente les enfants en maillot du XIIIe au XVIe siècle.

Dans le second bas-relief, à droite, on voit encore saint Lyé bénissant. Trois enfants sont agenouillés près d'un cuvier rempli de pommes. Tous les trois sont vêtus et placés derrière ce cuvier. Le premier de ces enfants a les mains jointes et prie, le regard tourné du côté du saint abbé. Les deux autres, surpris, semblent se consulter en

CHÂSSE DE SAINT LYÉ (XVe ET FIN DU XVIe SIÈCLE).

portant la main sur les pommes. Un ange, dominant du haut d'un groupe de nuages, assiste à cette scène. Sur la face postérieure se répète, au centre, une grande figure d'abbé. Dans le panneau de gauche, saint Lyé est debout et bénit; a ses pieds est le corps inanimé d'un jeune homme; plus haut, deux jeunes gens sont agenouillés, les mains jointes, dans une attitude de supplication.

De l'autre côté, un homme barbu saisit au collet un troisième jeune homme et cherche à l'entraîner, comme s'il voulait lui faire partager le même sort que celui du malheureux qui est couché aux pieds du saint. Tout ceci rappelle singulièrement le saloir d'où trois enfants avaient été rendus à la vie par Nicolas de Myre ; et le premier bas-relief pourrait bien indiquer sainte Prudence assistant sainte Maure à ses derniers moments.

Dans le panneau de droite, on voit saint Lyé toujours bénissant et, près de lui, quatre jeunes hommes agenouillés, les mains jointes, et groupés deux à deux.

Nous avons eu recours à toutes les légendes connues de saint Lyé, et nous n'avons rien pu trouver qui nous expliquât les sujets représentés sur cette châsse. Nous pourrions bien, au moyen de suppositions, arriver à tirer parti de ces sujets en les rattachant aux légendes connues des saints du diocèse de Troyes. Mieux vaudra nous renfermer dans une simple description artistique, plutôt que risquer des suppositions n'ayant d'autre base que l'imagination de celui qui les raconte.

Sur la corniche du couronnement se dressent des petites statuettes parmi lesquelles saint Jean-Baptiste, saint Nicolas, ou saint Thomas de Cantorbery ; ce dernier portant les deux mains à sa mitre comme pour protéger sa tête contre les meurtriers. Mais on a écrit de saint Nicolas que les anges lui rapportèrent une mitre dont il avait été privé par le concile de Nice, pour trop de rudesse envers un arien.

Sur les parois sont deux panneaux représentant, d'un côté, la Vierge-Mère, offrant une poire à l'enfant Jé-

CHASSE DE SAINT-LYÉ
(PAROI).

sus ; celui-ci, par préférence, s'apprête à prendre le sein de sa mère. De l'autre, le couronnement de la Vierge par Dieu le Père. Dieu, sous le costume de pape, coiffé d'une tiare à triple couronne, et tenant de la main droite le globe du monde, porte sa gauche à la couronne qu'un ange, sortant d'un groupe de nuages, pose sur la tête de la Vierge.

Ces panneaux, très remarquables par l'ampleur de leur exécution, font d'autant plus regretter le grossier ensemble du reste de la décoration.

Du côté opposé à cette châsse, au-dessus de l'ouverture communiquant à la chapelle du bas côté nord, est suspendu un tableau peint sur bois représentant, d'un côté saint Nicolas, et saint Edme de l'autre. A l'horizon se développe une ville fortifiée. Cette peinture est assez remarquable et peut dater du commencement du xvii' siècle.

L'église de Saint-Lyé ne possède aucune verrière ancienne, mais on doit signaler les vitraux des fenêtres du chœur représentant la Vierge Marie et saint Sulpice, peints sur émail au xvii' siècle. Ces peintures rappellent, par le dessin et la richesse du coloris, les belles verrières de Saint-Martin-ès-vignes de Troyes.

Un chapiteau du xiii' siècle, élégant de forme, sert de bénitier près de la porte septentrionale.

CHATEAU DE SAINT-LYÉ.

PALAIS ÉPISCOPAL DE SAINT-LYÉ

Saint-Lyé avait autrefois un château qui, par la suite, se transforma en une puissante forteresse.

Suivant Courtalon, les rois de France affectionnaient ce lieu. Au XIII° siècle, Louis VII en fit don à Mathieu, évêque de Troyes, avec la seigneurie de Saint-Lyé. Philippe-Auguste confirma cette donation en faveur de l'évêque Hervé.

C'est dans ce château que Louis X épousa en secondes noces Clémence de Hongrie.

En 1372, Jean de Braque, évêque de Troyes, y soutint, l'épée à la main, un siège contre les Anglais. Pendant la grande guerre, les habitants des environs se réfugièrent dans ce château. En 1429, une partie de l'armée de Charles VII occupa le château en attendant le résultat des démarches de frère Richard, aumônier de Jeanne d'Arc, pour la reddition de la ville de Troyes, et en 1582. Louise de Lorraine, femme de Henri III, y alla loger en revenant de Lorraine.

Cette forteresse avait dû être rasée et la seigneurie abandonnée

par les évêques de Troyes, quand Odard Hennequin, évêque de
Troyes, en acquit les droits seigneuriaux de Jean Brissonnet, président
des comptes, et de Louise Raguier, sa femme, le 22 mai 1523.

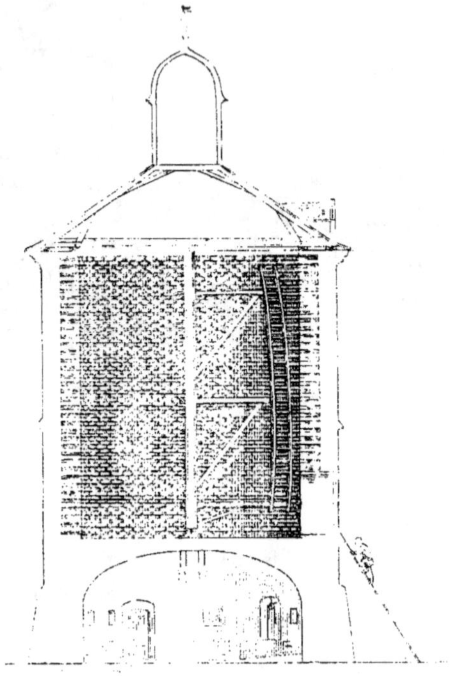

COUPE DU COLOMBIER.

De toute cette forteresse, il ne reste plus que les communs, constructions modernes, remontant tout au plus au XVII siècle, et près
desquelles s'élève un colombier en forme de tour cylindrique, aux
proportions colossales, timbré aux armes du seigneur Odard Hennequin, soixante-dix-neuvième évêque de Troyes, de 1527 à 1544.
C'est un des derniers témoins, non pas de la puissance féodale, mais
de la magnificence de l'épiscopat français au XVI siècle.

Le colombier est à deux étages. Son rez-de-chaussée est voûté.

et servait d'abattoir ou de réserve pour viandes fraîches ; les chaînettes
et les crochets pour recevoir celles-ci existent encore à la voûte. Un
puits, à droite en entrant, est foncé dans l'épaisseur des murs de
fondations ainsi que des réserves dans le pourtour des murs, pour tous
les objets employés dans cet endroit.

Une seconde porte conduit à la Seine, qui coule à quelques pas
du pigeonnier.

Le premier étage était réservé aux pigeons. Les parements de la
tour contiennent trente-quatre rangs de soixante-douze boulins destinés à recevoir la ponte des œufs de pigeons, ce qui, dans son ensemble,

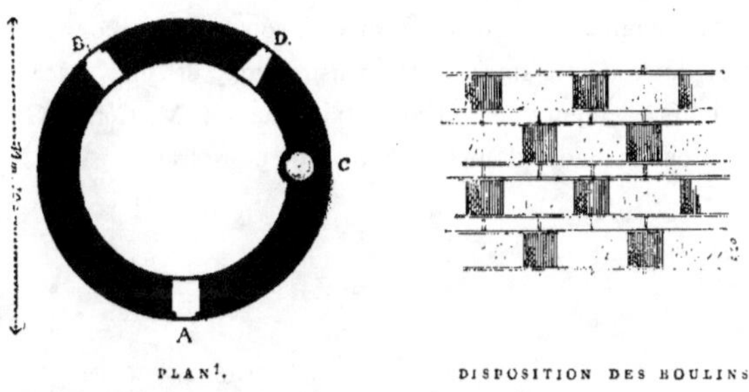

PLAN[1]. DISPOSITION DES BOULINS.

porte à deux mille quatre cent quarante-huit le nombre des couvées
que pourraient recevoir cette tour.

Un arbre vertical muni de deux pivots en fer à ses extrémités, et
formant l'axe de la rotonde, recevait trois potences auxquelles était
accrochée une échelle courbée par la disposition des potences qui
n'étaient pas sur le même plan.

Au moyen de cet arbre pivotant sur son axe et de son échelle, les
gens du château pouvaient visiter tous les boulins et dénicher tous les
pigeonneaux.

Ce colombier, construit en pierre dure jusqu'au premier étage,
l'est en craie pour tout le reste de la construction. Il est couvert d'une
toiture conique sur laquelle s'élève un campanile donnant seul l'air

1. A, porte sur la cour. B, porte sur la Seine. C, puits. D, fenêtre.

12

et la lumière; en même temps une lucarne est percée dans la toiture, du côté du midi, pour servir d'entrée aux pigeons.

Il n'y a pas d'escalier; on monte au premier étage par une échelle mobile que l'on pose au-dessous de la porte d'entrée, laquelle se trouve à quatre mètres du sol.

Viollet-le-Duc, dans son dictionnaire d'architecture, cite plusieurs colombiers qui n'ont pas l'importance et les proportions de celui de Saint-Lyé.

Celui de Créteil, près Paris, et celui de Nesle (Oise) sont également à deux étages, mais le premier ne contient que quinze cents couvées et le second deux mille.

Nous sommes donc très heureux d'avoir pu faire connaître dans tous ses détails cette intéressante construction, et cela, grâce à l'aimable empressement que le propriétaire actuel, M. Cornet-Gaudier, a mis à nous seconder dans l'exécution de notre travail.

ENTRÉE DU DOMAINE DE RIANCEY.

DOMAINE DE RIANCEY

En suivant la route de Saint-Lyé à Payns, on aperçoit, vers la moitié du chemin des deux communes, à gauche, une maison bourgeoise, en bois, dépourvue de caractère architectural, mais d'un aspect des plus pittoresques.

Au devant s'étend un parterre aux vives couleurs, bordé d'une belle avenue. Mais ce qui attire surtout les regards, ce sont les murs d'enceinte flanqués de tourelles à leurs extrémités.

La façade regardant la plaine est le côté le plus curieux. Une grille en fer marque l'entrée de ce manoir des temps passés.

A l'angle nord-est du mur de clôture se dresse une tourelle percée de meurtrières servant actuellement de laboratoire photographique. C'est le pacifique objectif ayant pris la place de la bombarde et de la couleuvrine. En face est la tourelle sud-ouest sur laquelle on a élevé un colombier en bois. Jadis les propriétaires de trente-six arpens de terres avaient le droit de joindre à leur habitation, non pas

un colombier en pierre, mais un pigeonnier en bois de seize pieds de hauteur et ne pouvant contenir plus de soixante à cent vingt boulins[1].

A droite de la cour d'honneur sont les écuries ou plutôt les étables. Là se retrouvent les armoiries des premiers possesseurs de ce modeste manoir; elles sont sculptées sur les poteaux isolés qui portent la charpente des combles. Ces blasons appartiennent à des familles nobles de Troyes qui vivaient au xvie siècle.

Le premier blason (Corrard) est de gueules à cinq fusées d'or mises en fasces.

Le deuxième (Féloix) est d'argent au chevron de gueules, accompagné de trois trèfles de sinople.

1. Dictionnaire Viollet-le-Duc.

Le troisième, au premier, de Féloix et au second de Mauroy, d'azur à trois couronnes d'or.

Marguerite de Mauroy, fille de Jean de Mauroy, épousa Jean Corrard de Méry.

Une autre Marguerite de Mauroy, nièce du précédent et fille de Nicolas Mauroy, seigneur de Charley, épousa Marc-Antoine Féloix, greffier à Méry[1].

A l'intérieur du bâtiment principal, rien dans la construction n'est digne de remarque, si ce n'est une rampe d'escalier à balustres remontant aux premières années du xviie siècle, époque de la transformation d'une partie de ces constructions.

Ce domaine passa en 1785 dans la famille de Vathaire, originaire de la basse Bourgogne, par le mariage de Claude de Vathaire, officier au régiment de Chartres, avec Marie-Jacques Doé, fille de Louis Doé, receveur des tailles à Troyes. Ensuite à Charles de Vathaire, fils de Claude, ancien contrôleur des contributions directes à Nogent-sur-Seine, et, par héritage, à M. Ludovic de Vathaire, son propriétaire actuel, qui nous a accueilli de la manière la plus courtoise.

1. Généalogie de la famille de Mauroy appartenant à M. Albert de Mauroy.

ÉGLISE SAINTE-SAVINE.

SAINTE-SAVINE

Vers la fin du IIIe siècle, une jeune fille grecque, née à Samos, nommée Savine, quittait sa famille et son pays; elle était accompagnée de Maximinole, sa sœur de lait, et s'en allait à la recherche de son frère Savinien qui, s'étant voué à l'apostolat, avait été obligé de se réfugier dans la Gaule, au pays des Tricasses.

Arrivées aux portes de la ville de Troyes, les deux jeunes filles demandèrent aux passants ce qu'était devenu l'apôtre Savinien. Ceux-ci répondirent que Savinien était mort, martyrisé à Sainte-Syre par l'empereur Aurélien.

A cette nouvelle, Savine tomba foudroyée et sa compagne raconta à la foule assemblée quels étaient le dévouement, le mérite et les vertus de Savine, que l'on enterra à l'endroit même où elle avait rendu le dernier soupir.

Quatre cents ans après, vers 620, Ragnégisile, dix-septième évêque de Troyes, fit élever un oratoire en l'honneur de Savine, dans un fonds de terre qui lui appartenait. Il témoigna le désir d'être, après sa mort, inhumé sous la protection de la sainte, et son tombeau se voit encore dans une des chapelles latérales de l'église Sainte-Savine.

Telle est l'origine de l'église et du nom que porte la commune de Sainte-Savine, située à l'extrémité d'un des faubourgs de Troyes, dénommé également Sainte-Savine.

Plusieurs fois détruite et rééditiée, l'église actuelle est une construction du commencement du xvie siècle; son portail, plus moderne, porte la date de 1611. Construit par les deux frères Baudrot, maîtres maçons, il se compose de deux arcades avec trois colonnes à piédestal qui supportent un entablement couronné d'un fronton circulaire, rompu au centre pour ne point interrompre les contours d'un œil-de-bœuf éclairant la tribune intérieure, dont les vitres portent la date de 1632.

Cette rupture centrale laisse en même temps place pour un piédestal supportant une statue colossale de la Vierge-Mère, datant de la fin du xiiie siècle.

A droite et à gauche, au-dessus du fronton, se trouvent deux niches cintrées et décorées de pilastres que surmonte un entablement.

Dans la niche du nord, on voit sainte Savine, un bâton de pèlerin à la main. Dans les plis de son manteau, on remarque une petite figure de femme, le portrait de la donatrice.

L'autre niche abrite l'image de sainte Maximinole, la fidèle compagne de sainte Savine.

Les frères Baudrot sont loin d'avoir fait un chef-d'œuvre architectural, car l'ensemble de ce portail est mal conçu, lourd et disgracieux; ses détails, mal exécutés, sont de mauvais goût.

Tout cet ensemble se termine par un pignon très élevé, surmonté d'une croix.

A l'intérieur, au-dessus de la porte, est une tribune en charpente nouvellement réparée. Elle porte, gravée sur une pièce de bois, la date de 1618.

Le côté sud, ainsi que la partie occidentale de l'église, sont soutenus par des contreforts; l'abside et les chapelles absidales également, dans la direction des arcs-doubleaux. Le côté nord n'a pas d'appuis extérieurs; ceux-ci sont remplacés à l'intérieur par des murs de refend très saillants. Un large pignon, qui s'élève des deux côtés sur la quatrième et la cinquième travée, semblerait indiquer l'existence de transepts à l'intérieur; mais il n'en est rien.

Le couronnement des murs de l'édifice est un bandeau accompagné de deux gorges interrompues par les trois pignons qui sont à moulures simples.

Un beffroi en bois s'élève à l'intersection des combles de ces transepts supposés. Il est carré, percé de trois ouvertures tréflées sur les quatre faces et couvert d'une toiture à quatre versants. Ce beffroi renfermait, avant 1789, trois cloches, dont une seule est restée en place. Elle porte l'inscription suivante :

☩ honorable home ichan ponar marguerite deschans
fame de ichan malot et edmee belet v^e
de anthoine de beft mont nomee icanne 1603.

En 1686 on refit le mouton de cette cloche du temps de S·P· S·B· E·B· PP· marguilliers.

Les archives de l'église mentionnent qu'en 1529, Nicolas Delonchamps et Joachim de La Bouticle reçurent des marguilliers *la somme de quarante livres tournois pour avoir fondu la cloche de l'église madame Sainte-Savine.* Cette reconnaissance doit se rapporter à une des deux cloches détruites pendant la Révolution.

La porte qui s'ouvre sous le pignon méridional est surbaissée avec angles arrondis. Elle se partage en deux vantaux par un trumeau creusé de gorges profondes qui se répètent au linteau et sur les pieds-droits.

Dans les gorges du linteau, au-dessus du trumeau, est un cul-de-lampe orné de feuillages dans lesquels se cache un petit dragon,

emblème du démon guettant sa proie jusque sur le seuil du sanctuaire.

De chaque côté de cette porte, deux statues sont placées dans
des niches pratiquées dans l'épaisseur des contreforts. A droite, la
Vierge tient sur ses genoux le corps inanimé de son fils; de l'autre
côté, Jésus-Christ est couronné d'épines, dépouillé de ses vêtements,
et les mains liées avec des cordes.

Deux sujets d'une belle exécution, attribués à l'école de Gentil,
représentent la douleur et les peines de la mère et du fils de Dieu.
Tableau consolateur pour les pères et mères, les parents et les amis
qui viennent prier devant les monuments funèbres contenus dans la
partie méridionale de ce monument.

Intérieur. — Par son plan, cette église est un vaste rectangle
composé d'une grande nef à huit
travées et de deux collatéraux avec
chapelles séparées par des murs de
refend contrebutant les voûtes des
bas côtés et celles-ci les voûtes de
la nef centrale.

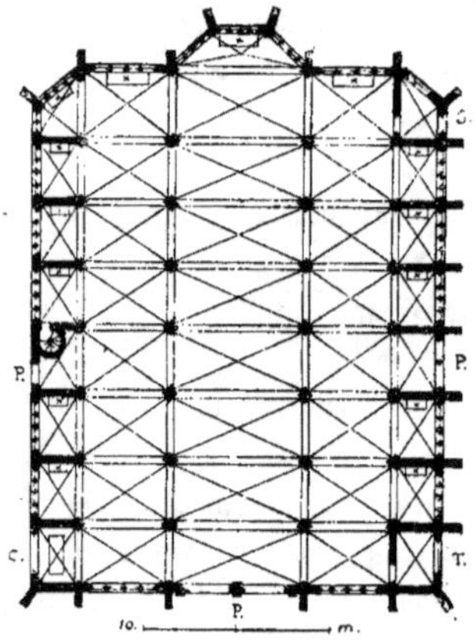

Dans son ensemble, cette
église présente une certaine harmonie. Les piliers sont simples et
leur légèreté permet, en entrant,
d'embrasser d'un coup d'œil tout
le vaisseau.

Les nervures des voûtes, uni-
formes dans leurs profils à filets
anguleux, s'épanouissent sur le
fût cylindrique des piliers. Seules,

PLAN DE L'ÉGLISE SAINTE-SAVINE[1].

les nervures des voûtes du chœur étaient ornées, à leur croisement,
d'un quatre-feuilles sculpté, entourant un médaillon avec sujet.

Ces clefs de voûtes, qui dans le principe étaient rapportées et

---

1. Légende du plan. P, portes. C, tombeau de l'évêque Ragnégisile. T, trésor. S, sacristie.

maintenues par des crochets en fer, ont été enlevées des voûtes parce
qu'elles menaçaient de s'en détacher. Elles sont aujourd'hui distribuées
dans l'église et accrochées dans les chapelles latérales.

Le premier médaillon fixé au pilier, en face de la chaire, représente la Vierge-Mère debout au milieu d'une gloire, les pieds posés
sur un croissant, et portant sur la tête une couronne d'or fleuronnée.
Le petit Jésus bénit en s'inclinant et porte le globe du monde de la
main gauche.

Le second médaillon, dans la première chapelle à gauche, en

CLEF DE VOUTE (SAINTE SAVINE, SAINTE MAXIMINOLE).

entrant, dite chapelle de Ragnégisile, nous montre sainte Savine en
voyage, allant à la recherche de son frère Savinien. Elle tient à la
main un long bâton de pèlerin et de l'autre son évangile. Elle est
suivie de sa compagne fidèle.

Le sculpteur a donné à la servante une taille plus petite, des vêtements plus simples et un tablier pour marquer la différence des
conditions.

Maximinole porte aussi un long bâton de voyage ; sa main gauche s'appuie sur une escarcelle suspendue à sa ceinture pour indiquer qu'elle est chargée de la dépense.

Le troisième médaillon est placé dans la deuxième chapelle, à droite. Il reproduit le monogramme du Christ en majuscules ornées et dorées.

La nef centrale, comme dans la plupart des églises de cette époque, n'a pas de fenêtre et ne s'élève qu'un peu au-dessus des voûtes des bas côtés. Ces derniers se terminent par un mur droit percé de grandes fenêtres à deux ou à trois meneaux. Au nord, la dernière

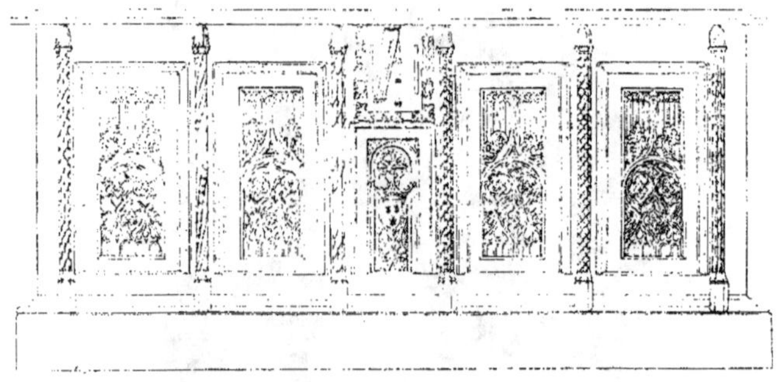

ANCIEN COFFRE DES ARCHIVES (XVIe SIÈCLE).

travée du collatéral présente un pan coupé formant une espèce de demi-abside qui se répète à l'extérieur du collatéral sud.

La décoration intérieure de cette église ne manque pas d'une certaine richesse. Elle renferme de nombreuses et remarquables statues, des tableaux peints sur bois d'une merveilleuse exécution et qui nous rappellent les plus belles pages de nos manuscrits du XVIe siècle.

Elle contient aussi de nombreux restes de peintures sur verre, de la même époque.

Depuis quelques années, ces peintures ont été complétées par de nouveaux panneaux très bien rendus, sans doute, mais pas toujours en rapport avec le sujet principal.

Ces travaux ont été exécutés par M. Hugot, peintre verrier à Troyes, des deniers et sous la direction du vénérable curé, l'abbé Vivien, qui a tenu à la conservation des verrières anciennes.

Nous allons donner une description de toutes ces richesses, en commençant par les chapelles latérales.

Bas côté méridional. — Chacune des travées collatérales est éclairée par une fenêtre ogivale à deux meneaux et compartiments variés; quelques-uns de ces meneaux ont été refaits au xvii° siècle.

Ces fenêtres occupent toute l'étendue des travées de chaque chapelle, parce qu'il a fallu obtenir, par les bas côtés, le plus grand jour possible, la nef étant dépourvue de fenêtres.

La première travée du bas côté sud a été murée à l'époque de la construction du portail. Éclairée par une fenêtre cintrée et fortement grillée, elle servait autrefois au dépôt des archives de la paroisse. Celles-ci étaient renfermées dans un coffre en bois de chêne sculpté, dessiné par nous en 1837 et publié dans le *Voyage archéologique.* Ce meuble a été transformé en tombeau d'autel, et décore actuellement l'autel Saint-Nicolas au chevet du collatéral nord.

La première chapelle, du côté méridional, est la chapelle des Fonts. La cuve baptismale répète celles des églises de Saint-Lyé et des Noës (p. 142), moins le campanile. Elle porte, sur son couvercle en bois, une inscription, en partie effacée par le rabot d'un restaurateur maladroit. On lit actuellement, mais avec peine ·1640 ·ESTANT CVRE Mᴱ NI. LHOSTE· IEAN DEVERAT·I· . . . .

. . . . MARGUILLIERS·

La fenêtre de cette chapelle est divisée en trois parties; les deux premiers panneaux viennent d'être posés. Ils représentent l'incrédulité de saint Thomas et l'apparition de Jésus-Christ à Marie-Madeleine. A droite est un panneau ancien, représentant la donatrice accompagnée de ses deux filles et de son patron saint Jean-Baptiste. Elle est vêtue d'une robe violette et sa tête est couverte d'une coiffe noire. Les deux filles portent le même costume, mais de couleurs différentes. Dans les lobes tréflés, on voit un saint Lyé, une Vierge-Mère et un saint Bernard portant une église de la main droite, comme fondateur d'un grand monastère; dans le haut de la fenêtre, Jésus apparaît aux saintes femmes, à Pierre et à Marie-Madeleine, puis la résurrection ; dans les encoignures, un moine et un évêque portant une croix.

Le retable de l'autel est orné d'une peinture sur bois, donnée au xvie siècle par la corporation des vignerons de Sainte-Savine. Il représente Simon aidant Jésus à porter sa croix ; des soldats le frappent avec des espèces de massues ; derrière ceux-ci, d'autres soldats sonnent de la trompe. Des scribes à cheval suivent ce lugubre cortège sortant de la porte de Jérusalem. Le milieu du tableau est consacré au crucifiement de Jésus entre deux larrons. Les saintes femmes sont en pleurs ; Marie, dans l'affliction, est soutenue par saint Jean. Des soldats qui, le poignard à la main, se disputent les vêtements de Jésus-Christ, occupent le fond du tableau. A l'horizon s'étend le panorama de Jérusalem aux mille tours et clochers.

A gauche est représentée la Descente de croix. Ces trois sujets sont divisés par une colonne dorée. Ce tableau est enfermé dans un cadre en relief, couvert d'arabesques au centre desquelles est représenté le blason de la corporation, d'azur au 1er, d'un raisin au 2e et d'une serpe. Il est répété deux fois avec la date de 1547.

Sur la saillie du retable se dressent trois statues en pierre : une petite Vierge du xive siècle, un saint Michel et un saint Maur du xvie siècle ; ce dernier, d'une mauvaise exécution, est accompagné de la figure de sa donatrice, agenouillée à ses pieds.

La deuxième chapelle reçoit la lumière par une fenêtre divisée en trois parties et laisse voir les restes d'une grisaille représentant l'arbre de Jessé, sujet très mutilé. On lit encore les noms de Salomon, Nadab, Abraham, Naasson, Jacob, Pharès, Esron, Sadoch, Eliud, Joseph et Marie, et dans les lobes, un reste de blason de gueules à trois étoiles d'or en chef.

Le tableau du retable est consacré à la naissance de la Vierge, à l'Annonciation et à la Présentation au Temple.

Dans l'Annonciation, la Vierge est agenouillée devant un prie-Dieu ; l'ange Gabriel lui apparaît un lis à la main. Derrière la Vierge, trois personnages, que le peintre n'a pas caractérisés, assistent à cette merveilleuse apparition. C'est la première fois que nous voyons cette scène se passer devant témoins.

Au-dessus du retable sont trois statues, toutes les trois du commencement du XVIe siècle : sainte Avoye, sainte Marguerite et sainte Catherine.

La troisième travée, celle dans laquelle s'ouvre la porte latérale de ce côté, est occupée par une fenêtre établie dans la largeur et dans la hauteur de l'espace compris au-dessus de cette porte. Trois petits panneaux représentent saint Pierre, sainte Savine et saint Frobert, abbé de Montier-la-Celle. Dans les trilobes, on voit : saint Hippolyte écartelé par quatre chevaux fougueux que des cavaliers excitent à coups de fouet.

Citons aussi un tableau sur toile fixé au mur : Moïse sauvé des eaux.

La quatrième chapelle, qui a été dépouillée de ses anciennes verrières, représente aujourd'hui la Transfiguration. Le retable comprend deux sujets : la mise au tombeau par Nicodème, Joseph et Jean et la Résurrection. Au-dessus est placée une curieuse statue équestre de saint Georges terrassant un énorme dragon d'un coup de lance. Cette scène se passe au pied des murs d'une ville ou d'un château-fort; sur le haut des remparts, à gauche, nous voyons une jeune fille en prière, destinée à devenir la proie du monstre. Le père Ch. Cahier pense que cette jeune fille

délivrée du dragon par ce guerrier pourrait bien être la figure symbolique de la province de Cappadoce, en Grèce, qui attend sa délivrance, c'est-à-dire sa conversion au catholicisme.

Sur la droite, le sculpteur a ménagé une loggia, où l'on voit un roi et une reine ayant l'air très indifférent à ce qui se passe au-dessous d'eux.

A côté de ce groupe sont un saint Loup et l'image d'une sainte portant un livre; le défaut d'attribut ne nous permet pas de la reconnaître.

La cinquième chapelle est décorée d'une grisaille datée de 1611, complétée depuis peu; cette verrière nous présente les trois personnes de la Trinité.

L'autel moderne est de style gothique, consacré à saint Joseph, dont la statue est l'œuvre de M. Valtat. Dans la chapelle, nous voyons une peinture sur bois de l'ancien retable représentant l'offrande au Temple par saint Joachim et sainte Anne.

La sixième chapelle, dite du Sacré-Cœur, n'a pas de verrières peintes; une peinture du xvie siècle nous donne la représentation du mariage de la Vierge Marie.

L'autel de la Vierge est simple; une statue de la mère de Dieu en fait tout l'ornement. Dans la fenêtre, des fragments de panneaux ont été rapportés et disposés sans symétrie. Ils représentent : la Vierge entourée des symboles litaniques et quelques sujets de la Passion.

Le haut de la fenêtre est occupé par une Assomption; les angles le sont par des figures de petites dimensions représentant saint Adrien et saint Nicolas. A droite de cette chapelle, une sacristie voûtée offre dans son plan un pan coupé destiné à répéter la demi-abside du bas côté nord.

Près de la porte de cette sacristie, un tableau peint sur bois, appendu au mur de clôture, est composé de trois sujets séparés par des colonnes balustres dorées sur le fond et dont les socles sont chargés d'arabesques. Le premier sujet, à gauche, nous présente saint Joachim et sainte Anne sous la porte dorée. Au milieu, la Nativité de la Vierge et, à droite, la Présentation au Temple. Ce tableau se fermait autrefois par des volets qui ont disparu depuis longtemps.

Une inscription en vers français du temps et en lettres d'or sur la plate-bande du cadre nous apprend que ce joli tableau a été exécuté aux frais des dames de la ville de Sainte-Savine.

Voici cette inscription avec son orthographe :

LAN TRANTE TROYS CINQ CENS AVECQ MILLE·
DVM BON VOVLOIR ET AMOVR CHARITABLE·
PAR FEMMES FVT TOVTES DE CESTE VILLE·
ICY POSEE CESLE PRESENTE TABLE·
OV PAR HISTOYRES DVNE DAME NOTABLE·
ROYNE DV CIEL SONT LA CONSEPTION·
NATIVITE IOYEVSE·VIE LOVABLE·
ET PVIS AV TEMPLE SA PRESENTATION·

Bas côté septentrional. — La fenêtre du mur occidental du bas
côté nord est garnie d'une grisaille, en partie moderne, représentant
sainte Maure, sainte Savine et deux autres figures que l'on croit reconn-
naître pour être les apôtres Jacques et Jean. La première chapelle est
depuis quelques années convertie en une chapelle sépulcrale dédiée
à la mémoire de l'évêque Ragnégisile. Le tombeau de cet évêque
occupe toute la chapelle. Il était autrefois placé dans le bas côté sud,
en face de la porte d'entrée. En 1770, Courtalon, curé de Sainte-
Savine, fit graver sur une pierre attachée aujourd'hui au-dessous de
la fenêtre de cette chapelle, l'épitaphe suivante, indiquant ce tombeau comme étant la dernière demeure du *XVII* *évêque* de Troyes.

D. O. M.

RAGNEGISILUS NATIONE AQUITANUS
CLODOVEO II REGNANTE
DIGNIT. TRICASS. CIVIT. PONTIFEX,
PATRIÆ CARISSIMUS,
IN POPULUM AMORE VERENDISSIMUS
SERVORUM DEI
FERVENS PROTECTOR
HANC BASIL. B. SAVINÆ DICAT.
PIETATE CLARUS,
IN FUNDO SUI JURIS EXTRUENDAM
CURAVIT
AC MERITIS DIVES
HIC HONORIFICE TUMULATUS
JACET

R. I. P.

Dans l'église primitive, ce sarcophage devait occuper le milieu du chœur, comme nous en avons ailleurs de nombreux exemples, et c'est seulement depuis qu'il a été déplacé que l'on a jugé prudent de l'abriter de toute profanation, en le couvrant d'une cage en bois contemporaine de la construction de la nouvelle église.

Les faces de cette cage sont divisées en deux parties, composées de vingt-huit panneaux distribués sur le pourtour ; le rang supérieur

CAGE DU SARCOPHAGE DE L'ÉVÊQUE RAGNÉGISILE (XVI⁰ SIÈCLE).

est percé à jour et découpé en forme de petites fenêtres ogivales. C'est à travers ces ouvertures que l'on aperçoit le sarcophage de pierre rappelant, par sa forme et sa décoration, les monuments funèbres de l'époque mérovingienne.

Il se compose de deux pierres creusées en se rétrécissant de la tête aux pieds ; la moins profonde sert de couvercle, elle est un peu arrondie sur toute sa longueur.

Sur les faces latérales du tombeau, dix rectangles ont été tracés simplement au ciseau et remplis par des bandes diagonales, formant des croix sur un fond taillé irrégulièrement en hachures. Cette décoration se répète sur les faces du couvercle, tandis que le dessus est tout uni.

Sur la paroi du couvercle, du côté de la tête, sont gravées huit croix latines, disposées en deux rangs et contenues dans des carrés réunis entre eux.

Ce sarcophage a dû subir une profanation, comme la trace en sub-

TOMBEAU DE L'ÉVÊQUE RAGNÉGISILE.

siste encore par la brisure du couvercle en deux parties, à la rencontre de l'agrafe du scellement placée au centre du tombeau.

La deuxième chapelle vient d'être décorée d'une verrière représentant la légende de Notre-Dame de la Salette, peinture d'un effet assez triste.

Contre le mur de refend de cette chapelle est adossée une Notre-Dame-de-Pitié du XVIe siècle.

La troisième chapelle montre dans ses verrières la légende de sainte Madeleine, par M. Hugot, peintre verrier. Dans la partie ancienne de cette verrière, on remarque un blason aux armes que nous croyons être de la famille Laurent, bourgeois de Troyes, dont un membre, François Laurent, fut lieutenant civil en l'élection de Troyes. Ces armes sont d'azur aux deux barbeaux d'or, amorcés de la tête en queue. Au-dessus du retable est une figure de saint Paul tenant une grappe de raisin. Pourquoi saint Paul porte-t-il cet attribut? Peut-être parce que cette figure

serait le don d'un vigneron? Une Notre-Dame-de-Liesse et une remarquable statue de saint Yves, patron des procureurs et des avocats.

Dans la quatrième chapelle s'ouvre la porte du nord, qui autrefois conduisait à l'ancien presbytère. Une partie de cette chapelle est
occupée par la tourelle de l'escalier menant aux combles. Cette tourelle masque en partie la fenêtre dont le vitrage est formé de fragments anciens se rapportant à la vie de sainte Savine et a été complété
tout récemment par plusieurs panneaux modernes. Dans l'ensemble,
l'effet est des plus satisfaisants. Ces panneaux représentent Sabinus,
père de Savine, reprochant aux idoles la perte de sa fille. A la prière
adressée par lui au vrai Dieu, les idoles tombent. Sainte Savine,
accompagnée de Maximinole, se dispose à encenser son Dieu sur les
autels païens élevés par son père. Arrivée de sainte Savine et de sa
compagne à Rome. Elles reçoivent le baptême du pape Eusèbe. On
les voit agenouillées devant le pontife; elles sont dépouillées de leurs
vêtements et nues jusqu'à la ceinture.

Un tableau peint sur bois et divisé en trois sujets orne l'autel.
A gauche, le Mariage de la Vierge; au milieu, la Nativité; à droite,
une sainte nimbée, mourante, est couchée sur des branches sèches au
milieu des bois; un ange lui apporte une palme. Près de la sainte est
une biche et, dans le fond, un lapin blanc[1]. Dans le lointain, d'autres
saints et saintes qui viennent la visiter.

Sur une console, contre le mur, se dresse une statue de sainte
Anne, du commencement du xviie siècle.

La cinquième chapelle est ornée d'une nouvelle verrière, signée
Hugot. Elle nous montre les actes de la vie de saint Mamès, martyr.
Ce vitrail a été donné par M. Louis-Désiré Vivien, curé de sainte
Savine, en souvenir de la paroisse Saint-Mamès de Thieffrin, qu'il
administra pendant trente-trois ans. La sculpture est représentée dans
cette chapelle par un saint Roch et un saint Laurent.

La sixième chapelle a conservé des fragments importants de son
ancienne décoration.

---

1 Cette peinture pourrait bien avoir été offerte par un pelletier, cette industrie avait une très grande importance à Troyes, du xiiie au xvie siècle.

Dans le haut de la fenêtre et dans les lobes, on remarque les sujets suivants : saint Éloi distribue des aumônes ; il guérit le pied d'un cheval qui s'est démis l'ongle en mettant le pied dans un pertuis. Un quatrain en vers français du xvie siècle explique cet accident et sa guérison[1]. A côté, on voit saint Éloi dans son atelier d'orfèvrerie. Les verrières de cette fenêtre se complètent par une figure de saint Claude, évêque de Besançon, un saint Edme, archevêque de Cantorbery, et un saint Thibaut à cheval sous le costume de Louis XII, ayant un faucon au poing.

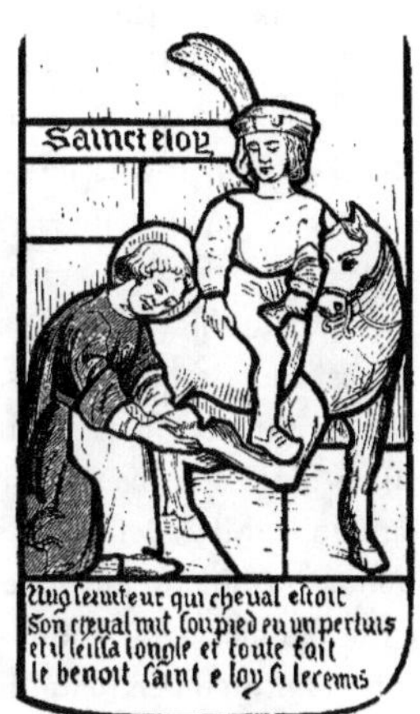

SAINT ÉLOI.

L'autel renferme une peinture, sans valeur, représentant l'Ascension, mais la saillie du retable porte en échange trois magnifiques statuettes du xvie siècle ; ce sont celles de saint Robert, de saint Benoît et de saint Frobert.

La septième chapelle est consacrée à la légende de saint Nicolas.

1 Plus d'une fois nous voyons les peintres verriers et les corporations des maréchaux ferrants du xvie siècle traduire inexactement la légende du pied coupé ou guéri.

En voici une forme, entre autre :

Éloi, qui tirait vanité de ce qu'il était très expert dans l'estimation et la guérison des chevaux, aurait mis sur son enseigne, au-dessus de sa porte : *Éloi maître, maître sur Dieu.*

Un jour, un jeune homme se présenta pour être employé dans son atelier. Frappé de sa bonne mine, Éloi le prit pour premier compagnon.

Quelques jours après, saint Georges se présente devant la maison du maître, pour faire ferrer sa monture, en prévenant que son cheval ne supporterait pas qu'on le maintînt dans un *travail* (cage). Éloi regardait son nouveau compagnon comme pour l'interroger. Celui-ci répondit qu'il s'en chargeait.

Il s'approche du cheval, lui coupe le jarret, le met dans un étau, le ferre, et la besogne terminée, réunit les parties coupées qui s'ajustèrent à l'instant.

Le lendemain, pendant l'absence de son compagnon, parut devant la forge un nouveau cavalier, monté sur un cheval présentant les mêmes défauts.

Éloi coupa avec assurance le jarret du cheval, mais quand il voulut rapprocher les parties, il ne put y parvenir, lorsque rentra son compagnon qui prit le pied et le remit comme il avait fait une première fois. Se retournant alors devant

Dans les vitraux de la partie médiane de la fenêtre sont représentés les divers sujets suivants : la Naissance du saint : saint Nicolas, jeune homme, aide de son argent trois jeunes filles avec leur père dans une profonde misère. Il est consacré évêque de Myre. Il arrête l'épée d'un bourreau qui allait décoller la tête de trois jeunes patriciens condamnés injustement par Constantin.

Dans la partie haute de la fenêtre, Nicolas reçoit le viatique : il est couché sur son lit et revêtu de ses habits pontificaux. Son âme, enlevée au ciel par des anges, indique qu'il vient d'expirer. La partie moderne du vitrail représente son élection à l'épiscopat et son voyage en mer. Le saint évêque ressuscite un matelot qui s'était tué en tombant du haut des mâts; enfin, il protège son navire contre le feu. Au milieu d'une tempête, le saint apparut à l'équipage alarmé, il lui déclara qu'il fallait jeter à la mer une huile ensorcelée, laquelle s'enflamma lorsqu'elle eut touché l'eau. Le démon, sous la figure d'une vieille femme, avait confié aux pèlerins le vase qui contenait cette huile pour qu'on en remplît les lampes qui brûlaient autour du tombeau de saint Nicolas[1].

La chapelle est décorée d'un tableau peint sur bois, datant du XVIe siècle et représentant deux hommes assis et enchaînés sur une pierre, au milieu d'une place publique. Un jeune homme, nimbé, couvert de riches vêtements, conduit deux vieillards, un homme et une femme, devant les deux captifs qui semblent agréablement surpris de leur approche. Dans le fond du tableau, des femmes et des enfants s'intéressent et paraissent s'attendrir à la vue de cette scène de reconnaissance.

Ce tableau est curieux dans la richesse de ses détails, dans le rendu des figures et dans la beauté du coloris; il nous rappelle les plus belles peintures italiennes et flamandes de cette époque.

Le revers de ce tableau est peint en grisaille : un prêtre, assisté

Éloi : Il y a ici, devant toi, quelqu'un de plus grand et de plus maître que toi, c'est Dieu ! et Jésus-Christ disparut.

Nous avons cru devoir rappeler ce passage de la vie de saint Éloi, parce qu'à Crency, aux Noës et à Sainte-Savine, le fait est attribué à saint Éloi lui-même.

1. R. P. Cahier : *Caractéristiques des saints.*

de saint Guillaume, son patron, est représenté à genoux devant sainte Savine.

Il porte sur son prie-Dieu un blason d'azur à la levrette d'argent, colletée d'or, surmontée d'une croix de même.

Dans la huitième chapelle, dont la fenêtre n'est occupée que par un seul panneau, on voit sainte Catherine, saint Barthélemy, apôtre, saint Georges à cheval ou saint Maurice et saint Julien.

La deuxième fenêtre de la chapelle, qui fait partie du chevet de ce bas côté, possède encore quelques restes de ses anciens vitraux. On y remarque un saint Christophe portant l'Enfant Jésus sur son épaule au travers d'un fleuve. Plus bas, saint Nicolas ressuscite trois enfants, puis nous voyons le même blason que nous avons cité un peu plus haut. Il appartenait également à un prêtre dont on voyait le portrait à la première fenêtre du sanctuaire, à gauche, où était représentée l'histoire de l'hostie. Ce prêtre était accompagné de saint Simon, il pouvait être le frère de celui dont nous parlions tout à l'heure.

Les anciennes verrières de cette fenêtre, complétées par la légende de saint Athanase, ont été restaurées par les soins d'Eugénie Vitié, en mémoire d'Athanase Vitié et de son père Athanase Grandin, le 15 août 1880.

L'autel de ce chevet a été refait, il y a quelques années. Il se compose, ainsi que nous l'avons déjà dit, de la paroi de devant du bahut dans lequel on enfermait autrefois les archives de l'église, et d'un tableau peint sur bois, des plus remarquables. Ce tableau représente le martyre de saint Sébastien : la scène se passe dans la galerie d'un vaste palais décoré de colonnes de marbre et de niches dans lesquelles sont placées différentes divinités du paganisme; on distingue parfaitement le dieu Mars et la déesse Vénus accompagnée de son fils. Au centre du tableau, le saint, dépouillé de ses vêtements, est attaché à une colonne; le corps est déjà percé de plusieurs flèches que lui ont lancées des archers se disposant à une nouvelle décharge : l'un d'eux rajuste à cet effet son arbalète à rouet dont les détails sont intéressants. L'empereur Dioclétien contemple avec satisfaction le supplice du martyr. Il est debout, coiffé d'un turban surmonté d'une couronne d'or ; à la main il tient un sceptre d'or et il est environné de ses gardes et de ses courtisans.

Au-dessus de cet autel se dressent une belle statue de saint Nicolas du XVI° siècle, une de Notre-Dame de Lorette, une de saint Pierre et une de saint Fiacre ; cette dernière, sculptée par Augustin Paupelier, sculpteur sur pierre et sur bois et menuisier, demeurant à Troyes, auteur de plusieurs retables et chaires à prêcher. Cet artiste mourut en 1659[1] et fut enterré à Saint-Urbain.

Chœur et Sanctuaire. — Nous avons dit qu'intérieurement l'église de Sainte-Savine n'avait pas de transept, aussi rien n'indique dans la construction, ni dans les lignes principales, quelles pouvaient être primitivement les limites de la nef et celles du chœur. Cependant ces dernières sont indiquées par une poutre transversale surmontée d'un calvaire portant la date de 1697, et les noms des marguilliers I· GAMBES· C· VELV·F· LINARD· qui ont fait élever cet arc triomphal. Le chœur se ferme, en outre, par une clôture dans laquelle sont compris des bancs.

Les piliers sont décorés de statues posées au-dessus des croix de consécration ; elles représentent saint Savinien et sainte Savine et ont été exécutées par Augustin Paupelier, en 1625, pour la somme de *soixante livres tournois,* y compris l'exécution du petit saint Fiacre dont nous venons de parler. Ensuite les statues de saint Paul, saint Fiacre, saint Antoine et saint Sébastien.

On retrouve dans les archives de l'église un marché passé en 1626, entre Noël Fournier, *maistre menuisier, sculpteur, demeurant à Troyes, et les marguilliers de l'église Sainte-Savine, pour faire et construire une chaise à prescher qui s'appliquera et s'attachera à ung des pilliers, soit à drestes ou à senestre de la dicte église, laquelle chaise portera cinq pands, l'un desquels pands s'ouvrira et fermera pour entrer et sortir les prédicateurs, auxquels cinq pands se fera cinq images, savoir, celui de devant limage de madame sainte Savine et, aux quatre autres, les images des évan-*

---

1. Arnaud : *Voyage archéologique.*

gelistes, lesquels seront relevez au milieu des panneaux et sur cha-
cun desdits s'appliquera une colonne d'ordre corinthe à canaux creux,
et porteront à l'entour chacun à l'endroit de soy en basse et pour le
portement de ladicte chaise sera portée par trois appuys en maniere
de consolles, etc...[1]

Par ce marché, Noël Fournier était tenu encore de faire *une*

CHAIRE A PRÊCHER (1626).

couverture au-dessus de ladicte chaise pour tendre un parement et
faire un escalier pour monter en icelle, lesquels seraient faict de
bois de chesne bon loayl marchand, le tout pour la somme de cent
soixante-dix livres tournois.

Cette chaire existe encore, elle est fixée au quatrième pilier de
la nef, à droite; ses dispositions établissent que Noël Fournier a

1. Arnaud, *Voyage archéologique.*

fidèlement rempli ses engagements. La chaire de l'église des Noës est une répétition de celle de Sainte-Savine, mais dans des conditions plus simples. Cependant, il est facile de reconnaitre que ces deux chaires ont été exécutées par le même artiste.

La date de 1626 est inscrite sur le panneau de face, au-dessous de l'image de sainte Savine et concorde parfaitement avec celle du marché passé avec les marguilliers.

Le sanctuaire est à trois pans, peu profonds ; les fenêtres de droite et de gauche, divisées en deux parties, sont décorées de jolies verrières, exécutées par M. Vincent Larcher, peintre verrier, à Troyes ; elles représentent les légendes de saint Savinien et de sainte Savine.

Le maître-autel s'élève jusqu'à la voûte et cache entièrement la fenêtre de l'abside qui a été bouchée. Son retable se compose de deux colonnes corinthiennes portant un vaste entablement surmonté d'un fronton circulaire. Le tableau central représente sainte Savine secourant les malheureux. Au bas du sujet, à gauche, est le blason de Nicolas Lhoste, curé de Sainte-Savine : d'azur à la fleur de lis d'or, accompagné de trois mayets de même 2, 1. Cette peinture ne porte pas la signature de son auteur.

Des boiseries de même style que le maître-autel enveloppent tout le sanctuaire. Les panneaux sont décorés par l'Annonciation, la Crèche, la Fuite en Égypte, la Pentecôte et les quatre évangélistes.

Toutes les richesses artistiques de cette église ont été, d'après des mémoires authentiques, exécutées par les peintres Linard Gonthier, Jean Gonthier, Rustard Pothier, Toussaint Rudiger, Nicolas Cordonnier, Étienne Clément et Étienne Jubrien. Les sculptures sur bois et sur pierre, par Augustin Paupelier, Noël Fournier et N. Herluison, tous demeurant à Troyes, vers les dernières années du xvi° siècle et jusqu'au milieu du xviii°.

Inscriptions et dalles tumulaires. — L'église Sainte-Savine renferme encore plusieurs épitaphes et dalles tumulaires, en partie déplacées, et servant actuellement de dallage aux passages des chapelles latérales.

Une épitaphe sur marbre noir et deux autres peintes sur bois se trouvent à droite et à gauche de la porte principale, contre le mur occidental. A droite, celles de Jean Gilbert, marchand et capitaine du faubourg Sainte-Savine, de sa femme et de son fils ; ce dernier porte le titre de capitaine en chef.

Marbre noir.   Hauteur, 0,62. Largeur, 0,13.

Du même côté, celle de Robert Collin, chirurgien, mort en 1592.

Ce docteur est représenté à mi-corps, de profil, les mains jointes. Il est vêtu d'une robe noire avec une fraise à la Henri IV. Les lettres de l'inscription sont peintes en noir.

A gauche de la porte, l'épitaphe de Pierre Loudinot, boulanger, et d'Edme Brelet, sa femme.

Inscription sur bois, peinte et dorée.

La quatrième épitaphe est placée dans la chapelle Saint-Nicolas (bas côté nord). Elle est d'Antoine Lecoq, premier marguillier de l'église Sainte-Savine, mort en 1618, et de Françoise de Biet, sa femme.

CY DEVANT GISENT ET REPOSE
LES CORPS DE HONORABLE HOMᴹᴿ
ANTHOINE LE COCQ VIVANT MAR
CHANT DᴱᴹEN CESTE PAROISSE
LEQVEL DECEDA SORTANT DE CHAᴿᴱᴿ
DE PREMIER MARGVILIER DE
CESTE EGLISE LE-18-FEVRIER
-1618-
ET FRANÇOISE DE BIEST SA PRE
MIERE FEMME LAQVELLE DECEDA
LE-15-IVILLET MIL CINQ
CENS QVATRE VINGT ET SAIZE
PRIEZ DIEV POVR LES TRESPASSÉ

Marbre noir.   Haut., 0,51. Larg., 0,37.

Une grande tombe existait encore, il y a quelques années, dans le passage du chœur au côté méridional. Elle représentait la femme d'un laboureur de Sainte-Savine, décédée le huitième jour d'août 1532.

Cette femme était représentée debout, les mains jointes, sous un portique cintré, composé de deux colonnes portant un entablement et un fronton à enroulements; le milieu était occupé par une tête de mort.

L'inscription était en caractères gothiques, gravés sur le socle formant le soubassement.

Plusieurs dalles tumulaires occupent les chapelles latérales, ce sont celles de Jeanne Gémillard, dont nous donnons ici l'épitaphe.

```
Cy - gist - Jeāne - Gemillard
En - son - vivant - femme - de
Francois - Bersat - laquelle
deceda - le - dixhuictiesme
Jour - davril - Mil - vir - xix
Priez - Dieu - pour - son - Ame
```

Pierre.   Hauteur, 1,47. Largeur, 0,60.

Une rue de Sainte-Savine porte encore le nom du Clos-Bersat. Cette rue fait la limite de Sainte-Savine et de Saint-Martin.

Une autre tombe couvrait les corps de Simon Pou........, maréchal, et d'Eme P..., son fils. 1674.

Puis une suivante, le corps d'une femme Gauthier, du même temps. Enfin les trois tombes des frères Lhoste, tous trois successivement curés de Sainte-Savine, qui ont participé à la décoration de cette église pendant toute la période correspondant au XVIIe siècle. Nicolas Lhoste, l'aîné, qui vivait en 1640 : sa pierre est tellement usée par le frottement, que nous n'avons pu savoir la date de son décès.

Les deux autres tombes sont celles de Philippe Lhoste, mort en 1672, et de Louis Lhoste, mort en 1688.

Nous reproduisons cette dernière, la mieux conservée des trois et à laquelle les deux autres ressemblaient.

Pierre.   Haut., 1,57. Larg., 0,85

ÉGLISE SAINT-DENIS.

TORVILLIERS.

Torvilliers est situé à huit kilomètres de Troyes, à gauche de la route de Sens et en face de la montagne de Montgueux.

L'église, sous le vocable de saint Denis, se trouve complètement isolée du village, à la distance d'un kilomètre; le presbytère, l'école communale et trois ou quatre maisons se groupent au nord-est de cet édifice.

L'entrée principale de cette église, dont le plan est un parallélogramme irrégulier, est surmontée d'un linteau droit, recourbé aux extrémités, profilé dans son pourtour et reposant sur des pieds-droits ornés de bases à nervures contournées.

De chaque côté, deux niches peu profondes sont surmontées d'une archivolte à crochets brisés. Cette porte est complètement abritée par un vaste porche en bois que soutiennent des poteaux isolés

et qui, en même temps, s'appuie sur deux contreforts que l'on a
coupés pour recevoir la maîtresse poutre.

Sur la face méridionale existe un seul transept dont la toiture se
relie avec celle de la nef centrale. A leur jonction s'élève le clocher,
dont la base est entourée sur ses faces octogonales d'un large abat-
son. Ce beffroi renferme une cloche avec cette simple inscription :

> ✝ pierre daniel s͏ʳ de toruilliers fara dame loif͏e
> merille-nicolas pipart eftienne groffin m͏ʳ en
> lan 1584.

Sur la saussure, ou partie cylindrique de la cloche, se voient les
blasons des fondeurs que nous avons déjà remarqués sur la cloche de
Montgueux, page 124.

Les murs de cette église sont, sur presque tout leur pourtour,
couronnés d'une jolie corniche en quart de cercle, renforcée à chaque

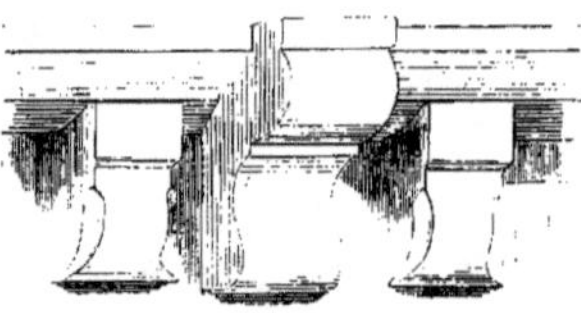

I. MODILLONS DE LA CORNICHE.

travée par un double corbeau qui
doit supporter les maîtresses poutres
des combles. Cette disposition est
heureuse et d'un bel effet (1). Au
nord, à la seconde travée, s'ouvre
une porte surbaissée avec entablement, qui s'appuie sur deux pilastres
sans chapiteaux, ni bases. Elle est abritée par un appentis couvert
en ardoises.

Intérieur. — Cet édifice, dont les fondements ont été jetés pendant les trois premières années du XVIᵉ siècle, se compose d'une nef
avec bas côtés très étroits, d'un sanctuaire et d'une chapelle latérale
trois travées; cette chapelle construite vers la même époque, mais
après coup.

Dès le principe, cette église devait se composer d'une nef avec
bas côtés, à peu près d'égale largeur. Pendant la construction et pour
une cause inconnue, on modifia le plan en réduisant ces bas côtés à
un simple passage; on se réservait de les continuer plus tard dans de
plus larges proportions. (Voyez le plan et la coupe, p. 199.)

La nef comprend trois travées, avec arcs fortement profilés; les nervures des voûtes sont simples et viennent se concentrer sur des piliers cylindriques isolés et ornés de bases variées. Ces piliers sont étrésillonnés par un quart de cercle prenant son point de départ et son appui sur une colonne engagée dans le mur de clôture et pénétrant à son arrivée dans

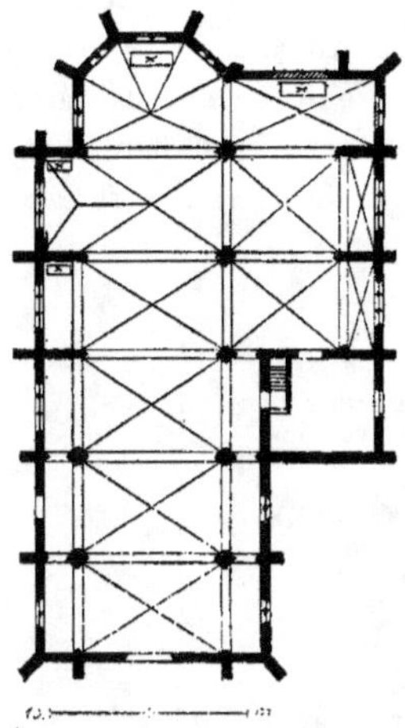

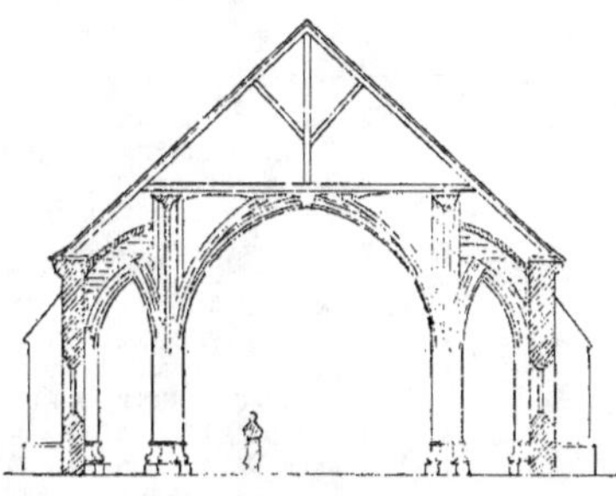

PLAN.   COUPE TRANSVERSALE.

les nervures d'attente, à la hauteur de la poussée des grandes voûtes.

Les fenêtres des bas côtés, très petites et divisées par un meneau, encadrent des verrières modernes sans intérêt légendaire et sans unité de conception. Elles représentent le Baptême de Jésus-Christ par saint Jean, la Foi, l'Espérance et la Charité; la Mort du juste et la Mort du pécheur; enfin, Jésus-Christ bénissant les petits enfants. Dans l'ovale du haut de la première fenêtre, on voit saint Hubert et ce blason (1).

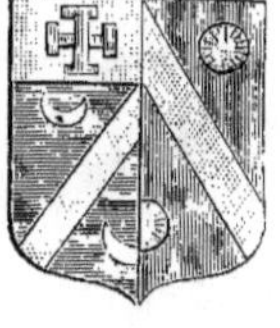

1

Dans la deuxième travée est percée la porte latérale, au-dessus de laquelle est une Notre-Dame-de-Pitié posée sur une console très saillante, ornée d'une branche de vigne finement ciselée. Au milieu du feuillage est un médaillon représentant une figure en buste, dont la tête, type de François Ier, est coiffée d'un casque ailé, tandis que le corps est recouvert d'une armure avec épaulière à face humaine.

Chœur et chapelles. — Le chœur est fermé par des stalles à la naissance de la quatrième travée. Au premier pilier, à droite en entrant, est fixée une lame de cuivre sur laquelle se lit encore l'épitaphe de Jean Bezanson, vigneron, décédé en 1676.

Suivant le texte exact que nous reproduisons, le défunt laissait à l'église de Torvilliers soixante-quinze livres tournois pour faire chanter une messe haute après Noël et le lendemain de la fête de saint Jean, son patron.

CY GIST IAEN BEZANSON VIVANT VIGNE
RON DEMEVRANT EN CE LIEV DE TERVI
LLIERS LEQVEL EST DECEDÉ LE VNZE
IESME IOVR D'OCTOBRE 1675 ET A
LAISSÉ A L'EGLISE ET FABRIQVE DE St DENIS
DV DICT TERVILLIERS LA SOMME DE
SOIXANTE ET QVINZE LIVRES TOVRNOIS
POVR LVY ESTRE DICT ANVELLEMENT
ET PERPETVELLEMENT AV IOVR QVE
PLVS COMMODEMENT FAIRE SE POVRA
APRES NOEL, LE LANDEMAIN DE
LA FESTE DE St IEAN VNE MESSE HAVTE
AVEC LIBERA, AINSI QVIL EST PLVS
EMPLEMNT SPESIFIÉ AV TESTAMENT
FAICT AV PROFIT DE LA DICTE FABRIQVE
DE St DENIS DE TORVILLIERS

Priez Dieu Pour Son Ame

IEAN MASSÉ ET EDMÉE IAILLIANT ONT
FAICT FAIRE CETTE LAME

Au lieu de piliers isolés, les bas côtés du chœur sont fermés à gauche seulement, par des murs de refend servant de clôture à deux petites chapelles, dont la première est voûtée en quart de cercle et la seconde à nervures ogivales appuyant leurs retombées sur des consoles à chimères.

La première chapelle est consacrée à saint Joseph ; des verrières modernes représentent saint Loup arrètant Attila sous les murs de Troyes, et dans la partie haute de la fenètre est une sainte Marguerite, de travail ancien.

La deuxième chapelle est dédiée au Sacré-Cœur; le tableau de l'autel représente sainte Thérèse. Dans les verrières, nous voyons saint Sébastien et saint Étienne; au pied de ce saint est un blason du xvıᵉ siècle, d'azur à trois merlettes d'or (2). Plus bas, on lit :

Jehānette de noise vefve de feu gerosme le noble escuier a son vivant a done sette vriere lan mil vᶜ vi.

Dans les lobes, une Vierge Mère est assise sur un trône d'or.

A droite du chœur s'ouvre la chapelle de la Vierge, disposée en trois travées et dans les dimensions de la nef centrale.

Le chevet de cette chapelle empiète sur la première travée du sanctuaire et s'ouvre sur cette travée. Les voûtes sont à nervures simples; cependant celle qui se trouve au-dessus de l'autel est ornée, à la rencontre des diagonales, d'une clef représentant Jésus-Christ ressuscité.

Ces voûtes se décorent actuellement de peintures à la détrempe, exécutées par M. Jean Andréazzi et représentant quatre sujets : Notre-Dame de Lourdes, Notre-Dame de la Salette, Notre-Dame du Rosaire, et l'Immaculée-Conception.

Les deux premières travées suivantes sont séparées, dans leur largeur, par un mur de refend supportant de petites voûtes dont les nervures tombent dans les angles du mur de clôture, sur des consoles à figures grotesques.

L'autel de la Vierge, style gothique moderne, est orné sur les gradins de figures d'apôtres. Une statue de la Vierge lui sert de couronnement et ses extrémités sont occupées par deux anges en adoration.

La fenêtre du chevet, derrière cet autel, est garnie d'une verrière neuve, consacrée à la vie de la Vierge. A droite et à gauche de cette fenêtre, deux statues en pierre, sainte Catherine et sainte Savine, complètent cet ensemble décoratif.

La porte de la sacristie s'ouvre dans le mur occidental. Ce mur est couvert d'un ancien retable en bois, au milieu duquel est renfermée une sainte Vierge accompagnée de chaque côté par une statue de saint Étienne et une de saint Éloi.

Les fenêtres de cette chapelle sont grandes et divisées en trois parties; la première porte dans son vitrail une peinture moderne, l'Arbre de Jessé. La deuxième fenêtre est garnie de panneaux sans rapports entre eux; c'est la Crèche, les rois Mages, puis d'autres

sujets qui ne s'expliquent plus guère; à la partie supérieure se remarquent une Assomption, un blason et un monogramme deux fois répété appartenant à la famille Molé (2, 3 et 4).

A en juger par ces armes, les donateurs de cette verrière devaient être Jean Molé, seigneur de Villy-le-Maréchal, d'une ancienne famille bourgeoise de Troyes, d'où descendent les seigneurs de Champlâtreux et l'illustre Mathieu Molé, premier président au parlement et garde des sceaux de France.

Jean Molé épousa Jeanne de Mesgrigny, dame d'Assenay, ainsi que le confirme la seconde partie du blason.

La troisième fenêtre est semblable à la précédente; l'ensemble de sa décoration devait nous montrer les douleurs de la Passion de Jésus-Christ. Son donateur, Jean Girost, curé de cette église en 1508, est représenté dans le panneau du Jardin des Oliviers. Il est agenouillé les mains jointes, un prie-Dieu porte son blason (5), couvert de ses initiales, de deux bâtons de pèlerin en sautoir et de deux coquilles[1].

1. Anciennement, les simples prêtres, après leur nomination curiale, se créaient maintes fois, comme nos évêques actuels, des blasons plus ou moins héraldiques dans leur composition. Ces détails de coquilles et de bourdons, si souvent répétés pour les curés, pourraient nous faire supposer qu'avant d'entrer dans

Une inscription, en caractères gothiques, se lit ainsi au bas du vitrail :

Meſſir Ichā giroſt pbreſtre lequel fut cure de
ceſte ville a donne li ce.............................
Ce fut lan mil cinq cens et huit faictes pour
luy a Dieu priere.

5

Dans la même fenêtre se remarquent quelques restes d'une figure d'une femme vêtue d'une robe rouge, agenouillée, les mains jointes, comme tous les donateurs. Son blason porte de gueules au besant d'or avec un chef de même (6).

6

Ces armes appartiennent à la famille Le Tartier de Troyes, avec une petite variante que nous devons faire remarquer : sur le chef du blason, les trois molettes ne figurent pas. Les armes de Jean Molé (7) se voient encore dans les lobes de la fenêtre, accompagnées d'un autre blason de

7   8

gueules au griffon ailé d'or dont nous n'avons pu reconnaître la vraie attribution (8).

Le sujet principal de cette verrière, qui, dans son ensemble, devait être d'un effet splendide, représente l'Apparition de Jésus-Christ à Marie-Madeleine.

les ordres, ces prêtres étaient astreints à faire un pèlerinage, comme aujourd'hui ils s'imposent avant leur ordination une retraite spirituelle. Peut-être aussi considéraient-ils le sacerdoce comme un long pèlerinage devant les conduire à la vie céleste.

L'inscription relative à ces donateurs a disparu, nous ne pouvons donc que hasarder des suppositions. Il n'en est pas de même pour la présence, dans cette fenêtre, du curé Girost : celui-ci n'est pas à sa place ; les sujets l'entourant indiquent clairement qu'il devait occuper la fenêtre centrale du sanctuaire, remplacée aujourd'hui par une mauvaise peinture sur verre reproduisant les épisodes de la vie de saint Denis.

Sanctuaire. — Le sanctuaire est une partie d'octogone à quatre côtés fermés, le cinquième étant ouvert pour donner accès à la chapelle de la Vierge.

L'autel est simple ; la verrière du chevet contient, comme nous venons de le dire, les sujets de la vie de saint Denis. Les nervures de la voûte s'appuient, à leur point de départ, sur des consoles ornées d'un *Agnus Dei*, d'un homme avec des espèces de cliquettes dans les mains, d'un ange et de l'écu de France.

La fenêtre de la travée, à droite de l'autel, nous montre les quatre Évangélistes avec leurs animaux symboliques. Dans celle de gauche, qui y fait face, saint Loup, saint Barthélemy, Nicolas Forjot, donateur de ce vitrail ; en face de lui est un saint diacre tenant un diable enchaîné qui cherche à porter sa griffe sur l'Évangile que le diacre tient dans sa main. Est-ce saint Severre, de Vienne en Dauphiné, qui combattit, par la puissance de sa parole, l'idolâtrie figurée par le démon enchaîné, que l'on aurait placé ici comme allusion aux nombreuses prédications que fit le donateur de cette verrière en Suisse et dans le Dauphiné ?

Nicolas Forjot, abbé de Saint-Loup de Troyes, prieur et maître de l'Hôtel-Dieu-le-Comte, est représenté accompagné de son patron, saint Nicolas. Il est agenouillé, les mains jointes, devant son prie-Dieu, portant son blason d'azur à trois fers à cheval d'or, comme marque de son origine : il était fils d'un maréchal ferrant de Plancy. A cause de son mérite, de sa haute intelligence et surtout de son savoir, Pierre Andoillette, son prédécesseur, lui fit, en 1485, cession de son abbaye. Nicolas Forjot enrichit cette abbaye et les églises qui étaient sous sa dépendance d'œuvres d'art des plus remarquables en orfèvrerie, en sculptures sur bois et sur pierre et en peintures sur verre, comme nous en avons vu des exemples dans les églises de la Chapelle-Saint-Luc, de Plancy, son pays natal. Forjot mourut le 18 décembre 1514.

NICOLAS FORJOT, ABBÉ DE SAINT-LOUP.

Comparée à celles qui composent le même vitrail, la figure de Nicolas Forjot est finement traitée. Nous en avons levé un calque dans notre jeunesse, persuadé que le peintre, qui a exécuté ce travail sous les yeux du donateur, a cherché à rendre les traits et la physionomie de ce remarquable abbé.

La deuxième fenêtre, mais première en entrant dans le sanctuaire à gauche, est dédiée à la vie et au martyre de saint Denis, si diversement représenté. Les deux panneaux inférieurs de cette verrière sont posés depuis peu et d'une exécution très médiocre. Ils représentent, d'une part, la Consécration de saint Denis, et, de l'autre, le saint disant sa première messe. Dans la deuxième partie, saint Denis, en chaire, prêche devant la foule assemblée et recueillie. Malgré l'attitude religieuse de ces assistants, deux soldats appréhendent au

TYPE DE NICOLAS FORJOT.

corps le prédicateur et vont l'entraîner. En suivant, saint Denis est en présence de son juge, l'empereur *Felicie* (Félicien). A côté, il est crucifié ou plutôt attaché sur un chevalet disposé en croix. Il est complètement nu, à l'exception de la ceinture, couverte d'un linge blanc. Le peintre, pour caractériser cette grande figure, lui a laissé sa mitre sur la tête. Deux bourreaux, fortement arqués sur leurs jarrets, la tête couverte d'une toque à plumes, richement vêtus et armés de torches, lui brûlent les aisselles.

Au-dessous de ce tableau se voit une inscription en vers français du xvi⁰ siècle, qui a dû se rapporter à un autre sujet aujourd'hui détruit et qui occupait autrefois le bas de cette fenêtre.

Le saint évêque était représenté dans un four, sur un gril ardent, comme le font connaître ces vers que l'on lit au bas du panneau :

En vng four au mileu dūg feu Fut gette puis mis fur vng gril Mais tā fut pƷue (préservé) de dieu Quil cuita tout ce peril en garde por le Roy de vaucharcix et torvillier.

La troisième ligne formait la finale d'une inscription occupant toute la longueur de la fenêtre et qui donnait les noms du donateur, en faisant connaître les fonctions qu'il remplissait au nom du roi à Vauchassis et à Torvilliers, deux communes limitrophes.

Il y avait, à cette époque, une fonction de juge en garde; ce magistrat installait le nouveau seigneur et le faisait reconnaître par ses sujets; il procédait aux inventaires, citait les parties devant les tribunaux, incarcérait, jugeait et condamnait; en un

SAINT DENIS.

mot, il réunissait entre ses mains une partie des attributions actuelles du procureur, du juge de paix et du maire.

Enfin, le sixième et dernier panneau, déplacé comme les précédents, représente saint Denis, la tête inclinée en avant, agenouillé, les mains jointes, sur le bord d'une fosse profonde où sont groupés confusément des lions, des panthères et d'autres animaux féroces.

Derrière le saint, son bourreau, armé d'un glaive et le bras levé, s'apprête à lui trancher la tête, qui devrait inévitablement tomber dans la fosse pour être dévorée par les bêtes féroces. Mais il n'en sera rien, car ces animaux ont fléchi leurs membres, et tremblent; cette vue paraît les anéantir et leur inspirer la crainte la plus vive.

Dans les lobes de la fenêtre sont les blasons du juge pour le roi, donateur de cette verrière et celui de sa femme (9 et 10).

1° Écartelé : au 1 d'azur à un chevron d'argent accompagné de trois tours d'or (de Corberon); au 2, d'argent à une croix de sable accompagnée de quatre clous de la Passion, la pointe dirigée vers le

9   10

centre du quartier; au 3 de gueules à une bande d'argent et un oiseau s'essorant d'or au franc-canton (Cochot); au 4 d'azur à trois têtes de cerf d'or (de la Ferté?).

2° Parti : au 1 d'azur à un chevron de trois tours d'or (de Corberon); au 2 d'azur à une face d'argent accompagnée de trois oiseaux d'or.

L'écu du mari est posé sur une terrasse et sommé d'un heaume fermé, taré de front, orné de son bourrelet et de lambrequins. Supports : un cerf nature à dextre, et un ours de même à senestre.

Il porte pour devise :

Autre le veuil-Nore broced-Cest mon plaisir

En lisant les deux mots soulignés à l'envers, vous avez le nom du garde et du donateur.

Ce de Corberon était en outre seigneur de Saint-Aventin et de Villemereuil.

Cette église est parfaitement située; elle forme un groupe pittoresque avec les quelques maisons qui l'accompagnent et les beaux arbres qui encadrent et ombragent sa façade.

ÉGLISE DE L'ASSOMPTION.

VILLELOUP

Villeloup est à seize kilomètres de Troyes, près de l'ancienne route de Paris. C'est un pays isolé, sur une éminence crayeuse, d'où est sorti le blanc de Troyes, connu sous le nom de blanc d'Espagne.

L'église, sous le vocable de l'Assomption, est disposée en croix; son abside est à cinq pans et les deux chapelles du transept présentent des carrés réguliers.

Rien d'intéressant dans sa construction, datant du XVI siècle pour les parties que nous venons de citer. Les voûtes sont à nervures simples, excepté celle du chœur qui est en tiercerons sous la forme d'étoiles à quatre branches. La nef vient d'être entièrement reconstruite en briques (1850 à 1855). Elle est d'un effet des plus disgracieux. Au-dessus du pignon de sa façade s'élève une tour en bois surmontée d'un petit clocher sans intérêt.

A l'intérieur, la nef voûtée en voliges forme le berceau, en suivant la courbe de l'arc-doubleau du chœur.

Chapelles. — Les deux chapelles du transept s'ouvrent sur le chœur; celle du midi a pour patron la Vierge Marie, dont la statue, placée au milieu de l'autel, est une curiosité artistique datant du XIV⁰ siècle. La Vierge tient sur le bras droit son fils vêtu d'une dalmatique grecque, comme en portaient les empereurs. De la main gauche, elle lui présente une colombe, que le petit Jésus s'apprête à saisir par les ailes, tandis que, de l'autre main, il maintient une poire posée sur son genou. Il est à penser que les statues de la Vierge Marie que l'on représente avec des fruits sont des *ex-voto* donnés par les paroissiens faisant la culture et le négoce de ces produits. Par ces donations et les prières consacrées à cet usage, les donateurs formaient peut-être des vœux pour obtenir un temps propice et une récolte abondante.

Parmi les restes de peintures sur verre existant encore dans les fenêtres percées au-dessus de l'autel, nous avons remarqué, comme dans le chœur de l'église du Pavillon, un blason d'argent à un sautoir de sable cantonné de quatre perdrix au naturel (1) des Raguier, financiers originaires de Bavière, seigneurs de Poussey près de Méry, de Payns, du Pavillon, de Villeloup, etc., de la famille des deux évêques de Troyes, Louis et Jacques Raguier, oncle et neveu, tous deux inhumés dans le chœur de la cathédrale de Troyes, de 1430 à 1518.

La chapelle Sainte-Barbe, occupant le côté nord du transept, doit son nom à la jolie et intéressante statue de cette sainte, placée sur l'autel. La tour, à sa droite, est son attribut distinctif, rappelant que son père la fit enfermer dans cette tour pour lui épargner tout contact avec les chrétiens.

Ce petit monument est un modèle d'architecture très intéressant à étudier; n'oublions pas de faire remarquer les trois petites lucarnes du couronnement de la tour, car elles tiennent une place importante et néfaste dans la légende de la sainte.

Un jour, visitant les travaux que son père faisait édifier,

sainte Barbe remarqua que l'on avait pratiqué seulement deux fenêtres au nord, et en fit faire une troisième. Son père, croyant voir
dans la disposition de ces trois fenêtres
une figure de la Trinité, fut pris
d'une colère furieuse et lui trancha la
tête.

Barbe est la sainte que l'on invoquait contre les morts subites et les
morts violentes. Aussi, voyons-nous
les hommes susceptibles d'être empor-
tés par un accident fortuit la prendre
pour patronne : les artilleurs, les sal-
pêtriers et les poudriers, parce que le
père et bourreau de notre martyre fut
tué d'un coup de foudre à la suite de
son crime.

Il est bon également de faire remarquer que le culte de cette sainte
prit naissance et fut très répandu dans
nos contrées au commencement du
XIVe siècle et qu'il a été suivi et observé pendant et jusqu'à la fin de la
guerre de Trente ans.

SAINTE BARBE (XVIe SIÈCLE).

Cette statue est une des plus re-
marquables de toutes celles que nous avons vues dans les églises
déjà décrites. Elle est vêtue avec une richesse qui rappelle parfaitement les costumes que portaient les grandes dames du temps de
Louis XII. Si nos souvenirs ne nous font pas défaut, cette sainte
Barbe doit être l'original ou la copie de celle de l'église de Villacerf,
citée à la page 89.

Sanctuaire. — Le sanctuaire occupe seulement la première travée, tandis que l'abside sert de sacristie. Ces deux parties sont séparées par un retable en bois d'une belle exécution, qui se compose
de trois parties formant deux panneaux de chaque côté de l'autel, et
ornés de pilastres cannelés avec chapiteaux d'ordre dorique, sou-

tenant un entablement qui s'arrondit au centre pour contenir un tableau peint sur toile représentant l'Apparition de la Sainte Famille à sainte Catherine de Sienne. L'Enfant Jésus, debout sur les genoux de sa mère, présente une petite croix à la sainte inspirée. A droite et à gauche de l'autel se dressent deux statues : saint Nicolas et saint Éloi, et dans les verrières sont reproduits plusieurs fragments de l'Arbre de Jessé et une *Mater dolorosa*.

Tabernacle. — Ce tabernacle porte la date de 1546. Par les détails de son ordonnance, il résume la manière dont s'est opérée, dans nos contrées, la transmission d'un style à un autre, en mêlant tout d'abord les deux genres, puis finissant par les séparer.

Nous en exceptons le pinacle ou clocheton, de restauration moderne.

Ce petit monument se divise en trois parties; le soubassement est décoré du saint suaire et des monogrammes de Jésus et de Marie.

Sur la porte du tabernacle est représenté Jésus-Christ bénissant et portant le globe du monde. Enfin, la tour, ornée de panneaux gothiques, sert de base à une flèche qui en constitue le couronnement.

TABERNACLE EN BOIS (1546.)

DE TROYES

Troisième Canton

ÉGLISE SAINT-VINCENT-DE-PAUL,

BREVIANDES

Breviandes est situé sur la route de Bourgogne, à cinq kilomètres de Troyes. Église Saint-Vincent-de-Paul, édifiée sur plan rectangulaire en 1857 et 1858, construction en pierre et briques sans intérêt. La façade se compose d'une porte cintrée, surmontée d'une fenêtre éclairant la tribune de l'intérieur; elle est surmontée d'un cadran et du pignon sur lequel s'élève une tour en bois percée sur ses faces de deux fenêtres jumelles et couvert d'un toit en forme de clocher. Un porche occupe la première travée de l'entrée de l'église; à droite est une sacristie; à gauche, la chapelle des fonts.

L'intérieur est divisé en cinq parties par des pilastres portant les maîtresses poutres du plafond. Il s'éclaire par dix fenêtres en lancettes, décorées de verrières exécutées par Vincent-Feste. Elles se composent, pour chaque fenêtre, d'une figure de saint à grandes proportions, au bas de laquelle est un petit panneau contenant la représentation d'un fait légendaire de la vie de ce même saint.

Voici la désignation de chaque sujet : Pie IX; proclamation de l'Immaculée-Conception; Saint Hubert, sa vision; Saint Abdon; il est livré aux bêtes féroces; Saint Jean-Baptiste; sa prédication dans le désert; Saint Joseph; la Sainte Famille dans l'atelier; Saint Louis; il est armé chevalier et reçoit l'oriflamme; Sainte Eugénie; son martyre; L'ange Gabriel; l'Annonciation; Saint Vincent de Paul; il visite les prisonniers; Sainte Élisabeth (de Thuringe?); le miracle des roses.

La chaire, fixée au cinquième pilastre de droite, est exécutée dans un style gothique; les bas-reliefs du garde-corps représentent la Foi, l'Espérance et la Charité; aux angles sont les statuettes de saint Jean-Baptiste, saint Vincent de Paul et saint Bernardin de Sienne.

Le sanctuaire est précédé de deux petites chapelles fermant la nef de chaque côté. A droite est la chapelle de la Vierge. La fenêtre de cette chapelle est décorée des peintures suivantes : la Vierge au Temple, son Mariage, la Visite à sainte Élisabeth, la Vierge présente l'Enfant Jésus au grand prêtre.

A gauche est la chapelle de Saint-Vincent-de-Paul. Les verrières représentent quelques épisodes de la vie du saint. Saint Vincent prêche une mission; il fonde un hôpital; il est nommé directeur de la Visitation par saint François de Sales; il assiste Louis XIII à ses derniers moments.

Le sanctuaire est à cinq pans, en saillie sur le plan. L'autel est simple; les trois fenêtres qui éclairent l'abside sont ornées de verrières représentant : celle du centre, l'Immaculée-Conception; celle de droite, l'Assomption; celle de gauche, la Nativité de la Vierge.

Dans cette église toute moderne, nous avons remarqué une petite Notre-Dame-de-Pitié qui date des premières années du xvi⁰ siècle.

LAINES-AUX-BOIS

La commune de Laines-aux-Bois est située à dix kilomètres de Troyes, à droite de la route de Troyes à Auxerre.

Son église est une répétition des églises des environs de Troyes, bâtie à la même époque et dans le même style, sur un plan rectangulaire, à peu près de largeur égale, distribué en trois nefs et divisé en quatre travées.

La nef centrale s'éclaire par les fenêtres des bas côtés. Une tour carrée du xviie siècle, en saillie sur la nef et de même largeur, s'élève sur la façade du monument. Le rez-de-chaussée est voûté en arêtes avec une ouverture circulaire pour monter les cloches.

La grande porte, qui donne entrée dans ce vestibule, est accompagnée de pilastres sans chapiteaux supportant un fronton triangulaire.

Cette porte est surmontée de deux fenêtres cintrées, munies d'abat-son sur les quatre faces. Au-dessus de ces fenêtres circule la corniche et s'élève une toiture assez élevée à quatre versants.

La nef méridionale est fermée par un mur droit, derrière lequel se trouve la sacristie répondant à la première travée du sanctuaire, lequel se trouve fermé des deux côtés. La nef septentrionale affecte les mêmes dispositions et la dernière travée est réservée à la chapelle Saint-Vincent.

Des différences de style se remarquent toutefois dans la construction de cette église; les piliers du chœur sont cylindriques avec accompagnement de quatre colonnes appliquées. Les deux premiers piliers de la nef, à gauche, sont simples et les deux autres, qui leur font face, sont ondulés. Il en résulte ainsi des différences marquées dans le profil des nervures; l'une de celles-ci est chargée d'un compartiment quadrilatère déterminant la limite de la nef et du chœur. La première travée est plutôt cintrée qu'ogivale, comme d'ailleurs toute cette partie de l'édifice, qui a dû être construite en même temps que la tour.

Deux portes latérales donnent accès dans l'église Saint-Pierre; celle du nord conduit au presbytère; elle a été reconstruite, il y a quelques années, avec une partie de ce bas côté.

La porte méridionale est d'un bel aspect monumental, sculptée et décorée avec une certaine richesse de détails. Condamnée aujourd'hui, elle était, avant la construction de la tour, la principale entrée de l'église. Cette porte est flanquée de deux pilastres terminés par des clochetons hérissés de crochets; à leur base sont deux consoles ornées d'enfants, dont un est coiffé d'un bonnet de fou, et de figures d'animaux chimériques, ayant servi de supports à des statues disparues depuis longtemps, et qui étaient abritées par de riches pinacles à jour, légèrement évidés. Une archivolte saillante ornée de dragons ailés et de choux frisés prend naissance sur ces clochetons et couronne la fenêtre ogivale qui surmonte la porte et dont les courbes en accolades sont réunies par une console ornée de deux petits anges portant un tillet sans inscription, ni date.

De chaque côté de cette archivolte, sur le nu du mur, s'aperçoivent encore les traces de deux figures, en buste et en ronde bosse, qui devaient représenter les apôtres saint Pierre et saint Paul.

La porte est à deux vantaux, séparés par un trumeau; la baie

est formée de deux gorges profilées, s'élevant jusqu'au sommet de la
fenêtre; ces gorges sont remplies de rinceaux prenant leur naissance

dans la main droite de deux
figures de satyres aux pieds
de bouc posés sur une tête
de mort. La même gorge,
ainsi décorée, se contourne
en arc surbaissé sur le linteau et l'ébrasement de la
porte. A leur point de jonction, deux anges portent un
écusson lice. Une jolie corniche, avec modillons en
quart de cercle, enveloppe
le chevet des bas côtés et
l'abside de l'église.

Sanctuaire. — Le
sanctuaire est à cinq pans,
dont trois sont en saillie sur
le plan. L'autel est simple:
les verrières modernes re
présentent saint Pierre et
saint Paul. Dans le haut de

cette fenêtre est un calvaire ancien. Devant le vitrail se dresse sur
une console la statue de saint Pierre, exécutée au XIIIe siècle.

Les deux fenêtres de droite et de gauche sont complètement remplies par un fouillis de verres de couleurs au milieu desquels se
perdent quatre petits médaillons en grisaille, représentant saint Nicolas,
saint Lyé, le Christ et une Notre-Dame-de-Pitié.

La chapelle de la Vierge est à droite du sanctuaire et termine la
nef méridionale; son autel, de style Louis XV, est surmonté d'une
gloire. Une Vierge moulée en plâtre occupe la niche centrale, et de
chaque côté de l'autel sont une sainte Anne et une sainte Catherine,
du XVIIe siècle.

La chapelle Saint-Vincent, à gauche, ferme la nef septentrionale. Elle n'offre, comme détail intéressant, qu'une verrière restaurée avec soin et représentant l'Arbre de Jessé, couvert des rois et des patriarches, ancêtres de la Vierge, dont nous voyons si souvent la représentation.

Au bas du vitrail, à droite, est la figure du donateur, agenouillé, accompagné de ses patrons saint Pierre et saint Henri; ce dernier, armé en chevalier, porte par-dessus son armure un surcot aux armes du donateur : d'or, chargé d'un aigle à deux têtes de sable. A terre, en attendant une place plus convenable, se trouve une jolie sculpture, de la fin du xvıe siècle, représentant la Mère de douleur.

Une seule tombe existe dans le chœur de l'église Saint-Pierre. C'est celle d'Abel de Villiers-Lisle-Adam et de sa femme; cette pierre tumulaire, sans effigie, n'a pour seul ornement qu'une bordure au trait, renfermant cette inscription :

CY·GISENT·NOBLE·SEIGNEVR·ABEL·DE·VILLIERS·LISLE·ADAM·
VIVANT·BARON·DE·SERGINES·SEIGNEVR·DE·BOVY·ET·DE·LAINES·
AVX·BOIS·EN·PARTIE·LEQVEL·DECEDA·LE·IOVR·DE·LA·PENTE-
COSTE·M·DCXI·ET·DAMOISELLE·ANNE·DAVXERRE·SON·ESPOVSE·
QVI·TRESPASSA·LE·XXV·MARS·1655·PRIEZ·DIEV·POVR·EVX·
REQVIESCANT·IN·PACE·AMEN·

Cette tombe mesure en hauteur 1^m,91 et en largeur 0^m,89.

Abel de Villiers était petit-neveu de l'illustre Philippe de Villiers-Lisle-Adam, grand maître de l'ordre de Jérusalem, qui défendit si glorieusement l'île de Rhodes assiégée en 1522 par le sultan Soliman II.

Devant l'église, à une certaine distance, s'élève, sur un socle, une colonne corinthienne aux belles proportions architecturales. Sur le chapiteau est posé le fragment d'une croix du xvıe siècle, représentant sur ses faces le Christ et la Vierge Marie, débris d'une ancienne croix dressée jadis sur nos grands chemins.

Cette colonne fut érigée par M. de La Porte, propriétaire à Troyes, à la suite du choléra de 1832. Ce qui le confirme, ce sont ces mots gravés à l'ouest du soubassement : *a peste liberati.* C. P. P. D.

ENTRÉE DU CHÂTEAU DE ROSIÈRES.

ROSIERES

A deux kilomètres de Troyes, à droite, sur la route de Breviandes et à l'extrémité d'une avenue, se trouve le château de
Rosières.

La porte d'entrée a conservé une partie de son ancienne défense
militaire ; protégée par des fossés remplis d'eau, elle était appuyée
de chaque côté par de fortes murailles et fermée par un pont-levis et
des vantaux. Cette défense possédait aussi une poterne latérale,
avec petit pont-levis particulier, suivant l'usage admis au xive siècle.

Elle conserve encore les rainures du grand pont-levis et l'unique
rainure du pont-levis de la poterne.

La façade de la tour d'entrée était défendue par des mâchicoulis
qui devaient être crénelés avant la construction de sa toiture moderne. Ces mâchicoulis se composent de fortes consoles de pierre sur
lesquelles reposait une plate-bande, aujourd'hui la corniche, qui
permettait aux défenseurs de se servir des créneaux et des meurtrières pour foudroyer les assiégeants et jeter des projectiles solides
ou liquides sur leurs têtes.

A droite de la porte est une plus ancienne construction, probablement le corps de garde ; les murs d'enceinte s'y rattachant ont
été détruits pour dégager la vue et laisser voir la maison seigneuriale.

A gauche sont les communs longeant le fossé, ils s'appuient par de lourds contreforts et sont limités par une petite tourelle avec meurtrières. Un colombier, établi suivant les prescriptions réglementaires s'appliquant aux propriétaires de trente arpents de terre, s'élève dans la cour des communs, en face de l'entrée principale.

Le château ou maison d'habitation se compose d'un pavillon attenant au corps de logis principal surmonté de lucarnes à doubles portiques, et couronnés du croissant de Diane de Poitiers. Ce corps de logis inachevé est suivi d'un rez-de-chaussée avec galerie sur le devant, communiquant avec une construction en bois à doubles pignons en ogives, à peu près de la même époque. En retour est un grand bâtiment moderne, construit sous Louis XV.

Il s'ouvre au rez-de-chaussée par quatre arcades et au premier étage par six fenètres éclairant le grand salon, autrefois rendez-vous de l'élite de la société troyenne, le jour de la fête patronale de sainte Madeleine.

Au centre de la façade de ce bâtiment est un portique avec pilastres portant un fronton triangulaire orné de ce blason (1) et surmonté d'une couronne de comte.

Le petit pavillon d'angle du bâtiment Henri II servait, il y a une trentaine d'années, de chapelle au château ; on y voyait une Notre-Dame-de-Pitié, sculpture en pierre datant du xvie siècle, et un tableau peint sur bois de la même époque, représentant une Notre-Dame de Lorette : la Vierge Mère debout sur une maison portée par des anges. Au bas étaient agenouillées les figures des donateurs.

Le sol de cette chapelle était carrelé en carreaux émaillés aux armes des familles de Pierre Le Pelé et Pierre de Provins, seigneurs de Rosières, alternées de rinceaux gothiques figurant une merveilleuse mosaïque.

De toutes ces choses curieuses et artistiques, il ne reste plus rien.

ÉGLISE SAINT-ANDRÉ.

SAINT-ANDRÉ-LEZ-TROYES

Le village de Saint-André est situé à trois kilomètres à l'ouest de Troyes.

L'église Saint-André rappelle les divisions et les dispositions de l'église de Sainte-Savine, mais elle est plus longue et un peu moins large. Son plan rectangulaire est divisé en trois nefs et six travées, avec sanctuaire à trois pans en saillie. Les murs de refend des bas côtés du chœur forment des petites chapelles latérales.

L'ensemble de cette construction présente une certaine régularité; cependant, la nef a été reconstruite une trentaine d'années après le chœur et le sanctuaire. Cette construction se trouve dénoncée quand on examine la charpente des anciens combles dont les entraits ont été coupés pour laisser le passage libre à l'extrados des voûtes. C'est à la suite de cette reconstruction que fut célébrée la dédicace de l'église, en 1547.

La nef n'a pas de fenêtres; elle s'élève un peu au-dessus des bas côtés et reçoit ses jours des deux nefs latérales. A sa troisième travée, point de départ de la nouvelle construction, la clef de voûte

porte un blason écartelé : le 1er est Le Mairat, seigneur de Droupt-Saint-Bâle, etc. ; le 2e, de Chattonru, seigneur de Chaudrey; le 3e. de Provins, seigneur de Viàpres et de Rosières ; le 4e, Le Pelé, seigneur de Saint-Parre-les-Tertres et de Rosières, indice que cette famille a pu contribuer à la reconstruction de cette partie de ce monument.

Les piliers de cette église sont lourds et les dispositions des chapelles du chevet des deux nefs latérales sont gênées par les murs de refend qui servent à maintenir la poussée des grandes voûtes du chœur; les architectes ont dû recourir à ce mode de construction et adopter ce genre de disposition à cause des matériaux en craie dont on se servait au xvie siècle.

La face méridionale de l'édifice est grandiose et les travées sont couronnées par un pignon, excepté celle qui accompagne l'abside. Les toitures de ces travées se réunissent à celle de la nef centrale; au centre s'élève une flèche élégante accompagnée, aux angles de sa base équilatérale, de quatre petits clochetons.

Cette base est à jour et forme des ouvertures tréflées d'où s'échappe la voix vibrante, aux accents d'accord et sans discords, d'une pauvre sœur abandonnée, fondue en 1552 et portant sur son cerveau l'inscription suivante :

☩ ihs · mā · moy et mes feur fon dacor et fi fonō fan difcor par ceux q nous icy mife mil v lu[1]. (1552)

La façade principale est la partie la plus riche de cette église.

---

1. Cette cloche, par son millésime, n'appartient pas à l'église Saint-André, comme nous allons le voir à la description du portail. Elle provient probablement du couvent de Montier-la-Celle, jadis situé sur le territoire de Saint-André.

Elle est composée de deux arcades plein cintre séparées par un trumeau; elle présente, dans son ensemble, deux ordres superposés et
couronnés d'un fronton triangulaire.

L'ordre inférieur est corinthien et se compose de cinq colonnes
avec piédestal orné de guirlandes de fruits, prenant pour support des
têtes de chérubins et des mufles de lions. Ces colonnes portent une
frise couverte de légers rinceaux ciselés avec finesse.

Entre les deux colonnes de droite, des tablettes portent des inscriptions en caractères gothiques angulaires, relatives à la fonte des
cloches qui eut lieu le 15 mai 1557, par François Blanchot, demeurant à Troyes.

Lan cinq ces cinquāte sept le samedy xb iour de maÿ
Ces cloches de leglise de seant furt fodues
par mᵉ frācois blāchot fodur dem̄ a troyes

Et une seconde tablette relatant le baptème de ces cloches, qui
eut lieu le 20 du même mois. On y lit également les noms du curé,
des parrains et marraines et le poids des trois cloches s'élevant
ensemble de onze à douze mille livres. Pierre Bailly, prêtre vicaire
de Saint-André, qui baptisa les cloches, fut en même temps parrain
de la grosse cloche, nommée Perrette; elle eut pour marraines
Claude, femme de Jacques Hardy, et Jacquette, femme de Jean
Huot.

La moyenne cloche, appelée Adriette, eut pour parrain Louis Andry, dit Thiéblin, de la Fontaine-Saint-Martin, et pour marraines Catherine, femme de Jean Brelet, avec Monette, femme de Colas Brelet (les deux belles-sœurs). La petite cloche, nommée Jacquette, eut pour parrain Jacques Cordier et pour marraines Catherine, femme de Bezangier, et Nicole, veuve de Pierre Longuet, bailly de Saint-André.

Ces parrains et marraines avaient probablement contribué de leurs deniers à la fonte de ces cloches.

Voici le fac-similé de ces deux inscriptions :

Ce jeudy ensuyuãt xxᵉ iour dudict moys
Furent baptisers par mes Pre bailly
pbre et vicaire de ladiette egle-scavoir les noms
desdiettes cloches Lagresse a este nõmee perrette
par ledict bailly pbre claude feme de iacques
hardy : et iacquette feme de iħã huot.
La moyene est appellee adriette par andry loys
dict thiebelin de la fontaine sainct martin-
Catherine feme de iħã brelet et monnette feme
de colas brelet seurs.
La petite sapelle Jacquette et sont tenus iacques
cordier Catherine feme de colas bezangier et
nicole vesue de feu pierre de longuet baille (sic)
dudict lieu Et peulent peser lesdictes trois
cloches de vnze a douze milles.

Entre les colonnes de gauche, les inscriptions sont gravées en lettres romaines ; elles font connaître au lecteur que les habitants de Saint-André, d'un *cœur franc et non amoindri*, ont fait construire ce joli portail, tout à neuf, l'an 1549.

SAINT-ANDRE-LES-TROYES. ÉGLISE SAINT-ANDRÉ

PORTAIL PRINCIPAL

Les voici avec leurs rimes et leur orthographe :

```
LAN CINQ CENS QVARĒTE NEVF
LES HABITANS DE CESTE EGLISE
POVR DIEV PRIER P̄ BŌNE GVISE
MŌT FAICT CŌSTRVIRE TOVT·ANE
```

```
LES HABITĀS DE SAINCT ANDRY
MŌT FAICT FAIRE EN CESTE MAINĒ
DVG CVEVR FRĀC ET N̄O AMOĪDRY
POVR DIEV FAIRE LEVR PRIERE
VOVS PASSĀS P̄ CE CI MYTIERE
ADVISES IE SVIS TOVT A NEVF·
DE LEVRS DENIERS EN FORME Ē
TIERE
LAN CINQ CENS QVARANTE
NEVF
```

La partie supérieure est décorée aussi richement; elle appartient à l'ordre composite. La corniche repose sur des consoles ornées de feuilles d'acanthe et le milieu du fronton est occupé par l'écu de France, surmonté de la couronne royale et entouré du collier de l'ordre de Saint-Michel.

Dans l'intervalle des colonnes, deux niches décorées de pilastres et d'archivoltes contiennent : celle de droite, un abbé crossé, c'est saint Frobert; celle de gauche une remarquable statue de sainte Savine qui porte un livre ouvert, son bâton de pèlerin est appuyé sur le bras gauche et l'escarcelle est suspendue au côté. Sur la colonne du milieu, un saint André s'appuie sur l'instrument de son supplice. Un petit dais, en forme d'entablement couronné de deux frontons, couvre la tête du saint apôtre.

La pose de cette figure est noble et distinguée, mais les draperies sont un peu maniérées. Cette statue, sculptée pour la place qu'elle occupe, rappelle parfaitement la statuaire de l'école de Dominique

et Gentil, tous deux architectes statuaires et auteurs de ce magnifique
portail.

DÉTAIL DES ARCHIVOLTES.

En outre de ces inscriptions, les auteurs de cette riche décoration ont voulu perpétuer la générosité des habitants du lieu en sculp-
tant sur les archivoltes des portes et des fenêtres, sur le fût des
colonnes et sur les pieds-droits des guirlandes de fleurs, de fruits et

de légumes, composées plus particulièrement des produits du pays, tels que des artichauts, des oignons, des cornichons, des raves, des navets, des carottes, des pommes et des poires, etc.

Le portail de Saint-André est devenu une curiosité pour les voyageurs et la richesse de ses détails lui a valu une certaine célébrité, justifiée d'ailleurs par la beauté et la finesse de son exécution; ces qualités font oublier quelques défauts d'ensemble, par exemple, la disposition de deux arcades accouplées avec simple colonne au centre, dues à la fougue artistique et aux caprices d'imagination des auteurs qui, en cela, suivaient les inspirations du moment. Ce mode de procéder rappelle bien les productions de la première période de la Renaissance en France.

A côté de ce portail, à gauche, est une porte murée qui communiquait avec ce bas côté; elle est simplement à linteau plat, orné de moulures prismatiques. Suivant la tradition, cette porte était celle par laquelle les ladres entraient autrefois dans l'église. La ladrerie était une maladie qui n'est plus connue que sous le nom de lèpre. L'hospice de ces malheureux était situé dans une contrée qui porte encore le nom de Saint-Lazare, sur le territoire de la commune de Rosières, paroisse de Saint-André.

A la troisième travée du bas côté méridional s'ouvre une porte qui devait être l'entrée principale de l'église avant la construction du grand portail. Cette opinion s'appuie sur la situation du village, dont la plus grande partie se trouve de ce côté.

Cette porte est à deux vantaux, séparés par un trumeau portant deux linteaux droits, surmontés d'un grand arc servant d'appui à la fenêtre et reposant sur les deux pieds-droits; la baie de la fenêtre est divisée en trois parties par des meneaux flamboyants tréflés. Le soubassement ainsi que les jambages sont ornés de filets et de gorges qui prennent naissance à la base pour s'élever jusqu'au haut de la fenêtre. De ces gorges profondes se détachent des branches d'arbres à feuilles crispées et contournées.

Des deux côtés, au niveau de la base de la fenêtre, se détachent de l'ébrasement deux culs-de-lampe ornés de pampres et d'écussons lisses; ils portent : à droite, une statue remarquable d'évêque du xvie siècle, sans attributs, mais ayant à ses pieds une petite figure de donateur en prière; à gauche, une sainte Barbe portant sa petite tour légendaire, celle-ci plus moderne d'un siècle que la figure de l'évêque qui lui fait face.

En pratiquant une entaille sur l'appui de la fenêtre, on a posé une Notre-Dame-de-Pitié qui rompt l'unité et produit le plus mauvais effet.

Cette décoration se complète par deux contreforts ou pilastres flanqués de pinacles ornés de crochets soutenant une archivolte très saillante, laquelle couronne la fenêtre; ses rampants sont décorés de choux frisés et se terminent en accolade par une console portant la statue de saint Robert, abbé de Montier-la-Celle.

En examinant de nouveau les portes de Pont-Sainte-Marie, de Saint-Parre-les-Tertres et de Laines-aux-Bois, nous remarquons que celles-ci ont une certaine élégance dans l'ensemble de leur composition. Il n'en est pas de même de la porte de Saint-André. Celle-ci est plus lourde, moins gracieuse; elle accuse un reste de l'architecture gothique de la fin du xve siècle, exécutée, il est vrai, dans le même temps, vers 1545, mais par un architecte du xve siècle, dont elle porte l'empreinte.

Intérieur. — En pénétrant à l'intérieur de l'édifice par la porte principale, l'église paraît d'une grande étendue, mais manquant d'élévation; on comprend que l'architecte a voulu que son monument contînt la plus grande quantité possible de fidèles.

Derrière le trumeau du portail se dresse une colonne corinthienne cannelée, ornée d'une tête d'ange; de la bouche de ce dernier s'échappe une guirlande de fleurs et de fruits. Cette colonne, posée sur un piédestal, porte sur son chapiteau une console sur laquelle est placée une figure de Christ bénissant de la main droite, et portant un calice de la main gauche. Au-dessus, contre le trumeau du deuxième ordre, est un calvaire composé du Christ en croix, accompagné de la Vierge et de saint Jean.

Bas côté méridional et chapelles latérales. — La première travée méridionale est consacrée à la chapelle des fonts, dont la cuve, lourde et sans grâce, est du milieu du xviie siècle.

SAINT·ANDRÉ·LES·TROYES. ÉGLISE SAINT-A...

PORTE LATÉRALE
(SUD)

Les piliers des deux premières travées sont ornés des statues anciennes de saint Loup, saint Edme, sainte Marguerite et saint Roch. Sur un autel provisoire on voit sainte Jule et sainte Anne. Le tombeau de l'autel est décoré d'une peinture représentant la Vierge Marie, le Crucifiement et saint Éloi à sa forge.

La troisième travée sert de transept et de passage à la porte latérale du midi.

COUPE SUR LA PREMIÈRE TRAVÉE DU CHŒUR.

C'est à partir de la quatrième travée que commencent les chapelles latérales du chœur et les murs de refend auxquels elles sont adossées. La première chapelle est dédiée à saint Hubert; son retable est enrichi de jolies peintures sur bois du XVIe siècle, représentant Jésus fléchissant sous le poids de sa croix, puis le Calvaire et la Résurrection. Au-dessus de ce tableau, un entablement de la Renaissance, orné d'arabesques et d'un médaillon au centre, lui sert de couronnement et en même temps de base à un petit bas-relief en pierre de la même époque. Ce bas-relief représente la Vision de saint Hubert; ce remarquable sujet est abrité par une voussure en bois avec une galerie gothique sculptée à jour. Il est malheureusement badigeonné de différentes couleurs qui lui ôtent toute sa finesse et tout son mérite.

Dans le mur méridional de cette chapelle, on remarque un bas-relief en albâtre, assez mal placé pour être dessiné et représentant la Mise au tombeau par Nicodème et saint Jean, en présence de la Vierge et des saintes femmes; puis, à côté, une piscine ornée de pilastres portant un entablement surmonté d'un fronton triangulaire sur lequel est posée la figure du Christ, debout sur un piédestal au chiffre de son monogramme. Dans la frise, on lit les noms de Gillet et Payen, deux habitants de Saint-André, qui en auront fait les frais, et sur les pilastres de la base, les initiales de leurs noms.

Dans cette chapelle était autrefois fixée au mur méridional l'épitaphe d'Étienne Corthier, aujourd'hui conservée à la sacristie. Cette épitaphe est peinte sur bois avec des caractères en lettres d'or. En voici la copie exacte :

CY DEVANT GIST LE CORPS DE DEFF^T ESTIÈNE CORTHIER QVI A LEGVÉ A CETTE EGLISE VN DEMY ARPENT. HVICT CORDES DE TERRE LABOVRABLE SCIZE A LA RIVIERE DE CORPS A CHARGE QVE LES MARGVILLIERS DE LA DITTE EGLISE FERONT DIRE A PERTETVITÉ VN SERVICE DE MESSE HAVLTE VIGILLES ET RECOMMANDISES ENVIRON LA SAINCT ESTIENNE DE DECEMBRE, ET FOVRNIRONT POVR CET EFFCT 4 CIERGES ARDENTS SVR LA SEPVLTVRE DV DI DEFF^T ET FERONT SONNER LE DIT SERVICE A VOLLÉE ET LE FERONT PVBLIER AU PROSNE LE DIMANCHE PRECEDANT LE TOVT COMME IL EST PORTÉ PAR SON TESTAMENT. LE PRESENT CY GIST POSÉ AVX FRAIS DE PIERRE PAYEN BRIET ET DE MICHEL BRELET HERITIERS DV DIT DEFF^T QVI DECEDDA LE. 6ME IOVR DE MARS 1679 AAGÉ DE 40 ANS & 9 MOIS
Requiefcant in Pace.

Hauteur 0,46. Largeur 0,35.

La seconde chapelle a pour patronne sainte Catherine, du nom d'une merveilleuse statue de cette sainte placée sur une console, au-dessus de l'autel. La sainte est représentée, sous le costume d'Anne de Bretagne, avec une couronne sur la tête, comme issue d'une famille impériale; elle s'appuie d'une main sur une longue épée, parce qu'elle fut décapitée et tient de l'autre un livre sur lequel est posé un fragment de roue, instrument préparé pour son supplice, mais qui fut brisé par la foudre. Elle foule aux pieds un vieillard couronné, portant un sceptre, figure allégorique de l'empereur Maximin, son père, qui lui trancha la tête.

Le retable de cette chapelle est décoré d'une peinture sur bois divisée en trois parties. La première et la deuxième représentent l'Apparition de Jésus-Christ à Marie et à Marie-Madeleine. Le milieu est une Descente aux limbes.

Dans les lobes de la fenêtre de la chapelle, d'anciens restes de peintures sur verre représentent la Synagogue et l'Église personnifiées : la première a les yeux voilés par un bandeau et tient un étendard qui se brise dans ses mains; la seconde, triomphante, tient d'une main l'étendard de la foi, et, de l'autre, un calice. Au-dessus est un Christ bénissant.

Au troisième pilier du chœur, faisant face à la chapelle Sainte-Marguerite, est fixée, sur la masse du pilier, une épitaphe de Hiérosme Berthelin, agent des affaires de M. Guichon, écuyer, seigneur de Rozières, dont voici le contenu :

CY GIST HIEROSME BERTHELIN VIVĀT

AGENT DES AFFAIRES DE MR GVICHON

ESCVIER SEIG^R DE ROZIERE VIELLEINE

& AVTRES LIEVX TRESORIER GENERAL

DES FORTIFFICAŌNS DE FRANCE

LEQVEL BERTHELIN A FONDE EN CETTE EGLI^{SE}

A PERPETVITE VNE MESSE HAVLTE QVI

SERA CELEBRE PAR CHACVN AN A PAREIL

IOVR DE SON DECEDZ ARRIVÉ LE 24 NO^{BRE}

1685 AVEC LES VIGILES & RECOMMANDIS^{ES}

ORDINAIRES LEQ^L SERVICE SERA ANONCE

AV PROSNE LE DIMANCHE DE DEVANT.

PLVS A FONDÉ LES LITANIES DE LA VIERGE

LES IOVR DE LA PVRIFICATION ANNONCIATI^{ON}

ASSOMPT^N NATIVITE & CONCEPT^N QVI

SERONT CHANTES LE PLVS SOLENNELL^E

MENT QVE FAIRE CE POVRRA DEVANT

LHOSTEL DE LA VIERGE A LISSEVE DES

VESPRES SVIVANT LE CONTRACT PASSE

PAR DEVĀT CLIGNY & SON COMPAGNO^N

NO^{ES} A TROYES LE 20 SEP^B 1685

PRIEZ DIEV POVR LE REPOS DE SON AME

Hauteur 0,39. Largeur 0,48.

La chapelle de la Vierge occupe le fond de ce bas côté, à droite du chœur. Elle est décorée d'un retable sculpté en pierre, peint et doré, d'une exécution des plus remarquables. L'élégance, le fini et la souplesse des figures, la composition, la richesse décorative de ce bas-relief et l'heureuse expression du sentiment dénoncent à nos yeux un travail florentin du plus haut intérêt, dû sans doute à ces pléiades d'artistes italiens qui vinrent en France à la suite des guerres de Louis XII et de François Ier.

Ce retable est divisé en trois parties par quatre colonnes cannelées d'ordre corinthien, ornées de guirlandes de fleurs; ces colonnes s'élèvent sur leurs piédestaux et sur un soubassement de trois mètres soixante centimètres. Le milieu du retable est surélevé par un arc de cercle orné de têtes d'anges et accompagné de chaque côté par des cariatides. Celles-ci portent sur leurs têtes des corbeilles de fruits et soutiennent un entablement décoré d'arabesques avec le millésime de 1541, date de l'exécution de ce magnifique monument.

L'entablement des trois divisions est surmonté d'un fronton, entouré d'un cadre formé de courbes saillantes et rentrantes et se terminant en accolade; ces courbes sont accompagnées de rinceaux à jour d'où s'échappent des bustes d'anges ailés; ceux-ci maintiennent des vases qui s'élèvent au-dessus des colonnes d'angles et s'appuient sur les cariatides du cadre central. Les frontons sont occupés par des petits bas-reliefs correspondant aux principaux sujets du retable. Dans le fronton de gauche, on voit l'Annonciation; dans celui du milieu, Dieu le père bénissant, entouré de chérubins qui chantent ses louanges. Dans le fronton de droite, l'Annonce aux bergers de la naissance du Christ. Le premier bas-relief de ce retable représente, à droite, sainte Anne et les trois Maries, le même sujet que nous avons déjà vu sur la verrière de la chapelle Saint-Luc (page 114). La Vierge et sainte Anne sont assises sous un riche portique; la Vierge Marie maintient debout sur ses genoux l'Enfant Jésus, qui prend une pomme que lui présente sainte Anne, la mère des trois Maries.

A droite est Marie Cléophée coiffée d'un élégant turban. Elle allaite Joseph le Juste. et à côté d'elle, saint Simon, debout, écrit sur un livre.

DÉTAIL DU BAS-RELIEF DES TROIS MARIES.

16

Sur le devant, au premier plan, saint Jacques le Mineur, appuyé sur une massue, indique du doigt à saint Jude les textes des saintes Écritures que celui-ci regarde avec attention.

A gauche est assise Marie Salomée, portant sur ses genoux saint Jean l'Évangéliste; ce dernier reconnaissable à la coupe qu'il tient de la main droite; il paraît s'éloigner de saint Jacques le Majeur, debout devant lui, vêtu en pèlerin, appuyé sur son bâton, l'aumônière au côté. Jacques présente à son frère un bouton de rose que celui-ci semble vouloir refuser en retirant sa coupe. Ce sujet ne rappelle-rait-il pas le défi lancé à saint Jean pour prouver la vérité de sa doctrine? Suivant la légende, saint Jean l'Évangéliste ayant été mis au défi de boire du poison, en fit l'épreuve sur deux condamnés qui en moururent à l'instant; ensuite il prit la coupe sur laquelle il fit le signe de la croix, la but sans rien éprouver et ressuscita ensuite les deux hommes qui avaient été tués par cette liqueur.

Au-dessus de ces deux derniers groupes, on remarque dans deux tribunes en saillie des figures d'hommes à mi-corps, d'un beau caractère. Ne pourrait-on voir, dans ces belles figures de vieillards, saint Joachim, saint Joseph, Alphée, époux de Cléophas, Zébédée, époux de Salomée? Ils contemplent cette Sainte Famille; l'un d'eux tient une corbeille de fruits. Quant au fond du tableau, il représente l'inté-rieur d'un riche palais vu en perspective.

Le bas-relief central est occupé, dans tout son développement, par les signes emblématiques des litanies de la Vierge, accompagnés d'un rouleau portant le titre de ces emblèmes.

Au centre est une jolie statuette de la Vierge représentant son Assomption; la tête et le regard sont élevés vers le ciel, les mains sont jointes et les pieds posés sur des têtes de chérubins entourés de nuages.

Cette charmante figure est rapportée et maintenue au bas-relief par un crochet en fer; elle paraît plus ancienne que le retable, et son cachet est celui d'une œuvre française de la fin du XIVe siècle.

Le bas-relief de droite représente les Rois mages, Gaspar, Mel-chior et Balthazar richement vêtus, offrant leurs présents à l'Enfant Jésus placé sur les genoux de sa mère. A leur approche, saint Joseph,

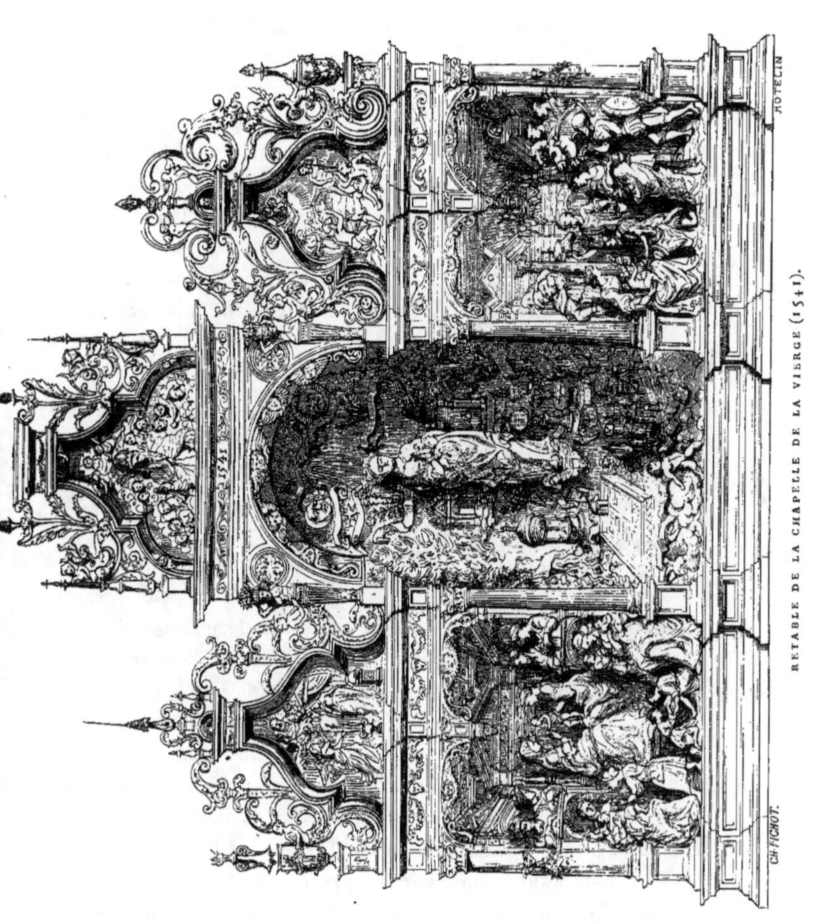

RETABLE DE LA CHAPELLE DE LA VIERGE (1541).

derrière la Vierge, porte la main à son bonnet. Les Mages sont accompagnés d'une suite de valets, tenant la bride de leurs montures, des chevaux et des chameaux arrêtés sous un élégant portique.

Tout ce retable a été complètement redoré et repeint depuis une vingtaine d'années. Les inscriptions ont été refaites dans un mauvais caractère gothique qui n'est pas de l'époque. Il est vraiment regrettable de chercher à rajeunir ces sortes de monuments sous de chatoyantes couleurs qui en altèrent le mérite et la beauté.

Bas côté septentrional et chapelles latérales. — Dans la première travée de ce bas côté un autel provisoire est surmonté de plusieurs statues, telles que celles de saint Sébastien et de saint Adrien. Ce dernier est vêtu d'une armure comme officier de l'armée romaine, le pied gauche appuyé sur un lion, représentant la force qu'il eut devant ses juges. De la main droite, il porte une épée; de l'autre,

SAINT QUENTIN (XVIe SIÈCLE).

une enclume. On prétend qu'il eut les membres brisés sur cet instrument de travail. Viennent ensuite un saint Michel et un saint Frobert; le donateur est agenouillé aux pieds de ce dernier. Au milieu de l'autel, un bas-relief, représentant le Crucifiement de Jésus-Christ, d'une richesse de sculpture remarquable, mais malheureusement très mutilé; il était autrefois enfoui dans la maçonnerie du maître-autel. Au bas de la croix, la Vierge évanouie dans les bras des saintes femmes et de saint Jean; à droite, le soldat

Longin porte son coup de lance, et enfin plusieurs groupes de soldats occupent le fond du tableau se disputant, le poignard à la main, les vêtements de Jésus-Christ.

Les piliers de ces trois travées sont décorés des statues de sainte Maure, de saint Robert et de saint Quentin. Cette dernière est assez curieuse à cause de plusieurs saints agenouillés à ses pieds, suppliant et implorant sa protection. Saint Quentin, vêtu en diacre, supporte des deux mains le livre des Évangiles appuyé sur sa poitrine; deux énormes clous enfoncés dans ses épaules rappellent son supplice. Le saint martyr du Vermandois est le plus souvent représenté assis, nu, sur une chaise de torture dans les appuis de laquelle les mains sont engagées comme au vitrail du chœur de l'église de Nozay, arrondissement d'Arcis. Les saints agenouillés à ses pieds sont saint Claude, saint Jacques, saint Frobert et sainte Catherine, tous quatre patrons des père et mère et des enfants de la famille Jaquin-Bezangier, suivant l'inscription peinte au bas du sujet que voici :

Jaquin bezangier et claude sa fẽme ont donecz cefte image.

La première chapelle adossée au mur de refend est consacrée à saint Quirin, tribun militaire, auquel on coupa les bras, la langue et les jambes avant de le décapiter; il est représenté par une remarquable statue du XVIᵉ siècle. Ce saint est revêtu d'une armure complète avec cote de mailles, la tête couverte d'une toque Louis XII, et il tient suspendu à une courroie un bouclier échancré d'azur à neuf besants d'or, armes du donateur.

Une peinture sur bois du XVIᵉ siècle décore le retable de l'autel; elle représente saint Nicolas, saint Lyé et saint Fiacre, le donateur aux pieds de ce dernier, puis saint Jean-Baptiste; sur le pilier qui fait face à la chapelle est une belle Notre-Dame-de-Pitié.

Dans les peintures sur verre de la fenêtre sont représentés saint Quirin et saint Michel; sur le mur de cette chapelle, la fondation de Michel Brelet, établie par contrat passé devant Mᵉ Serqueil, notaire à Troyes, le 21 septembre 1686, et dont l'exécuteur testamentaire

est un membre de l'ancienne famille Angenoust, chanoine de l'église
royale de Troyes (Saint-Étienne). En voici le fac-similé :

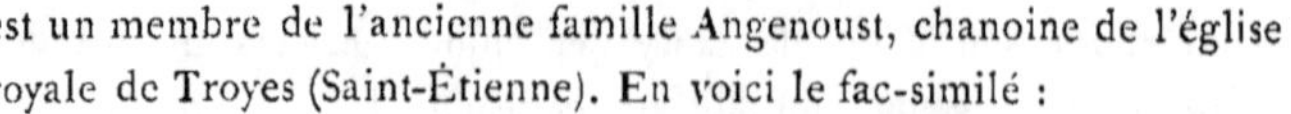

MICHEL FILS D'ANDRE BRELET A FONDÉ
A PERPETVITÉ EN CETTE EGLISE LES FESTES
DE VISITATION DE LA STᵉ VIERGE DE LAPPARI
TION Sᵀ MICHEL SCAVOIR VESPRES LA VIEILᴱ
MESSE HAVLTE & VESPRES LE IOVR DE SA
FESTES LESQᴸᴱˢ MESSES & VESPRES SERONT
SCELEBREZ AVEC AVLTANT DE SOLEMNITᴱ
MESMES ORNEMENS LVMINAIRE & SONNERIᴱ
QVAVX AVTRES FESTES SOLEMᴸᴱˢ QVI SE
FONT EN LAD EGLISE LE TOVT AVX FRAIS Dᴱ
LA FABRIQVE MOYENᵀ 90ᴴ EN ARGENT QVⁱ
ONT ESTE EMPLOYEZ PAR LES MARGVILLERˢ
DICELLE EN ACHAPT D.................... PAR
CONTRACT PASSE DEVANT .... NOᴮᴿᴱ
LE 20 SEPᴮᴿᴱ 1686 & VN DEMI ARPENT
DE TERRE ET VNE PIECE AV FINAGE
DE VIELAINE LIEV D CHANTEREIGNE
COME IL EST PORTÉ AV CONTRACT PASSÉ
DEVANT SERQVEIL NOᴮᴿᴱ AVD TROYES LE 21
SEPᴱ 1686 ENTRE Mᴿ ANGENOVST CHANOⁱⁿᴱ
EN LEGLISE ROYALE DE TROYES EXECV-
TEVR DV TESTAMENT DVD BRELET Mᴿ
LE CVRÉ & MARGˢ DE CETTE EGLISE
PRIEZ DIEV POVR SON AME

Dans cette chapelle s'ouvre la petite porte conduisant à la tourelle renfermant l'escalier donnant accès aux combles et à la flèche
de l'église.

La deuxième chapelle est dédiée à saint Roch ; sa statue repose
sur une console, au-dessus de l'autel. Le tableau du retable, très
remarquable, représente saint Adrien, un jeune homme agenouillé à
ses pieds, puis un saint Roch et un saint Sébastien.

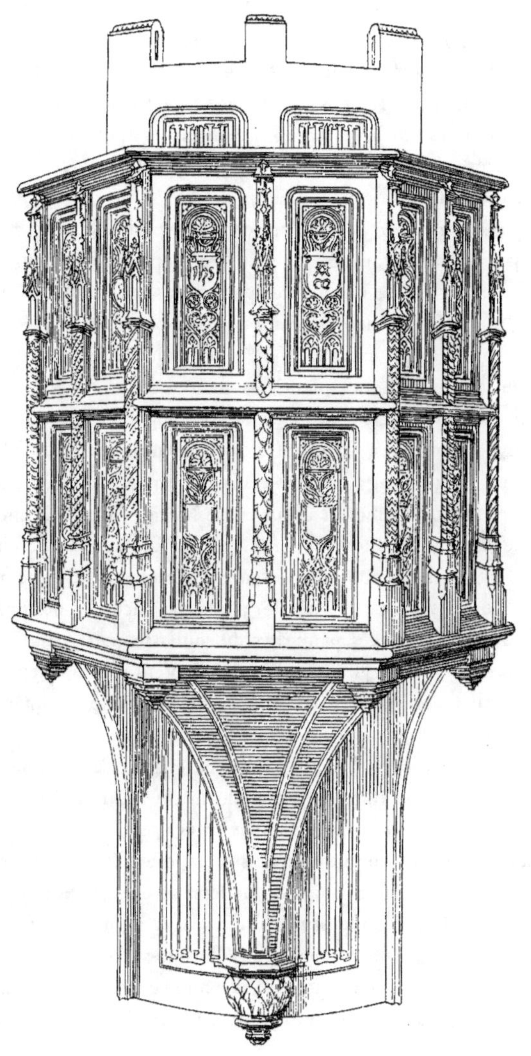

CHAIRE A PRÊCHER (XVIe SIÈCLE).

La dernière travée ferme ce bas côté. L'autel du chevet est composé d'une partie du retable en pierre que nous avons signalé sur l'autel provisoire de la première travée; il représente les six apôtres, rangés à la file dans des niches surmontées de dais gothiques finement sculptés. On a restauré les têtes de ces apôtres, mais oublié, pour certains, de remettre dans leurs mains les attributs qui leur appartiennent et qui les distinguent.

Chaire à prêcher. — La nef centrale, plus élevée que les bas côtés, était en partie couverte de peintures représentant des croix de consécration, la figure des apôtres portant les attributs de leurs supplices et quelques-uns accompagnés de leurs bourreaux. On distingue encore saint Philippe, saint Barthélemy et saint Jude.

Une jolie chaire, des premières années du xvie siècle, est attachée au troisième pilier, à droite; elle est octogonale avec colonnettes écaillées ou cannelées, en spirales sur les angles; elle est, de plus, divisée en deux rangs de panneaux gothiques dans lesquels sont inscrits les monogrammes de Jésus et de Marie. On y voit encore les traces de blasons en cuivre émaillé qui ont disparu. Cette chaire se termine en voussure dont les nervures retombent sur une pomme de pin. Le dossier est formé de panneaux décorés de draperies, comme le sont aussi les panneaux du soubassement; ces panneaux enveloppent le pilier cylindrique et s'y adaptent parfaitement.

L'escalier de cette chaire et la décoration du couronnement du dossier ont été refaits depuis quelque temps.

Le banc d'œuvre faisant face à la chaire ne manque pas de cette vigueur d'exécution qui rappelle la sculpture d'ameublement de la belle époque de la Renaissance française.

Les panneaux en bois de chêne se composent de rinceaux rubanés avec palmettes au centre, pilastres sur les angles, cariatides pour support (3). La clôture seulement est formée de panneaux séparés par des pilastres cannelés avec chapiteaux doriques (2).

Le dossier du banc d'œuvre est surmonté d'un fronton déchiqueté avec palmettes au centre et d'enroulements d'où s'échappent des fruits (1).

Une clôture du même genre ferme le chœur et le sépare des

1.

2.

3.

BOISERIES DU BANC D'OEUVRE (XVIe SIÈCLE).

chapelles latérales. Toutes ces boiseries semblent placées là au hasard et s'ajustent mal dans l'emplacement qu'elles occupent; il se pourrait bien qu'elles provinssent de la démolition de l'abbaye de Montier-La-Celle.

Chœur et sanctuaire. — Le chœur est fermé par une petite grille en bois dont le couvre-joint est cannelé et porte une petite figure de saint André surmontée d'un fronton. Des stalles et des bancs enveloppent le chœur; trois piliers ont conservé leurs peintures décoratives et laissent voir les figures de saint Pierre, de saint Jacques le Mineur et de saint Jacques le Majeur.

Les piliers de l'entrée du sanctuaire sont décorés d'une statue de saint André, du xviᵉ siècle, et d'une Vierge-Mère, du xviiᵉ siècle.

TABERNACLE EN BOIS DORÉ (XVIᵉ SIÈCLE).

L'autel est en marbre rouge cerné et mouluré de marbre blanc, posé en 1785; sur les gradins s'élève un riche tabernacle en bois doré, dans le style gothique du xviᵉ siècle; c'est, dans ce genre, le plus riche et le plus complet que nous connaissions. Il forme une pyramide hexagonale d'environ trois mètres soixante centimètres de hauteur. Sur ses faces, des niches légèrement indiquées renferment, sur la face principale, la porte du tabernacle, un calice porté par deux anges ailés; sur le panneau de droite, Moïse présentant les tables de la loi aux Hébreux. Au-dessus, des nuages, des feux et des éclairs. Au bas, les Hébreux semblent attendre la manne tant promise. Sur le panneau de gauche, Moïse célèbre la Pâque avec les Hébreux, mangeant debout, un bâton à la main. Sur les panneaux en retour, saint André et saint Christophe, ce dernier portant l'Enfant Jésus sur son épaule.

Au-dessus de la partie inférieure s'élève une tour percée sur ses faces d'une fenêtre à meneaux flamboyants et surmontée d'une galerie à jours très saillants. De cette galerie surgit une petite tour avec une espèce de dôme en accolade, d'où se dresse une tige à six pans, avec crochets et portant une statue d'*Ecce homo*.

Les édicules de ce genre, peu communs dans les autres parties de la France, sont assez répandus dans nos contrées sous des formes différentes de style que nous reproduisons avec soin à cause de leur rareté. Nous ne reviendrons pas sur le rôle que devaient remplir ces monuments dans les cérémonies religieuses. Pour en connaître tous les détails et toute l'importance, le lecteur pourra se reporter aux pages 20 et 68.

Les verrières des trois fenêtres de l'abside sont modernes. Elles représentent, dans la fenêtre centrale, les stations de la Passion de Jésus-Christ, exécutées par Cornuel, peintre verrier, à Orly (Seine.) La fenêtre de gauche contient les passages de la légende de saint André, par le même et par M. Biberon, son gendre, peintre verrier, au Mont-Saint-Michel.

Enfin, les verrières de la fenêtre de droite sont consacrées à la vie de saint Frobert, abbé de Montier-la-Celle. Ces peintures ont été exécutées par M. Vincent-Larcher, peintre verrier à Troyes, sauf les trois panneaux du bas qui sont de M. Biberon. L'ensemble de ces nouvelles verrières est d'un aspect harmonieux, et fait honneur à leurs auteurs comme à la fabrique de l'église qui en a fait tous les frais avec l'aide généreuse de quelques paroissiens, sur la proposition et l'initiative de M. Thierry, ancien maire et président du conseil de fabrique, et de M. Delassale, curé actuel de Saint-André.

Sacristie. — La situation de la sacristie fait exception à la règle générale; elle est au nord, et l'entrée se trouve dans la chapelle de l'extrémité de la nef septentrionale. Elle se divise en deux parties; son plan est carré pour la première, et triangulaire pour la seconde qui devait être le trésor.

Cette sacristie renferme la fondation d'Antoine Gendret, prêtre, natif de Saint-André, dont voici la reproduction :

A L'HONNEVR DE LA TRES S^{TE} TRINITÉ, ET DE L'INCARNATION, PASSION ET RESVRRECTiON DE N. S. I. C. LA FABRiQVE DE CEAN^S DOIT FAiRE CHANTER ET SONNER TOVS LES DiMANCHE APRES COMPLIES LA PROSE AVE PLENA GRATiA &^c. PAR nevf FOIS; ET LE DiMANCHE D'APRES LA S^T MARTiN DOiT AVSSY FAiRE CHANTER PROCESSiONNELLEMEN^T LA LITANIES DES SS POVR REMERCiER DiEV DE LA RECOLTE DES FRVICT ET LVY DEMANDER LA GRACE D'EN FAiRE VN BON VSAGE DE LA FONDATION DE M^E ANTOiNE GENDRET PBRE NATIF DE CE LIEV 1650

Pierre.   Hauteur, 0,51. Largeur, 0,31.

On y conserve aussi une châsse, sans apparence, couverte de lames de cuivre repoussé au marteau et représentant, dans un style assez barbare (XIIe siècle), la figure du Christ et celles de ses apôtres (1), reconnaissables par le nimbe et les pieds nus, debout sur des arcades plein cintre, soutenues sur des colonnes avec bases et chapiteaux. Ces bas-reliefs ont été morcelés et mutilés pour être ajustés aux panneaux d'une châsse moderne pour laquelle ils n'avaient pas été faits.

Plusieurs châsses du dernier siècle, provenant en partie du couvent de Montier-La-Celle, sont exposées dans le chœur et les chapelles latérales. L'une d'elles renferme les ossements de saint Mélain, évêque de Troyes, et contient une étole, qu'on prétend appartenir au

xi° ou xii° siècle. Nous n'avons pu la voir ni vérifier la présence de
cet ornement.

A côté de la porte de la sacristie est placé, contre le mur, le
tableau qui occupait l'ancien retable du maître-autel; il représente
saint Jean-Baptiste montrant à saint Pierre et à saint André Jésus-
Christ, que l'on voit venir
dans le lointain, et leur disant : « Voici l'agneau de
Dieu. »

Il y a beaucoup de qua-
lités dans cette grande peinture, qui porte la signature
de Petit de Villeneuve, 1789.

Dans le chœur de
l'église, on voyait encore, il
y a quelques années, les
tombes de François Boyard,

1. BAS-RELIEF EN CUIVRE.

curé de Saint-André, décédé le 13 novembre 1629, âgé de quatre-
vingt-deux ans, et de Marie ....., décédée au mois de mai, la
veille de Saint-Phal, l'an de grâce m. ccc.... 111. Cette pierre
intéressante a été débitée pour être transformée en marches à l'entrée
du terre-plein qui entoure le cimetière de l'église. La dame était
représentée debout, les mains jointes, sous un riche portique gothique; deux anges encenseurs occupaient les angles de pignon du
couronnement.

ÉGLISE SAINT-GERMAIN.

SAINT-GERMAIN-LINÇON

Les maisons de ce village, situé dans une vaste prairie, sur la route d'Auxerre, à six kilomètres de Troyes, bordent les deux côtés de la route. Saint-Germain n'existait pas avant la construction de la route de Troyes à Nevers. Toute la population était groupée à Linçon qui n'est plus qu'un hameau. Mais aussitôt la route terminée, les habitants de Linçon s'établirent de chaque côté de cette nouvelle voie, près d'une petite chapelle consacrée à saint Germain, pour perpétuer le souvenir d'un miracle opéré en ce lieu par saint Germain, évêque d'Auxerre.

La vieille église de Linçon tombant en ruines, les habitants, qui avaient abandonné ce pays marécageux, remplacèrent cette chapelle par l'église actuelle, aidés des largesses de l'abbesse de Notre-Dame-aux-Nonnains, dame du lieu.

Ce pays n'offre rien autre à signaler que son église, qui s'élève à l'extrémité du village.

L'église Saint-Germain est vaste et sa construction remonte aux premières années du XVIe siècle; son plan est rectangulaire, divisé en trois nefs, sans aucune intersection pour le chœur et la nef.

Cet édifice est resté inachevé, comme on pouvait le voir jadis, mais comme on ne s'en aperçoit plus, depuis la construction de la nouvelle tour. Cependant les trois nefs étaient fermées ou l'ont été en 1698, ainsi que le constate une inscription gravée sur pierre et fixée à l'intérieur, au-dessus de la petite porte du bas côté septentrional; en voici la teneur :

L'AN 1698 AV MOIS DE MAY PAR LES
SOINS DE Mre MARTIN ROVSSEL PB[re]
CVRÉ DE S[T] GERMAIN CE PIGNON A ETÉ
DRESSÉ DES DEN[s] DE CETTE FABRIQVE
EDMÉ CAILLOT & GEORGE HOVSSEAV
Marguilliers.

Sur la façade s'élève une tour, un peu étroite pour sa hauteur, construite en 1856, pour remplacer une flèche en bois qui se dressait sur la deuxième travée du chœur. En même temps, on prolongeait les deux bas côtés par deux travées se reliant à cette tour, et qui n'ont d'autre utilité que de servir de débarras et de renfermer l'escalier en bois conduisant aux étages supérieurs. Le rez-de-chaussée de la tour sert de vestibule à l'entrée de la nef centrale et s'ouvre par une large voussure en ogive; le linteau porte une Vierge-Mère du XVIIe siècle.

Une petite fenêtre ogivale éclaire le premier étage, qui occupe, à lui seul, les deux tiers de la tour; cette disposition lui donne un aspect grêle et sans caractère. L'étage du couronnement, qui renferme le beffroi, s'éclaire, sur ses quatre faces, par des fenêtres jumelles; il est couvert d'un toit conique surmonté d'une petite flèche octogonale.

La cloche, d'un volume ordinaire, porte l'inscription suivante :

✠ PAREN CLAVDE IEVNE DEMERANT A LESPINE
ET LA MARENNE ANNE LASNIER FEMME DE CLAVDE
BONNASSOT
FONDVE PAR IEAN GAVDIN A TROYES
1651

Extérieurement, les travées se terminent avec un pignon couvert d'une toiture, se reliant aux combles de la nef centrale. A la seconde travée existent encore les traces d'une porte latérale à linteau arrondi aux extrémités, profilées de gorges profondes ; sa clef est ornée d'un écusson lisse porté par deux anges. Cette porte était l'entrée principale, du côté du village et de la route ; elle a été murée et condamnée depuis l'élévation du niveau de la route et du cimetière. A côté, s'élève la sacristie, construction moderne à trois pans.

Intérieur. — Une nef basse et sans fenêtre, des bas côtés de la même hauteur et presque aussi larges : tel est l'ensemble de ce monument religieux qui rappelle l'église de Laines-aux-Bois, construction de la même époque.

Les voûtes sont à moulures simples s'épanouissant avec les arcs-doubleaux sur la masse d'un pilier cylindrique avec bases à profils renflés. Les voûtes des bas côtés reposent sur ces mêmes piliers et sur une colonne engagée dans les murs de clôture.

L'extrémité du bas côté méridional se ferme par un mur droit, dont la fenêtre a été murée depuis que l'on y a adossé le grand retable de la chapelle de la Vierge qui monte jusqu'à la voûte. Il est porté par quatre colonnes cannelées, engagées dans la masse du retable et surmontées de chapiteaux corinthiens portant un riche entablement. Celui-ci est décoré, dans la frise, de rinceaux courants et surmonté d'un fronton circulaire, dans le champ duquel est sculpté Dieu le Père, suivant des proportions colossales.

Ce tableau, assez bien peint, représente une Notre-Dame-de-Délivrance. La Vierge-Mère tenant sur le bras gauche l'Enfant Jésus auquel un ange, de grandeur naturelle, offre une corbeille de

cœurs enflammés ; de la main
droite la Vierge tient le bras
d'un jeune homme qu'elle
tire des flammes du Purgatoire, représenté par une
gueule de dragon enflam-
mée. Ce tableau porte la date
de sa facture et le nom
de son auteur : *C. Les-
mont. 1757.*

Le chevet du bas côté
opposé se trouve dans les
mêmes conditions, c'est-à-
dire que la fenêtre est murée,
que le retable présente les
mêmes proportions, sauf qu'il
est couronné par un fronton
triangulaire, et que son tableau, très mauvaise peinture, représente saint Germain.

Chaire à prêcher. — La
chaire est adossée au premier
pilier de droite de la nef. Par
son style Louis XIII, et surtout par ses proportions, il
est facile de voir qu'elle n'a
pas été faite pour la place
qu'elle occupe, et qu'elle
n'a jamais pu appartenir à
l'église de Saint-Germain.

Elle provient sans doute
d'un des anciens couvents des
environs, peut-être de celui
de Sainte-Scolastique, à cause

CHAIRE A PRÊCHER (XVIIᵉ SIÈCLE).

17

du petit saint Benoît sculpté sur le panneau central du garde-corps.

Cet établissement religieux fut fondé, en 1626, par Marie Le Mairat, veuve de Nicolas Largentier, notaire et secrétaire du roi. Mme Largentier établit ce couvent à la Prée, hameau dépendant de Rosières, en une communauté de filles de l'ordre de Saint-Benoît, sous le titre de Prieuré de Sainte-Scolastique. Ces religieuses furent promptement abandonnées et dispersées.

Chœur. — Le chœur occupe les deux dernières travées. Au centre de la première est placé un coffre du XVIe siècle servant de banquette aux chantres (3). Ce coffre, aussi bizarre de disposition que de décoration, nous semble avoir été fait d'objets rapportés et sciés en deux parties pour faire des pendants. Ils pourraient bien avoir fait partie d'un dressoir, comme on en voyait autrefois dans les réfectoires des couvents. Nous en donnons un dessin parce que ces détails, pris à part, présentent un certain intérêt au point de vue de l'industrie artistique de l'ameublement.

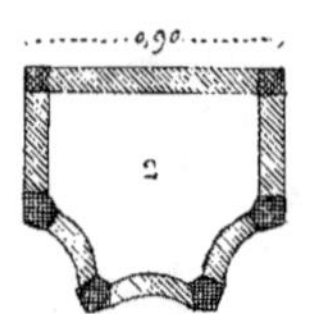

1. PROFIL DE LA CHAIRE.
2. PLAN PAR TERRE.

Sanctuaire. — Le sanctuaire est une fraction d'octogone à cinq côtés. La fenêtre centrale est décorée d'une jolie verrière, restaurée en 1851. Le premier panneau représente un prêtre en surplis, agenouillé, les mains jointes. Une banderole se contourne au-dessus de sa tête, avec ces mots : Dulciſſime Jeſu miſerere mei; derrière lui, son patron, saint Nicolas; au bas de ce vitrail, on lit :

Venerable et diſcrette perſonne Maiſtre le peleux pbrē de S^t germain ceans a Donne ceſte verriere Lau Mil cinq cens et quatorze priez Dieu paur le repos de ſon ame.

Le deuxième panneau représente Jésus chargé de sa croix. Les

soldats sont vêtus d'un costume d'archers du temps de Louis XII.
L'un d'eux, en tête du cortège, sonne de la trompe; d'autres tirent
Jésus avec des cordes et le menacent du poing. Simon, le Cyrénéen,
aide Jésus-Christ à porter sa croix; des Juifs, couverts de brillants
costumes, sortent de la porte de Jérusalem et ferment la marche. Au-
dessus, dans l'ovale qui forme le couronnement des trilobes, est
représenté le Calvaire : Jésus crucifié entre deux larrons; à ses pieds
sont Marie sa mère, Jean le Bien-Aimé et Marie-Madeleine, la
grande pécheresse.

3. COFFRE DU XVIᵉ SIÈCLE.

La fenêtre, à droite de cette dernière, contient des sujets isolés
et rapportés . Adam et Ève chassés du Paradis par un ange couleur
de feu figurant la vengeance et la justice de Dieu; la Visite de
sainte Élisabeth à Marie; saint Sébastien placé entre deux arquebu-
siers qui tirent sur lui à bout portant; saint Nicolas sauvant de la
mort les trois jeunes gens; saint Jacques et saint Barthélemy; ce dernier tient un couteau à large lame, instrument de son martyre, puis
saint Denis portant sa tête, et enfin saint Léger.

Les lobes de la deuxième fenêtre du même côté ne nous offrent
que des restes d'une vie de la Vierge; ces restes représentent son couronnement dans le ciel.

La première fenêtre, à gauche, est consacrée à deux épisodes de
la vie de saint Germain. Le saint évêque, en passant à Linçon, se
rendant à Auxerre, ressuscite un mort. Le corps de saint Germain

est transporté de Ravenne à Auxerre, et, dans les panneaux du haut de la fenêtre, son âme est reçue dans le ciel par Dieu le père.

La deuxième fenêtre, en suivant, représente l'Arbre de Jessé, qui en occupe toute l'étendue ; la tige généalogique sort de la poitrine de Jessé et porte les rois et les patriarches dont les noms suivent :

David Salomon Robā (Roboam) **Abias Josaphat Asa Ozias Joram Joatham Achāw Echias** (Ézéchias) **Manasse Jacob Joseph Marie**

Parmi les sujets qui ont inspiré les imagiers du xvi° siècle, il faut placer la prophétie d'Isaïe combinée avec la généalogie de Jésus-Christ, telle que la donne l'évangile de saint Mathieu.

Plus nous avançons dans nos recherches, plus les exemples de l'Arbre de Jessé se multiplient dans l'arrondissement de Troyes. Rien ne prête plus à l'inspiration des artistes et à la décoration de nos monuments religieux que l'arrangement de ces branches symboliques où se groupent les rois et les patriarches vêtus comme des seigneurs, avec des costumes riches et variés présentant au regard une belle variété de couleurs et d'effets.

Nous voudrions bien reproduire une de ces belles verrières ; mais toutes ont subi plus ou moins l'outrage d'une profanation par les iconoclastes révolutionnaires, parce qu'elles représentaient les insignes de la royauté.

Les bas côtés n'ont conservé que des parcelles de leurs anciennes verrières. Dans le bas côté nord, on voit encore l'Église personnifiée par une figure de femme portant en tête la couronne d'or, le front levé avec une certaine expression de noblesse et de fierté. Elle tient, d'une main, l'étendard et le calice de la foi ; de l'autre, l'Évangile avec ces mots écrits sur la feuille ouverte : **qui veult savoyr lise au livre.** C'est la loi nouvelle.

L'ancienne loi, représentée par la Synagogue, a disparu, il ne reste plus que le bas de la robe.

La chapelle des fonts, disposée à la première travée du bas côté septentrional, renferme deux inscriptions avec fondation. La première est gravée sur marbre blanc, en caractères gothiques, malgré son peu d'ancienneté relative.

Elle indique la sépulture de Germain Jalliant, ancien curé de Saint-Germain et chanoine de Notre-Dame-aux-Nonnains, de Troyes. Voici l'inscription :

Cy deuant gift foubz cette tombe de pierre
blanche venerable et difcrette personne M^e
Germain Jalliant viuant Prebtre Cure de
leglife St Germain et Chanoinne en leglife
Noftre Dame aux nonains de Troyes
lequel par fon teftament et derreniere
volonte en datte du douze^{me} Jour de
nouembre-1631· A legue a loeuure et fabrique
du dict St Germain la somme de Six Ceus
liures tournois pour eftre emploiez en fons
deritage ou a rante et pour ce seront tenu
les Marguilliers de la dicte Eglife faire dire
et selebrer tous les Jeudis de lanee a ^{nt}
perpetuite vne Meffe baffe du St Sacreme
au fraix et defpans de la dicte fabrique
fuiuant le Contract paffe avec les dictz
Marguilliers en datte du vingt deux^{me} jour
dauril·1641·par deuant belin et guillaume
Notaire Royaux audict Troyes le vendredy
Cinq^{me} Janvier 1635· priez dieu pour luy
les deniers ont ete fournie par pierre Jalliant
fon frere executeurs du teftament

REQVIESCANT   IN PACE

Marbre blanc.   Hauteur 0,61. Largeur 0,34

La deuxième est gravée sur une lame de cuivre, par D. Chaboulliet, graveur à Troyes, le même qui a gravé celle de Jean Petit, à l'église de Payns, page 152.

André Brelet et Anne du Pont, sa femme, donnent à l'église Saint-Germain, un tabernacle avec une coupe (saint ciboire), un soleil et une croix d'argent, et à la fabrique de l'église Saint-Barthélemy-de-Lépine 600 livres pour faire dire une messe à perpétuité, toutes les fêtes chômées.

Tous les objets annoncés dans cette donation ne sont pas arrivés jusqu'à nous.

En voici le fac-similé :

CY GISENT AU BAS DE CE PILIER ANDRÉ BAUDIN

ET ANNE DU PONT SA FEMME LESQVELS OUTRE

LE TABERNACLE AVEC UNE COUPE, UN SOLEIL ET

UNE CROIX D'ARGENT QUILS ONT DONNEZ SANS

CHARGE ACET EGLISE S^T GERMAIN ONT ENCORE

LEGUEZ A LA FABRIQUE S^T BARTHELEMY

DE LÉPINE LA SOMME DE 600^{tt}, POUR ESTRE

CELEBRÉE A PERPETUITÉ UNE MESSE BASSE

POUR LE REPOS DE LEURS AMES, TOUTES

LES FETES CHOMMEES QUI NE SONT PAS

SOLEMNELLES, MOYENNANT LA SOMME DE

25^{tt} QUE LA DITE FABRIQUE DE S^T BARTHELEMY

SEST OBLIGÉE DE PAYER PAR CHACUN AN AU

SIEUR CURÉ DE CETTE PAROISSE, SUIVANT

LE CONTRACT PASSÉ CHEZ Me *Nicolas Cligny*

Notaire. LE 3 AVRIL 1692

Le dit André Baudin EST DECEDE LE 3 IEAN 1694

Et La d^e Anne Du Pont LE 7e OCTOBRE 1692.

Requiescant in pace. Amen.

D. Chaboulliet, sculp.

Hauteur 0,39. Largeur 0,32.

Il y a dans cette église un nombre assez important de peintures et de statues provenant des anciens couvents des environs. Citons, comme les plus curieuses : à la porte d'entrée, les statues de sainte Barbe et saint Roch. Dans le bas côté méridional, un ange, saint Jean-Baptiste avec ces noms au bas : **Collet moulles farine;** puis une sainte Syre, une sainte Julie et une sainte Catherine. A l'entrée du chœur, à gauche, un saint Germain.

Dans le bas côté septentrional, un *Ecce homo,* une sainte Anne et une sainte Marguerite.

Les tableaux les plus intéressants sont : celui de la représentation du passage de l'Évangile de saint Mathieu où Jésus dit : « Ren-

dez à César ce qui appartient à César et à Dieu ce qui appartient à
Dieu. » Ce tableau rappelle parfaitement la grande peinture italienne du commencement du xviie siècle et en a tous les caractères.
Jésus et la Samaritaine, la Cène, la Présentation au Temple. Deux
petits tableaux peints sur bois, attachés aux boiseries du sanctuaire,
de chaque côté du maître-autel, sujets à scène biblique; l'un représente les Israélites ramassant la manne dans le désert; l'autre, David
demandant la nourriture pour lui et ses compagnons au grand prêtre
Achimelech, qui lui offre les pains de proposition n'ayant autre chose
à lui donner. Une grande peinture sur toile représentant Jésus crucifié
sur le Calvaire, intéressante parce qu'elle porte au bas, à gauche, les
armes de Louis Vignier, marquis de Riceys, conseiller au grand conseil, président à mortier au parlement de Metz, et celles de Marie
Petau, sa femme. Un autre tableau assez médiocre, mais assez curieux
en ce qu'il porte la signature du peintre troyen *Cossard,* 1729,
représente saint Roch visitant les malades.

Il existe cinq châteaux sur le terrritoire de Saint-Germain, n'ayant
d'autre intérêt que de rappeler les noms d'anciennes familles nobles
de Troyes. Ce sont : Le Grand Courcelles, habité en 1870 par la
famille Matagrin; le Petit Courcelles, que M. Adrien de Mauroy a
recueilli de ses ancêtres; le vieux château de Chevillelle, ancienne
demeure des de Maugé; Bréban, que possédait M. Corrard de Bréban, président du tribunal de Troyes, jusqu'en 1871, apanage de son
petit-fils M. Marcel Thiesset. Enfin celui de Saint-Germain, construit
en 1830 par M. Astruc, embelli depuis par son nouveau propriétaire
M. Paul Raguet.

LOUIS VIGNIER.   MARIE PETAU.

ÉGLISE SAINT-BARTHÉLEMY.

LÉPINE

Lépine est un hameau dépendant de Saint-Germain, situé dans la plaine, au nord de cette commune, à mi-chemin de Saint-Germain et Torvilliers.

L'église, sous le vocable de saint Barthélemy, a la forme d'une croix latine, avec transept et sanctuaire à trois pans.

La porte principale s'ouvre par un arc surbaissé, surmonté d'un mur à pignon portant les combles de la nef. Ces combles sont plus bas que ceux du transept et du sanctuaire ; à leur rencontre avec ces derniers s'élève la flèche.

Une petite porte latérale s'ouvre au midi. De ce côté, derrière le transept, est la sacristie. Au nord, un escalier conduit aux combles et au clocher.

Intérieur. — Tout l'édifice est plafonné, couvert de peintures figurant des caissons. La nef s'éclaire par trois fenêtres ogivales dont deux à droite.

La chapelle de la Vierge occupe le côté méridional du transept ; son retable est appliqué au mur et se compose de pilastres portant une corniche et un fronton triangulaire. Une niche, au centre, renferme une statue de la Vierge. Un grand tableau, fixé au mur occidental, représente saint Augustin, évêque d'Hippone. La chapelle septentrionale, dédiée à saint Nicolas, est décorée dans le même genre que la chapelle de la Vierge, et la statue du saint évêque occupe la niche centrale. En face de l'autel, un tableau assez intéressant représente l'*Ecce homo* debout sous un élégant portique, en perspective.

Sanctuaire. — Le sanctuaire est décoré d'un autel gothique moderne. Au-dessus, on voit une statue de saint Barthélemy, du xvᵉ siècle. Des deux côtés de l'autel sont placées les figures de sainte Julie et de sainte Barbe. Plusieurs autres statues d'apôtres décorent ce petit sanctuaire. Elles sont sculptées en bois.

Une seule fenêtre, à gauche du maître-autel, a conservé une partie de ses verrières, qui représentent quelques traits de la vie et du martyre de sainte Marguerite. Dans le premier panneau, la sainte est agenouillée devant un autel; derrière cet autel, Théodose, son père, encense des idoles; son nom est inscrit sur la bordure de sa robe. Au bas de ce sujet, on lit les noms des donateurs **Jeh₃** (Joseph) **foguey le jeune...... et fa feme.** En suivant : sainte Marguerite est debout en présence de son juge, nommé Olibrius, comme le disent ces deux lignes rimées :

Olibrius fit amene devāt luy faincte marguerite·mais elle
fuy dift fans doute·Quelle eftait criftienne eflite (d'élite).

Dans le troisième et dernier panneau, la sainte est attachée nue sur un chevalet en forme de croix; les bourreaux se disposent à lui déchirer les chairs. On lit au-dessous cette inscription tronquée :

En vng traveil la fit fufpēdre.......... **mutiler**
Et puis fa jeune chair et tendre......... **deffirer** (déchirer).

Ces verrières sont de la première moitié du xviᵉ siècle; mais, par exception, d'une exécution qui laisse à désirer, bien que certains détails soient intéressants à observer.

SANCEY, SAINT-JULIEN

Ce village est situé sur les bords de la Seine, à quatre kilomètres, à l'est, de Troyes.

Plutôt connue sous le nom de Saint-Julien, cette commune est depuis un siècle devenue l'une des promenades les plus attrayantes des environs de Troyes. Elle est, pour la capitale de la Champagne, ce que sont, pour Paris, Meudon et Asnières, c'est-à-dire qu'avec la beauté des rives et une luxuriante végétation, on y trouve une foule de distractions champêtres.

Telle est la situation de cette commune, sur laquelle se groupent d'élégantes villas appartenant à la haute bourgeoisie troyenne, deux châteaux et une église nouvellement décorée et intéressante à visiter.

L'église Saint-Julien est bâtie à l'entrée du village, sur le bord de la Seine; son plan est une croix latine avec transept et deux chapelles latérales.

Il y a une quarantaine d'années, cette église ressemblait, par sa grande simplicité, aux plus pauvres églises de village; avec son vieux porche en charpente vermoulue, ses murs à pignons sans moulures, ses contreforts unis, ses portes sans décorations, son intérieur quelque peu misérable, elle n'offrait rien de bien intéressant aux yeux des visiteurs. Maintenant, elle présente l'apparence d'une somptueuse église de grande ville.

Sur la façade s'élève un petit porche en pierre, surmonté d'un pignon sur ses trois faces, ce qui lui donne la forme d'un petit reliquaire. Ce porche s'ouvre par une arcade ogivale à meneaux ajourés et tréflés; les jambages de la porte et des fenêtres sont décorés de pampres et de ceps de vigne, parmi lesquels s'ébattent de petites figures grotesques et des animaux fantastiques. L'intérieur est décoré de peintures et des statues de saint Germain, de saint Louis et de saint Julien, par M. Valtat sculpteur de Troyes. A l'extérieur, on remarque celles de saint Prudence et de saint Parre, du même sculpteur. Au-dessus du porche s'élève le pignon des combles de la nef, surmonté d'une statue de saint Julien.

A gauche de cette façade est la tourelle octogonale de l'escalier conduisant aux voûtes; sa toiture aiguë rompt heureusement la ligne du grand pignon, couvrant à lui seul la nef et les bas côtés.

Une flèche en charpente, recouverte d'ardoises, s'élève au centre de la nef et renferme une cloche unique, datée de 1559 et portant cette inscription :

✠ iĥs mā sᵉ iuliane ora pro nobis
ie fuz faicte lan mil vᵉ lix.

Une petite porte latérale s'ouvre au midi, à la deuxième travée;

elle est décorée de deux pilastres gothiques qui supportent un arc en accolade, surmonté d'une galerie ornant la base d'une fenêtre percée au-dessus.

Tous les contreforts extérieurs sont également décorés de treize jolies petites statuettes, saint Victor, sainte Jule, saint Frobert, saint Bernard, saint Pouange, saint Loup, sainte Mathie, sainte Tanche, saint Germain, saint Balsème, saint Aventin et sainte Savine.

Ces figures de saints sont posées sur des consoles appliquées aux contreforts et abritées par un petit dais gothique.

En pénétrant sous le porche, on se trouve en face de la porte principale de la grande nef. Cette porte est une construction primitive de forme ogivale, avec un linteau surbaissé, profilé et à gorges larges et profondes se continuant sur les pieds-droits ; ces gorges sont ornées de ceps de vigne, maintenus, à droite, par un singe, et, à gauche, par une salamandre ; ces ornements démontrent que la construction fut terminée vers les dernières années du règne de François Iᵉʳ, ainsi que le confirme d'ailleurs un document trouvé sous une épaisse couche de badigeon, dans le bas côté de la nef méridionale, mentionnant que la dédicace de ce monument eut lieu le deuxième dimanche du mois de mai 1548, première année du règne de Henri II. Elle eut pour consécrateur André Richer, évêque de Chalcédoine, suffragant de Louis de Lorraine, évêque de Troyes. Sur le claveau central de la porte, une console porte la statue de saint Julien, et, sur le support des ventaux, une petite statuette du même saint complète la décoration.

Intérieur. — L'intérieur de cette église nous offre un ensemble complet de peintures murales ; la nef majeure, un peu plus élevée que le chœur, se compose de trois travées avec deux nefs latérales, percées à chaque travée de petites fenêtres en ogive, donnant seules la lumière, la nef centrale n'ayant pas d'ouvertures.

Les piliers sont courts et cylindriques, à base très élevée comparativement à leur hauteur et sans chapiteaux ; les arcs-doubleaux et les nervures prismatiques viennent s'épanouir sur leur masse lourde et sans grâce.

Au-dessus des arcs de chacune des traverses de la nef s'élève un mur décoré de peintures dont les sujets sont tirés de l'ancien Testament. A droite, nous voyons le dragon vaincu par saint Michel; à la seconde travée, l'agneau de Dieu rompt le livre scellé. A gauche, Jésus-Christ se révélant à saint Jean, puis l'ange portant le livre du Jugement. La première travée est occupée par une tribune moderne, supportant un buffet d'orgue du dernier siècle. Un grand arc surbaissé, soutien de cette tribune, repose sur deux consoles à figures d'anges, et s'appuie sur les deux premiers piliers. Il est surmonté d'une jolie galerie gothique flamboyante, divisée en cinq parties par des pilastres sur lesquels sont posées d'élégantes statues d'anges debout, jouant de divers instruments, exécutées par M. Durantay, de Paris.

Une chaire à prêcher, du XVIII\ siècle, est fixée au deuxième pilier à droite ; les panneaux qui la décorent représentent saint Julien, des attributs religieux et les initiales S. J.; de même pour les boiseries du banc d'œuvre qui sont dans le même goût, et du même temps.

Toutes les fenêtres des bas côtés sont garnies de verrières modernes dont nous allons donner une description succincte, en commençant par le côté méridional.

La première travée de ce bas côté sert de chapelle des fonts; sa fenêtre occidentale contient le baptême de Clovis et celui de saint Louis, par Kremer et Erdmann, peintres verriers à Paris.

La première fenêtre représente l'Annonce aux bergers, l'Adoration des Mages, la Prédiction de saint Simon, la Fuite en Égypte. Dans les lobes, Jésus au milieu des docteurs. Dans la fenêtre au-dessus de la porte latérale (sud) : la Sainte Trinité, par Martin Hermanowska, autrefois peintre verrier à Troyes. Dans la fenêtre qui suit : la Mission des apôtres, la Pâque, la Résurrection, l'Ascension; dans les lobes, la Pentecôte.

En reprenant le côté septentrional, nous voyons, dans la première fenêtre, la Création de l'homme, le Jour du repos, l'Homme après la séduction, Adam et Ève chassés du Paradis. Dans la fenêtre suivante, la Prédiction du déluge, la Sortie de l'arche, la Vocation d'Abraham, le Sacrifice d'Abraham. Dans la troisième fenêtre, Moïse sauvé des eaux, Moïse appelé à conduire les enfants d'Israël, la Délivrance des Israélites, les Nouvelles tables de la loi.

Chœur. — Le chœur comprend deux travées fermées par une grille Louis XV. Il s'ouvre par un arc ogival au-dessus duquel est peint le couronnement de la Vierge par Dieu le père ; sur les deux piliers de l'entrée sont adossés deux petits autels gothiques en pierre, peints et dorés ; au-dessus de ces deux autels sont placés : sur celui de droite, une remarquable Notre-Dame-de-Pitié, de l'école de Gentil ; elle est posée sur une console à larges feuilles et ornée de deux anges portant les attributs de la Passion et abritée sous un dais gothique.

Sur l'autel de gauche, un *Ecce homo,* du même temps, mais d'une exécution un peu raide, posé de la même manière sur une console et sous un dais sculpté tout récemment par M. Valtat. On a aujourd'hui la date certaine de l'exécution de ces deux statues par un manuscrit trouvé, il y a plusieurs années, dans le tombeau du maître-autel : il est dit que le 7 avril 1548, André Richer, évêque de Chalcédoine, déjà cité, consacra le maître-autel en l'honneur de la Bienheureuse Marie-de-Pitié[1].

Le chœur est entièrement couvert de peintures décoratives, comme tout le reste de l'église. Dans les voûtes à nervures simples sont représentés les quatre évangélistes et les quatre pères de l'église, saint Grégoire, saint Ambroise, saint Athanase et saint Augustin. Le milieu du chœur est occupé par le banc des chantres et le lutrin, sculpté dans le style gothique du xvɪe siècle.

Chapelles latérales. — Ces chapelles comprennent et accompagnent les deux travées du chœur, plus larges que les bas côtés de la nef. Celle de droite est consacrée à la Vierge-Marie ; son autel, dans le style du xvɪe siècle, est remarquable par l'ornementation, la richesse et le rendu de la sculpture. Le rétable se compose de deux bas-reliefs représentant la Naissance de la Vierge et son Mariage. Au-dessus du tabernacle est la statue de la Vierge-Mère ; deux anges sont placés aux extrémités du rétable, l'un jouant de la viole, l'autre de la harpe. Le tombeau de l'autel est décoré sur toute sa surface d'un bas-relief : ce sont les derniers moments de la mère de Dieu.

Les voûtes de cette chapelle sont entièrement peintes et décorées

1. L'abbé Georges, *Annuaire de l'Aube.* 1875.

de figures d'anges et d'attributs symboliques des litanies de la Vierge.

Sur les verrières sont représentés sainte Anne, saint Joachim, la Vierge et saint Joseph. Entre les fenêtres, sont les statues anciennes de saint Fiacre, de sainte Élisabeth, de sainte Maure et de saint Sébastien.

La chapelle Saint-Joseph, à gauche du chœur, se compose aussi de deux travées. L'autel, beaucoup plus simple, est de même style que celui de la Vierge. La sculpture représente saint Joseph dans son atelier et la Fuite en Égypte. Au-dessus du tabernacle, la statue de saint Joseph; à droite et à gauche, saint Nicolas et sainte Catherine.

Les fenêtres de cette chapelle renferment des verrières représentant les figures isolées de saint Germain, de sainte Catherine, de sainte Zoé et de saint Nicolas.

Les statues placées entre les fenêtres sont sainte Clotilde, saint Roch et saint Vincent; cette dernière est moderne. Les peintures des voûtes représentent des anges symbolisant les trois vertus théologales, d'autres portant des attributs divers, une palme, un lis, etc.

Sanctuaire. — Le sanctuaire est carré, en saillie sur les deux chapelles latérales. La fenêtre centrale est divisée en trois parties par des meneaux flamboyants trilobés. Les verrières nous offrent la légende de saint Julien, presque entièrement restaurée avec une grande habileté. Les fenêtres de droite et de gauche sont en forme de lancettes, avec des verrières représentant la confession de saint Pierre, et saint Paul prêchant sur la place d'Athènes. Les apôtres sont peints sur les murs de clôture : ce sont, à droite, saint Pierre, saint Jacques le Mineur, saint Mathieu, saint Barnabé, saint André et saint Philippe, et, à gauche, saint Barthélemy, saint Thomas, saint Jean, saint Simon, saint Paul et saint Jacques le Majeur.

Le maître-autel, de style gothique du xvie siècle, est riche dans sa décoration et surtout dans les ornements accessoires. Ce sanctuaire est fermé par une jolie grille du dernier siècle, dont l'appui forme la table de communion.

Les murs du pourtour des bas côtés et des chapelles latérales sont couverts de bas-reliefs en pierre sculptée dans le style un peu

allemand du XVI° siècle. Ils représentent les quatorze stations de la
Passion de Jésus-Christ. C'est l'œuvre sculpturale la plus remarquable de toute cette nouvelle décoration.

Depuis plusieurs années, deux travées d'un développement plus
considérable ont été ajoutées derrière les chapelles de la Vierge et
de Saint-Joseph. Ces travées dépassent le chevet du sanctuaire, et se

CHEVET DE L'ÉGLISE SAINT-JULIEN.

réunissent entre elles par un passage voûté, dont le grand arc ogival
reste ouvert, de manière à laisser la lumière arriver à la fenêtre centrale du chœur. La travée de droite, derrière le chevet de la chapelle
de la Vierge, sert de sacristie; elle est décorée avec goût et ornée de
jolies statuettes d'anges jouant de divers instruments. L'autre travée,
derrière la chapelle Saint-Joseph, est une salle de réunion pour les
mariages; on y arrive librement par le passage, sans avoir besoin de

traverser l'église. Extérieurement, la vue du sanctuaire est cachée par l'addition de cette nouvelle construction.

La croix du cimetière, au chevet de l'église, est une œuvre moderne, exécutée dans des proportions monumentales et copiée, en partie, sur la croix du pont de Fouchères; elle se dresse sur un pié-destal à pans coupés, sur lesquels sont sculptés, en demi-relief, des personnages de l'Ancien Testament, Adam, Noé, Abraham, Moïse, David, Isaïe, Daniel et Zaccharie.

Sur ce soubassement s'élève un faisceau de trois colonnes, avec chapiteaux feuillagés, qui servent de socle à une statue de la Vierge-Mère, dont un ange, de ses ailes déployées, abrite la tête; au-dessus, s'élève le Christ en croix.

Le presbytère se trouve au midi de l'église; le porche est à pi-gnon aigu, porté par des colonnes à chapiteaux feuillagés; les fenêtres étroites, les moulures anguleuses des bandeaux et des corniches : tout, dans l'ensemble extérieur, rappelle les anciennes constructions sévères des maisons claustrales du moyen âge.

La description complète de toutes les richesses artistiques renfer-mées dans l'église de Saint-Julien demanderait, à elle seule, tout un volume. Nous nous sommes renfermés dans une simple description, comme nous le faisons pour les œuvres d'art et pour les transforma-tions qui s'exécutent sous nos yeux ou qui nous sont contemporaines.

Cette réédification monumentale et artistique s'est faite des deniers et sous l'initiative et l'inspiration de M. Nicolas-Germain Aviat, curé de Saint-Julien pendant quarante-deux ans, décédé le 9 juin 1879, dans sa soixante-quinzième année. Ecclésiastique éclairé, homme éminent par le cœur et l'esprit, il aimait les arts; grand et généreux pour les artistes, il se plaisait à les encourager par ses nom-breux travaux d'embellissement.

Il sut ainsi former une école de jeunes gens qui grandirent et devinrent, par la suite, des artistes distingués, dont nous nous faisons un devoir de citer les noms et les œuvres.

Les peintures décoratives, les figures allégoriques des voûtes, les sujets de l'Ancien Testament de la grande nef, ainsi que toutes les verrières, à l'exception seulement de deux fenêtres, dont nous avons

cité les auteurs : toute cette splendide décoration a été exécutée par
M. Louis Hugot, peintre décorateur et peintre verrier, demeurant
à Troyes.

La sculpture, représentée par les quatorze stations, œuvre empreinte de finesse et de distinction, la décoration du porche, les treize
statues des contreforts, enfin les statues et les bas-reliefs des autels
de la Vierge, de Saint-Joseph et de la sacristie, sont de M. Jules
Cathelin, statuaire et sculpteur ornemaniste, demeurant à Troyes.

Tous les travaux d'architecture ont été exécutés sur les plans et
sous la direction de M. Moriset, architecte d'avenir, décédé à Troyes,
le 7 janvier 1876, âgé de trente-six ans. A la suite de la restauration
de ce monument, nous n'avons pas retrouvé 1º la tombe de Nicolas
Tartier, curé de Saint-Julien, mort vers la fin du XVIIᵉ siècle ; 2º la
fondation placée devant l'autel de la Vierge, de Claude Labarbe,
vigneron, demeurant à Villepart, décédé le 13 décembre 1687. Il
légua à l'église un arpent de terre, situé à Villepart, lieu dit les
Plantes de Saint-Loup, pour lui faire célébrer une messe à perpétuité, tous les ans, au jour anniversaire de son décès. L'exécuteur
testamentaire fut Louis Aulmont, marchand, demeurant à Troyes,
suivant acte passé devant Lesveque et Lefebvre, notaires à Troyes, le
12 janvier 1688 ; 3º un triptyque du XVIᵉ siècle, peint sur bois, très
remarquable, mais altéré par l'humidité ; il représentait diverses
scènes de la Passion de Jésus-Christ.

Signalons une statue de saint Etienne, provenant de l'église
Saint-Julien, encastrée dans un mur de clôture, bordant la route de
Rouilly, propriété de M. Jacquinot fils, maire de la commune de
Saint-Julien. Cette statue, du XVIᵉ siècle, est très remarquable dans
l'exécution de ses ornements comme dans son ensemble.

CHATEAU DES COURS

Ce château fut construit vers les dernières années du XVIIe siècle, sur les plans de Louis Maillet, chanoine de la cathédrale de Troyes, le même qui construisit le portail de Saint-Martin-ès-Vignes, vers 1681.

L'édifice est un vaste parallélogramme à rez-de-chaussée surmonté d'un seul étage; deux pavillons font une légère saillie aux angles; au centre est un vaste avant-corps surmonté d'un fronton triangulaire, au milieu duquel nous avons cru voir une Cérès accompagnée de ses deux vestales.

A droite, sont les communs, isolés du corps du bâtiment principal; ce sont des constructions du même temps, de la même forme, beaucoup moins étendues et n'ayant qu'un rez-de-chaussée.

La terre des Cours et de la Renouillère fut achetée en 1742 par Jacques Rémond, écuyer, conseiller du Roi, et le château édifié par Nicolas Rémond des Cours et Rémond de Saint-Mards-en-Othe, son frère, tous deux distingués par leur intelligence et le mérite de leurs travaux littéraires. C'est dans ces vastes salons que se réunirent les sommités de la science et les hommes d'élite de l'époque, tels que La Fontaine, qui composa une pièce de vers à l'occasion d'une fête champêtre donnée dans le parc des Cours; les frères Perrault, dont Claude, l'architecte de la colonnade du Louvre, les pères Bouhours et Tournemine, Louis de Sacy, Baluze, savant historiographe, Fontenelle, les frères Simon, de Troyes; Voltaire lui-même y vint souvent en villégiature. Il eut l'intention d'acheter la terre des Cours et de la Renouillère; quelques-unes de ses lettres relatives à ce projet d'acquisition ont été données dernièrement à la bibliothèque de Troyes, par M. Truelle-Saint-Évron. Le 4 janvier 1783, le domaine des Cours et de la Renouillère fut mis en vente et adjugé à M. Étienne Lerouge, de Troyes. Le 23 juin 1807, M. Bois, l'aîné, devint propriétaire et transmit cette terre à son gendre, M. Victor Masson, qui fut long-temps député de l'Aube et maître des requêtes au Conseil d'État. M. Masson posséda le domaine des Cours jusqu'en 1859. Il donna à cette propriété une grande extension et créa le beau parc anglais actuel, d'une contenance de quarante hectares.

Le 18 juin 1859, M. Léon Lecomte, armateur, acheta la pro-priété des héritiers de M. Masson et la conserva jusqu'en 1874; elle fut alors achetée par M. Ferdinand Doé, ancien vice-président du conseil de préfecture de l'Aube, qui en est le propriétaire actuel.

Le parc est immense, la végétation belle et vigoureuse; l'œil se perd dans les profondeurs de la brume des bords de la Seine qui serpente sur la lisière de cette splendide propriété.

Il y a, dans certaines parties de ce parc, de majestueuses solitudes, des tableaux décoratifs qui émeuvent et pénètrent en entraînant l'imagination dans des contemplations vagues et mystérieuses, rap-pelant les riantes impressions du passé. Jadis, le jour de la fête patro-nale du pays, la jeunesse troyenne ouvrait le bal sous la fraîcheur de ces arbres séculaires. Avec nos goûts très prononcés pour l'ar-chéologie, nous sommes peintre aussi, nous aimons et admirons la belle nature et ses chefs-d'œuvre, c'est pourquoi nous ne sortirons pas de ce village enchanteur sans dire un mot du fameux peuplier de Hollande (*Populus alba*), si beau, si imposant par ses proportions, que l'on voit dans la propriété de M. Gustave Huot, agriculteur distingué, ancien membre du conseil général de l'Aube.

Voici les mesures de ce colossal végétal, trois ou quatre fois centenaire, données en 1862 par M. Charles Baltet, le savant arbori-culteur, dans son mémoire à la Société académique de l'Aube, dont il est membre; suivant ses indications, la circonférence de cet arbre serait aujourd'hui de 12 mètres rez terre, sa hauteur totale de 43 mètres et sa tige droite, élevée de 9^m,50 sous les branches.

LE PETIT-CHATEAU

Le Petit-Château est une propriété située sur le bord de la Seine, près du pont conduisant à la route de Rouilly-Saint-Loup. Il s'élève dans une situation charmante et ses dépendances longeant la Seine, en font un séjour des plus agréables.

Ce château fut construit en 1760, par Antoine-Eustache-Bonaventure Cassin de Vasserie, président, lieutenant général au bailliage de Troyes. A cette époque et au milieu des simples habitations du village, cette construction avait de l'importance. Mais, depuis plusieurs années, la bourgeoisie troyenne s'est fait construire dans ce séduisant paysage d'élégantes villas, au milieu desquelles le Petit-Château ne paraît plus qu'une simple maison bourgeoise.

Dans notre collection, dite de troyenneries, nous possédons de ce château une ancienne gravure devenue assez rare. Elle a été exécutée par un nommé Benoît ou Benoits, auteur d'une suite de petites vues d'Alençon et des environs de Troyes, entre autres une vue de l'entrée du Pont-Hubert, prise du pont, et une vue d'un ermitage des environs de Troyes, sans autre dénomination.

Ces gravures ont été publiées pendant les premières années de la Révolution, par le citoyen Jean, demeurant rue Saint-Jean-de-Beauvais, n° 4, à Paris. Comme le château y est reproduit à l'envers de sa direction véritable, on peut supposer que ce Benoît était simplement un amateur et non un graveur de profession.

Avec les ressources de reproductions par les procédés héliographiques actuels, nous avons pu donner, en tête de cette notice, un fac-similé de cette gravure, que nous avons fait retourner pour avoir la vue du château tel que la nature la donne. Cette gravure, qui n'est pas sans mérite d'exécution et surtout d'exactitude, montre, à la suite des dépendances du château, l'église Saint-Julien, le petit pont de bois sur la Seine, et, à l'horizon, la tour de Saint-Pierre de Troyes.

Le Petit-Château de Saint-Julien fut vendu en 1769 à Garnier de Montreuil, conseiller du Roi au bailliage et présidial de Troyes, puis habité successivement par des magistrats et des fonctionnaires publics. En 1825, il le fut par M. Le Blant, avoué à Paris, né à Troyes, dont le fils, M. Edmond Le Blant, est aujourd'hui une illustration de la science et membre de l'Académie des inscriptions. Puis en 1828, par M. Duchâtel, ancien député de l'Aube; en 1834, par M. Dalbanne-Fleury, propriétaire à Troyes; il vint ensuite par héritage à M. Le Brun-Dalbanne, ancien notaire, ancien président de la Société académique de l'Aube.

Cette propriété, après avoir été vendue à M. Honnet, négociant à Troyes, devint en 1872 la propriété de M. Vivien-Bertrand, frère de M. Vivien, curé de Sainte-Savine.

Dans les panneaux d'une porte dépendant de ce château existe une grille en fer forgé, très curieuse par l'emmanchement des barreaux qui la composent. Les tringles de fer pénètrent, les unes dans les autres en sens contraire, et s'alternent de quatre en quatre. C'est un problème des plus simples dissimulé avec beaucoup d'art. Malgré la disposition transversale des barreaux en losanges, cette grille est, comme résolution, la répétition de la grille du trésor de l'église Saint-Nicolas, à Troyes. Comme elle aussi, elle date du XVIᵉ siècle et a été exécutée probablement par le même ouvrier.

DE TROYES

Canton d'Aix-en-Othe.

ÉGLISE DE LA NATIVITÉ.

AIX-EN-OTHE

Aix-en-Othe est situé à vingt kilomètres de Troyes, dans le vallon de la Nosle, à l'ouest de la route de Nancy à Orléans.

C'était autrefois la ville épiscopale des évêques de Troyes, qui y possédaient un château fort, pris et repris par les Anglais et incendié par eux, en 1368. Réparé et fortifié de nouveau par les évêques Hervé et Henri de Poitiers, reconstruit en partie, sous l'épiscopat de l'évêque François Malier, ce bâtiment, de forme rectangulaire, se compose d'une vaste salle synodale, voûtée en berceau sur toute sa longueur et portant, sur l'un des arcs-doubleaux de la voûte, la date de 1671.

Au-dessus de cette salle étaient les appartements de l'évêque. Aujourd'hui ces bâtiments sont occupés par un industriel qui a divisé la grande salle pour en faire ses appartements.

D'après Courtalon, quelques dépendances du vieux château auraient été démolies en 1761 par l'évêque de Barral, dans le but d'éviter des frais considérables de réparations.

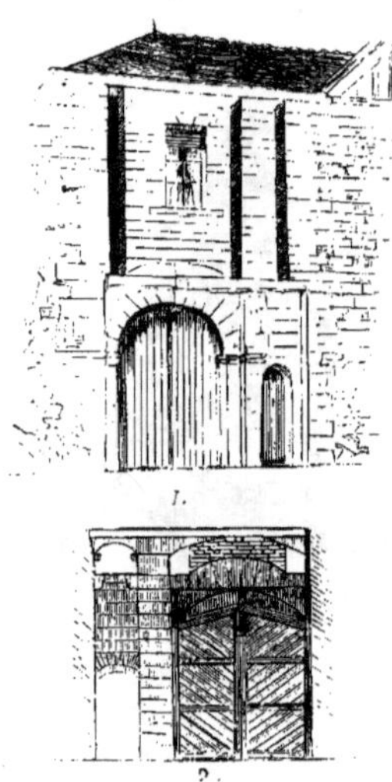

PORTE DU CHATEAU.

Ce château faisait face à l'église paroissiale; il n'en reste que la porte d'entrée située aujourd'hui dans une rue, derrière les bâtiments de la nouvelle mairie, construction reprise à la fin du XVIe siècle, mais enfouie aujourd'hui dans les dépendances d'une maison particulière. Cette porte est vraiment insuffisante pour toute défense, même contre une armée d'écoliers. Néanmoins, par les rainures de son pont-levis, par celles de sa petite poterne (1), et, à l'intérieur, par le vide des bascules (2), elle a conservé l'apparence d'une porte fortifiée. Si cette porte faisait partie de l'ancien château féodal des évêques de Troyes, elle ne pouvait, à cause de son peu d'importance, n'en commander que les abords et ceux des fossés de la Nosle baignant les murs.

En entrant dans le canton d'Aix, nous allons nous trouver en présence d'un nouvel ordre d'architecture : les églises se construisent dans d'élégantes proportions, avec une simplicité de lignes qui leur imprime un certain caractère de grandeur. La décoration sculpturale fait complètement défaut; les piliers s'élèvent avec de simples profils à leurs bases, sans chapiteaux; de fines moulures dessinent les pleins cintres des arcs-doubleaux et les diagonales des nervures. La statuaire disparaît, ainsi que les images que représentaient la peinture murale et la peinture sur verre.

C'est en pleine Réforme, au plus fort de la lutte religieuse, sous le règne de Henri III, que la plupart des sanctuaires et des églises de ce canton ont été construits. Il n'y a donc pas lieu de s'étonner que la représentation des images ait disparu.

Cette reconstruction générale des édifices religieux, vers les dernières années du XVIᵉ siècle, pourrait nous faire supposer, avec juste raison, que les anciennes églises avaient été ruinées ou saccagées par suite des guerres religieuses, si cruelles et si désastreuses pour toute cette contrée; ou bien les catholiques ont-ils voulu de nouveau affirmer leurs croyances et leur foi en élevant, non loin des nouveaux temples, des sanctuaires dans des proportions telles, qu'elles devaient frapper les imaginations et ramener les dissidents?

Il est à croire que de nouveaux troubles survinrent, car ces monuments restèrent inachevés pendant près d'un siècle, et ce n'est qu'après la révocation de l'édit de Nantes qu'ils furent terminés tels que nous les voyons aujourd'hui.

L'église paroissiale d'Aix est placée sous le vocable de la Nativité; son plan forme une croix latine, figurée par deux chapelles qui accompagnent le chœur; le sanctuaire est à une seule travée avec abside à trois pans.

Sur la façade s'ouvre une porte cintrée accompagnée de pilastres élevés sur les piédestaux, décorés de leurs chapiteaux composites. Ces chapiteaux sont surmontés d'un entablement orné de palmettes et de rinceaux courants, au centre desquels est un cadre avec ces mots : DOMUS DEI PORTA CŒLI. Aux deux extrémités, une section de cercle, interrompue par une fenêtre murée, couronne cet entablement sur lequel se dresse une Vierge-Mère; derrière la statue se lit le millésime de 1761. Deux niches vides accompagnent cette porte, et un cadran est placé à la hauteur du pignon.

La tour s'élève à l'angle nord-ouest et se partage en quatre étages, percés, pour les deux premiers, de deux meurtrières; le troisième est décoré d'un cadran en relief portant la date de 1680 et abrité par une archivolte que supportent deux consoles; celles-ci se relient avec le bandeau, contournent la tour et ses contreforts. Le quatrième et dernier étage est percé, sur ses quatre faces, de grandes fenêtres ogivales fermées par des abat-sons.

La corniche du couronnement porte les noms des maîtres de l'œuvre, Mᴿᴱ ADENOT et Mᴿᴱ MADAIN, puis le monogramme de Marie, le nom de Joseph et la date de 1680. La toiture, de forme byzantine, est surmontée d'une croix.

Au nord et à l'est de cette tour flanquée de doubles contreforts s'élève la tourelle de l'escalier, dans la partie nord de laquelle on lit la date de 1678.

Nef. — La nef se compose de quatre travées; les arcs sont plein cintre, et les nervures des voûtes viennent retomber sur des colonnes engagées dans les contreforts en saillie à l'intérieur pour former des murs de refend divisant les travées en autant de chapelles, quatre de chaque côté; l'une de ces chapelles, à droite, en entrant, est consacrée aux fonts du baptême; elle renferme aussi le bahut des archives, datant des premières années du xvɪᵉ siècle; la face principale de ce meuble se compose de six panneaux formés de draperies ondulées; celui du milieu, plus petit, est aux armes de France; la serrure qui était au-dessus de ce panneau et d'un beau travail a été volée, il y a quelques années.

Chœur et chapelle du transept. — Le chœur pourrait bien avoir été édifié quelques années seulement avant la nef : on aperçoit sa liaison avec les chapelles qui l'accompagnent, chapelles construites en même temps que le sanctuaire et qui n'étaient, à ce moment, que l'amorce des bas côtés projetés.

Les nervures de la voûte du chœur forment une étoile à quatre branches avec un œil-de-bœuf au centre, ce qui indique le projet primitif d'une flèche sur la toiture. Sur les piliers de droite, en entrant, sont fixées deux inscriptions gravées sur cuivre : la première rappelle une fondation de Claude Duchemin, chirurgien, et la deuxième, de forme ovale, celle de Marguerite Courtois, sa femme et veuve en secondes noces de Jean David de Viviers (1 et 2).

Voici le fac-similé de ces deux inscriptions :

MARGVERITE COVRTOIS
VE DE FEV MR IEAN DE VIVIERS
A FONDÉ A PERPETVITÉ VNE
MESSE HAVLTE DV ST SACREMENT
LES PREMIERS IEVDIS DE CHAQVE
MOIS SI LE IOVR EST EMPESCHÉ A
LA COMMODITÉ DE MR LE CURÉ
VN GAVDE VNE ANTIENNE DE ST
AVIT ET UN LIBERA A CINQ HEURES
DV SOIR LE IOVR DE NOTRE DAME
DE SEPTEMBRE PAR CONTACTTE
QVI EST AV THRESOR DE CETTE
EGLISE PARDEVANT MAVROY, NRE
A AIX LE · 25 · AOVST · 1684 ·

Cuivre.   H., 0,36. L., 0,29.

CY GIST
ATTENDANT LA RESVRRECTION
GENERALE LE CORPS DE FEV MR CLAVDE
· DVMENCHIN CHIRVRGIEN LE QVEL N'AYANT
POINT EV D'ENFANS DE DAME MARGVERITE COVRTOIS
SA FEME A EMPLOYE PENDANT SA VIE VNNE BONNE
PARTIE DE SES BIENS EN OEVVRES DE PIETE & POVR
MARQVE DE CETTE PIETÉ A SA MORT A LEGVÉ AVX
EGLISES DVD. LIEV 200 L. EN ARGENT VN DEMY ART
15 CORDES DE PRÉ 4 ARPENTS 8 CORDES DE TERRE
16 CORDES DE CHENLVIERE A AVSSY LAISSÉ A LA
CHAPELLE DU ST ROZAIRE 30 L. A CHARGE QVE LA
FABRIQVE DES DITES EGLISES SERA TENVE DE FAIRE
DIRE A PERPETVITE TOVS LES PREMIERS MARDYS DES
MOIS VNNE MESSE HAVTE DES TREPASSEZ A LA FIN VN
LIBERA SVR LA FOSSE DU D. DEFVNCT & SERA PEYE
AV SR CVRE 15 S. & AV MRE D'ESCOLE 3 S. PAR LA FABRI
QVE & ENCORE VN LIBERA SVR LA D. FOSSE LE ST IOVR
DE PASQVE APRES LE SALVT PLVS A LAISSE A L'EGLISE
DE CHENEGY LIEV DE SA NAISSANCE 500 L. A CHARGE DE
DIRE TOVS LES ANS VNNE MESSE HAVTE LE IOVR DE ST
CLAVDE 6E IVIN PLVS A LEGVÉ A L'EGLISE DE FONTVANNE
100 L. A CHARGE DE DIRE AVSSY TOVS LES ANS VNE MESSE
LE IOVR DE STE MARGVERITE 20E DE IVILLET PLVS A
LAISSE AVX PAVVRES SIX SEXTIERS DE SOIGLE & SES
HABITS IL DECEDA LE 30 DECEMBRE 1671 A AGE DE 48 ANS
PASSANT IMITE SA PIETÉ & ET ON DIRA DE TOY COME DE LVY
MEMBRIS & SPONSÆ CHRISTI TERRENA DEDISTI
CÆLICA NVNC CHRISTVS DAT BONA CVNCTA TIBI
VEL
HIC, TVA, DVMANCHIN DVM, CHRISTI, SPONSA FIT HÆRES
HÆREDEM CHRISTVS TE FACIT ESSE SVVM

Cuivre.   Hauteur 0,40. Largeur 0,33.

Les deux chapelles latérales du chœur s'ouvrent sous un grand arc s'appuyant sur le mur de clôture de ces chapelles. Le cintre monte à moitié de la hauteur des fenètres du sanctuaire et, au-dessus de cet arc, deux peintures à la détrempe représentent : d'un côté, la Naissance de la Vierge, de l'autre, la Visite à sainte Élisabeth. La voûte de cette première travée est décorée de rinceaux et de médaillons sur fond d'or représentant les quatre évangélistes. La chapelle, à droite, est consacrée au Saint-Rosaire, confrérie établie, comme nous l'avons déjà vu dans presque toutes les églises des environs de Troyes, par les dominicains. Ces religieux, plus généralement connus à Troyes sous le nom de jacobins, jouirent, pendant plusieurs siècles, d'une popularité et d'une influence considérables. Ils répandirent le culte mystique de saint Dominique et de sainte Thérèse, firent sacrifier les autels anciens pour établir des retables en bois montant jusqu'à la voûte et renfermant l'extatique de leurs deux saints patrons. Celui de la chapelle du Saint-Rosaire représente saint Dominique et sainte Thérèse recevant le rosaire des mains de la vierge Marie. Deux anges portant des couronnes sont peints sur le mur, au-dessus de l'autel.

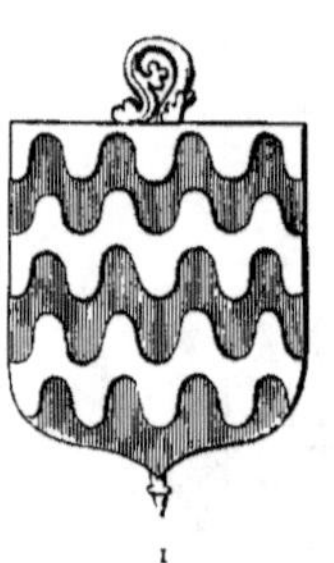

A la surface de la voûte à nervures croisées et losangées sont peints les attributs emblématiques des litanies de la Vierge. A la rencontre de l'une de ces figures géométriques formées par les nervures, on voit les armes d'un évèque ou d'un abbé de la maison de Rochechouart; serait-ce le blason d'Aubin, évèque de Sisteron, en 1543, ou bien celui d'Aimeri, abbé de Saint-Savin (de Poitiers), puis évèque de Sisteron, après son frère?

Ces deux prélats étaient les petits-fils de Jean de Rochechouart, mort le 30 mars 1477 et marié, le 10 octobre 1457, à Marguerite d'Amboise; ce blason, ainsi placé, indique que le titulaire a contribué de ses deniers à la construction de cette partie de l'édifice. Une grande fenètre, cintrée et divisée en quatre parties, éclaire cette chapelle, et sur le mur occidental est peinte l'Assomption de la Vierge.

La chapelle de gauche, autrefois dédiée à saint Jacques, est à nervures simplement croisées; son autel est dédié à saint Joseph, dont la statue se dresse dans la niche centrale. Au-dessus, sur le mur, est peint saint Joseph portant l'enfant Jésus; dans le ciel, Dieu, le père, contemple cette scène; à droite de ce sujet sont représentés, en grisaille, sainte Anne et saint Jacques. La voûte est décorée des quatre médaillons d'Isaïe, de David, de Joseph et d'Abraham; sur le mur, en face l'autel, Jésus est représenté accompagné de Joseph et de sa mère.

La fenêtre, refaite depuis 1870, présente les dispositions identiques à celle de la chapelle du Rosaire. Elle est occupée par une verrière exécutée par M. Hugot, et représente divers passages de la vie de la sainte Famille : le grand prêtre met le lis entre les mains de Joseph; la Fuite en Égypte; Jésus au milieu des docteurs; l'atelier de Joseph, sa mort et sa glorification. Dans les lobes, Dieu, le père, dans toute sa gloire, est entouré de nombreux chérubins.

On remarque, extérieurement au mur occidental des chapelles, des arcs et des pierres d'attente indiquant que, dans sa pensée, l'architecte avait l'intention de prolonger des bas côtés dans les mêmes données que ces chapelles : celles-ci devaient former la limite de ces bas côtés.

Lors de l'achèvement de l'église, la nef fut construite en retraite, sans tenir compte du premier projet, de manière à ménager, des deux côtés, une porte donnant accès à ces chapelles afin de les faire tout à fait indépendantes et de permettre de s'y rendre sans être obligé de traverser la nef et le chœur.

Deux autres portes latérales s'ouvrent à la troisième travée de la nef, l'une au sud, l'autre au nord. Au seuil de la première est une tombe avec des caractères gothiques de la fin du XVe siècle (1492), mais tellement usés qu'il nous a été impossible d'en suivre la lecture; cette dalle tumulaire provient vraisemblablement des démolitions de l'ancienne église Saint-Avit.

Sanctuaire. — Cette partie de l'église fut construite en 1575. Elle est remarquable par son élévation et ses proportions; les arcs sont plein cintre et les fenêtres, en partie murées, se divisent par des meneaux formant des espèces de portiques à deux étages; celles des deux premières travées sont murées à moitié et se terminent par des meneaux ovoïdes. Ces fenêtres ont été diminuées de hauteur pour les mettre en rapport d'ensemble avec la nouvelle construction. Sur les voûtes sont peints, en grisaille et sur fond d'or, des attributs du culte et des anges portant des banderoles.

Le retable du maître-autel est grandiose; deux colonnes de l'ordre composite, portant un riche entablement, servent de cadre à un tableau représentant l'Assomption de la Vierge en présence des Apôtres, peinture remarquable, ne portant ni date, ni nom d'auteur.

L'entablement est surmonté d'un cadre Louis XIII renfermant Dieu le père et l'Esprit-Saint; c'est une partie de l'ancien retable qui a été remanié depuis un trentaine d'années. Le tombeau de l'autel est de composition toute moderne, surmonté de châsses en pyramides.

Tout ce sanctuaire est lambrissé. Au-dessus des boiseries, sur le mur, sont différentes figures de saints, peintes en grisaille. Elles représentent, à droite de l'autel, saint Pierre et saint Louis; à gauche, saint Paul et saint Avit, abbé.

Toutes les peintures murales de cette église ont été exécutées en 1870 par M. Andréazzi de Bellinzona, canton du Tessin (Suisse).

Sacristie. — La sacristie, située dans l'angle du transept, a son entrée dans la chapelle du Rosaire. Elle possède une jolie croix-reliquaire en argent doré, de la fin du XIVe siècle. Cette croix s'ouvre sur sa face principale et renferme, en tête, les reliques de la vraie croix. Dans le bras de droite, les reliques de saint Sérotin, martyr de Sens; dans le bras de gauche, celles de saint Ignace, évêque de Sens et au bas de la croix, celles de saint Victor, martyr.

Les extrémités de la croix se terminent par des fleurs de lis ornées de rubis, de saphirs et d'opales.

Le nœud ou l'anneau du pied est curieux de forme (2); il est couvert de feuilles frisées; les profils de la croix représentent une suite de quatrefeuilles ajourées (4).

Cette croix a été donnée à l'église d'Aix par l'abbé Charrier, ancien chartreux de l'abbaye de Vauluisant; elle a été restaurée, en 1843, sous les auspices de M. Degomain, curé d'Aix-en-Othe, par l'entremise de MM. Joachim et Jalalot et de M. Veau, maire de la commune.

CROIX RELIQUAIRE EN ARGENT DORÉ [1]

On conserve aussi dans la sacristie un calice en argent du xviie siècle, très curieux de forme et de ciselure. Le pied est divisé en trois compartiments, séparés par une colonne cannelée. Dans le premier est représenté Jésus-Christ au Jardin des Oliviers; sur le devant les apôtres Pierre, Jacques et Jean sont endormis. Au deuxième

1. 1. Inscription de la croix. 3. Décoration de la face principale. 5. Bordure du pied

est reproduit le Baiser de Judas; un soldat qui se saisit de Jésus;
aux pieds du Christ est renversé; le serviteur de Malchus auquel saint
Pierre a coupé l'oreille. Dans le troisième compartiment, Jésus est
souffleté devant Pilate; la femme du juge contemple le Juste qu'elle avait vu en songe.

CALICE EN ARGENT (XVII° SIÈCLE).

L'anneau du pied du calice, divisé en trois parties, que séparent deux oliviers et un palmier, représente la Foi, l'Espérance et la Charité.

La coupe est partagée en six panneaux séparés les uns des autres par une colonne ionique, mais ne représentant qu'un seul sujet, la Cène. Dans chacun, sauf le premier panneau, sont figurés deux apôtres. Dans le premier, on remarque Jésus-Christ tenant sur son sein l'apôtre saint Jean. A côté de ce sujet, on reconnaît Judas qui met la main au plat.

La patène nous offre le même tableau. Jésus-Christ est au centre et les apôtres, autour de la table, forment le cercle. Judas, à gauche, occupe le premier plan et tient une bourse de sa main droite.

Deux paix en cuivre doré du XVIII° siècle représentent, l'une l'Annonciation, l'autre le buste de Jésus-Christ, d'une exécution maniérée.

Mais l'objet le plus intéressant et le plus curieux que conserve cette sacristie est une tapisserie du XVI° siècle, formant autrefois les quatre côtés d'un dais. Sur cette tapisserie sont représentées diverses

scènes du martyre de sainte Rene ou Reine d'Alise, qui était en grande
vénération dans toute la contrée.

Les dessins figurés au trait sur notre planche sont la représentation de deux bandes de tapisserie de même couleur et d'un travail
identique à celle que nous avons représentée coloriée. Désirant reproduire le plus de sujets possibles sur cette planche, nous avons été
obligé de les dessiner dans des proportions plus petites; les deux
parties reproduites en couleur n'en font qu'une; elle mesure un
mètre cinquante; les deux autres un mètre seulement; leur hauteur
est de trente-cinq centimètres.

Le premier sujet représente sainte Reine attachée en croix sur un
chevalet et deux bourreaux vont lui brûler les aisselles; des langues
de feu tombent du ciel et les dispersent. Sainte Reine est dans une
cuve d'huile bouillante; un ange lui pose une couronne sur la tête;
le monogramme du Christ apparaît dans le ciel au milieu de nuages
lumineux. Dans le petit compartiment qui fait suite, un archer vient
de porter un coup de hallebarde qui a traversé le corps d'un homme
qui s'enfuit. La sainte, flagellée, puis conduite en prison, s'agenouille
et prie avant d'entrer; le diable pénètre dans sa cellule par la cheminée; elle le foudroie par le signe de la croix; son triomphe. En suivant : sainte Reine est décapitée, puis son corps recueilli et enseveli.
La quatrième tapisserie est la répétition des sujets représentés par
notre dessin colorié

Cette sacristie renferme aussi plusieurs peintures du xvie siècle et
du xviie. Les unes, peintes sur bois, représentent l'Annonciation, la
Fuite en Égypte, l'Adoration des Mages, un passage de l'Ancien
Testament, représentant Éliezer demandant à boire à Rébecca. Quatre
autres, peintes sur cuivre, représentent les apôtres saint Pierre, saint
Paul, saint Nicolas et saint Augustin.

ÉGLISE SAINT-AVIT

Cette église, dédiée en 1537, est située sur la colline, à l'extrémité sud d'Aix. Son sanctuaire, qui tombait en ruines, fut démoli
en 1830. On prétend que l'ancienne église Saint-Avit, à laquelle le
peuple avait grande dévotion, était autrefois la paroisse d'Aix.

Elle se compose aujourd'hui d'une seule nef, éclairée par six
fenêtres, trois de chaque côté; une seule est à meneaux trilobés. A l'occident, cette nef est fermée par un mur droit et par une rotonde contenant le maître-autel; au-dessus, pour toute décoration, une petite
statuette de saint Avit, datant du xvie siècle. Saint Avit fut le troisième abbé de l'abbaye de Mici, dans le diocèse d'Orléans. Il fonda
l'abbaye de Poissy-les-Châteaudun ou Saint-Avit-les-Châteaudun,
aujourd'hui le bourg de Saint-Avit-au-Perche. Il mourut vers 530;
suivant ses dernières volontés, son corps fut inhumé à Orléans, et les
religieux de Mici eurent le bras et la main qui les avaient souvent
bénis[1].

1. Vie de saint Avit, par l'abbé de Turquat. Mémoire de la Société archéologique de Picardie.

La voûte est en berceau plâtrée, avec entraits apparents, ayant tout le caractère du xvi⁰ siècle; ces entraits sont à leurs extrémités ornés de têtes de monstres et supportent des poinçons à bases renflées, à talons, aux monogrammes de Jésus et de Marie, semblables aux détails de charpenterie que nous avons publiés à la page 73.

La porte d'entrée, restaurée à l'époque de la démolition du chœur et du transept, s'ouvre sous un arc surbaissé et profilé, se poursuivant sur les pieds-droits, un arc ogival lui sert d'archivolte; une petite niche, vide au centre du tympan, en fait tout l'ornement. Sur le pignon s'élève un minuscule clocher.

A gauche de la porte se lit, sur plaque de marbre noir, l'épitaphe de toute la famille Pierre Charrier, bourgeois d'Aix, mort en 1781. Le fils aîné, Joachim-Charles Charrier, fut le dernier chanoine et doyen de la collégiale de Villeneuve; son frère, François Charrier, ancien chartreux, est le donateur de la croix-reliquaire et du calice à l'église de l'Assomption; il tenait ces objets de son aîné, et avait réussi à les sauver pendant les années de la première révolution.

Le terrain qui entoure l'église Saint-Avit, devenue aujourd'hui une simple chapelle funéraire, est consacré à la sépulture des habitants d'Aix. Les restes de l'ancienne croix de ce cimetière se voient en entrant à gauche. Brisée par le temps, cette croix se compose encore d'un large soubassement et d'une base de colonne; soubassement et base semblent appartenir par leur décoration à la deuxième moitié du xvii⁰ siècle.

ÉGLISE DE LA NATIVITÉ DE LA VIERGE.

BÉRULLES

Bérulles est situé à quarante kilomètres de Troyes, sur la route communale de Rigny-le-Ferron à Saint-Florentin, dans un vallon qui s'étend vers le nord jusqu'à la route de Sens.

Ce village s'appelait autrefois Céant-en-Othe. Il abandonna ce nom vers les premières années du xvi° siècle, époque à laquelle la famille de Bérulles devint propriétaire et seigneur de ce lieu.

Les maisons de Bérulles ont une belle apparence de bien-être. Au centre du pays se trouvent la place et la halle aux grains, construite en 1844. L'église s'élève derrière ce marché, au pied de la montagne appelée Crayère, qui domine toute la partie occidentale du village.

Cette église a été classée parmi les monuments historiques, à cause

de ses riches verrières et de quelques détails d'architecture assez intéressants ; il est bon de faire remarquer que, sous ce rapport, un grand
nombre d'églises du département peuvent soutenir la comparaison
avec celle de Bérulles.

L'église de la Nativité de la Vierge a la forme d'une croix ; elle
est une répétition de l'église de la chapelle Saint-Luc, avec cette différence que celle de Bérulles est plus longue de neuf mètres, et plus
large de cinq ; la hauteur des voûtes ne diffère que de cinquante centimètres : c'est une disproportion qui n'est pas à l'avantage de l'église
de Bérulles, beaucoup trop large pour la hauteur de ses voûtes.

Le sanctuaire, le chœur et les chapelles qui l'accompagnent sont
les parties les plus anciennes du monument ; elles furent édifiées de
1510 à 1515. La tour et la porte d'entrée doivent dater de la même
époque ou à peu près. Nous en exceptons l'arc triomphal de la
Renaissance, pouvant avoir été contruit vers 1545. Pendant la construction de cette église devait exister une ancienne nef qui, ménagée pendant quelque temps, fut remplacée, vers 1550, par celle qui
existe aujourd'hui.

Nous suivons avec beaucoup d'intérêt les époques de constructions
de ces monuments religieux ; elles nous apprennent que, malgré leurs
dissensions religieuses, les habitants de certaines parties de ce canton
conservaient toute leur liberté, agrandissaient et réparaient leurs
églises, en édifiaient de nouvelles.

Portail. — La porte d'entrée se compose d'un grand arc en ogive
à large voussure surmonté d'un gable à contre-courbe hérissé de crochets à feuilles de choux frisées. Cette porte simple, mais sévère dans
son ensemble, fut plus tard décorée d'un riche trumeau central, la
divisant en deux parties cintrées. Au-dessus de ces deux arcs règne
une frise ornée d'anges et de griffons, dont les bustes se terminent
en rinceaux feuillagés, où le fini de l'exécution se marie au charme
de la composition. Dans ces gracieux enroulements, d'autres petits
anges et d'autres griffons se glissent et circulent avec vivacité, se rencontrant avec des airs de surprise et des aspects menaçants : c'est vraiment curieux de grâce et d'originalité. Une colonne en demi-relief
s'appuie sur le trumeau ; son chapiteau porte un socle sur lequel

reposait une figure de grandeur naturelle; celle-ci est recouverte d'un riche édicule composé de deux arcades séparées par des pilastres, et portant une frise surmontée de vases et de frontons triangulaires. Au-dessus s'élève un second compartiment, en forme de campanile, porté par des colonnes et orné de deux niches où sont représentés Adam et Ève, dans une attitude d'abattement. Cette représentation de la chute d'Ève nous fait penser que, sur la colonne du trumeau, devait se dresser victorieuse l'Ève de la nouvelle alliance, la Vierge portant l'enfant Jésus et foulant aux pieds le serpent tentateur.

Des deux côtés de ce pinacle sont placés deux chapeaux de cardinal, incrustés dans le tympan depuis le xviie siècle. Ces chapeaux sont ainsi placés pour rendre hommage au grand prélat, Pierre de Bérulles, et rappellent la visite qu'il fit à l'église de son village à la suite de sa nomination au cardinalat.

De chaque côté de la porte, dans l'ébrasement et dans les moulures des pieds-droits, ont été encastrés des culs-de-lampe pour recevoir des statues. Ils se composent d'anges portant des tablettes muettes. Ces statues étaient abritées par une coquille surmontée d'un dais gothique couvert de meneaux contournés au milieu desquels se dresse une petite figurine représentant, d'un côté, saint Pierre et, de l'autre, saint Roch, patrons des seigneurs de Bérulles. De ces ornements s'échappent deux bustes en relief, très saillants, en costumes des seigneurs du temps, mais tout martelés; ces dais servaient aussi de socle à deux statues représentant, à droite la Vierge, à gauche l'ange Gabriel; cet ensemble était la représentation de l'Annonciation. Toute la statuaire était donc consacrée à la patronne de l'église de Bérulles.

Comme style, ces deux niches appartiennent à l'art ogival du commencement du xvie siècle. On reconnaît que ces dais ont été descendus d'une assise par le sculpteur de la Renaissance pour faire place à la frise couronnant les cintres des deux portes. Ce joli portail a dû être dégradé par les calvinistes, qui s'étaient emparés de Bérulles et qui en furent chassés par les habitants de Saint-Pregs-lez-Sens, unis à ceux de Coulours[1].

1. Monchaussé : *Mémoires de la Société académique de l'Aube*, 1858.

Au-dessus de la porte s'élève la tour vraiment imposante par ses

DÉTAIL DE LA PORTE PRINCIPALE (XVIᵉ SIÈCLE).

proportions; elle comprend toute la première travée de la nef, moins
les murs de refend, et se divise en trois étages à partir des combles;

le dernier étage est ouvert, sur ses quatre faces, par des fenêtres jumelles en ogives, garnies d'abat-sons.

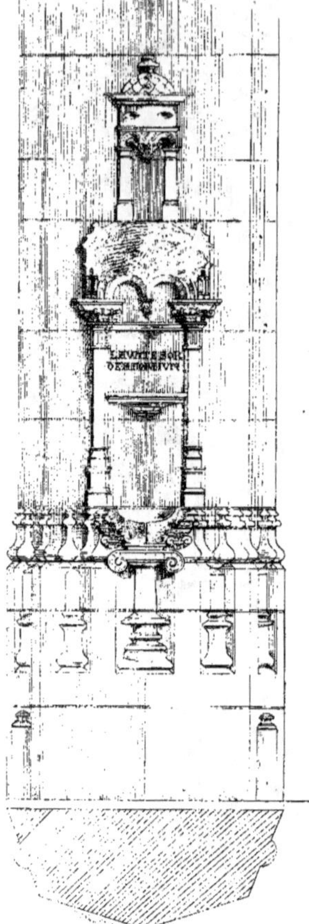

I. PILIER DE LA NEF (1550).
(Échelle 0^m,01 pour mètre).

Dans l'angle nord-ouest est la tourelle de l'escalier montant jusqu'à la corniche de la tour; au-dessus de la couverture conique s'élève un petit clocher à six faces, renfermant quatre cloches de 1545.

Intérieur. — On entre à l'église de Bérulles sous un porche en bois vermoulu, appuyé contre la tour et abritant la porte d'entrée. Contre le trumeau est un petit bénitier portant la date de 1720. On descend ensuite six marches, en partie disjointes. Près de la dernière marche est la pierre tumulaire de IVLIENNE-EN - SON · VIVANT · veuve OLIVIER · ADAM · LABOVREVR · DEMEVRANT · AV · FOVRNEAVDIN (Yonne), village limitrophe de Bérulles. Cette pierre, coupée en trois parties, est entièrement usée; on entrevoit encore la silhouette de cette dame qui portait un long rosaire à sa ceinture; elle était représentée couchée sous un arc plein cintre, porté par deux pilastres sans décorations.

La nef se compose de trois travées, bien proportionnées, voûtées en tiercerons variés, reposant sur des piliers ondés, engagés dans des murs de refend, dont les intervalles forment des chapelles latérales. Les piliers sont sans chapiteaux; leurs bases sont à simples moulures. L'un des piliers, le troisième à gauche, se fait remarquer par une

petite piscine combinée avec les moulures et les profils de sa base,
disposition obtenue par le savoir et le goût élevé du constructeur de
cette partie de ce monument; par malheur, un vandale a porté le
marteau brutal sur ce joli petit chef-d'œuvre, ce qui le réduit à peu
près à néant. La piscine porte cette inscription, au-dessous de la tablette destinée à recevoir le plateau des burettes : LAVATE SORDES
CORDIVM (1).

Toutes les fenêtres de la nef ont été murées, non par nécessité,
mais simplement pour économiser les verrières.

Cuve baptismale. — La cuve baptismale est placée un peu à
gauche de l'escalier, à l'entrée de l'église. Elle repose sur un socle à
angle droit avec griffes sur les angles. La cuve est un hexagone régulier; quatre de ses côtés représentent les différents baptêmes dont
parle l'Écriture; des inscriptions gravées sur les cadres expliquent le
rapport symbolique de chacun des sujets : ce sont le Baptême d'eau
représenté par le baptême de Jésus-Christ et celui de Clovis (1-2); le
Baptême de feu par la Pentecôte (5) et le Baptême de sang par le
massacre des Innocents (6).

Ces fonts sont composés de deux cuves; la plus grande sert de
réserve à l'eau bénite; la petite est consacrée à la cérémonie du baptême.

Sur l'une des faces de la cuve, une figure à mi-corps, jeune de
physionomie, coiffée d'un béret à plume, sert de console à la petite
cuve. Derrière l'épaule de cette jolie figure s'échappe et se développe
un phylactère sur lequel est inscrit ce verset de saint Jean : Q̄ PR̄I
DESCEDE : Ī PIS SALV̄ FIEBAT· *Qui primus descendebat in piscinam
salvus fiebat* (3). Sur la face suivante, deux anges portent un rouleau
développé sur lequel est gravé un passage de saint Marc et la date
de cet intéressant monument, 1550 (4). QVI CREDIDERIT ET BAPTISAT̄
FVERIT SALVVS ERIT·M·V·L· *Qui crediderit et baptisatus fuerit salvus
erit. M·V·L·* Cette cuve baptismale, malgré son travail lourd et
grossier, n'en offre pas moins un grand intérêt archéologique dans
l'ensemble des sujets qu'elle représente. Elle est en pierre de Bourgogne, en deux morceaux; la partie supérieure est mal posée sur sa
base.

Chœur et chapelles qui l'accompagnent. — Le chœur est très vaste :

deux piliers isolés, d'une légèreté remarquable, portent les voûtes
du chœur et celles des chapelles latérales, se divisant en deux travées.

La chapelle de la Vierge, à droite, se compose d'un retable
Louis XV, très ordinaire. Les fenêtres, grandes et divisées en trois
parties, renferment en peinture sur verre quelques restes de l'Arbre
de Jessé. Près de l'autel, au-dessous de la fenêtre, est une piscine
en accolade grossièrement rendue.

Dans la fenêtre au-dessus, on remarque un blason mutilé, écartelé : aux 1 et 4 d'or à 3 pals de gueules (de Foix); aux 2 et 3, pro-

2   3   1

bablement d'or, à 2 vaches de gueules, accornées, accolées et clarinées
d'azur (Béarn); sur le tout d'or à 2 léopards de gueules (Bigorre). Ce
sont les armes de Odet de Foix, vicomte de Lautrec, qui épousa
Charlotte, troisième fille de Jean d'Albret, sire d'Orval, gouverneur
de Champagne et de Brie, et de Charlotte de Bourgogne, comtesse de
Nevers et de Rethel (1).

La chapelle de la Communion, à gauche, offre les mêmes dispositions avec des variantes dans l'importance et dans la division des
meneaux des fenêtres, dont les panneaux représentent un saint
Hubert et un saint Sébastien.

Au-dessus de l'autel s'ouvre une fenêtre contenant quelques
verrières sans continuité, avec date de **mil v·xxvi**, deux noms d'anciens donateurs **Jehan bernault** et **Jehan humbert** et divers blasons
de familles dans lesquels nous reconnaissons celui des Le Mairat (2).
Un deuxième, aux armes du cardinal Pierre de Bérulles, est surmonté
d'un chapeau de cardinal d'où sortent deux cordons entrelacés, terminés par deux houppes de chaque côté de l'écu (3). Ce blason indiquant que ce haut dignitaire de l'Église avait sa chapelle à l'église

CUVE BAPTISMALE (1550).

de Bérulles, où il disait sa messe pendant son séjour au château de
Cérilly, lieu de sa naissance et propriété de ses ancêtres.

Dans la première travée de la chapelle de la Vierge, au nord,
existait une porte, aujourd'hui murée, mais qui extérieurement a conservé toute son ordonnance avec ses pieds-droits aux profondes moulures dans lesquelles se développent un cep de vigne courant. Ces
pieds-droits portent un linteau également droit, arrondi à ses extrémités et surélevé d'une archivolte, orné de griffons et de choux frisés.
De chaque côté de ce couronnement s'élèvent deux aiguilles surmontées d'une frise décorée d'enfants jouant, les uns avec des animaux,
les autres avec des instruments ; dans cette saturnale, on distingue
un singe pressant une femme dans ses bras.

Deux autres portes latérales existaient dans la troisième travée de
la nef, l'une au nord, l'autre au midi ; celle du nord est condamnée
depuis longtemps.

Sanctuaire. — Le sanctuaire est à cinq pans. L'abside forme presque le demi-cercle ; cette disposition permet, en entrant dans l'église,
d'embrasser d'un seul coup d'œil la superbe et resplendissante mosaïque de vitrification qui fait la richesse décorative de ce monument.
L'ensemble de ces vitraux se compose de quarante panneaux représentant l'histoire de Joachim, celle de la Vierge et la Passion de
Jésus-Christ.

La première fenêtre, à gauche, se divise en deux parties et six
panneaux. Les deux premiers représentent Joachim et sainte Anne
devant le grand prêtre, au temple de Jérusalem. Joachim porte un
petit agneau sur le bras. Un ange annonce à Joachim, gardant ses
troupeaux dans la plaine, que ses vœux sont exaucés. Dans la
deuxième rangée, un ange vient consoler sainte Anne qui pleurait
son mari et lui annonce la fin de sa stérilité. Saint Joachim et sainte
Anne se rencontrent sous la porte dorée. On lit au bas du panneau :

    Cōment saincte anne baisa et embrassa
    Joachim a la porte doree p̄ le cōmādem̄t de dieu.

Dans le compartiment supérieur, on voit la Naissance de la

Vierge. Sainte Anne, dans son lit, présente l'enfant à ses suivantes ;
l'une d'elles prépare le berceau ; l'enfant est emmailloté de lanières
noires croisées sur un vêtement blanc ; deux anges entonnent le
psaume **Exaudeam** *Exaudiam...* Dans les lobes, la Sainte-Trinité.

La deuxième fenêtre porte les blasons de France et de Bretagne.
Elle se divise de la même manière, les sujets se développent du haut
en bas et font suite à ceux de la fenêtre précédente, en commençant
par la Présentation au Temple. La Vierge monte les degrés d'un
magnifique palais ; le grand prêtre, placé au haut de l'escalier, sous
un riche portique, lui tend les bras ; des jeunes filles sont aux
fenêtres, en contemplation. Vient ensuite le mariage de la Vierge ;
saint Joseph, qui tient un lis de la main gauche, donne la main à la
Vierge ; le grand prêtre les bénit par le signe du chrétien. En suivant, on voit l'Annonciation, la Nativité et les Rois Mages. Dans la
crèche, l'enfant Jésus est soutenu par deux anges ; au-dessus d'eux,
sur une banderole, est écrit **filis Abraham fieret ce**.... Les Rois
Mages présentent des vases d'or à l'enfant Jésus. Dans les lobes de
cette fenêtre, on voit la Vierge au milieu des attributs symboliques de
sa gloire.

La fenêtre centrale, plus grande que toutes les autres, se partage en trois jours. Elle comporte neuf panneaux divisés en trois rangées et représente toute la Passion de Jésus-Christ. C'est d'abord,
dans la première rangée en commençant par le bas : l'entrée à Jérusalem, Jésus monté sur une ânesse est reçu à la porte de cette ville et
acclamé par le peuple. La Cène, repas mystique. Jésus au Jardin des
Oliviers. Pierre, Jacques et Jean endormis. Dans la deuxième division, la Trahison de Judas. Saint Pierre vient de couper l'oreille au
serviteur de Malchus ; sur un signe du maître, il remet le sabre dans
son fourreau. En suivant, Jésus est conduit devant Caïphe, il est
bafoué, flagellé par deux bourreaux, ceux-ci vêtus d'un magnifique
costume du xvie siècle. La troisième et dernière rangée nous montre
le couronnement d'épines, Jésus devant Pilate et Jésus succombant
sous le poids de sa croix. Véronique se dispose à essuyer le visage du
Sauveur.

Dans la partie haute de la fenêtre, à gauche, l'évanouissement de la Vierge au milieu des saintes femmes; à droite, des soldats et des Juifs. Au-dessus, Jésus-Christ crucifié entre deux larrons. Au bas de la fenêtre, à gauche, est une noble dame en robe rouge; sur une banderole partant de sa bouche, on lit ces mots : **O dulcis Jesu Dm magnā**. Derrière elle, ses deux filles. La mère est assistée par sainte Anne qui prononce ces paroles : **Memoria Justi cum Laudibus**. Le prie-Dieu devant lequel est agenouillée cette dame porte un bla-

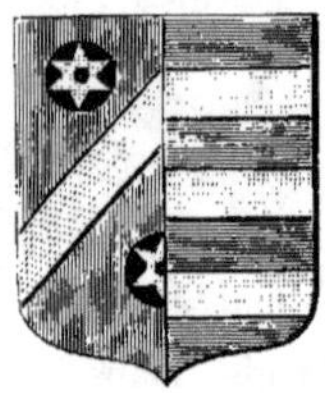

son; au premier, de gueules à un chevron, accompagné de trois molettes, le tout d'or; au deuxième, d'azur à trois faces d'or. C'est évidemment Anne de Bérulles qui est représentée sur ce panneau avec ses deux filles; c'est elle qui dota ce sanctuaire de toutes ces riches verrières, en commençant par faire représenter les sujets de la légende de sainte Anne, sa patronne.

La quatrième fenêtre porte aussi l'écu de France et de Bretagne et les sujets représentés font suite à la Passion de Jésus-Christ; mais, contrairement à l'usage adopté, le développement des sujets commence par le haut de la fenêtre. Le premier panneau représente la Descente de croix, Nicodème soutient le corps de Jésus, Joseph, sur le haut de l'échelle, tient les bandes de toile qui aident à descendre le corps; au bas Marie est en pleurs.

Le corps de Jésus-Christ est affaissé sur les genoux de sa mère, Marie-Madeleine, saint Jean et Nicodème dans une profonde douleur. La Lamentation du tombeau, les saintes femmes au tombeau, debout et en pleurs; la Résurrection, les soldats tombent effrayés.

La Descente aux enfers; ce lieu d'expiation est représenté par une tête de monstre, ouvrant une gueule enflammée, où l'on voit Adam et Ève, Jonas, Isaïe, Jérémie, Abel, David et beaucoup d'autres personnages nimbés. A l'approche de Jésus-Christ, les portes de l'enfer tombent, elles lui servent de passerelle pour pénétrer dans l'abîme; un diable vert se trouve pris dessous et semble écrasé par le poids de la divinité.

Jésus visite sa mère, en lui montrant ses stigmates. Au bas du tableau, on lit ce curieux quatrain : malheureusement une restauration peu comprise en a détruit le sens.

> Ici fu Marie Insitee *(excitée)*
> A repreindre Iucondite *(la joie)*
> Quar tout prē *(present)* la visite
> Ihs *(Jésus-Christ)* de mort resucite

Puis le Christ apparaît à Marie-Madeleine.

Le Christ à Emmaüs : il est à table avec Luc et Cléophas: la fraction du pain; sur la table, un grand poisson dans un plat long.

L'attouchement de saint Thomas en présence de tous les apôtres. Le saint met le doigt dans la plaie du côté de Jésus-Christ.

La cinquième et dernière fenêtre est presque entièrement bouchée par la sacristie construite par derrière; les verrières supprimées devaient représenter les douleurs de la mère de Dieu et sa mort; il ne reste plus que les panneaux de la partie flamboyante des meneaux de la fenêtre. Ils représentent la Vierge et les Apôtres réunis dans le cénacle, et l'âme de Marie montant au ciel sous la forme d'une jeune fille vêtue de blanc et portée par des anges.

Telles sont les merveilles de l'Évangile représentées sur ces verrières, remarquables par la richesse du coloris et la pureté du dessin. Elles ont été en partie restaurées en 1858 et remises en plomb par M. Vincent-Larcher.

Plusieurs statues assez remarquables viennent s'ajouter à l'ensemble de cette décoration; ce sont celles de saint Éloi, de saint Jean, de saint Claude, avec deux statues de la Vierge-Mère, dont une de la Renaissance.

Extérieurement, certaine partie de l'édifice porte encore les traces de la ceinture seigneuriale ou la litre funèbre aux armes de la famille de Bérulles.

Chapelle Sainte-Reine. — Sur le sommet de la montagne, à l'ouest, au milieu des bois, sous l'ombrage de chênes séculaires, s'élève la chapelle de Sainte-Reine-d'Alize, où se rendaient autrefois des milliers de pèlerins. Tout près de la chapelle est la source miraculeuse. Ces bonnes gens, pénétrés d'une vénération profonde pour la sainte, affluaient à la chapelle le jour de la fête. Les vieillards et les infirmes s'y traînaient, les malades y recouvraient la santé.

Ce pèlerinage commençait dès le point du jour, des baraquements s'installaient le long de l'avenue, on y servait à boire et à manger; puis, le soir, s'improvisaient les danses qui duraient jusqu'au jour. Hélas! les temps sont bien changés. La chapelle est abandonnée, tombe en ruines et la fontaine est comblée d'immondices.

CHAPELLE SAINTE-REINE.

ÉGLISE SAINT-JACQUES.

MARAYE-EN-OTHE

Maraye est situé à vingt-six kilomètres de Troyes, sur la route départementale de Tonnerre à Nogent-sur-Seine, dans une position dominante et à l'entrée d'un vallon qui va rejoindre celui de Lancre.

L'aspect de ce pays respire l'aisance; la mairie, édifice presque monumental, a été construite en 1869, par M. Habert, architecte à Troyes, décédé la même année.

La halle qui lui fait face fut bâtie en 1637, époque de l'établissement des foires et marchés, par M. Bullion, surintendant des finances, seigneur de Maraye.

L'église, qui s'élève au pied de la montagne, a été construite de 1779 à 1783; elle forme un parallélogramme divisé en trois nefs, avec sanctuaire en saillie et à cinq côtés.

Ce monument n'est pas orienté; sa porte principale fait face au levant, et au-dessus de cette façade s'élève une tour surmontée

d'une toiture hémisphérique servant de base à une flèche et sur
laquelle est placé le carillon de l'horloge.

Cette tour occupe la première travée de l'église et forme un porche
fermé et voûté, avec un œil-de-bœuf au centre. Sous ce porche
est placé, à droite, en entrant, un bénitier en fonte du commence-

I. BÉNITIER EN FONTE (XVIᵉ SIÈCLE).

ment du XVIᵉ siècle,
remarquable par la
gracieuse simplicité
de sa forme (1).

Ces bénitiers
sont d'un poids assez
considérable, aussi le
fondeur a-t-il ménagé
une ouverture circu-
laire dans les oreil-
lons pour que deux

hommes, en y introduisant des bâtons, puissent les porter, les déplacer et les nettoyer avec facilité.

On entre dans l'église par une porte cintrée.

L'intérieur se divise en six travées, y compris celle de la tour,
accompagnée, à droite, de la chapelle des fonts; à gauche, d'une
travée occupée par le confessionnal.

La chapelle des fonts est meublée de l'ancien maître-autel
du sanctuaire, qui a été déplacé, on ne sait trop pour quelle raison.
Les cinq travées de la nef sont séparées par deux colonnes ioniques
accouplées sur le même socle, et portant un large entablement, ainsi
que le berceau de la voûte. Cette nef est contre-butée par des bas
côtés simplement plafonnés. A leurs extrémités sont : à droite, la chapelle de la Vierge; à gauche, celle de Saint-Joseph; derrière cette
dernière, la sacristie.

Deux portes latérales donnent accès dans l'église, une au midi,
à la deuxième travée, et une au nord, en face de cette dernière.

Le chœur est fermé par vingt-six stalles, treize de chaque côté.
Le maître-autel du sanctuaire est accompagné de deux colonnes
corinthiennes portant un entablement avec fronton triangulaire sur-

monté d'une gloire se perdant dans le berceau de la voûte. Le milieu
de ce retable est occupé par un remarquable tableau représentant la
Transfiguration et signé Arnaud, 1843, auteur du *Voyage archéologique.*

La chaire, du dernier siècle, montre sur les panneaux les quatre
Évangélistes. Plusieurs statues, posées çà et là dans l'édifice, proviennent de l'ancienne église, ce sont : un saint Jacques le Majeur,
patron de l'église, une Notre-Dame-de-Pitié placée
au-dessus de la porte d'entrée, et un saint Nicolas posé
sur un socle, orné d'un blason (2) ayant deux enfants
nus pour supports. Ces trois statues sont du xvie siècle.
Deux autres, un saint Sébastien et un *Ecce homo*,
sont du xviie siècle. Enfin, une Vierge-Mère, qui ne manque pas de
mérite, date des dernières années du xiiie siècle.

Un vaste cimetière entoure l'église de tous côtés; dans ce
champ de repos, nos regards se sont portés sur l'épitaphe de l'un
des derniers seigneurs de Chaast, hameau dépendant de Bucey-en
Othe; en voici la reproduction :

CY GIST Mre AUGUSTE DENIS LANFUMEY SEIGNEUR DE CHAS
LIEUTENANT AUX BAILLAGES DE MARAYE ET St MARDS
EN OTHES EPOUX DE DAME REINE JEANNELLE DECEDE
LE 14 SEPTEMBRE 1783 AGE DE 68 ANS ET 9 MOIS PRIEZ
DIEU POUR LE REPOS DE SON AME.

Cette inscription porte en tête un blason effacé et, sur le
pourtour de la pierre, une bordure semée de larmes; elle mesure
en hauteur 1^m,90 et en largeur 1^m,02.

LAPERRIÈRE

En 1874, les habitants du groupe du hameau de Laperrière, composé de Laperrière, Champsicourt et Virloup, dépendant de Maraye-en-Othe, demandèrent l'érection de leur section en paroisse succursale. Après un avis favorable de l'autorité préfectorale et diocésaine, M. Pincot, curé de Maraye-en-Othe, prépara la construction d'une église dont le devis devait atteindre le chiffre de trente-trois mille francs.

Il se mit à l'œuvre avec trois francs, comptant sur la générosité de ses paroissiens. Le concours des habitants de Laperrière ne pouvant suffire, M. Pincot se fit quêteur, et envoya dans toute la France des images de propagande.

M. l'abbé Jean-Baptiste Largentier, curé de Saint-Leu, à Paris, que des liens de parenté rattachent à Laperrière, le seconda efficacement en lui obtenant des sermons de charité dans plusieurs églises de Paris. Pour économiser les frais d'architecte et d'entrepreneur, M. Pincot fit le plan de l'église et en dirigea les travaux.

Le 12 mai 1878, la première pierre de cet édifice fut bénite par monseigneur Ambroise Robin, protonotaire apostolique, vicaire général de monseigneur Pierre Cortet, évêque de Troyes. La nouvelle église fut érigée sous le vocable des saints apôtres Pierre et Paul.

L'église, située au centre de la section, entre Laperrière et Champsicourt, est à cinq kilomètres de Maraye. Elle est de style roman, forme une croix latine et mesure en longueur dans œuvre 29^m,50; la nef a 7^m,50 et les chapelles formant transept ont cinq mètres de côté. Ce monument n'est pas orienté comme l'église de Maraye; sa façade est au levant.

L'aspect de cette église, flanquée de ses contreforts à retraits, frappe et plaît; on sent que le curé-architecte, obligé de compter avec la pénurie de ses ressources, a supprimé toute ornementation de sculpture, se contentant de lignes simples et sévères, mais d'un effet vigoureux.

La façade est divisée en trois étages par deux plates-bandes; la première, à la naissance du tympan; la seconde contournant une rosace à six lobes. La porte principale est surmontée d'un tympan à plein cintre et de deux archivoltes, dont l'une repose sur deux colonnes engagées dans les pieds-droits de la porte, et l'autre aboutit à la plate-bande.

Dans l'espace libre entre les deux plates-bandes sont ménagées deux niches destinées à recevoir les statues des patrons de l'église. La façade se termine de chaque côté par un contrefort appuyant les murs et la rampe de la toiture aboutissant à la tour; celle-ci s'élève du sol au coq de la croix à vingt-sept mètres de hauteur.

L'intérieur de cette église offre de l'ampleur; la hauteur des voûtes répond à la largeur et à la longueur du vaisseau.

La tour forme vestibule en entrant et à l'intérieur une tribune au-dessus de la porte; ménageant à droite un espace pour l'escalier de la tribune, des voûtes et du clocher; à gauche est la chapelle des fonts.

La nef est divisée en trois travées avec arcs-doubleaux et nervures plein cintre, éclairées de chaque côté par des fenêtres géminées, plein cintre. La travée du chœur forme le transept avec les chapelles latérales. Les chapelles sont voûtées et s'éclairent comme la nef.

L'abside est à cinq pans avec fenêtres simples en plein cintre. La clef de voûte de chaque travée porte un écusson aux armes ou au chiffre du donateur de la travée.

La sacristie, voûtée comme toute l'église, se trouve dans l'angle sud de la chapelle et d'un pan de l'abside.

Le dimanche 30 octobre 1881, l'église de Laperrière fut bénite par M. Jacques-Remy-Marie Pincot, curé de Maraye-en-Othe, desservant Laperrière, assisté de MM. Rigolet, curé de Saint-Mards-en-Othe; Delaunay, curé de Bercenay-en-Othe; Pincot, curé de Châtres, en présence de la population de Laperrière.

Virloup, réduit aujourd'hui à trois maisons, était un prieuré dont l'église et les dépendances furent données par Philippe, évêque de Troyes, à l'abbaye de Molesme, en 1110, année de la mort de saint Robert, Troyen, fondateur de l'abbaye de Molesme.

L'église du prieuré était située à l'endroit désigné au cadastre de Maraye sous le nom de Terres de la Ferme, au pied des Buttes-Blanches; il n'en restait que les fondations en pierres de silex; elles avaient trente mètres de long sur onze mètres de large; ces fondations furent extraites du sol en 1878 pour servir aux fondations de l'église de Laperrière.

On trouve à Champsicourt beaucoup de sépultures humaines au centre même du hameau; ni la tradition ni aucun document ne renseignent sur ce point.

ÉGLISE NOTRE-DAME.

NOGENT-EN-OTHE

Nogent est un petit village de peu d'importance, situé à trente et un kilomètres de Troyes et à trois kilomètres de Saint–Mards.

Les habitations sont disséminées sur le chemin de Saint–Mards à Ervy, et sur le revers de deux chaînes de collines fort rapprochées l'une de l'autre.

Sur le versant de l'une de ces collines, à mi-côte, est située l'église Notre-Dame, qui présente l'apparence d'une simple petite chapelle; de ce plateau on embrasse un panorama splendide qui s'étend assez loin du côté de l'ouest, et au nord, jusqu'à Saint-Mards; toutes les autres parties de l'horizon sont couvertes de bois et sillonnées de vallées, où l'œil pénètre par des éclaircies; la variété des sites est des plus pittoresques.

On entre dans l'église par une porte surbaissée, refaite en briques et abritée sous un porche en appentis qui fait suite au versant de la toiture de la nef.

Ce porche est surmonté d'un petit clocher, renfermant une cloche de 42 centimètres de diamètre et portant cette inscription :

LAN 1776 IAY ETE BENITE PAR EDME FRANSURAUX CURE DE NOGENT EN OTHE.[1] ET CHAPELAIN DE St-MARTIN DE MOLOME (partie gravée au burin) PARAIN Me ANTHOINE MATHURIN WOURSTHOURN LICENTIE ES LOIX PRIEUR DE FLACY[2] ET EN CETTE QUALITE SEIGr DE NOGENT EN OTHE CHANOINE DE SENS AVEC Mlle MARIE MAGDELAINE LATIS.

L'intérieur comprend une seule nef, divisée en trois travées, voûtée en bois, recrépie avec entraits apparents, éclairée par de petites fenêtres en ogive, divisées en deux parties pour les côtés de la nef et en trois pour celles du sanctuaire.

Dans la fenêtre de la deuxième travée, au midi, subsiste un fragment de verrière du xvie siècle, représentant Dieu le Père ; le sujet complet devait être le baptême de Jésus-Christ par saint Jean. Dans la fenêtre de la troisième travée au nord est un personnage en robe violette, agenouillé les mains jointes ; près de lui les restes d'un saint évêque, son patron. Ce donateur est accompagné de son fils dans la même attitude.

Dans les lobes, le blason de ce noble personnage surmonté d'un heaume d'écuyer avec lambrequin (3, p. 306). Au midi, existe une petite porte latérale ; en face, au nord, une autre porte s'ouvre sur une sacristie construite tout récemment.

Cette petite église, malgré son apparence de pauvreté et sa grande simplicité, renferme des objets d'art très intéressants. En entrant, à gauche, est une cuve baptismale du commencement du xvie siècle, dont l'ornementation se compose de simples moulures interrompues

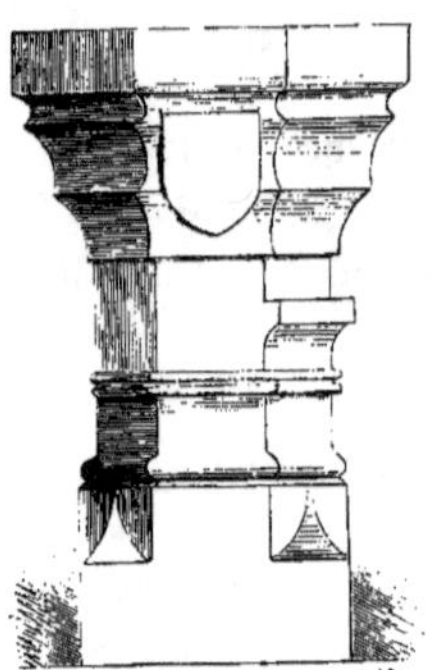

1. CUVE BAPTISMALE
(XVIe SIÈCLE).

1. Depuis 1784 curé de Vosnon.
2. Près Villeneuve-l'Archevêque.

par un blason lisse qui devait être peint ; sur le pied de cette cuve,
une sorte de console en saillie est destinée à recevoir les custodes ;

la base répond, par la pureté du
profil, à l'ensemble de la composition (1).

Le sanctuaire se termine en
chevet. Un peu en avant est le
maître-autel, tout moderne ; sur
la porte du tabernacle, on a fixé
un panneau en cuivre doré et
émaillé de la fin du XIIe siècle,
mesurant vingt-six centimètres de
hauteur sur treize de largeur, provenant, sans aucun doute, d'une
magnifique châsse de cette
époque.

En 1837, nous avons vu cet
émail cloué à la porte d'entrée,
au-dessus du bénitier : le premier
venu pouvait facilement s'en
emparer ; aujourd'hui, solidement
vissé sur la porte du tabernacle,
il est mieux à l'abri de toute en-
treprise. Le sujet central représente le calvaire, Jésus-Christ
en croix ; à ses côtés, la Vierge
et saint Jean, au-dessus de la
tête du Christ l'*alpha et l'oméga*
surmontés du monogramme IHS.

2. DIPTYQUE EN BOIS (1580).

Plus haut, entre deux anges en adoration, la main de Dieu sur un
nimbe crucifère bénissant et consacrant ainsi le sacrifice de son divin
fils. Toutes les figures sont en relief ; les têtes ont été arrachées et
l'un des anges a complètement disparu. Le fond du tableau est semé
de rinceaux ciselés et émaillés, d'un puissant effet. Trois trous de serrure indiquent que ce curieux fragment était la porte de la châsse se

fermant à clefs et s'ouvrant les jours de fête, quand les pèlerins présentaient leurs vêtements et leurs linges à l'attouchement des saintes reliques.

Au-dessus de ce tabernacle s'élève une niche en menuiserie présentant la forme d'un diptyque, surmonté d'un dais sculpté d'arabesques et d'enroulements rubannés; dans la frise, cette date et cette inscription :

1580. ECCE ANCILLA DOMINI. 1580.

Cette niche renferme une jolie statue de la Vierge, en pierre, couronnée, portant l'Enfant Jésus sur le bras gauche et tenant, dans la main droite, un bouquet en partie brisé, auquel l'Enfant Jésus portait la main droite, qui n'existe plus; de sa main gauche, l'enfant tient la boule du monde (2, p. 305).

Cette sculpture est un petit chef-d'œuvre de forme, de grâce et d'élégance; jadis elle était abritée par des volets peints dont les sujets devaient représenter les différents passages de la vie de la Vierge. Quoique beaucoup plus moderne, elle nous rappelle, par ses dispositions, le diptyque de l'église de Rampillon que nous avons dessiné et publié dans les *Monuments de Seine-et-Marne*.

ÉGLISE SAINTE-MADELEINE.

PAISY-COSDON

Ce village est situé à vingt-huit kilomètres de Troyes et à deux kilomètres d'Aix-en-Othe ; il se trouve au point de jonction du vallon de la Nosle avec la vallée de la Vannes.

Paisy, vieille cité gallo-romaine, cache dans son sol des trésors archéologiques que, par intervalle, font surgir la charrue et la pioche.

En 1852, la Société académique de l'Aube fit exécuter, sous la direction de M. Fléchey, architecte de la ville de Troyes, des fouilles dans un terrain appartenant à M. Devon. On y découvrit un fragment important d'une mosaïque de la meilleure époque de l'ère romaine. Il est aujourd'hui déposé au musée de la ville de Troyes. Plus aussi des peintures murales, des marbres de différentes espèces, des fibules, des haches, des médailles, et un nombre considérable de poteries.

Si l'on en croit les habitants du pays, de nouvelles découvertes seraient assez fréquentes.

L'église de la Madeleine de Paisy n'a rien de remarquable ; elle forme un rectangle terminé par une abside à trois pans.

La façade est composée d'une porte surbaissée à filets simples ; de chaque côté de cette porte, deux énormes contreforts à retraits maintiennent les murs et le pignon dont la fenêtre est bouchée. A droite de cette façade est la tourelle de l'escalier des combles et du petit clocher, celui-ci surmontant le pignon.

A droite de la tourelle s'ouvre la porte méridionale de la nef, au pied de laquelle est un bénitier en fonte du XVIe siècle, entièrement oxydé. La nef et le chœur sont séparés par une grille en bois, cintrée à son entrée ; au-dessus s'élève un Christ assez bien exécuté.

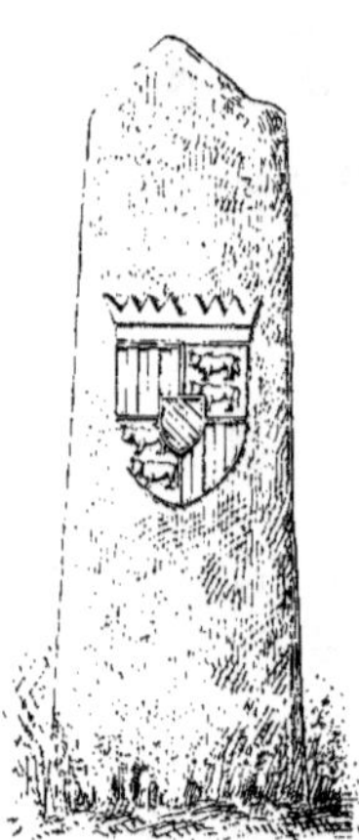

BORNE SEIGNEURIALE.

Le sanctuaire est lambrissé ; quatre colonnes portent l'entablement du maître-autel, au-dessus duquel est un tableau représentant l'apparition de Jésus-Christ à Marie-Madeleine.

L'église est plafonnée dans tout son ensemble ; elle s'éclaire par sept fenêtres en lancette cintrée ; celles du sanctuaire sont complètement murées.

Cette construction, dont certaines parties remontent à la fin du XIIe siècle, a été reprise au XVIe, puis au XVIIe siècle.

Bornes seigneuriales : Les ducs de Nevers étaient seigneurs de Paisy. Un bornage de cette seigneurie se fit en 1538, par Pierre de Provins, bailly de Villemaur. Ces bornes existent encore sur une grande partie du territoire d'Aix et de Paisy-Cosdon.

Elles portent sur la face nord un blason écartelé aux 1 et 4 d'or, à trois pals de gueules (de Foix), aux 2 et 3 d'or à deux vaches de gueules accornées accolées et clarinées d'azur (Béarn), sur le tout ; aux 2 et 3 d'azur et d'or à la bordure de gueules, qui est de Bourgogne. Ce blason rappelle en partie celui de la verrière de Bérulles ; il appartient évidemment à la femme d'Odet de Foix, comte de Comminges,

vicomte de Lautrec, gouverneur et amiral de Guyenne, maréchal de
France (1515), lieutenant général des armées du roi en Italie, blessé
à Ravenne (1512), mort au siège de Naples (15 août 1528). Il épousa
Charlotte d'Albert, troisième fille de Jean, sire d'Orval, gouverneur
de Champagne et de Charlotte de Bourgogne, comtesse de Nevers et
de Rethel. (Voy. p. 290.)

De l'autre côté de ces bornes, au midi, est un blason brochant
sur une crosse : vairé d'or et d'azur; au chef de gueules chargé d'un
léopardé d'argent qui est d'Odard Hennequin, évêque de Troyes et,
en cette qualité, seigneur d'Aix (1527 à 1544).

ODARD HENNEQUIN.

ÉGLISE SAINT-MARTIN.

RIGNY-LE-FERRON

Le nom de Rigny-le-Ferron semblerait indiquer que, jadis, on a pu exploiter dans cette localité des minerais de fer ; cette opinion est en quelque sorte confirmée par la grande quantité de scories ferrugineuses que l'on trouve dans les bois dépendants de cette commune.

Rigny est une petite ville située à quarante kilomètres de Troyes, à dix kilomètres d'Aix-en-Othe et à un kilomètre de la route d'Orléans, au fond d'un vallon qui descend de Bérulles.

A l'ouest, le pays est limité par le ruisseau de Cérilly, qui se perd dans la Vannes, la petite rivière dont les eaux pures et limpides alimentent aujourd'hui les réservoirs de Paris.

Rigny, arrosé de temps immémorial par le ruisseau de Cérilly,

qui faisait sa fortune, est aujourd'hui à peu près privé d'eau, grâce
à la ville de Paris qui, après lui avoir enlevé cette source de richesse,
lui a disputé avec acharnement le très insuffisant filet d'eau qu'elle
n'a pu lui enlever et qui est loin de suffire aux besoins des habitants.

A l'est, la ville était autrefois enclose par d'anciennes murailles
et par des fossés que remplace une belle avenue d'arbres.

La route de Nogent-sur-Seine à Saint-Florentin traverse tout le
pays dans sa longueur et forme la rue principale ; au centre est la
place publique ; à gauche, l'église Saint-Martin et au fond de la place
la nouvelle mairie, construite de 1846 à 1848.

L'église Saint-Martin est rectangulaire dans son ensemble, avec
une abside en saillie. La sacristie est limitée, dans l'angle sud-est
du sanctuaire, par deux contreforts.

Sur la façade principale s'élève la tour, reconstruite vers les dernières années du xviie siècle. Elle est appuyée, sur les angles de sa
face occidentale, par quatre contreforts montant jusqu'à la naissance
du deuxième étage et couronnée par une toiture à contre-courbe, surmontée d'une flèche ; sur la façade méridionale, une petite porte,
aujourd'hui condamnée, est surmontée d'une niche à fronton triangulaire ; du côté septentrional, la tourelle, renfermant l'escalier de
la tour, s'engage dans une partie des murs de la nef.

Cette tour sert de porche à l'entrée principale de l'église ; elle est
voûtée avec nervures ; au centre est pratiqué un œil-de-bœuf pour la
montée des cloches. Elle se trouve construite en saillie sur une petite
travée, de la largeur de la nef médiane ; cette travée a dû être le
porche de la vieille basilique du xiie siècle, dont nous allons décrire
les restes.

La porte d'entrée, sur la façade, forme un arc surbaissé s'appuyant
sur deux pilastres peu saillants que surmonte un fronton triangulaire,
très aigu. De chaque côté de ce fronton sont deux niches vides, et au
centre, entre les deux niches, se trouve un cadre vide de l'inscription
qu'il renfermait.

Le premier étage est éclairé par une petite fenêtre cintrée, et le
deuxième par deux fenêtres jumelles, avec abat-sons sur les quatre

faces de la tour. Ce dernier étage abrite plusieurs cloches et le mouvement de l'horloge portant cette inscription :

fut faict·mil·v·cens et trente par denis baulory de troy

Ces cloches sont au nombre de trois; une a été fondue en 1839.

Sur la plus grosse, on lit cette inscription, qui ne manque pas d'une certaine crânerie, avec semblant de rime assez mal déterminée :

**+ galaise·suis·certainement·car ·ainsy·dict·premier
mon·nom·galas·de·chaulmont·le·puissant·seigneur
de·rigny·le·ferron·mil·Vᵉ·z·xxx·**

La plus petite, contemporaine de cette dernière, porte simplement ces mots et cette date de 1530 :

**mil·Vᵉ·z·xxx·
nomen·Virgineum·
dico·maria·meum·**

Sous la tour, une seconde porte donne accès dans la nef principale, composée de trois travées voûtées en berceau : deux collatéraux plafonnés l'accompagnent. Les murs de la nef reposent sur des arcs plein cintre portés eux-mêmes par des piliers carrés dans le caractère de ceux des édifices du XIIᵉ siècle. La nef s'éclaire par de petites fenêtres en ogive, ménagées dans la voussure, indiquant que cette partie de l'église était autrefois fermée par un simple plafond. Les bas côtés sont du même temps, mais remaniés à différentes époques, surtout les fenêtres qui, depuis quelques années, ont été enrichies de meneaux.

Anciennes clôtures des chapelles latérales. — Les deux premières travées des bas côtés sont occupées, à droite, par la chapelle des fonts ; à gauche, par la sacristie des chantres.

Ces deux travées se ferment avec des clôtures en menuiserie. Celles-ci sont d'élégants balustres, dans le soubassement desquels

ANCIENNES CLOTURES DES CHAPELLES LATÉRALES.

sont ménagés des panneaux avec cadre, séparés par des pilastres moulurés et surélevés de chapiteaux à feuillages. Des pilastres, dans le même genre, mais plus élevés et surmontés de pots à feu, maintiennent l'assemblage de la clôture. Les balustrades portent une frise décorée de médaillons (1, 2, 3) avec figures de chevaliers, très caractéristiques, d'anges, de dragons ailés et de rinceaux à figures grotesques. Elles fermaient autrefois les chapelles latérales des bas côtés et méritaient certainement cette place d'honneur par le fini et la richesse de leur exécution.

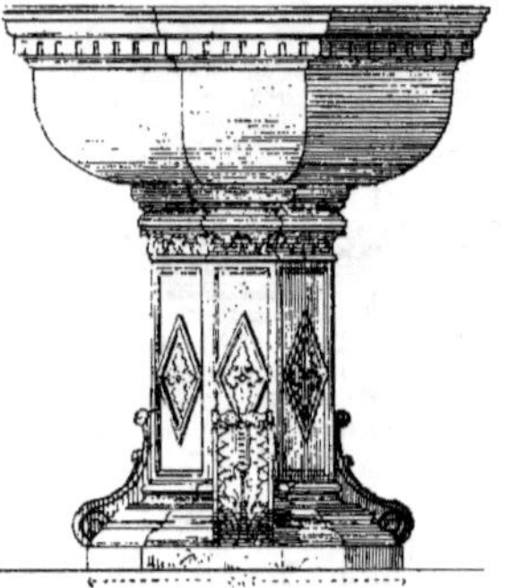

Le dessin que nous publions n'est que le quart du développement de cette intéressante clôture, exécutée vers 1550.

Cuve baptismale. — La cuve baptismale est à huit pans, formant un octogone régulier. Elle est montée sur un pied-droit de même forme et maintenue à sa base par quatre consoles renversées. C'est un petit monument du XVII° siècle, qui rend bien les qualités distinctives de son époque.

Partie du monument construite au XVI° siècle. — Deux anciens piliers de la troisième travée de la nef se trouvent engagés dans la masse des premiers piliers du transept, là où commence la nouvelle église, qui semblerait dater de la première moitié du XVI° siècle (1510 à 1520).

Cette nouvelle construction se compose de travées avec bas côtés formant les chapelles latérales, d'un transept et d'un sanctuaire à cinq pans. Les voûtes sont à nervures croisées pour les bas côtés, la première travée du transept et les travées du chœur.

La troisième travée, qui fait suite, et la voûte du sanctuaire sont divisées par des diagonales qui s'entre-croisent en formant des étoiles à quatre branches : elles sont à six branches pour le sanctuaire, correspondant aux cinq divisions de l'abside.

Toutes ces voûtes sont ornées de peintures exécutées en grisaille.

de 1851 à 1861, par M. Andréazzi et qui représentent des médaillons avec les attributs du culte, des rosaces à quatre feuilles, sur fond jaune d'or et bleu ; cette dernière coloration est très nuisible à l'ensemble de la décoration. Ces voûtes s'appuient sur des piliers ondés sans chapiteaux, mais avec des bases profilées très élevées au-dessus du sol (1^m,40).

Le transept a deux entrées : celle du midi est formée d'un arc surbaissé avec moulures prismatiques, où deux dragons ailés servent de base à un cep de vigne courant dans tout le pourtour des pieds-droits de la porte. La clef du linteau est chargée d'un blason mutilé ; la base des profils est à renflements se pénétrant les uns dans les autres.

La porte du nord, qui donne accès au presbytère, est à moulures simples. En face, à l'intérieur, contre le premier pilier, est fixée une petite inscription, dont voici copie :

> CY DEVANT SOUS CETTE TOMBE
> REPOSE LES CORPS D'HONNORABLE
> HOMME TOUSSAINT SALMON
> VIVENT MARCHAND A RIGNY
> DECEDE LE 20 IUIN 1683 AGE
> DE 49 ANS
>
> ET D'HONNESTE FEMME
> AGATIE PIERRE SON EPOUSE
> DECEDÉE LE 28 MAY 1694
> AGÉE DE 53 ANS
>
> Priez Dieu pour Le repos
> De Leurs Ames

Marbre noir   H. 0,13. L. 0,36.

Au contrefort extérieur du transept méridional de la partie du XVIe siècle est une inscription latine, en caractères gothiques, presque entièrement effacée. Les enfants du pays l'ont mutilée en y jetant des pierres.

M. Finot, ancien chef d'institution, à Troyes, en a donné une copie publiée dans la statistique du canton d'Aix, par M. Monchaussé[1].

1. Mémoire de la Société académique de l'Aube. 1858

Avec cette reproduction et l'estampage relevé par nous que nous avons sous les yeux, nous reconnaissons son entière exactitude pour ce qui est encore lisible et nous la publions en lui reconstituant, toutefois, les caractères de son époque :

> Ipſe guielmus eram antiquo de ſanguine petrus
> Cuius in hac gelida gleba quieſcit humo
> Ut ſacra pro moeſtis libavi mystica functis
> Sic noſtro blandas nomine funde preces
> N.........   violēta morte merentur
> M......... ſacer vivis ſit.. ...
> Obii āno Domini·1519·5·maii mensis·

Voici la traduction :

> *D'ancienne souche issu, j'étais Guillaume Pierre,*
> *Je ne suis maintenant qu'une froide poussière.*
> *J'offris pour vos défunts mes prières, mes vœux :*
> *Amis, priez pour moi, moi qui priai pour eux!*
>
> .   .   .   .
>
> .   .   .   .
>
> *Décédé l'an du Seigneur 1549, 5 mai.*

Guillaume Pierre était contemporain d'Antoine Pierre, abbé de Vauluisant, et de Philibert Pierre, son frère, prieur de la même abbaye, tous deux fils de Jean Pierre, marchand, à Rigny-le-Ferron. Guillaume devait appartenir à cette même famille, peut-être était-il le troisième frère? Agathe Pierre, femme de Toussaint Salmon, dont nous venons de rappeler l'épitaphe, pourrait bien en descendre aussi. Cette pierre est à sa place primitive, elle nous confirme par sa présence, comme par sa formule, l'opinion que le cimetière de l'église devait occuper toute la partie méridionale de l'édifice.

Chaire à prêcher. — Le troisième pilier de la nef supporte la chaire à prêcher, œuvre intéressante de menuiserie, exécutée vers la seconde moité du XVIe siècle; rien n'est plus simple de disposition et en même temps plus gracieux que ce petit meuble, en rapport d'exécution avec la clôture dont nous venons de parler, et qui a dû être exécuté par le même artiste. La forme de cette chaire est octogonale;

son garde-corps se compose de panneaux sculptés de draperies à plis ondulés; le tout surmonté d'une frise, au centre de laquelle se détachent des médaillons avec figures de fantaisie, très finement rendues (1).

Les angles sont maintenus par des pilastres que couronne une petite saillie portant des anges accroupis. Ils se terminent de même, par des figures d'hommes et de femmes en costumes de l'époque et repliés sur eux-mêmes, sous forme de consoles.

La voussure devait s'appuyer sur un petit pilastre à trois faces, supprimé depuis longtemps, sans doute pour faciliter la pose des bancs qui occupent toute la nef.

Chœur. — Le chœur est fermé par des grilles et des stalles; il est carrelé de pierres en losanges, alternées de marbre noir. Les piliers sont décorés de statues représentant sainte Syre, saint Gilles, saint

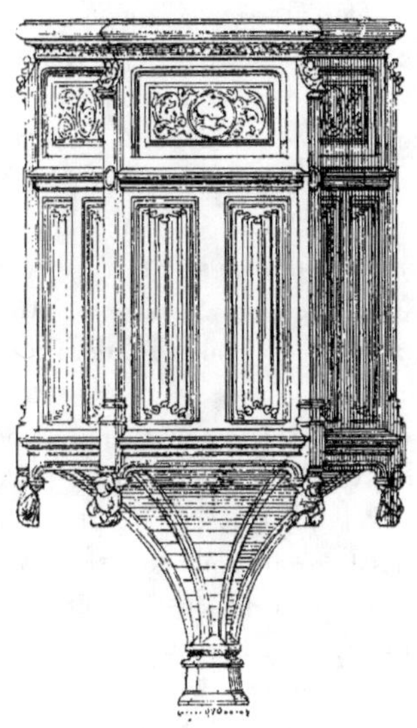

CHAIRE A PRÊCHER (XVIᵉ SIÈCLE).

Fiacre, saint Jean-Baptiste et un *Ecce homo* assez curieux.

A l'entrée du chœur, à gauche, est un saint Christophe, plus grand que nature, portant sur ses épaules l'Enfant Jésus : Christophe était simple manœuvre, grand et d'une force herculéenne, chargé de passer les voyageurs d'une rive à l'autre d'un torrent dangereux. Appelé, pendant la nuit, par une voix d'enfant, il prit sur son épaule un petit passager qui se présenta à lui. Mais les eaux étaient grosses et le poids de l'enfant semblait augmenter d'instant en instant. Christophe sentit ses jarrets fléchir. Il tourna la tête et vit bien qu'il ne portait toujours qu'un enfant. « Qui donc es-tu, demanda-t-il, toi qui lasses le fort passeur? » Au même instant, l'enfant lui apparut au milieu d'une clarté resplendissante et il lui répondit : « Tu portes celui qui porte le monde. » Il comprit et devint, à la suite de cette apparition, chrétien, missionnaire et martyr.

Il avait reçu des chrétiens le nom de Christophe ou Christophore, qui signifie Porte-Christ.

De l'autre côté, à gauche du chœur, est la statue de saint Martin, en costume élégant du temps de Louis XII.

Tombe d'Hector des Ardents. — Au milieu du chœur, sous la lampe, on voit la dalle tumulaire, en marbre noir, d'Hector des Ardents, reproduite ici en fac-similé. Nous devons faire remarquer que le sculpteur, nommé Var, qui a signé son œuvre au bas de la tombe, à droite, a fait une erreur assez grave en écrivant Hector de Sardants, au lieu d'Hector des Ardents, nom que nous trouvons orthographié de cette manière dans toutes les biographies connues de cette famille.

Hector des Ardents était d'une famille originaire de Normandie, qui, vers le milieu du xviie siècle, vint s'établir dans le diocèse de Sens. Il fut chef des escadres des armées navales de France sur les côtes du royaume de Navarre et pays de Biscaye; le 17 novembre 1672, il fut reçu chevalier de l'ordre de Notre-Dame du Mont-Carmel et de Saint-Lazare. Il avait épousé Jeanne-Claude Courtois.

Sur le haut de la tombe se voient deux écus accolés, surmontés d'une couronne comtale et entourés du collier de l'ordre du Mont-Carmel. Le premier blason porte : de... à une fasce haussée de..., accompagnée en chef de trois besans de... rangés en fasce, et en pointe d'un chevron de... et une fleur de lis de...; posée à la pointe de l'écu. Ce blason est celui du défunt. Les armes de la famille des Ardents données par d'Hozier et par Lachesnaye n'ont point de fasce haussée: aussi pensons-nous que cette pièce représente simplement la séparation d'un chef, et cela d'autant plus que, dans le recueil manuscrit de la Bibliothèque nationale connu sous le nom d'*Armorial général* (Paris, t. IV, p. 117-118), nous trouvons qu'Hector des Ardents portait : de gueules à un chevron d'or, accompagné en

TOMBE D'HECTOR DES ARDENTS, 1675.

pointe d'une fleur de lis du même, et un chef cousu d'azur chargé de trois besans d'argent.

Le second écu est fruste. Mais, en considérant que dans le cadre de la pierre tombale sont sculptés les meubles de l'écu du défunt, il faut conclure que les trois oiseaux qui se voient encore dans le bas, à gauche, meublaient ce second écu qui, évidemment, était aux armes de la femme d'Hector, et, en effet, l'*Armorial général* nous apprend que Jeanne Courtois portait : d'argent à trois merlettes de sable.

Dans les angles inférieurs de la tombe se trouvent deux écussons surmontés tous deux d'une couronne comtale. Celui de droite est écartelé : aux 1 et 4 des Ardents; aux 2 et 3, de.... à trois têtes de faons arrachées, de... (armes probablement de la mère d'Hector). Celui de gauche, que nous sommes tenté d'attribuer à la femme d'Hector, présente un écartelé aux 1 et 4 (fruste), aux 2 et 3 de... à 3 fasces de...[1].

Cette pierre tombale était autrefois élevée sur le sol et portée par quatre lions qui ont disparu.

Chapelles latérales des bas côtés du chœur. — La chapelle du bas côté méridional est dédiée au Sacré-Cœur; elle était autrefois sous le vocable de Sainte-Paule. C'est l'ancienne chapelle seigneuriale fondée par la famille de Chaumont, seigneur de Rigny. L'autel est très simple; sur les gradins est un groupe en pierre, du xvie siècle, représentant une Descente de croix : le corps inanimé de Jésus repose sur les genoux de sa mère. La croix en pierre qui se trouvait derrière ce sujet est brisée depuis longtemps; sur le tronçon du pied de cette croix, on voit encore le blason des seigneurs donateurs, dont les émaux ont disparu. A droite du groupe principal est représentée une figure de femme agenouillée, au bas de laquelle une tablette porte ces mots : SANCTA PAVLA, patronne des sires de Rigny.

La verrière du chevet, au-dessus de l'autel, montre les portraits de Guillaume de Chaumont, second fils d'Antoine, seigneur de Quitry, et de Jeanne Martel, dame de Baqueville, qui fut seigneur de Rigny-le-Ferron, domaine entré dans sa famille par suite du mariage de Guillaumet, son grand-père (16 juin 1408), avec Jeanne de Mello, dame dudit Rigny et de Chassenay; et celui de sa femme, Marguerite d'Anglure, dame de Conantes, fille de Guillaume, seigneur d'Anglure, avoué de Thérouanne, et de Jeanne de Vergy.

---

1. Détails héraldico-généalogiques que nous devons à l'obligeance de M. Arthur Daguin.

Guillaume de Chaumont est agenouillé, les mains jointes, devant un prie-Dieu, sur lequel se voient son livre d'heures et son cimier. Armé en chevalier, l'épée au côté, il est, en outre, couvert de son surcot brodé de ses armes. Le prie-Dieu porte son blason, d'argent à cinq fasces de gueules.

Ce blason a été refait à neuf. Il est bon de signaler ici, pour éviter des erreurs de noms et de famille, que le peintre verrier chargé de

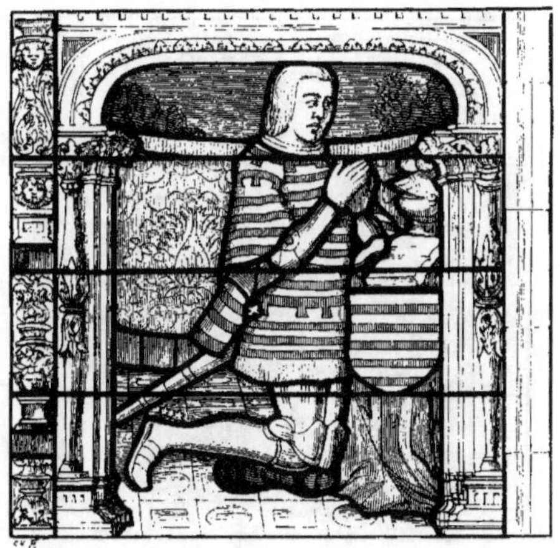

GUILLAUME DE CHAUMONT (XVIᵉ SIÈCLE).

cette restauration a omis en chef le lambel à trois pendants ; le vêtement armorié de Guillaume de Chaumont le lui indiquait cependant.

Sa femme, Marguerite d'Anglure, lui fait face dans une même attitude et dans le même recueillement ; elle est richement vêtue, d'une robe écarlate, à larges manches et à traîne de jupe doublée de fourrures.

Une chaînette d'or, avec médaillon, garnit son corsage et un rosaire est suspendu à sa ceinture.

Le blason de son prie-Dieu porte : d'or, semé de grelots d'argent, soutenus de pièces de gueules en forme de chevrons renversés.

Dans les panneaux de cette fenêtre, au-dessus des donateurs,
sont un saint Jean le Bien-Aimé, une Notre-Dame-de-Pitié et un
saint Nicodème portant les trois clous. Dans les lobes, l'Annonciation
et Dieu le Père, au milieu d'un concert céleste : des légions d'anges
chantent en s'accompagnant sur des orgues portatives, maintenues
devant eux par une courroie en sautoir.

Les deux fenêtres du sud de cette chapelle, ainsi que celles du

MARGUERITE D'ANGLURE (XVIᵉ SIÈCLE).

nord, ont été ornées de meneaux qui n'existaient pas antérieurement.
Les deux premières sont occupées par des verrières modernes, portant
la date de 1867, et représentant : dans la première fenêtre, le
Bon Pasteur, sainte Marthe et sainte Madeleine. Dans la seconde,
saint François de Salles, saint Pierre et saint Augustin. Dans les
lobes, les blasons des derniers évêques de Troyes, des Hons, Cœur
et Ravinet.

La fenêtre du transept, au-dessus de la porte d'entrée, est fermée
par une verrière représentant saint Joseph et deux médaillons portant
les figures de saint Savinien et de sainte Adélaïde.

Tombe de Galéas de Chaumont. — La tombe de Galéas de
Chaumont et de sa femme, Gauchère de Bruillard, dame de Coursan, est placée entre les deux dernières travées du bas côté sud, faisant face à l'autel du Sacré-
Cœur.

Le seigneur de Rigny
est représenté, comme son
père, Guillaume de Chau-
mont, couvert de son ar-
mure de guerre, l'épée au
côté; par-dessus son ar-
mure, il porte un surcot
blasonné de ses armes. A
ses pieds, son heaume et
ses gantelets. Il est posé de
trois quarts, la tête nue, les
mains jointes, tourné du
côté de sa femme, repré-
sentée à sa gauche dans la
même posture.

Gauchère de Bruillard
a la tête couverte d'une
coiffe serrée aux oreilles et
tombant en forme de capu-
chon derrière le col. Elle est
vêtue d'une grande robe à
larges manches tombantes
et laissant voir au-dessous
d'autres manches garnies
de manchettes tuyautées.

TOMBE DE GALÉAS DE CHAUMONT. 1543.

La tête de ces deux personnages repose sur de riches coussins.
Au-dessus, une plate-bande, courant sur toute la longueur de la
pierre, porte deux frontons accompagnés de vases funéraires. Dans
ces frontons, d'un côté, est une sainte Paule; de l'autre, un saint
Edme, patrons des défunts.

Autour de la pierre se lit l'inscription suivante :

**Cy gilt galas de chaumont efcuier en son vivant feigneur de Rigny
de conrfam et de fainct cire en p̄tie lequel deceda le xxiiii^e
j^r de juillet mil v^e quarante trois-Aulfy gilt damoifelle
Gauchere du bruillart fa fem̄e laquelle deceda.........
priez dieu po^r eulx.**

La date de la mort de Gauchère paraît n'avoir jamais été gravée,
ce qui indique que le mari est mort le premier et que cette pierre a
été exécutée et posée du vivant de sa femme.

Aux quatre angles de la tombe sont les blasons de la famille des
défunts. Le premier, en haut, à gauche, est celui de Galéas de Chaumont. Le deuxième, à droite, est ainsi composé : le premier quartier
est aux armes de la grand'mère de Galéas, Jeanne Martel; le
deuxième est le blason de Guillaume de Chaumont, père du défunt;
le quatrième, celui de Marguerite d'Anglure, mère de Galéas; le
troisième quartier, celui de Jeanne de Choiseul, bisaïeule du
défunt, dernière de la branche ainée des sires de Choiseul, et épouse
d'Étienne, sire d'Anglure, chambellan du roi d'Angleterre.

Au bas de la pierre, à gauche, le blason parti présente au premier les armes de Galéas de Chaumont, au deuxième celles de Gauchère de Bruillard. Le quatrième blason, à droite, est aux armes des
Bruillard de Coursan.

La chapelle septentrionale est consacrée à la Vierge-Marie ou
au Saint-Rosaire. L'autel, de style gothique moderne, est surmonté
d'un retable dont les niches abritent les statues de la Vierge-Mère,
accompagnée de deux anges portant des banderoles sans inscription.
C'est la Notre-Dame de Boulogne à laquelle cette chapelle était consacrée depuis la fondation de l'église.

La verrière au-dessus de l'autel raconte la légende de Notre-
Dame de Boulogne-sur-Mer. En l'an 633, la Vierge apparut aux
habitants de Boulogne; elle leur annonça que son image venait
d'entrer dans le port, apportée par un navire sans pilote et sans
marins. La foule s'empressa de courir au rivage : elle vit sur la

mer un petit bateau environné d'une lumière éclatante et poussé par une puissance invisible.

Sur ce bateau, on trouva une petite statuette de la Vierge portant l'Enfant Jésus. Les habitants, frappés de ce prodige, recueillirent la statue et élevèrent pour la conserver un monument existant encore aujourd'hui et qui est devenu la crypte de l'église de Notre-Dame de Boulogne.

D'après les peintures de cette verrière, ce n'est plus la statue, mais la Vierge elle-même, qui est en scène. Dans le premier panneau, elle porte un reliquaire, de la forme d'un saint ciboire, et, conduite par deux anges, elle se rend vers un port où un navire est en partance. On lit au bas :

> Gens veſtus a lētiques miracle regardāt
> Nrē dā ſur terre preſte ſur mer entrāt

Dans le second panneau, elle descend au port de Boulogne, les deux anges la conduisent; la foule, assemblée à la porte de la ville, la regarde venir. On lit :

> Nrē dame par terre a bonlōgne venant
> A tout ſon reliquaire daeies regardāt

Dans la troisième, la Vierge offre son reliquaire à l'église de Boulogne. Elle est agenouillée devant l'autel et toujours accompagnée de ses deux anges; le petit reliquaire, de même forme que celui qui est représenté dans le premier panneau, est placé sur l'autel. Nous lisons :

> Icelle a legliſe ſon reliquaīe offrant
> ſur lautel de bonloigne a dieu gc̄es redāt

Les panneaux de cette intéressante verrière ont été déplacés; il serait convenable de les remettre au-dessous de chacune des légendes qui les concernent. Dans les lobes de cette fenêtre, on voit le Calvaire. Jésus crucifié, de chaque côté de la croix, sa mère et saint Jean.

Les fenêtres septentrionales sont garnies de verrières modernes, représentant, dans la première fenêtre, l'*Immaculata conceptionus, sancta Clara, sanctus Henricus.* Dans les lobes, Jésus-Christ apparaît à Marie-Magdeleine et aux saintes femmes. Dans la seconde fenêtre, *sanctus Amabilis, sanctus Jacobus* et *sanctus Eugenius;* en haut de la fenêtre, saint Ignace et saint Pierre; au-dessus, les armes du pape.

La petite fenêtre surmontant la porte du transept représente dans un médaillon le buste de sainte Thérèse.

Dans cette chapelle se trouve la sépulture de la famille Bezanson, comprenant trois pierres tombales. La plus ancienne porte une épitaphe ainsi conçue :

SOUS CETTE TOMBE REPOSE LES CORPS DE FRANÇOIS BEZANSON MARCHAND DE BOIS DECEDE LE.................. ET DE BARBE COCHOIS SA FEMME INHUMEE DANS VN SEPULCHRE DE PIERRE DECEDEE LE VINGT DEUX NOVEMBRE MIL SIX CENS QUATRE VINGT QVINZE QUI ONT FONDE VNE MESSE HAULTE A PERPETUITE LE PREMIER DIMANCHE DE CHACUN MOIS A LHOSTEL DU ROZAIRE DE CETTE EGLISE PAR DEVOTION QU'ILS ONT EU A LA S[TE] VIERGE
Requiescant in pace.

Cette inscription se termine par une tête de mort et des ossements croisés. La bordure est semée de larmes; elle mesure, en hauteur, 1^m,98 et en largeur un mètre.

La seconde pierre tumulaire vient d'être gravée à neuf. On lit :

CY GYST MAISTRE LOVIS BEZANSON LIEVTENANT DE CEANS-EN-OTHE.[1] A RIGNY-LE-FERRON PREVOST DE COVLOVRS[2], ET AVTRES LIEVX DECEDE LONZE AVRIL 1714 ET DE SON AGE LA 74[E] ANNEE.
PRIEZ DIEU POVR LE REPOS DE SON AME.

Cette pierre mesure 1^m,60 sur 83 cent.

1. Aujourd'hui Bérulles.
2. Arrondissement de Joigny, canton de Cerisiers (Yonne).

La troisième tombe est complètement effacée. Pour occuper à elle seule toute une chapelle, cette famille devait avoir une certaine importance dans le pays.

Les murs des chapelles latérales des bas côtés sont décorés de figures de saints dans des niches; ils représentent saint Martin, saint Joseph, saint Vincent et saint Augustin; ces peintures, celles des voûtes, ainsi que les verrières modernes et la restauration de celles du sanctuaire, ont été exécutées de 1856 à 1859 sous l'inspiration et la direction de M. l'abbé Jourdain, qui dirige la paroisse depuis trente ans.

Des peintures anciennes du XVIᵉ siècle sont encore visibles et assez bien conservées sur l'un des piliers des bas côtés et sur les murs de la chapelle Notre-Dame : ce sont les apôtres saint Jacques et saint André. Ces figures accompagnaient autrefois les croix de consécration, comme nous l'avons observé dans les églises de Cerney, de Vailly et de Saint-André-lez-Troyes.

Sanctuaire. — Le maître-autel, de style moderne, est surmonté d'une exposition dans le genre gothique; à ses extrémités, deux anges sont en adoration. Son tombeau renferme plusieurs reliquaires sans intérêt pour l'art. Ses piliers sont décorés de statues anciennes : saint Sébastien, saint Roch, un saint Eutrope, patron secondaire de la paroisse, du XVIᵉ siècle, et une Vierge-Mère du XVᵉ siècle; deux autres, de saint Nicolas et de saint Éloi, sont en plâtre.

Les verrières des fenêtres du sanctuaire remontent aux premières années du XVIᵉ siècle et sont assez bien conservées; elles ont été restaurées avec beaucoup de soin par MM. Vessières, de Signelay (Yonne).

La première fenêtre, à droite, en entrant dans le sanctuaire, reproduit l'histoire de saint Martin, patron de l'église. C'est d'abord, dans la première partie, la naissance du saint. Il vit le jour, dit la légende, au village de Sabarie, puis à l'âge de deux ans il fut conduit à l'école, et à dix ans il était catéchumène. Son père le présente à Constantin. Dans la seconde division de cette verrière saint Martin, à la porte d'Amiens, coupe son manteau pour en revêtir un malheureux à moitié nu; puis Dieu se présente à lui, vêtu du manteau du pauvre. Dans la troisième rangée, saint Martin est sacré évêque

de Tours par saint Hilaire. La messe de saint Martin : un ange lui
apparaît; le diable le précipite des degrés du temple; des moines
viennent à son secours et l'aident à se relever.

Dans la partie supérieure de la fenêtre est représentée la mort
de saint Martin; le diable, à son chevet, avec un grand livre ouvert
en main, semble attendre une confession qui lui fournisse le prétexte
de s'emparer de l'âme du saint. A côté, son corps est porté par des
évêques; enfin, comme couronnement à cette merveilleuse légende :
Dieu le Père bénit le corps de saint Martin.

La deuxième fenêtre, en suivant, est consacrée à la mort de la
Vierge. Le premier sujet représente ses derniers moments, puis sa
mort : en suivant, son convoi, avec la scène du grand prêtre, puis le
tombeau. Plus haut, la Vierge est dans toute sa glorification, au
milieu d'une gloire céleste, entourée de séraphins chantant ses
louanges et se multipliant par légions jusque dans les lobes supérieurs
où nous voyons la sainte Trinité la recevant et posant sur sa tête la
couronne de sainteté.

La fenêtre centrale est divisée, suivant le même système, par des
meneaux flamboyants variés. Dans le bas de la fenêtre, saint Jean-
Baptiste et saint Nicolas; à leurs pieds, dans l'attitude de la prière,
deux donateurs, l'homme et la femme, en costume de la bourgeoisie
de l'époque. Dans le panneau suivant, saint Jacques de Compostelle.
Ces trois saints étaient probablement les patrons des donateurs, mais
aucun blason, aucune légende ne font connaître les noms de ces personnages. Au-dessus se développe toute la Passion de Jésus-Christ :
la prière du Christ au jardin des Oliviers, la trahison de Judas, Jésus
jugé par Anne, la flagellation, le couronnement d'épines, la présentation au temple.

Dans la partie flamboyante des lobes : Jésus condamné par
Hérode; Judas, pris de remords, regrette son crime, jette sa bourse et
va se pendre. En suivant, à droite, Jésus portant sa croix, les Juifs se
disputant ses vêtements; au sommet de l'ogive, le Calvaire.

La verrière de la première fenêtre, du côté gauche, en entrant
dans le chœur, est composée de plusieurs sujets qui ont été déplacés
et mis ici comme remplissage; on y remarque une dame donatrice,

assistée d'un saint vêtu comme les grands seigneurs du xvi° siècle,
peut-être saint Martin; à côté, un saint Christophe et un saint
Antoine. Est-ce la même dame qui a donné à l'église le saint Christophe et le saint Martin en pierre dont nous parlons plus haut? La
verrière contient aussi plusieurs fragments représentant des scènes de
la vie de saint Crépin et de saint Crépinien. Vers le milieu de la
fenêtre, une jeune dame et un jeune seigneur, richement vêtus,
sortent de leur palais; ils sont accompagnés de leurs suivants des
deux sexes. La noble demoiselle et le même jeune seigneur sont
suivis de musiciens ambulants jouant de divers instruments. Le troisième panneau nous montre les mêmes personnages : la dame assise,
l'homme debout. Devant eux, Jésus-Christ, reconnaissable à son
nimbe crucifère, est représenté dans l'attitude d'une personne leur faisant une allocution. Dans le dernier panneau, la dame est agenouillée
devant le Christ qui la bénit; à droite, on voit les fragments d'un lit,
couronné d'un riche baldaquin. Tout cet ensemble serait-il la représentation mystique du sacrement de mariage, ou bien les Noces de
Cana, avec les costumes du xvi° siècle? Nous ne pouvons faire qu'une
simple supposition, puisque les trois panneaux et les inscriptions
qui auraient pu servir à expliquer cette suite de scènes ont été
brisés par le temps. La perte est des plus regrettables pour la
science, comme aussi pour l'étude des mœurs de cette époque.

La deuxième fenêtre, à gauche de la fenêtre centrale, renferme
la généalogie des ancêtres de la Vierge et de Jésus-Christ. Dans plusieurs de nos monuments, l'arbre, dont Jessé est la racine, s'élève de
la poitrine du patriarche. Ici, le juste Jessé est simplement endormi
contre l'arbre d'où s'élance le tronc généalogique des rois hébreux,
au nombre de trente, depuis David jusqu'à la Vierge; ce sujet est le
plus complet que nous ayons vu avec celui de l'église des Noës.

A droite du panneau de Jessé est représenté Gédéon couvert de
son armure, l'épée au côté, la lance au poing. L'ange du Seigneur lui
apparaît et l'encourage dans sa lutte contre les Madianites. La pluie
descend du ciel sur la toison étendue à ses pieds. A gauche, Moïse
se prosterne devant le buisson ardent. Ce n'est pas Dieu le Père, mais
c'est Jésus-Christ bénissant qui est représenté au milieu de ce buisson.

qui brûla dans le désert sans se consumer, figure symbolique de Marie, devant enfanter Jésus-Christ et cependant rester vierge.

La sacristie renferme un petit plateau en cuivre repoussé, grossièrement exécuté, servant à la quête et portant cette singulière et naïve inscription :

CHARLES DES ROCHES M. G. (marguillier) VOUS PRIS
DE FAIRE VOS CHART (charités) D'UN BON ♡ . 1696.

FERME DES ARDENTS

La ferme des Ardents, du nom de l'un des anciens seigneurs de Rigny, est aujourd'hui un grand bâtiment d'exploitation rurale, dirigé par M. Dulong. Cette construction moderne est édifiée sur l'emplacement de l'ancien château. Il ne reste de ce manoir que les murs de clôture reliés entre eux par trois petites tourelles dans l'une desquelles nous avons lu la date de 1666. Le portail porte le millésime de 1668 ; il se compose d'une porte cintrée, maintenue par deux pilastres en briques et à biseaux qui forment des assises en relief, très fortes et très saillantes. Près de cette façade, à droite, est située la maison de l'ancien moulin du château, appelée Moulin de la

Cour, expropriée par la ville de Paris, depuis qu'elle s'est approprié toutes les sources vives de la Vannes.

Les habitants de Rigny, n'ayant plus d'eau pour leur consommation, attaquèrent la ville de Paris, qui fut condamnée à construire un réservoir d'une capacité suffisante pour les besoins de la population. Ce réservoir, inauguré en 1881, se trouve placé à droite de la maison de l'ancien moulin. Celle-ci est habitée aujourd'hui par le gardien chargé de la surveillance des eaux.

La Maison des Grues. — En 1666, la veuve Martin Aubert, de Rigny, et son fils, potier d'étain, à Troyes, vendirent à Martin Jacques de Bérulles, seigneur et vicomte de Céant-en-Othe, Cérilly, Vieil-Verger, Rigny-le-Ferron, en partie, une maison sise à l'enclos dudit Rigny, sur la rue Neuve, appelée vulgairement la *Maison des Grues.* Cette maison existe encore, et sa construction est remarquable par l'emploi des assises de pierre et de briques semblables à celles de la porte du vieux château ; cette brique, presque noire, employée dans les montants des portes et dans la baie des fenêtres, donne à cette construction une coloration d'un caractère étrange. A l'intérieur, rien de remarquable n'est à signaler, si ce n'est une mauvaise peinture à la détrempe, du plafond de la chambre à coucher, représentant une Vénus aux lignes les plus vulgaires.

SAINT-BENOIT-SUR-VANNES

Saint-Benoît est situé sur la route d'Orléans, à trente-deux kilomètres de Troyes et à sept kilomètres d'Aix-en-Othe, à mi-pente d'un coteau adossé au plateau de Planty.

Vers 1075, le village de Courmorin prit le nom de Saint-Benoît, au même titre que Saint-Benoît-sur-Seine, à la suite du don que l'évêque de Troyes, Hugues II, originaire de la maison des seigneurs de Dampierre, fit de ses droits aux moines du couvent de Saint-Benoît-sur-Loire. Cet acte fut confirmé à Sens par les évêques de la province assemblés en concile.

L'église est située sur le haut du coteau; son plan est rectangulaire; elle se termine en abside par une partie octogonale à trois pans.

La tour, en saillie sur la façade, s'ouvre par une porte cintrée et se divise en deux étages : le rez-de-chaussée sert de porche à l'entrée de l'église; le premier étage se termine par une corniche sur laquelle pose l'étage supérieur, simplement en charpente recouverte d'ardoises. Deux petites fenêtres éclairent le beffroi qui se termine en cône.

Sur la tour, une seconde porte cintrée et, au midi, une petite porte latérale donnent accès dans la nef, éclairée par six fenêtres ogivales.

Deux murs de refend séparent la nef du chœur : les autels de la Vierge et de saint Nicolas y sont adossés.

Une grille en bois ferme le chœur qui s'éclaire par trois fenêtres de même forme que celles de la nef.

Le sanctuaire occupe les trois pans de l'abside. Un retable en bois se dresse sur toute la travée centrale. Cette boiserie se compose de deux colonnes ioniques portant un entablement et encadrant une petite peinture représentant le patron de l'église, saint Benoît. De chaque côté de l'autel, deux petites fenêtres en ogive ont des verrières modernes qui représentent une Vierge-Mère et un saint Benoît.

Le tombeau de l'autel, de belles dimensions, de style Louis XV, est en marbre rouge veiné ; le soubassement est en marbre gris ; le marbre blanc a été employé pour les filets et les autres détails de la décoration. On prétend que cet autel a été donné par l'un des derniers comtes de Vienne, seigneurs de Saint-Benoît.

Cette église est entièrement plafonnée. Remaniée au commencement du XVIe siècle, elle le fut dans de si mauvaises conditions, qu'il fallut reconstruire la nef et le clocher en 1728.

Le village de Courmorin a donné naissance à Hervée, soixante et unième évêque de Troyes, qui passe à juste titre pour avoir fait construire le magnifique sanctuaire de la cathédrale de Troyes. Après dix-sept années d'exercice, Hervée mourut le 2 juillet 1223. Le tombeau de bronze du prélat existait autrefois dans la chapelle de la Vierge, derrière le chœur de la cathédrale. A la suite de fouilles faites en 1844, on trouva dans son cercueil une jolie crosse émaillée, un calice, un anneau pastoral et quelques lambeaux de vêtements qui ont été enlevés et déposés au trésor de la cathédrale.

CHATEAU DE SAINT-BENOIT

Le château de Saint-Benoît est à gauche de la grande route d'Orléans, dans le fond d'un vallon, près de la Vannes.

Brûlé pendant les luttes sanglantes de la Ligue, il fut reconstruit vers les dernières années du XVIᵉ siècle. La porte monumentale servant d'entrée au château échappa à ce désastre; elle est reliée au logis principal par le bâtiment des communs.

Ce château comprend un grand corps de bâtiment, composé d'un rez-de-chaussée, d'un premier étage et de deux pavillons au midi.

L'entrée est un corps de logis percé d'une grande porte cintrée; au-dessus de celle-ci s'ouvre une fenêtre éclairant la salle du premier étage. Cette fenêtre est surmontée d'un arc de décharge sous lequel devaient être pratiquées des ouvertures en forme de rainures pour la manœuvre du pont-levis. Toute cette partie de la façade a dû être restaurée en même temps qu'était reconstruit le château. Aux angles de ce corps de logis s'accolent deux tourelles en encorbellement, arrondies, de forme ondulée, dont le développement présente trois quarts de cercle; elles reposent sur des trompes, appareil de claveaux en forme de coquilles, se rétrécissant du point de départ au centre, où se trouve percée une petite ouverture ronde destinée à passer la bouche d'une couleuvrine. Ces deux trompes s'appuient et se réunissent sur un corbeau en retrait, portant toute la saillie de la tourelle. Des bandeaux peu saillants divisent les deux étages et courent sur la façade et sur les deux tourelles. De petites fenêtres, régulièrement percées, éclairent les étages de ces tourelles.

A gauche de la porte d'entrée était une poterne destinée au passage des piétons; c'est au-dessus que nous voyons l'ancienne rainure de la flèche du pont-levis. Cette construction se termine par une corniche à modillons très saillants; au centre sont disposés symétriquement trois corbeaux à talon, espacés de manière à ménager des vides par lesquels on envoyait, de l'intérieur, sur la tête des assiégeants, des matières corrosives ou des projectiles. La toiture des tourelles est conique : celle du corps de logis est à quatre versants couronnés d'un campanile carré couvert d'une toiture à contre-courbe.

Avant d'être restaurée, la porte d'entrée avait le caractère d'une construction propre à la défense du château; elle ne présente plus, en se détachant au milieu d'une végétation luxuriante et pittoresque, qu'une jolie et élégante décoration de notre architecture militaire de la fin du xvi⁰ siècle.

Le château de Saint-Benoît et sa porte peuvent remonter au temps du comte de Vienne de Soligny, seigneur de Saint-Benoît et familier du roi Henri IV, de qui descend la famille du propriétaire actuel du château, M. Eugène Peschard d'Ambly, maire de Saint-Benoît.

CHAPELLE SAINT-GENGOUL.

COURMONONCLE

Le hameau de Courmononcle, situé sur la rive gauche de la Vannes, à la base d'un coteau à pentes rapides, est à un kilomètre de Saint-Benoît, auquel il est réuni.

Au centre du pays et près de la chapelle est une fontaine appelée *Source de saint Gengoul,* patron de cette chapelle, autrefois très vénéré dans le hameau. La tradition du pays veut attribuer l'origine de cette source à saint Gengoul, qui l'aurait fait surgir, pour convaincre sa femme de violation de la foi conjugale. Il existe bien une légende sur ce fait, qui se serait passé non en Champagne, mais en Bourgogne, au pays même du saint.

La chapelle de Courmononcle est à gauche, en montant le chemin de Paisy-Cosdon. Son plan triangulaire est divisé en deux parties : le sanctuaire et la nef.

Cette chapelle est un petit monument du XIIe siècle, simplement plafonné ; sa façade se compose d'une porte plein cintre, ornée de tors et de gorges qui accusent bien son époque ; cette archivolte

repose sur un bandeau à biseau formant la tête des pieds-droits de la
porte.

Deux contreforts, aux angles, soutiennent le pignon sur lequel
s'élève un petit clocher renfermant une cloche de 1562. Le parrain
fut Nanceau, seigneur de Courmononcle; la marraine, Marguerite
des Essarts.

La nef est éclairée par deux très petites fenêtres en meurtrières
très étroites; le sanctuaire, par deux autres fenêtres, agrandies au
xvie siècle pour donner plus de jour à l'intérieur. Au-dessus de l'autel est placée la statue équestre de saint Gengoul, revêtu du costume
des seigneurs du xvie siècle. De la main droite, il tient les rênes de
son cheval; de l'autre, il porte un faucon sur le poing. On le représente souvent la main posée sur la garde de son épée, dont la pointe
fait jaillir de terre une fontaine. Cette statue, paraissant d'un bon
style, est affreusement barbouillée de différentes couleurs qui empâ-
tent les détails et font même disparaître la finesse des contours, si
bien qu'à une certaine distance l'œil ne distingue plus qu'une masse
informe.

Saint Gengoul ou Gengou, comte de Bourgogne, est honoré
comme saint, pour avoir été tué à l'instigation de sa femme, dont il
avait découvert la mauvaise conduite.

ÉGLISE SAINT-MÉDARD.

SAINT-MARDS-EN-OTHE

Saint-Mards, ancienne petite ville fortifiée, est située à trente-huit kilomètres de Troyes et à huit kilomètres d'Aix-en-Othe. Elle est arrosée par un petit ruisseau appelé le Chaillouet qui se jette dans la Vannes, au-dessous de Paisy-Cosdon.

A l'est de Saint-Mards est la fontaine Saint-Bouin, dont les eaux ont été conduites au centre du pays, dans la rue principale, où se

trouve la halle, construction des plus simples, servant en même temps
de mairie. Ces eaux jaillissent d'une fontaine en fonte, exécutée sur
les dessins de MM. Habert et Boulanger, architectes à Troyes. Elle
est formée de deux bassins superposés. Le plus petit repose sur la tête
d'un enfant nu; les eaux s'échappent en gerbes et tombent dans un
grand réservoir en pierre servant d'abreuvoir.

De cette place, en regardant à l'est, sur la hauteur, à l'extrémité
de la rue qui monte avec une certaine rapidité, on voit l'église Saint-
Médard. A gauche, dans cette même rue, mais avant d'arriver à
l'église, se trouve, construite avec une certaine recherche, l'école
communale des garçons et des filles.

On monte à l'église Saint-Médard de Saint-Mards par vingt-
sept marches. Une tour en pierre fait saillie sur toute la largeur de la
nef; elle est maintenue aux angles de la façade par deux contreforts.
La porte principale, cintrée, est flanquée de deux pilastres à chapiteaux ioniques, portant un entablement surmonté d'un fronton aigu,
dans le champ duquel est un triangle trinitaire d'où s'échappent des
rayons couvrant toute sa surface.

Au-dessus du fronton, un œil-de-bœuf, entouré d'une guirlande
de feuillages, éclaire le premier étage de la tour. Sur la corniche, une
toiture conique sert de base à une tour octogonale en bois. Les huit
faces de celle-ci sont percées d'ouvertures cintrées à auvents; d'autres
petites ouvertures, également cintrées, sont pratiquées dans la frise du
couronnement. La tour se termine par un campanile répétant, par
sa forme, la même figure et les mêmes divisions.

Toute cette construction en bois fut édifiée en 1867 par M. Boulanger, architecte à Troyes, ancien conducteur des ponts et chaussées
à Saint-Mards, ancien membre de la Société académique de l'Aube,
décédé, à Troyes, le 22 juillet 1878.

La tour en pierre de cette façade était jadis surmontée d'une
flèche beaucoup plus élevée. En 1681, la tour s'écroula, entraînant
dans sa chute la flèche et les cloches. Ce désastre fut réparé en 1686.
Dans la même année, le 5 octobre, de dix à onze heures du soir,
Étienne Bisson, fondeur, avec 1,200 livres de fonte, achetée à Troyes
quatorze sous la livre, a fondu la grosse cloche, moyennant la somme

de 72 livres. Cette cloche existe encore, elle porte l'inscription suivante :

S^T MEDARD PRIE POVR NOVS·LAN·1686·IAY ESTE BENIE PAR MR IACQVES CAMVS PRESTRE CVRE DE CE LIEV ET IAY ESTE NOMME ALEXANDRE IANNE PAR HAVT ET PVISSAN SEIG^R M^{RE} ALEXANDRE DE PIEDEFER CH^{ER} CON^{ER} DV ROY EN SES CONSEILS D'ESTAT CY DEVANT GOVVERNEVR DE LEVRS ALTESSES SERENISSIMES NOSSEIG^{RRS} LES PRINCES DE CONTY ET DE LA ROCHE SVR YON MARQVIS DE S^T MARDS MON PARAIN ET PAR DAME IEANNE MARCEAV EPOVSE DE M^{RE} LOVIS DE VIENNE CHE^R SEIG^R DE GIRAVDOT PRESLE GRENEY BAILLY NVISSEMENT PRECY CON^R DV ROY SES CONSEILS LIEVTENANT PARTICVLIER AV CHATELET DE PARIS MA MARAINE ET PAR LES SOINS DE M^E CHARLE DE NESLES PROCVREVR FISCAL DE NICOLAS SOLLEMON CHARLE NOEL DENIS GVYARD DENIS GVYOT ET CHARLE BAZIN MARGVILLIERS.

Dès 1493, le marquisat de Saint-Mards appartenait à la famille de ce nom par le mariage de Michel Pied-de-Fer avec la fille cadette de Jean de Chanteprime, seigneur de Saint-Mards et en partie de Villemoiron.

Au-dessus de cette cloche, une autre, beaucoup plus petite, fait partie de la sonnerie de l'horloge; la date de 1542, inscrite sur son cerveau, confirme qu'elle a échappé au désastre de 1681. En voici l'inscription :

messires henry Zubereau medard desoeuvres et
Jehan lainier pbres mont tenu en lan m v^c xlix.

Intérieur. — Une seconde porte cintrée s'ouvre sous le porche de la tour et donne accès dans la nef et les bas côtés. Au mur occidental extérieur, en retraite sur la tour, se voient encore les traces des portes qui s'ouvraient autrefois sur les nefs latérales.

L'intérieur de l'église Saint-Médard est très vaste et forme un rectangle régulier jusqu'au sanctuaire; celui-ci est en saillie et à cinq pans.

Dans l'angle de la première travée de ce sanctuaire est ménagée la sacristie, voûtée en ogive, construite quelques années après le grand-œuvre.

Cette église fut saccagée et presque abandonnée pendant les luttes de la Réforme. Les discordes religieuses devinrent si violentes que les vitraux et les images des saints furent brisés et la nef presque entièrement ruinée.

Cet état se maintint jusqu'en 1735, époque à laquelle fut construite la nef actuelle. De 1777 à 1779, on y ajouta les bas côtés.

Cette nef se compose de quatre travées y compris le cancel formant la première travée du chœur. Ces travées sont divisées par quatre colonnes toscanes monolithes supportant une voûte surbaissée avec pénétrations réunissant celles de la nef aux voûtes des travées des bas côtés; ces dernières sont de même hauteur que la nef centrale.

Chaire à prêcher. — La chaire, toute moderne, d'un style soi-disant grec, est une répétition de la chaire de l'église Saint-Pantaléon, de Troyes. Elle est placée contre le troisième pilier, à droite; son garde-corps est orné de quatre bas-reliefs en beau bronze antique, représentant sainte Madeleine et les trois vertus théologales, la Foi, l'Espérance et la Charité. Ces bas-reliefs ont été exécutés à Paris, en 1841, par M. Quesnel, fondeur de la fontaine dont nous parlons plus haut.

Comme nous l'avons fait remarquer, le chœur occupe le cancel et la deuxième travée correspondant aux deux chapelles latérales. C'est au deuxième pilier, divisant ces deux parties, que se raccorde la construction de l'ancienne église qui remonte à la deuxième moitié du xvie siècle. Comme l'église d'Aix, elle a été édifiée vers 1575, peut-être par le même architecte.

Sanctuaire. — Le sanctuaire offre un ensemble de proportions et de décorations vraiment remarquable. Les fenêtres de chacune des travées se divisent, comme dans toutes les églises de cette époque, par des meneaux en forme de portique; sur celui qui occupe le centre de la fenêtre est adossée une colonne dont la base repose sur le soubassement de ces mêmes fenêtres. Cette colonne est surmontée de son chapiteau que surmontait une statue abritée par un riche pinacle de la Renaissance, dont les détails sont affreusement mutilés. Cette statue a été remplacée par un vase brûle-parfums (1).

1. TRAVÉE DU SANCTUAIRE.

Les nervures de la voûte s'entre-croisent en formant des pointes d'étoiles qui viennent se réunir aux cinq pointes de l'abside. Dans leur croisement à la clef, des têtes de chérubins et, à la clef centrale, un Saint-Esprit. D'anciennes peintures formant des cadres ovales avec bandeaux déchiquetés apparaissent encore sous le badigeon de l'intrados, surface intérieure de la voûte.

Les verrières étaient toutes en grisaille, ce qui laissait assez de jour pour éclairer les statues ornant ce sanctuaire : quelques fragments de ces vitraux existent encore ; on reconnaît un saint Pierre, endormi au jardin des Oliviers, ayant son sabre à terre, à la portée de sa main.

La porte de la sacristie s'ouvre à la première travée, à droite, en entrant dans le sanctuaire. Au-dessus de cette porte est ménagée une petite niche de la Renaissance, renfermant une statuette de saint Paul ; le jour d'une fenêtre qui surmonte la niche est complètement masqué par l'élévation de la toiture de la sacristie.

Un grand et riche autel se dresse au milieu du sanctuaire ; il est en marbre de différentes natures et a été exécuté par Pierre Le Clair, moyennant la somme de 29,000 livres.

Cet autel décorait autrefois le sanctuaire de l'ancienne abbaye de Vauluisant. A ses extrémités, deux anges en adoration, plus grands que nature, en plomb doré et repoussé. Ils avaient pour support deux énormes consoles en marbre, placées à l'entrée de l'église et qui actuellement servent de bénitier.

Tous ces objets précieux ont été achetés lors de la fermeture des couvents, par la paroisse de Saint-Mards, moyennant la somme de 1,200 livres.

Ce maître-autel est adossé à un grand retable que portent quatre colonnes corinthiennes, et surmonté d'un entablement servant de cadre à une grande peinture assez remarquable et représentant l'Ascension. Au-dessus de l'entablement, un fronton en section de cercle contient une gloire à rayons avec têtes de chérubins, entourant le triangle trinitaire.

Derrière l'autel, contre les parois de la travée absidale, s'élèvent, dans ses imposantes proportions, les restes d'un retable en pierre de la fin du xviie siècle. On se demande, devant l'importance de ce retable, quel est le mobile qui a pu faire abandonner une telle œuvre pour la remplacer par une copie en menuiserie, placée à deux pas plus loin?

Les deux premiers piliers du sanctuaire sont encore décorés de riches pinacles, à double étage, du même style que les précédents, mais mutilés à plaisir, pour trouver la place des boiseries modernes qui entourent ce sanctuaire et se relient à celles dés chapelles des bas côtés.

Quatre peintures modernes, représentant les Évangélistes, signées Ch. Denizard, 1847, occupent les quatre piliers de l'abside.

Chapelles latérales des bas côtés. — Deux grands arcs en demi-cercle s'ouvrent sur les deux chapelles; celle de droite est consacrée à la Vierge Marie; elle est décorée d'un retable en pierre, à deux portiques superposés avec pilastres et chapiteaux à larges feuilles très bien fouillés; sur l'entablement de cette première construction s'élève un autre portique divisé en trois parties par quatre colonnes doriques, surmontées de leur entablement.

Les colonnes centrales portent un arc cintré, à voussure en retrait ornée de caissons à rosaces. Une Vierge-Mère, debout, en occupe le centre. De chaque côté, deux niches renferment : l'une, la statue de sainte Catherine, l'autre, celle de sainte Barbe.

L'autel est très simple; une Vierge immaculée, posée dans une niche, le domine; à ses côtés deux anges peints sur le mur portent des couronnes.

Les fenêtres de cette chapelle, comme celle qui lui font face, se divisent en quatre parties par des meneaux en demi-cercle comme à l'église d'Aix.

La voûte ogivale est à nervures simples et décorée de peintures représentant saint Joseph, sainte Anne, David et saint Christophe.

La chapelle du côté gauche est dédiée à saint Médard, patron de l'église. Son retable, assez lourd d'exécution, conçu dans le même genre que le précédent et divisé de la même manière, monte jusqu'à sa voûte. Au premier étage, une niche carrée devait autrefois renfermer un bas-relief exécuté en ronde bosse; ce bas-relief est remplacé aujourd'hui par une peinture assez médiocre, représentant saint Médard couronnant une jeune fille agenouillée devant lui; dans le fond du tableau, beaucoup de vignes et des vendangeurs, pour rappeler les pluies abondantes qui se prolongent, lorsqu'il pleut le jour de la fête de ce saint.

De chaque côté de cette niche centrale, deux colonnes doriques portent un entablement dont la frise est ornée de triglyphes, de rosaces, de têtes de bœuf. Au-dessus de l'entablement, deux pieds-droits, couverts de guirlandes de feuilles et de fruits, servent d'appui à un arc de cercle dont la voussure est chargée de rosaces, largement découpées. A côté des pieds-droits, sur deux autres colonnes de style ionique, repose un entablement plus simple, couvert de guirlandes de fruits finement rendues. Au centre, une niche avec la statue de saint Médard, œuvre du XIIIᵉ siècle. Des deux côtés de ce motif, deux petites arcatures superposées, appliquées au mur et surmontées de têtes de satyres et de guirlandes de fruits, complètent cette décoration.

2

Tout cet ensemble d'architecture, d'assez mauvais goût, devait racheter la pauvreté de sa conception par la richesse des bas-reliefs qui occupaient la surface lisse des niches. Néanmoins, il est encore digne d'attention par le mérite des détails de sculpture décorative.

Nous donnons ici un trait de ce retable pour compléter cette description (2). La voûte de cette chapelle, à nervures simples, est décorée de figures d'anges portant les attributs du culte.

Dans la sacristie, un seul objet est à citer : c'est un plateau en

étain, au fond duquel est gravé, avec une grande adresse, le blason
d'un archevêque (3). Ce plateau, destiné aux quêtes ou à la distribution
du pain bénit, a dû être donné par ce dignitaire à l'église de Saint-
Mards, à la suite d'une cérémonie reli-
gieuse qu'il présidait.

Les potiers d'étain ou pintiers
étaient très répandus autrefois dans nos
provinces de France. Les objets qu'ils
fabriquaient pouvaient, le plus souvent,
être considérés comme des objets d'art,
tels que les ancelles, les brocs, les burettes, les plateaux et même les objets
de la vie usuelle.

3

Les produits de l'industrie des potiers d'étain ont fait place aux
objets fabriqués en métaux dont l'apparence se rapproche de celle de
l'argenterie; aussi tendent-ils de plus en plus à disparaître.

ABSIDE DE L'ÉGLISE SAINT-MÉDARD.

VILLEMOIRON

Villemoiron est situé entre Aix-en-Othe et Saint-Mards-en-Othe, sur la route de Nogent-sur-Seine à Tonnerre, le long du ruisseau de la Nosle, à trente et un kilomètres de Troyes.

A un kilomètre de ce village, à droite, sur la route d'Aix, se trouve la propriété de M. le marquis de La Baume. Le château, de construction toute moderne, est important et attire les regards des voyageurs par sa belle situation.

L'église de Villemoiron, au centre du pays, sur la place de la commune, est édifiée sur le plan d'une croix latine régulière; cependant, malgré cette régularité, la vue de l'ensemble n'en indique pas moins trois époques différentes dans sa construction.

Le portail est la partie la plus moderne; il fut construit en 1742, ainsi que la tour qui l'accompagne. La porte est un arc cintré sur deux pieds-droits; deux pilastres élevés sur piédestaux portent un entablement sur lequel s'élève une niche encadrée et surmontée d'un fronton renfermant un petit saint Nicolas du xvi° siècle. Deux contreforts à retraits contre-butent le mur de cette façade jusqu'à la hauteur de la toiture de la nef. La tour, faisant suite à la façade, est en saillie sur une partie de la première travée septentrionale.

Elle se divise en trois parties : le premier étage prend son jour par deux petites ouvertures cintrées; au-dessus s'élève le deuxième étage orné du cadran de l'horloge, puis le troisième est construit en bois avec fenêtres jumelles sur les quatre faces. C'est dans ce troisième étage que sont suspendues les cloches et qu'est monté le mouvement de l'horloge, portant la date de 1742. Le tout est couvert d'une toiture pyramidale à quatre versants, surmontée d'une croix avec le coq traditionnel, symbole de la vigilance chrétienne, portant aussi la date de 1742.

Intérieur. — La nef, commencée en 1610, se compose de trois travées divisées par des murs de refend, comme toutes les églises modernes de ce canton. Des piliers triangulaires reçoivent les arcs-doubleaux plein cintre, dont les nervures en diagonales se prolongent sur l'angle des piliers par une petite colonnette sans chapiteau.

Les murs de refend limitent autant de petites chapelles voûtées en berceau; des nervures en arrachement dans les angles constatent que l'architecte a reconnu le peu d'utilité de les continuer pour une aussi petite surface.

Les trois travées de la nef sont éclairées sur la face méridionale par de grandes fenêtres sans meneaux; il n'en est pas de même du côté septentrional, où ces fenêtres ont été murées, en ménageant toutefois une petite ouverture cintrée pour laisser un peu de lumière filtrer de ce côté.

A la troisième travée, au midi, s'ouvre la porte latérale conduisant au presbytère; au-dessus de cette porte, dans une fenêtre en ogive avec meneaux, est une verrière qui offre un spécimen complet de ce qu'était l'art de la peinture sur verre au xvii° siècle, en pleine décadence. Cette verrière représente dans toute sa simplicité la Création de l'homme et de la femme et leur désobéissance.

Dans les panneaux du bas sont représentés saint Edme et la

Vierge-Mère. En suivant, un prêtre agenouillé, les mains jointes, en costume de chœur, est assisté de saint Nicolas, son patron. On lit au bas de cette verrière :

Mr NICOLAS·REGNAVLT·NATIF·DE·VERT·PAROISSE·D'AVXON·ESTANT·CVRE DE·VILLEMOIRON·A·DONNE·CEST·VERRIERE·EN·L'ANNEE·1612·

Le chœur est fermé par des stalles et des bancs ; il occupe toute la travée du transept dont les deux chapelles latérales sont le complément. Les nervures de la voûte centrale forment une étoile à quatre branches. Celles des chapelles sont aussi composées de liernes et de tiercerons et présentent des losanges à pointes d'étoiles. Ces nervures reposent sur les quatre piliers d'angles de la voûte centrale et viennent se réunir sur des piliers ondés en quart de cercle et sur une simple colonne dans les angles des deux chapelles latérales.

Ces chapelles sont éclairées par des fenêtres à trilobes flamboyants, sauf celles du nord qui sont à arcades cintrées.

C'est à partir de ce transept que commence la construction du xvie siècle, assez avancée pour avoir été édifiée de 1520 à 1530.

Chapelles du transept. — La chapelle méridionale est consacrée à la Vierge Marie ; un autel gothique en pierre, dû à la munificence de Mme la comtesse de La Baume, remplace un autel sans style que nous avons vu précédemment. Une grande statue de la Vierge en fait le couronnement. Deux autres petites statues, celles de sainte Anne et sainte Catherine, reposent sur des culs-de-lampe, ornent les bas côtés de l'autel et forment avec lui un ensemble gracieux. La fenêtre au-dessus de l'autel contient des grisailles rehaussées de ciel d'azur où sont figurées quelques scènes de la Translation de la maison de Marie, de Nazareth en Dalmatie à Lorette.

Dans les deux premiers panneaux on reconnaît les commissaires qui furent envoyés en Galilée par Léon X et Clément VII, puis venus à Nazareth pour s'assurer de l'identité du sanctuaire miraculeusement envoyé et transporté. Deux personnages prennent des mesures, une règle, un compas à la main. Ils cherchent à se rendre compte si les dimensions de la maison se rapportent entre elles et à son ancien

emplacement. Plus bas, une jeune fille, tombée accidentellement
dans un puits, en est retirée et rappelée à la vie par la protection de
la Vierge. Ce sujet est tout moderne et les autres qui suivent ont été
restaurés en partie. Une pauvre mère, portant son enfant à demi mort,
se rend, sous la conduite d'un autre enfant, à la *santa casa* pour y
implorer le secours de Notre-Dame de Lorette. Les deux derniers panneaux représentent une jeune femme qui, désespérée de la mauvaise
conduite de son mari, s'est jetée par la fenêtre; la Vierge a eu pitié de
ses misères et fait qu'elle est relevée sans mal, ce
que voyant, le mari se convertit. Un personnage
attaqué et meurtri sur une grande route par des
brigands s'est recommandé à Notre-Dame; il revient
à lui, il est sauvé.

Dans les lobes, nous remarquons un blason
d'azur, à une ramure de cerf d'or soutenant une
molette de même (1). Ce sont les armes d'un seigneur de Villemaur, donateur de cette jolie verrière; probablement Christophe de Villemaur,
seigneur de Craney en 1546, fils de Simon de Villemaur, notaire à Troyes.

La grande fenêtre méridionale est consacrée à
la légende de la Vierge et à celle de sainte Anne.

Saint Joachim et sainte Anne sont chassés du
Temple à cause de leur stérilité. Un ange annonce
à Joachim que sa femme sera la mère de la Vierge
Marie. Le Mariage de Marie, l'Annonciation et la Rencontre de la
Vierge et de sainte Élisabeth.

Au bas de ce vitrail, à droite, un chevalier dans l'attitude de la
prière est représenté devant un prie-Dieu timbré d'un blason (2),
écartelé : aux 1 et 4 de sable à deux léopards d'or l'un sur l'autre
(Dinteville); aux 2 et 3 d'azur, à une croix d'or cantonnée de vingt
billettes d'or posées en sautoir, cinq dans chaque canton (Choiseul).
C'est le donateur de cette verrière, le sire Gaucher de Dinteville,
(assisté de saint François d'Assise, son patron), seigneur de Polisy et
en partie de Villemoiron, fils de Claude de Dinteville, surintendant

des finances du duc de Bourgogne et de Jeanne de La Baume. Gaucher
épousa Anne du Plessy et accompagna le roi Charles VIII dans le
voyage qu'il fit au royaume de Naples. Il était bailli de Troyes lors
de la publication de la coutume de cette ville, le 29 octobre 1509.
Il fut premier maître d'hôtel du roi François Ier et gouverneur
du dauphin François, mort à vingt ans, par suite d'un refroidisse-
ment. Gaucher de Dinteville mourut en 1532, le 29 mars, âgé de

FRANÇOIS GAUCHER DE DINTEVILLE.

soixante-douze ans. Anne, son épouse, le suivit le 6 février 1545,
âgée de soixante-cinq ans, ainsi qu'il était dit par leurs épitaphes dans
la chapelle seigneuriale de l'église de Polisy, lieu de leur sépulture.

Cette verrière ayant été réparée et complétée par de nouveaux
panneaux, nous devons croire qu'avant cette restauration, Anne du
Plessy y figurait en regard de son mari, comme nous en avons vu
ailleurs de nombreux exemples. Ce panneau étant complètement
brisé, le peintre verrier l'a sans doute remplacé par un sujet de la
vie de la Vierge; ce qui confirme davantage dans cette opinion, c'est
que le sujet principal, celui qui figure sur les parties anciennes du

vitrail, est consacré à sainte Anne, patronne d'Anne du Plessy. Au bas du panneau du donateur, on lit ces vers :

**La piete cette verriere nous donna
La reconnaissance avec soin la restaura.**

Dans les lobes flamboyants de cette fenêtre, on voit Dieu le Père au centre d'un concert céleste.

Au milieu de cette chapelle est une dalle tumulaire en pierre blanche, dont l'inscription est presque entièrement effacée; sa hauteur est de $2^m,20$. Il nous a été impossible d'en relever la moindre parcelle d'inscription; seulement nous avons pu constater que les caractères étaient du type romain, de la dernière moitié du XVIe siècle. Il nous a semblé, nonobstant son état d'usure, y voir, à droite, la représentation d'une femme, et, sur le bas de la robe, les traces d'une épée, ce qui indiquerait la présence d'une figure de chevalier placée à gauche. Malheureusement toute cette dernière partie se trouve engagée sous un solide plancher à la surface duquel sont scellés plusieurs bancs. La figure de femme ne peut être que celle de la mère du personnage gravé à gauche. Le territoire de Villemoiron étant, au XVIe siècle, divisé en plusieurs seigneuries, il paraît impossible d'établir ou d'attribuer cette sépulture à telle ou telle famille : les documents historiques font complètement défaut.

La chapelle septentrionale est dédiée à saint Roch, dont la statue est placée dans la niche qui surmonte l'autel. La fenêtre, au-dessus de cet autel, offre de charmantes grisailles se détachant sur ciel d'azur et produisant un excellent effet; elles représentent la Nativité de Jésus et l'Adoration des Rois Mages. Derrière la Vierge Marie est un prêtre agenouillé, les mains jointes, en costume de chœur. Au bas, on lit cette inscription modernisée :

Par piete fut donne cette verriere pour le repos des trespasses.

Sanctuaire. — Le sanctuaire est à cinq pans. La première travée n'a pas de verrières peintes. La sacristie est établie dans l'angle que fait la travée du côté droit avec la chapelle de la Vierge. La

voûte se divise en deux parties par des diagonales, celles du sanctuaire figurant des pointes d'étoiles qui se réunissent aux quatre
angles de la partie absidale. Les meneaux des fenêtres, en forme de
portique, semblent avoir été refaits vers la fin du xvie siècle.

Le maître-autel, assez riche de décoration, est de style gothique
moderne ; l'auteur y a réuni les principaux personnages des deux
Testaments ; sur les deux côtés du tabernacle, à droite et à gauche,
on voit les apôtres saint Pierre et saint Paul. Sur le retable, les quatre
évangélistes et au milieu, au fond d'une haute exposition abritée
par un pinacle pyramidal ajouré, se trouve Jésus Bon-Pasteur. Sur
le devant du tombeau ne figurent au contraire que des personnages
de l'Ancien Testament : Moïse est au milieu, à sa droite sont Abraham et Melchisédech ; à sa gauche, Aaron le grand prêtre et David
jouant de la harpe ; aux deux extrémités du tombeau, sur les côtés,
sont les quatre grands prophètes : Jérémie, Isaïe, Ézéchiel, Daniel.

La première verrière, à gauche, est l'œuvre de M. Vincent-
Larcher, ainsi que toute la restauration des verrières de cette église.
Les sujets qu'elle représente sont : le Jardin des Oliviers ; la
Trahison de Judas ; Jésus devant le grand prêtre ; la Flagellation ;
Jésus chargé de sa croix ; Jésus fléchissant sous le
poids de son fardeau.

Les lobes ayant conservé leurs verrières anciennes
montrent la Cène ; les blasons de Gaucher de Dinteville et celui d'Anne du Plessy, sa femme : d'argent à
une croix engrêlée de gueules chargée de cinq coquilles
d'or (3). Anne était fille de Jean du Plessy, seigneur
d'Ouchamps et de la Prugue, et de Claude de Popin-
court, dame de Liancourt.

La fenêtre centrale est entièrement occupée par le calvaire ;
Jésus crucifié est entre les deux larrons. Au pied de la croix est
représenté le curé donateur de ce vitrail. Il était accompagné d'un
évêque, son patron, dont on ne voit plus qu'une partie du corps.
Au-dessus de la croix, l'oiseau symbolique, le pélican, nourrissant
ses petits de son sang. Au-dessus, Dieu le Père bénissant son Fils
expirant ; le soleil et la lune prennent part au lugubre dénouement.

A droite, un ange emporte l'âme du bon larron, représentée par une petite figure nue ; du côté opposé, le diable s'est emparé de l'âme du mauvais larron.

La fenêtre à droite de cette dernière est exécutée en grisaille. Elle nous présente : l'Apparition de Jésus à Marie Madeleine ; l'Incrédulité de saint Thomas ; la Descente aux enfers ; la Résurrection et les saintes femmes au tombeau du Christ ; enfin saint Jean-Baptiste assistant un prêtre agenouillé les maintes jointes. On lit au bas de ce panneau :

Meſſire Jehan Michelot de meſziere
Au pres dervy donne cette verriere.

Dans le cintre des lobes, une Descente de croix accompagnée d'anges portant les attributs de la Passion.

Dans la première fenêtre à droite, en entrant dans le sanctuaire, il ne reste plus qu'un seul panneau, dont le sujet représente le corps de saint Sébastien, retiré d'une citerne par saint Castule et sainte Irène, officier dans la garde de l'empereur Dioclétien. Sébastien fut assassiné à coups de flèches par les soldats et jeté dans une citerne ; pensant ne recueillir que le corps du martyr, les deux saints le trouvèrent respirant ; les soins de la pieuse femme de Castule le remirent en santé, si bien qu'il se présenta de nouveau devant Dioclétien qui, cette fois, le fit mourir sous les coups de bâton. Au-dessus de ces deux saints personnages, une petite figure nue tenant une flèche. Elle est à mi-corps au milieu des nuages d'où s'échappe un rayon lumineux ; c'est l'âme de saint Sébastien tenant l'objet de son martyre et montant au ciel entouré d'anges jouant de divers instruments.

Au mur occidental, au-dessus de la porte d'entrée, nous avons distingué deux peintures sur toile représentant le martyre de saint Sébastien, patron de la paroisse. Ces deux peintures sont remarquables par le mérite du dessin et de la coloration. L'une d'elles provient de l'ancien maître-autel ; l'autre porte la signature du savant archéologue *Arnaud,* avec le millésime 1829.

VULAINES.

Vulaines est situé sur la limite du département de l'Aube et de l'Yonne, et sur la route nationale de Troyes à Sens, à quarante kilomètres de Troyes et à trois kilomètres de Rigny-le-Ferron.

Une rue transversale, appelée rue du Moutier, conduit à l'église, bâtie sur la hauteur, à l'extrémité du pays et sous le vocable de saint Antoine.

Le plan de cette église, dont la construction en grès et en silex remonte à la fin du XIIIᵉ siècle, est rectangulaire, à une seule nef, se divisant en trois parties : la nef, le chœur et le sanctuaire. La porte principale, d'une grande simplicité, a conservé son caractère primitif du XIIIᵉ siècle. Elle se compose de deux archivoltes à biseau sur lesquels, depuis peu, on a gravé : *Adorate Dominum*. Elle repose sur deux pieds-droits, reconstruits tout récemment en brique. Au-dessus de cette porte, un œil-de-bœuf éclaire la nef; de chaque côté deux bas-reliefs modernes se dressent sur des consoles à faces de chérubins. A droite, Jésus est chargé de sa croix; au-dessus, un vase funéraire. A gauche, un *Ecce homo* et, au-dessus, le Christ en croix.

La façade se termine par un pignon que maintiennent à ses extrémités des contreforts à retraite qui ont conservé le caractère du temps, comme du reste tous ceux qui maintiennent les murs extérieurs de l'église.

Au seuil de cette porte est une dalle funéraire du XIIIe siècle, rejetée aujourd'hui dans le passage, ce qui nuit singulièrement à sa conservation. Cette pierre se rétrécit sur toute sa longueur jusqu'à sa base, et porte en tête de sa bordure cette simple inscription, qui se continue sur la droite :

CI·GIST·PIERRES·LICLERS· DIEX·L'·FACE·MERCI·AMEN·

Tout près de la tombe de Pierre Leclerc était un fragment de la même époque. Il a disparu depuis notre première visite et portait en tête ces simples mots :

DE·VILEINNES·CLES·QVI·C

Un peu en retraite sur la toiture de la nef s'élève un petit clocher en charpente, couvert d'ardoises et réparé en 1846.

Les combles de la nef sont plus bas que ceux du chœur et du sanctuaire; ces deux parties de l'édifice font saillie sur les murs extérieurs de la nef; celle-ci, plafonnée en berceau, reçoit la lumière par quatre fenêtres en lancettes.

Une grille sépare le chœur de la nef; à ses extrémités se dressent deux petits autels sur l'un desquels on remarque un calvaire du XVIe siècle. Devant la porte de cette grille est la dalle tumulaire de Jaqueline de Villeneuve, femme de Colet Faisant, qui décéda le quinzième jour après la Chandeleur, en M.CC.IIII.... La pierre se trouvant placée dans le passage, la date est en partie effacée; cependant, et sans que l'on puisse en répondre, elle semble se chiffrer de cette manière : M.CC.IIII[xx] et XI (1291, nouveau style, 20 janvier 1292).

L'inscription présente un mélange de caractères appartenant, les uns à l'époque carlovingienne du xie siècle, surtout les lettres C.D.M.; les autres paraissent marquer une espèce de transition avec la belle croix processionnelle qui en constitue tout l'ornement. Au point de vue archéologique et artistique, ce curieux reste est d'un puissant intérêt; c'est l'une des tombes les plus anciennes que nous ayons vues dans tout le département de l'Aube.

Une jolie statue de saint Antoine du xvie siècle est placée à gauche dans le chœur. Autrefois, devant cette image, brûlait une lampe alimentée d'une huile particulière possédant, croyait-on, la vertu de guérir les ampoules et le feu saint Antoine (fièvre chaude).

Le chœur et le sanctuaire sont voûtés en berceau et recrépis avec entraits apparents. Le sanctuaire se ferme par un mur droit auquel s'adosse extérieurement une petite sacristie moderne. Le chevet est percé de trois fenêtres en lancettes, celle du milieu plus élevée que les deux autres. Le maître-autel, très ordinaire, est surmonté d'un tableau nous montrant saint Pierre guérissant la paralytique.

A la droite du sanctuaire, un monument de forme bizarre est surmonté d'un bas-relief représentant la crèche; au-dessus, une petite statuette du Bon-Pasteur, accompagné de saint Pierre et de saint Paul.

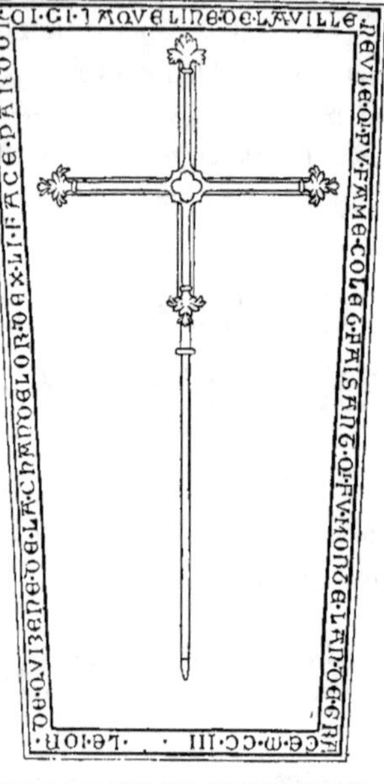

TOMBE DE JAQUELINE DE VILLENEUVE,
FEMME DE COLET FAISANT.
(N. S. 1292.)

Une inscription gravée sur une dalle de marbre blanc rappelle un
miracle de saint Macaire, solitaire d'Égypte. L'agencement de cette
espèce de mausolée, son mauvais goût, son incohérence, ne permettent
pas de juger quelles ont été les intentions de l'architecte ou des fondateurs.

Une troisième tombe sert de base à la croix du cimetière. Elle
date de la même époque que celles déjà citées. L'inscription indique
que cette pierre recouvrait les restes de la mère de Jean Leclerc,
rien de plus; en voici d'ailleurs le fac-similé :

CI·GIST·LA·MERE·GEHAN·LO VALEO·QVI·DEX·FACE·MERCI·

Les murs intérieurs de l'église portent encore la litre seigneuriale ; les blasons du seigneur défunt et ceux de sa famille sont assez

BLASONS DE LA LITRE SEIGNEURIALE.

bien conservés. Les deux blasons accolés sont ceux de Claude-Esprit-
Jouvenel de Harville des Ursins, marquis de Trainel (né en 1723,

successivement capitaine de cavalerie, colonel d'un régiment d'infanterie, maréchal des camps et armées du roi), et de Marie-Antoinette de Goyon de Matignon, mariée avec Claude-Esprit, le 10 février 1744. Les de Matignon écartelèrent ainsi leurs armes à partir du mariage (1596) de Charles de Matignon de Torigny avec Éléonore, huitième enfant de Léonor d'Orléans, duc de Longueville, etc., et de Marie de Bourbon, duchesse d'Estouteville.

Le blason portant le n° 2 doit appartenir à un membre de la famille des Jouvenel des Ursins. Il a été ajouté, sur le tout, aux armes des de Harville à partir de François Harville, mort le 12 octobre 1701, lequel François avait été substitué aux noms et armes des Jouvenel des Ursins, par le père de sa grand'mère paternelle, Christophe Jouvenel des Ursins, marquis de Trainel, chevalier des ordres du roi, gouverneur de Paris.

Le n° 3 (p. 357) nous est inconnu. On prétend qu'il appartient à un membre de l'illustre famille bourguignonne, la famille de Vienne. Nous ne croyons pas qu'il en est ainsi : cette famille porte une aigle d'or en champ de gueules ; ici les émaux sont intervertis et nous laissent d'autant plus dans le doute, qu'aucun membre de la famille de Vienne ne fut reçu chevalier de Malte au xviii° siècle.

2

DE TROYES

Canton de Bouilly.

BOUILLY

Ce village est situé à treize kilomètres au sud-ouest de Troyes, sur la route d'Ervy qui le coupe en deux parties dans toute sa longueur; son importance s'est accrue par la réunion à son territoire du hameau de Souligny, situé au nord de cette commune.

En plan, l'église de Bouilly est une croix latine. Un vaste porche à trois travées occupe toute la façade. La nef et le chœur comprennent six travées avec bas côtés; deux chapelles formant double transept et

accompagnées elles-mêmes de deux autres chapelles à l'extrémité des
deux nefs latérales, et un sanctuaire profond, à cinq pans.

Cette église, la plus vaste de l'arrondissement de Troyes, mesure
une longueur de 48ᵐ,50 et en largeur 26 mètres.

Primitivement, elle ne se composait que de cinq travées; vers
1540 on doubla le transept, on prolongea le chœur et les nefs latérales avec l'abside octogonale. Ces additions successives sont très
visibles à l'extérieur du monument; la partie ancienne s'accuse par
une corniche avec modillons en quart de cercle.

La porte principale date des premières
années du xviᵉ siècle; de même les quatre
travées des trois nefs. Aucune trace de
tour, ni d'escalier n'existe sur cette façade;
cependant en tenant compte de l'œil-de-
bœuf percé dans la voûte de la première
travée, on peut supposer que le constructeur du monument avait l'intention d'élever
une tour; les amorces de ce projet auraient
été supprimées pendant la construction du
porche actuel.

Ce porche occupe toute la largeur des
trois nefs et nous paraît être l'œuvre du
même architecte qui construisit la partie
absidale de l'église. Il comprend trois travées surmontées de trois pignons ayant une
entrée principale à l'occident et deux portes latérales, l'une au nord,
l'autre au midi. Les deux fenêtres des travées de côté de ce porche
ont été murées; des œils-de-bœuf éclairent les combles.

L'entrée du porche se compose de deux pieds-droits portant des
arcs de cercle qui se réunissent au centre de la baie par un pendentif
de feuillage finement sculpté; un petit griffon s'en détache comme s'il
voulait se jeter sur les passants, sans respect pour l'entrée du saint
lieu. Ces deux cintres sont surmontés d'une archivolte surbaissée formant un arc de décharge à gorges profondes, ornées de feuilles délicatement rendues. Au-dessus du linteau est percée une fenêtre ogivale

à meneaux trilobés et flamboyants. Un trumeau qui la divise porte la
statue de saint Laurent, patron de l'église. Le saint tient de la main
droite un gril et une palme, emblème de
sa qualité de martyr, et de la gauche le
livre des saints Évangiles. Il est abrité
par un petit dais gothique, dont la partie
pyramidale nous a paru brisée. Ce trumeau se prolonge par ses moulures en
traversant le linteau et vient faire corps
avec le pendentif central des deux arcs.

De chaque côté de la porte, à la rencontre du point de départ de la courbe
de l'archivolte, deux consoles décorées
d'anges et de feuillages deviennent le
point de départ d'aiguilles décoratives
supprimées par une restauration maladroite.

A l'intérieur, les voûtes sont restées
en suspens : les nervures attendent depuis
bien des années leur achèvement. Mais
l'embarras du constructeur se fait ici sen-
tir par l'impossibilité de terminer sans la
suppression des contreforts, en les remplaçant par des piliers recevant les arcs
de la voûte.

En pénétrant sous ce porche, d'un
aspect vraiment monumental, on a devant
soi la porte principale du monument, construite au commencement du XVI° siècle.
C'est une archivolte en ogive, conçue dans

SAINTE ANNE. XVI° SIÈCLE.

de grandes proportions, à quadruples moulures prismatiques, largement accentuées, se développant sur les pieds-droits et reposant sur
des bases à talon. Dans l'ébrasement des pieds-droits se détachent
deux colonnes en haut relief : celle de droite, à torsade, surmontée
d'un *Ecce homo;* celle de gauche, plutôt pilastre par sa forme, est

ornée à ses angles de colonnettes sur lesquelles s'appuient des arcs en contre-courbes. Sur ce pilastre est posée une curieuse statue en bois, de sainte Anne, du XVIe siècle, portant sur le bras gauche la Vierge Marie, qui elle-même porte l'Enfant Jésus (1, p. 361), sujet parfois représenté de la même manière dans les manuscrits du moyen âge. Ces statues sont abritées par des dais de style gothique, évidés à jour, ayant conservé par leur composition tout le caractère de la fin du XVe siècle.

L'archivolte est surmontée d'une moulure à contre-courbe accom-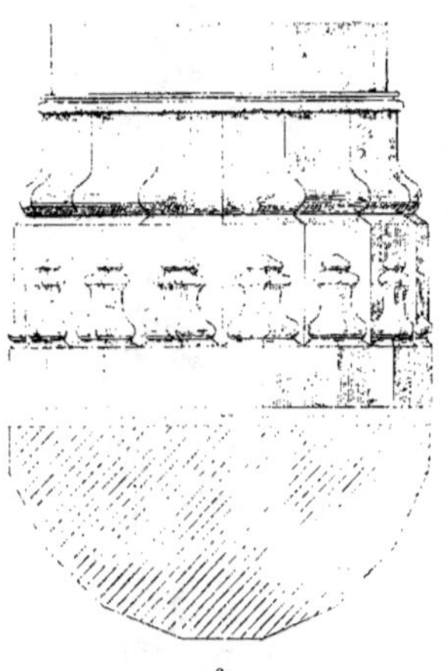pagnée sur ses rampants de crochets contournés d'une extrême vigueur d'exécution. Ces arcs se réunissent et forment à leur jonction la base de trois crochets accouplés en fleurons. Tel est le couronnement de cette décoration que maintiennent des deux côtés des aiguilles et les contreforts à retraits des murs de la nef.

Intérieur. — En entrant, on est frappé du peu de largeur des travées et de la masse énorme de ses piliers qui empêchent d'embrasser d'un seul coup d'œil tout l'ensemble de l'édifice. Ces piliers sont cylindriques, sans chapiteaux, avec bases renflées enveloppant toute la circonférence du cylindre (2).

Les arcs-doubleaux, les nervures des voûtes, ainsi que les arcs formerets, sont à moulures concaves; ces voûtes s'élèvent un peu au-dessus de l'arc-doubleau, ce qui a permis de pratiquer à l'intérieur de petites ouvertures cintrées et évasées.

La première travée est occupée par une tribune portant un orgue, dont le jeu ne justifie pas les dimensions monstrueuses du buffet appartenant au style gothique moderne ; sur la rampe de cette tribune s'élèvent des supports sur lesquels deux anges debout jouent l'un de la trompe, l'autre de la harpe.

Les bas côtés de la nef sont éclairés par des fenêtres ogivales de différentes dimensions. Elles renferment quelques parcelles de vitraux, parmi lesquelles une figure de saint Marcoul guérissant les écrouelles d'un jeune pâtre agenouillé devant lui.

La chapelle des fonts est comprise dans la première travée méridionale des bas côtés. Au mur de clôture de cette travée, on lit l'épitaphe de Georges Hourseau, dont voici la reproduction :

CY GIT

GEORGE HOURSEAU LAISNE QUI PAR PIETÉ ET DEUOTION POUR SA PAROISSE Y A FONDÉ A PERPETUITÉ DES VESPRES DU S^T SACREMENT LE JOUR DE S^T LAURENT, ET VIGILLES ET SERVICE POUR LE REPOS DE SON AME LE PREMIER JUILLET TOUS LES ANS PAR CONTRACT PASSÉ PAR JEAN GILBERT ET DOMINIQUE HONET NOTAIRES A BOUILLY·LE·23·JUIN·1744·

priez Dieu pour Le Repos de son ame.

Pierre, haut. 0,65, larg. 0,45.

Le transept à deux travées est circonscrit par quatre piliers d'un volume plus que double de celui des piliers de la nef. Ils sont formés d'un noyau cylindrique renforcé par quatre colonnes engagées dans la masse. Ici, la force de ces supports s'explique par les dimensions des arcs-doubleaux qu'ils doivent maintenir, ainsi que par la charge de la charpente de la flèche centrale. Celle-ci s'élève au centre de l'église, à la rencontre et au croisement des combles de la nef, du chœur et du transept. Une chaire à prêcher, sans intérêt pour l'art, est fixée au premier pilier du transept, à droite.

Chœur. — Le chœur occupe la seconde travée du transept et une partie de la travée suivante. Il est entouré de stalles dans le

style du dernier siècle et fermé, sur son pourtour, par une grille en
fer. La porte principale de cette grille est surmontée d'un entablement avec frise ornée d'enroulements.
Un Christ en croix la couronne; sur les
côtés sont deux écussons aux initiales
S. L. (saint Laurent), surmontés de couronnes de comte. Là était jadis la place
des armoiries des donateurs.

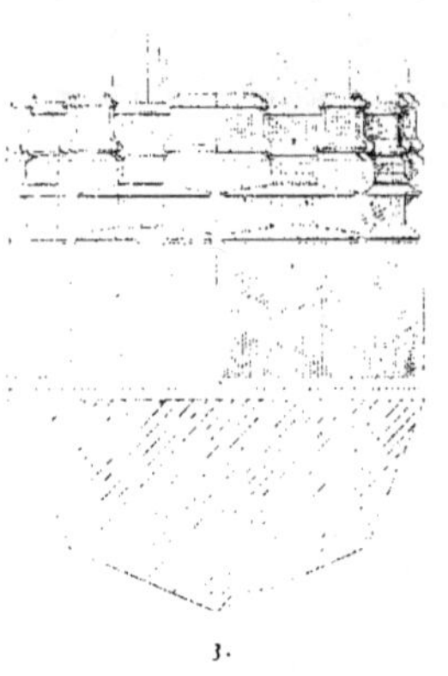

3.

C'est à partir de cette travée que
l'église reçut, vers 1540, un nouveau
développement. Les piliers se ressentent
de l'architecture de cette époque par
leur figure ondée et par leurs bases
appliquées sans aucune adhérence sur
la circonférence des contours (3); les
nervures des voûtes reprennent leurs
figures géométriques par des diagonales que relient des liernes et
des tiercerons et affectent la forme
d'étoiles, de carrés et de losanges;
c'est bien l'architecture ogivale en
décadence du xvie siècle (voir le
plan, 4). Les lignes grisées indiquent
la partie moderne. Ces piliers sont
décorés de consoles et de dais Renaissance, surélevés par des frontons
avec vases; ils portent et abritent les
statues de saint Jean-Baptiste et de
saint Vorle. Ce dernier tient un calice; devant lui est un enfant nu,
agenouillé, les mains jointes au milieu des flammes.

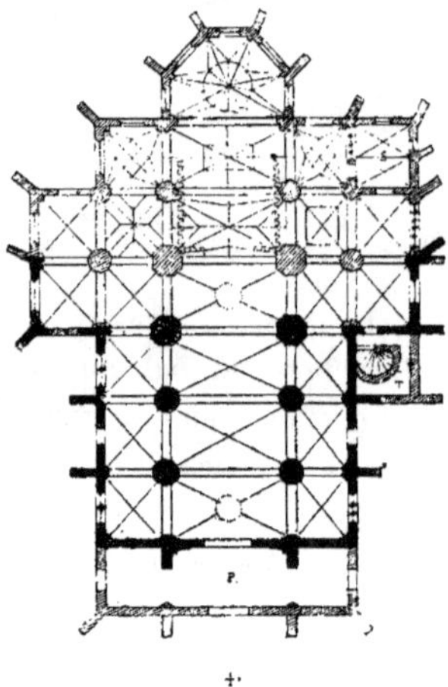

4.

Saint Vorle, tout en disant la
messe, sauvait dans le même instant
un enfant d'un incendie, ce qui explique la présence de l'enfant
dans les flammes et le calice qu'il tient dans la main gauche. On lui

attribue aussi le pouvoir de faire cesser les orages, et on l'invoque
tantôt pour la pluie et tantôt pour le beau temps.

Chapelles latérales du transept. — Le chœur communique aux
deux chapelles latérales du transept en traversant les bas côtés. La
chapelle méridionale est consacrée à saint Nicolas. Elle comprend les
deux travées du transept qu'éclairent deux grandes fenêtres, la première sans meneaux, la seconde percée près de l'autel, se divisant en
cinq parties par des meneaux trilobés et flamboyants. Les verrières
de cette fenêtre devaient représenter l'arbre de Jessé, comme le font
supposer quelques fragments qui subsistent encore.

Dans une des ogives divisionnaires se voit encore le blason du
donateur : parti d'azur à un sauvage tenant une massue élevée d'or,
au 2 d'argent à un lion de
gueules. Tenants : deux sauvages.
L'écu est timbré d'un heaume
à grille taré de face, orné de
lambrequins. surmonté d'une
couronne de marquis de laquelle sort pour cimier le buste
d'un sauvage tenant sa massue
élevée (5).

5.

Ce sont les armes de la fa-
mille de Malain, probablement
celles de Jean de Malain, seigneur de Savigny et époux de
Michele Bouvot; celle-ci descendant de Jean Bouvot, bailly de
Bar-sur-Seine, en 1465, seigneur de Polisy, Polizot et Buxeuil,
Lantage, etc.

L'autel de cette chapelle est tout moderne ; il a été exécuté par
M. Valtat. Au-dessus, un tabernacle en bois est l'exacte répétition de
celui de Saint-André (voyez page 242). Cet ostensoir, du xvi⁰ siècle,
a été restauré dans toutes ses parties avec le plus grand soin ; il est
accompagné d'un retable moderne composé de quatre bas-reliefs de
même style et du même sculpteur et représentant des passages de la
vie de saint Nicolas. Le saint évêque jette sa bourse aux filles d'un
vieillard. Il ressuscite les enfants du saloir. Saint Nicolas sauve de

jeunes officiers de la mort, puis il multiplie les grains de froment
d'un marchand au long cours.

A terre, de chaque côté de l'autel, la statue de saint Roch et un
joli fragment d'un bas-relief de la vision de saint
Hubert. A droite et à gauche, sur des consoles
attenantes aux piliers, s'élèvent deux statues de
la Renaissance qu'abritent de jolis dais. Elles
représentent un saint Claude et une sainte Marguerite (6). C'est dans cette chapelle, au mur
occidental, que s'ouvre la porte de l'escalier de
la tourelle conduisant aux combles de l'église
et à la flèche centrale. En montant, on lit, sur
le revers de la cinquième marche, cette inscription latine :

SAINTE MARGUERITE
(XVI SIÈCLE).

HVNC·GRADVM·VICARIVS·HVIVS·CE·LOCI·
FRANCISCVS·PATIN·VILLONIXVS·POSVIT·

et sur la dernière marche, avant de pénétrer
dans les combles, celle-ci :

M·S·DENIS NIVELET·CVRE·DE·
BOVLI·A·POSE·LA·PREMIERE·DE·CET·TOV^R·1674.
PIERRE

La chapelle Saint-Vincent est à gauche du chœur; on y communique par le bas côté septentrional; l'autel, en marbre gris et mauve,
renferme un petit monument en forme de temple grec et deux ro-
tondes à ses extrémités. Sous ce monument est placé un petit sarcophage contenant les reliques de saint Vincent, patron des vignerons.
Le tableau de l'autel représente le même saint, derrière lequel, au
second plan, un vigneron taille la vigne. Cette chapelle s'éclaire
par de grandes fenêtres en ogives, sans meneaux, sauf celle de
l'orient, beaucoup plus petite, divisée par un meneau à trilobes flamboyants.

Chapelles des bas côtés. — Les bas côtés se prolongent jus-

qu'à la deuxième travée du chœur; ils se ferment par deux chapelles;
celle de droite, dédiée au Sacré-Cœur, est ornée d'un retable avec
colonnes ioniques et entablement à fronton triangulaire. Ce motif d'architecture renferme une peinture représentant Jésus-Christ portant la main à son
cœur. Derrière l'autel, au-dessus du retable, est
une fenêtre ogivale divisée en deux parties, avec
une jolie grisaille représentant la Présentation au
Temple et l'Assomption de la Vierge. Au-dessous
du premier panneau, le donateur, Jules Largentier,
est agenouillé et accompagné de ses deux fils. De
sa bouche se développe une banderole en spirale,
portant ces mots, tirés de l'office de la Vierge :
Dignare me Laudare te Virgo sacrata, et au-dessous du deuxième panneau, dans la même attitude,
Étiennette Angenoust; derrière elle, ses six filles;
sur la banderole se lit ce répons du même office :

7. LARGENTIER.

8. ANGENOUST.

Da mihi virtutem contra hostes tuos. Dans les lobes sont les
blasons des donateurs (7 et 8) et au bas de la verrière, l'inscription
suivante :

Nobles perſõne Jules largentier marchant et bõgois de
troyes et Eſtienette angenot ſa femme ont][Dõne ce voire en
l'hõneur de la vierge marie Ou mois de Mars 1549.]
[Priez dieu pᵉ eux et pᵉ les treſpaſſes.

Des statues se dressent des deux côtés de l'autel : à droite, sainte
Catherine et sainte Savine; à gauche, saint Marcoul, abbé, que nous
avons déjà vu sur une verrière du bas côté septentrional.

Le saint guérit par attouchements un jeune scrofuleux; sur son
bras droit s'appuie sa crosse munie du *velum*, destiné à garantir la
main non gantée de l'abbé contre le froid du métal de la crosse[1]. Les

—————

1. Aujourd'hui ce détail intéressant est brisé.

gants étaient une marque distinctive n'appartenant qu'aux évêques.
De la même main, saint Marcoul bénit le jeune homme agenouillé
devant lui, tandis que de la main gauche il va toucher le menton
du pauvre scrofuleux (9).

Saint Marcoul était très vénéré dans le pays, au xvie siècle; peut-
être la maladie dont on lui attribuait la guérison était-elle alors très
répandue dans cette région.

Dans cette chapelle s'ouvre la sacristie. De la profondeur des
moulures du linteau surbaissé et des jambages de
la porte sortent des anges jouant de divers instruments. L'ange qui occupe la clef centrale ne tient
plus que le tronçon d'une guirlande de fleurs. Les
filets et les gorges des pieds-droits reposent sur un
groupe de bases à renflements.

La chapelle du bas côté gauche est disposée de
la même manière, mais elle est plus simple de décoration. Une Notre-Dame du Saint-Rosaire est représentée sur le tableau avec un village pour horizon,
qui pourrait bien passer pour Bouilly. La verrière,
au-dessus de l'autel, représente une Notre-Dame de
Lorette, entièrement altérée par des fragments de
vitraux de différentes provenances.

9.
SAINT MARCOUL
(XVIe SIÈCLE).

A droite et à gauche sont les statues de sainte Catherine et de
sainte Syre. Ces deux chapelles sont fermées par des grilles faisant
suite à celles du chœur.

Sanctuaire. — Le sanctuaire est une moitié d'octogone à cinq
côtés: les nervures de la voûte se réunissent à une circonférence centrale d'où s'échappent des rayons en pointes d'étoile, dont les extrémités se rencontrent à chacune des travées. Des piliers peu saillants
sont flanqués de jolis pinacles d'une exécution puissante; ils abritent
de belles statues posées sur des consoles ornées de masques humains,
les uns barbus, les autres imberbes, ou décorées de feuillages vigoureux contournant des écussons lisses rehaussés de figures d'anges qui
portent les attributs de la Passion; plusieurs de ces piliers ont perdu les
statues qui leur étaient propres, excepté toutefois les deux premiers.

Ce sont : saint Nicolas, à droite, et saint Vincent, à gauche. Comme
diacre, ce dernier porte les saints Évangiles et la palme du martyr;
sous le bras droit, il maintient le gril qui a servi à son supplice;
ce dernier détail est en partie brisé (10).

Quatre fenêtres éclairent le sanctuaire;
celle du fond est murée. Les deux premières
sont à meneaux et trilobées, les deux autres
sans divisions. Tous les contreforts de l'abside
sont décorés de pinacles gothiques, variés dans
leur composition; il en est de même pour les
consoles en saillies, destinées à recevoir des
statues : sur l'une de ces consoles, au nord-est,
est représentée une salamandre, emblème de
François Ier, correspondant parfaitement aux
dates de 1540 à 1547, époque certaine de la
reconstruction de cette église.

Au milieu du sanctuaire, appuyé contre la
travée centrale, s'élève un magnifique autel
surmonté de son retable en pierre sculptée,
ayant 4^m,25 de hauteur sur 3^m,60 de largeur.
Cette œuvre magistrale fut posée en 1556,
pendant le ministère de Raoul Parchemin,
curé de Bouilly, ainsi que l'indique l'inscription suivante gravée sur le deuxième pilastre,
à gauche :

10. SAINT LAURENT
(XVIe SIÈCLE).

Anno dm·1556·die vero 4'
Augusti lapis iste positus fuit
per m̄ Radulphum p̄chemin
curatū hius ecclīe

Ce retable s'élève sur un soubassement d'ordre toscan, divisé en
trois parties par des pilastres accouplés portant un entablement orné
de triglyphes et de rosaces. A la rencontre de ces pilastres sont des

piédestaux surmontés de quatre colonnes corinthiennes soutenant un autre entablement richement sculpté de griffons, d'enroulements et de feuillages, à la manière antique, et qui rappelle parfaitement l'école italienne du xvie siècle. Cet entablement forme tout le couronnement de l'ensemble.

Dans chacune des divisions, des scènes de la Passion de Jésus-Christ ont été représentées.

Dans le haut de la première partie, à gauche, contenue dans un cadre, on voit la Trahison de Judas au Jardin des Oliviers, Jésus appréhendé au corps par les soldats, puis la scène de saint Pierre coupant l'oreille à Malchus serviteur de Caïphe. Au-dessous de ce panneau, dans un compartiment beaucoup plus grand, Jésus succombe sous le poids de sa croix; sainte Véronique, agenouillée devant lui, s'apprête à étancher la sueur qui inonde son visage. A gauche, Simon soulève la croix et aide Jésus à porter le bois du supplice. Dans le lointain, Jésus conduit par ses bourreaux sort du prétoire. Au centre du retable, le Calvaire : Jésus crucifié expire entre deux larrons, au milieu de soldats qui l'accablent d'injures. A gauche du sujet, la Vierge évanouie entre les bras des saintes femmes; saint Jean, le fils bien-aimé, assiste tout en pleurs à cette scène douloureuse; la Madeleine, agenouillée, enlace de ses bras et de sa longue chevelure le pied de la croix. Au second plan, Longin le centurion, monté sur un cheval fougueux, porte un coup de lance au côté droit du Sauveur. On sait que, témoin des phénomènes qui marquèrent la mort de Jésus, il se fit chrétien. Dans le fond du tableau, des soldats jouent et se disputent les vêtements du supplicié. Dans la troisième division de ce retable, à droite, est figurée la dernière station; Jésus sort du tombeau au milieu des soldats, les uns endormis, les autres surpris et terrifiés. Au second plan, les saintes femmes se rendent au tombeau. Le dernier bas-relief représente, perdu dans les nuages et dans la bordure du cadre, le Fils de Dieu qui monte au ciel en présence de tous ses apôtres.

Le Portement de croix, le Calvaire et la Résurrection sont compris entre deux pilastres surmontés d'une arcade, dont les angles du carré sont occupés par des anges porteurs de guirlandes de fleurs

CH. FICHOT del. et sc.

AUTEL ET RETABLE DU SANCTUAIRE

suspendues dans le vide des tableaux et fixées en tête de l'arc par des
mufles de lions. Ces guirlandes sont très utilement placées, eu égard
aux sujets de droite et de gauche; mais, pour le Calvaire, elles ont le
défaut de cacher complètement le haut du corps de Jésus crucifié.

Les deux autres bas-reliefs, le Jardin des Oliviers et l'Ascension,
sont simplement renfermés dans des cadres surmontés de têtes de
chérubins et d'enroulements de la Renaissance. Au-dessus de ce magnifique retable, on a placé plusieurs figures de saints. Ce sont une
Vierge-Mère, saint Laurent, saint Nicolas et sainte Catherine. Un
grand Christ occupe la partie centrale.

Trois demi-reliefs composés de figures, fines et élégantes de forme
et de contours, ont été ajoutés après coup et se trouvent encastrés dans
l'intervalle des piédestaux; ce sont des sculptures en pierre présentant tout le caractère d'une œuvre florentine du xvie siècle, et que,
pour cette raison, on pourrait bien attribuer à Dominique ou à son
école, qui prit naissance à Troyes après la mort de François Ier. A la
suite de ce décès et au début du règne de Henri II, le trésor royal
étant en partie épuisé par les immenses travaux d'embellissement de
tous les châteaux royaux, les artistes italiens se répandirent en France
et surtout à Troyes où des travaux considérables pouvaient les occuper avantageusement. Dominique le Florentin, qui exécutait à Fon-
tainebleau des chefs-d'œuvre de sculpture et de peinture[1], sous les
yeux du Primatice, son illustre maître, suivit sans doute ce dernier
quand il devint titulaire de l'abbaye de Saint-Martin-ès-Aires et s'établit à Troyes, où il mourut vers la fin du xvie siècle.

Rien n'est plus gracieux, rien n'est mieux rendu, ni avec autant
de grâce et de goût, que ces petits bas-reliefs, divisés en deux parties
et rapprochés entre eux à dessein pour la place qu'ils occupent
aujourd'hui.

Les sujets représentés paraissent tirés de la légende de saint
Laurent. Ils commencent par sa naissance pour finir par le gril de
son supplice. Sa mère, couchée dans un lit à baldaquin, reçoit les

---

1. *Les Comptes des bâtiments du roi,* par le marquis Léon de Laborde, t. Ier,
p. 197.

soins d'une suivante; deux autres servantes sont occupées à baigner le nouveau-né dans un petit bassin; à droite est un dressoir muni de ses faïences; près du lit un petit chien endormi sur un coussin. Dans le sujet qui suit, un enfant malade est couché dans un berceau; une femme lui présente le sein, une fille de charge ajuste les langes. A la hauteur de la corniche d'un élégant portique, un diable emporte l'âme de l'enfant; dans le fond du tableau il est abandonné au pied d'un arbre; le diable réfugié dans l'arbre s'en échappe à l'approche

11.

de deux personnages dont l'un doit être le saint martyr; puis l'enfant reçoit le baptême.

Dans le bas-relief central saint Laurent est ordonné diacre; il reçoit le livre des Évangiles de la main d'un vieillard; quatre démons sont accroupis en conciliabule au pied d'un arbre; au milieu du feuillage, saint Laurent, représenté assis sur les branches de l'arbre, montre le texte des Évangiles (11). Dans le panneau suivant, le diacre ressuscite un enfant mort dans un berceau. En suivant, saint Laurent prêche au milieu d'une grande assemblée.

Le dernier bas-relief, à droite, reproduit les bonnes œuvres du saint : il distribue les aumônes de l'Église avant que les païens s'en emparent, enfin on le voit couché sur un gril et brûlé vif en présence de son persécuteur.

Nous devons faire remarquer que, tout en attribuant ces jolies pages de sculpture à la vie de saint Laurent, nous pourrions, de préférence, les rapporter à saint Vincent qui fut martyrisé de la même manière et dont la légende diffère peu de celle de saint Laurent, et d'autant plus que, depuis plusieurs siècles, saint Vincent était honoré par les vignerons du pays et des communes voisines. Ces vignerons avaient, comme nous l'avons indiqué, leur chapelle de confrérie dans le bas côté septentrional. Peut-être ces bas-reliefs faisaient-ils partie d'un autel renaissance qui aurait été détruit et dont les sculptures auraient été replacées au retable du maître-autel; cette supposition expliquerait leur coupure en deux parties.

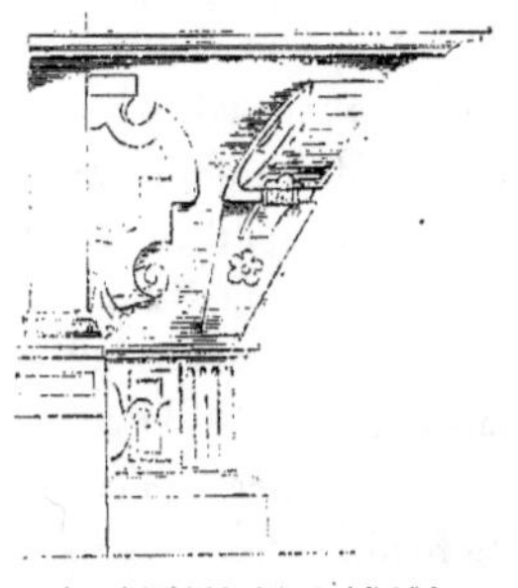

12. PROFIL DE L'AUTEL.

Le maître-autel, appuyé au retable, est d'une époque postérieure qui n'est nullement celle de l'ensemble de ce retable : son arrangement, plutôt original que sérieux, se compose d'enroulements de bandeaux reposant sur un socle et portant à leur sommet la table de l'autel (12). Au point de départ de ces espèces de volutes, on lit cette petite inscription :

ALBERTVS SAGOSA
REPOSVI 1559.

Quel est cet Albert Sagosa? Est-ce un sculpteur ou bien est-ce le curé qui aura voulu imiter son prédécesseur et perpétuer la date de la pose de cet autel?

Ce riche retable devait, s'il eût été terminé, supporter la grande scène de la Lamentation ou de la Mise au tombeau de Jésus-Christ. par Nicodème, Joseph et les saintes femmes. Complet, il eût été, par son aspect saisissant, l'un des monuments les plus remarquables de la sculpture française au xvie siècle.

Nous croyons que la décoration architecturale de ce monument, la statuaire et le retable, sont dus au ciseau de François Gentil qui s'établit à Troyes vers les premières années du xvie siècle. Quand nous disons par Gentil, nous entendons qu'il a été composé et modelé en terre par l'artiste lui-même et par les sculpteurs de son atelier. Ceux-ci ont taillé et sculpté le marbre et la pierre suivant les dessins, les conseils et la direction de ce maître. Autrement et à cause du grand nombre d'œuvres du même artiste existant dans le département et lui étant attribuées, l'exécution de ces œuvres aurait exigé non seulement la vie d'un homme, mais celle d'une légion d'hommes.

Quand on s'est livré pendant quelque temps à l'étude de la sculpture monumentale de notre pays, on en arrive à s'identifier avec les œuvres de ce grand artiste troyen. On les reconnaît d'autant plus facilement qu'il se répète dans ses conceptions architecturales et quelquefois aussi dans les figures qu'il représente, surtout dans les scènes de la Passion. Sa manière, un peu lourde, le distingue également de celle de son collègue Dominique, dont l'exécution, comparée à celle de Gentil, l'emporte par la suavité, l'élégance et le charme du rendu.

Nos études et nos recherches nous ont amené à croire qu'il y avait en même temps deux écoles de sculpture à Troyes, opérant séparément l'une de l'autre : l'école troyenne fondée par Gentil et l'école italienne du Florentin.

La commune de Bouilly vient d'inaugurer la partie la plus importante de sa nouvelle mairie, construite par M. Fourot, entrepreneur aux Maisons blanches (Buchères), sur les plans et sous la direction de M. Roussel, architecte du département.

Cet édifice s'élève au nord de l'église et fait face à la route, formant la rue principale du pays. Il se compose d'un corps de bâtiment central élevé d'un étage à cinq fenêtres de face et destiné au logement de l'instituteur et du maître-adjoint. La fenêtre du milieu est flanquée de deux pilastres surmontés de consoles portant un fronton en arc de cercle, dans lequel doit se placer le cadran de l'horloge. Au-dessus et au centre de la toiture deux campaniles superposés sont faits pour recevoir la sonnerie de l'horloge et la cloche de l'école.

Le rez-de-chaussée comprend un vaste vestibule donnant accès dans la salle du conseil et dans les classes. Ce bâtiment se prolonge du côté du nord par un rez-de-chaussée formé d'un préau. Un pavillon d'angle contient les classes et la bibliothèque.

Le prolongement du côté du midi n'est pas encore terminé. Il renfermera la salle du conseil, le bureau du maire, le cabinet et le tribunal de la justice de paix.

La dépense totale de cette remarquable construction doit s'élever à la somme de 150,000 francs; elle a été faite en partie par la commune, au moyen de centimes additionnels, et l'État l'a subventionnée de 25,000 francs.

L'ancien hameau de Souligny dépend de la paroisse de Bouilly. A cause de son importance il a obtenu depuis longtemps de devenir une commune séparée avec son administration municipale, sa mairie et son école communale indépendantes.

En suivant le chemin de Souligny à Laisnes-au-Bois, se développe devant les yeux une immense vallée et sur la gauche une chaîne de hauteurs d'où se dégage le mamelon de l'ancienne forteresse de Montaigu, complètement détruite par Charles VI, en 1420, afin, dit l'ordonnance, qu'elle cesse d'être désormais un refuge pour ceux qui tenteraient de braver l'autorité royale.

Nous avons visité son emplacement et admiré les dimensions des ouvrages qui réunissaient ce château à celui de Mont-Aimé (près Vertus). Ses fossés sont encore apparents; c'est tout ce qui reste de l'ancienne et redoutable forteresse. Le cône, qui a conservé son caractère de point fortifié, est aujourd'hui couvert d'une végétation luxuriante. Aux lueurs du crépuscule, l'aspect en est saisissant, leur silhouette figure assez bien les murailles et les tours de cette demeure de l'ancienne féodalité.

ÉGLISE DE L'ASSOMPTION.

BUCHÈRES

Cette commune est située à huit kilomètres de Troyes, sur la gauche et à l'est de la route nationale de Troyes à Dijon, entre cette voie et le canal inachevé de la Haute-Seine.

L'église de Buchères, de construction toute moderne, n'offre absolument rien d'intéressant. Elle fut édifiée de 1850 à 1853 par Rozaire fils, ancien architecte à Troyes, le même qui construisit l'église de Bréviandes.

L'église actuelle remplace une église, fort ancienne, dit-on, qui tombait en ruine. Celle-ci était placée sous le vocable de l'Assomption de la Vierge. La nouvelle église a reçu la même consécration. Son plan affecte la forme d'une croix latine avec une abside hémisphérique en saillie.

La façade, de style quasi grec, est très simple. Le mur de cette façade se termine par un entablement à fronton triangulaire surmonté d'une croix sur la pointe du triangle; dans ce fronton, une petite niche est destinée à recevoir le cadran de l'horloge. Une tour carrée en bois, avec fenêtres à auvents sur les quatre faces, s'élève au-dessus du fronton; une galerie à balustres couronne cette tour.

La porte cintrée est surmontée d'un entablement que soutiennent deux pilastres à chapiteaux. Cette porte donne accès sous un porche, au fond duquel s'ouvre la seconde porte d'entrée de l'église. La voûte en berceau de l'édifice repose sur un entablement contournant les murs. La nef est éclairée par quatre fenêtres cintrées; sur la droite, près de l'entrée, est la cuve baptismale portant la date de 1790, année de l'érection de Buchères en paroisse. Contre le mur, placée sur une console, une jolie statuette de la Vierge-Mère, sculpture en pierre, taillée au xvie siècle.

La chaire à prêcher, œuvre de M. Valtat, est placée à l'angle du transept; sur les panneaux sont représentés une Vierge-Mère, saint Pierre, saint Paul, saint Simon et saint Mathieu.

Le chœur, fermé par des bancs, occupe le centre du transept et donne accès aux deux chapelles des bras de la croix. A droite, la chapelle de la Vierge; à gauche celle de saint Mathieu. Ces deux chapelles ont une porte latérale percée dans le mur occidental de leur clôture.

Au milieu du chœur un lutrin en fer forgé porte le monogramme de la Vierge.

Le sanctuaire est clos par la grille de communion, engagée dans les deux premiers piliers du transept; elle maintient un bâton de confrérie de la Vierge, de l'époque Louis XIII, et un autre de saint Éloi, en style gothique de nos jours.

Un peu en avant de l'hémicycle s'élève le maître-autel, sur-monté de son tabernacle et d'une exposition derrière laquelle on voit un groupe de l'Assomption de la Vierge. De chaque côté, sur les pilastres de l'arc-doubleau, sont posées les statues de saint Pierre et de saint Joseph.

L'abside est occupée par la sacristie.

COURGERENNES

Le hameau de Courgerennes est situé à six kilomètres de Troyes, à deux kilomètres de la commune de Buchères, dont il dépend et sur le chemin de ce village au hameau de Villepart, parallèlement à la route de Dijon et au canal de la Haute-Seine.

L'église, consacrée à la nativité de la Vierge, se compose simplement d'une nef avec abside à trois pans; c'est une chétive construction sans intérêt. Quelques parties de la nef et du chœur rappellent que l'origine de cet édifice peut remonter au XIIe siècle; des reprises, postérieures à cette date, ont remanié et défiguré ce petit monument.

Le sanctuaire fut reconstruit au XVIe siècle, avec une chapelle latérale au sud; cette chapelle a été détruite, il y a une soixantaine d'années.

L'intérieur est complètement plafonné : le mauvais état des murs et des contreforts a entraîné la chute des voûtes de cette partie de

l'édifice; les arcs-doubleaux, les murs avec leurs arcs formerets des
voûtes, existent et pénètrent, en traversant le plafond, dans l'intérieur

des combles. A droite, dans la nef, près de la clôture du chœur, est
adossé au mur un petit autel consacré depuis 1731 à Marie-Made-

leine. Il n'a pour tout ornement qu'une simple boiserie avec tableau représentant sainte Madeleine à demi nue, mais couverte de sa longue chevelure, copie du Titien.

Le maître-autel est un peu en avant, dans l'axe des piliers du sanctuaire ; l'abside est occupée par la sacristie : nous y avons trouvé la donation de Julien de Sauvés, seigneur de Besnier, Franpas (près de Châlons) et Courgerennes, mort en 1683. Cette plaque de cuivre fut posée par les soins d'Augustin Chanvert, neveu de la dame de Sauvés et religieux-ermite ou frère de la congrégation de Notre-Dame-de-Grâce, établie en la maison conventuelle du Hayer, sur le territoire de Chennegy [1].

Le retable en pierre de l'autel est couronné de frises du xvi⁰ siècle, composées de feuilles de ronces et de blasons sur lesquels on remarque encore des traces de peinture que l'humidité a fait disparaître ; sur le haut du retable sont placées une statue de la Vierge-Mère de la même époque et une sainte Anne instruisant la Vierge-Enfant, du commencement du xvii⁰ siècle.

L'autel est très simple par lui-même ; au-dessus des gradins est un tabernacle Louis XIII, en bois, couvert de peintures imitant l'écaille, placage que le temps a fait disparaître (1). Il est orné de cuivres fondus et repoussés ; l'ensemble forme un petit monument assez intéressant pour son époque. Sur la porte du tabernacle, un bas-relief, en cuivre fondu et ciselé, représente une Notre-Dame-de-Pitié ; ce sujet est exécuté de main de maître [2].

Au-dessus de ce tabernacle est placé un remarquable tableau en

1. Ce cuivre, assez bien conservé, porte la signature de *E. Tixerrant*. Grâce à l'obligeance de M. l'abbé Roger, curé de Buchères, nous avons pu faire tirer une épreuve de cette inscription et la faire reproduire ici en fac-similé par le nouveau procédé héliographique (p. 379).

2. Nous devons faire remarquer que, sous le prétexte d'une restauration, on a complètement transformé le panneau de la porte du tabernacle ; le petit bas-relief occupait à lui seul toute la porte et le soubassement, se prolongeait sur toute la longueur du tabernacle. Cette restauration maladroite a été faite en 1768, par un nommé Thomas qui reçut 28 livres pour son travail.

Suivant les comptes de la fabrique, ce tabernacle fut acheté le 4 janvier 1729, au frère Devienne, chanoine régulier de Sainte-Geneviève, dans la maison de Saint-Martin-ès-Aires de Troyes, moyennant la somme de 80 livres.

forme de diptyque composé d'un soubassement sur lequel s'élèvent
deux colonnes d'ordre toscan; au milieu, un cadre entoure un joli

bas-relief en albâtre représentant la Crèche : les
Rois Mages, guidés par
l'étoile, viennent offrir
leurs présents à l'Enfant
Jésus assis sur les genoux
de sa mère. Les deux
colonnes soutiennent un
entablement sur lequel est
posé un deuxième cadre
bordant un sujet égale-
ment en albâtre et en
demi-relief : il montre la

1. TABERNACLE DU MAITRE-AUTEL.

Fuite en Égypte; saint Joseph conduit l'âne portant la Vierge et son
divin fils. Comme couronnement ce cadre était surmonté d'un médaillon qui devait représenter Dieu le Père bénissant; il a disparu.

Le cadre qui renferme l'ensemble de ces trois sujets est en bois
doré d'une richesse de décoration quelque peu désordonnée. Le motif
décoratif se compose surtout de petites figures nues, bien loin d'être
en rapport avec les sujets religieux représentés par la sculpture : ce
sont des petits amours, nous devrions dire des petits enfants se ber-
çant et se balançant sur des ornements fantaisistes, jouant les uns et
les autres avec des oiseaux de différentes espèces; il en est qui s'entourent de guirlandes, comme s'ils sautaient à la corde; leurs mouvements rendent bien la pose de ce jeu d'enfant.

Comme complément à toutes ces excentricités artistiques, on
aperçoit, dans les enroulements des bandeaux et des feuillages, des
figures nues d'enfants, d'hommes et de femmes dans des poses déter-
minées par le contour des enroulements décoratifs, mais qui pourraient paraître d'autant plus libres qu'elles sont loin d'être religieuses.

Tout ce semblant de sculpture est simplement en pâte cuite, à la
mode vénitienne du xvᵉ siècle. Ce genre d'ornements était modelé
en cire; on en prenait l'empreinte en creux au moyen d'un mastic

résistant, puis dans ce creux on moulait les détails des ornements en se

2. DIPTYQUE RENAISSANCE.

servant d'une pâte que l'on faisait sécher au four. Les moulages obte-

nus, on les appliquait sur l'objet que l'on voulait décorer ; puis une
dorure générale confondait la pâte et le bois et donnait à l'ensemble
l'apparence d'un métal doré (2).

Ce procédé était peu répandu en France. On ne possède guère
décorés par ce système vraiment économique que quelques coffrets
qui remontent à l'époque de Henri II.

Quoi qu'il en soit, ce diptyque, d'une rare curiosité, mérite d'être
conservé et sauvé des ravages de l'humidité ; il trouverait bien mieux
sa place dans le musée de la ville de Troyes que dans la pauvre
église de Courgerennes.

L'abside est éclairée par trois fenêtres ogivales trilobées, divisées
en deux parties. La première fenêtre, à droite, contient une verrière
moderne donnée par M. J. Jaillant, directeur général au ministère
de l'intérieur ; elle représente l'Adoration des Mages. Dans les lobes
de la fenêtre centrale, dont le sujet principal devait représenter le
Jugement dernier ou la Résurrection des morts, on
voit le Christ au milieu d'une gloire céleste ; de sa
bouche sort, à droite, le lis, l'emblème de la chasteté, la glorieuse palme des justes, et, à gauche, le
glaive à deux tranchants qui doit frapper les mé-
chants. Plus bas sont représentés la Vierge, puis
saint Jean-Baptiste au milieu d'une légion de chérubins ; viennent enfin les armes des donateurs : le
premier blason (3), d'azur à six besants d'argent
posés 1, 2 et 3, brisé d'une molette de sable au
milieu du chef ; le second (4), parti du précédent, est
de gueules à un rencontre d'or ; ce sont probablement ceux de Jean, bâtard de Poitiers, seigneur de
Mailly, et de Philippe de Poitiers, seigneur d'Arcis-

3

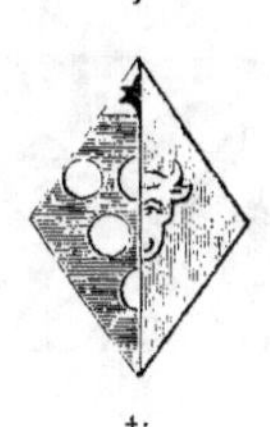

4.

sur-Aube, et de Barbe Aisne, sa femme, lesquels firent don d'une
verrière à l'église d'Arcis-sur-Aube.

La fenêtre à gauche a conservé, comme la fenêtre centrale, une
partie de ses anciennes verrières qui représentent en façon de grisaille l'Annonciation, une Notre-Dame-de-Pitié et le Couronnement
de la Vierge par la sainte Trinité.

On remarque, dans la frise de décoration des sujets, les lettres *S·G·* en caractères gothiques, très accentuées, ne pouvant échapper aux regards des visiteurs. Voici la seconde fois que nous trouvons cette particularité sur des verrières du xvɪᵉ siècle. Ces deux lettres ne se rapportent en rien aux sujets représentés ; ne seraient-elles pas les initiales du peintre verrier? Cette question, nous l'avons déjà posée une première fois devant la verrière de la Vision de l'empereur Auguste dans l'église de Saint-Parres-lez-Tertres (Voir page 83.)

Quand nous visitions l'église de Courgerennes, il y a quelques années, la façade avait pour abri un vieux porche en bois du xvɪᵉ siècle, qui, avec son petit clocher, lui donnait un certain intérêt artistique, pittoresque surtout, encadré comme il l'était par les maisons du village. Ce porche a été supprimé au mois d'avril 1877, pour cause d'économie, ce pauvre hameau n'ayant pas les ressources nécessaires pour l'entretien de son église, ce qui n'empêche pas cependant les habitants de vivre dans une certaine aisance.

Avant de quitter cette pauvre vieille église, signalons encore quelques carreaux émaillés perdus sous les bancs ou cachés sous une sorte de boue verdâtre produite par l'humidité et durcie par le temps (5).

5. CARREAUX ÉMAILLÉS (XVᵉ ET XVIᵉ SIÈCLE).

ÉGLISE SAINT-SÉBASTIEN.

CRÉSANTIGNES.

Le village de Crésantignes est situé à dix-neuf kilomètres de Troyes, à gauche et à quelques pas de la grande route nationale de Troyes à Auxerre.

Au xviiie siècle, ce village faisait partie de la paroisse de Saint-Phal. Une petite chapelle existait autrefois, dans l'angle sud-ouest du cimetière, en face de l'église actuelle.

Cette chapelle fut érigée en 1576 sous le titre de Saint-Sébastien, par Anne de Vaudrey, seigneur de Saint-Phal et de Crésantignes, ainsi que le constate une inscription gravée sur une ardoise et trouvée, il y a quelques années, en creusant une fossse sur l'emplacement de ce petit édifice.

En voici le fac-similé :

EXAVÐI · ÐEVS · ORATIONẼ · OVAM ·
ORAT · IN · LOCO · ISTO · AÐ · TE · SERWS · TWS · RF ·
IN · HONOREM · BEATISSIMÆ · TRINITATIS ·
ET · IN · LAVÐEM · BEATISSIMÆ · VIRGINIS · MARIE ·
MATRIS · ÐÑI · NOSTRI · IHESV · XRI · ET · BEATI ·
SEBASTIANI · AMEN · PAR · ANNE · ÐE · VAVLÐRES ·
CHEVALIER · DE · LORÐRE · ÐV · ROY · SEIGNEVR ·
DE · SAINT · FALE · ET · GRESANTINES · 𝔉....[2]
8 · OCTOBRE · 1576 ·

Cette ardoise fut recueillie par M. l'abbé Guenin, curé de Saint-
Phal, et rendue à l'église de Crésantignes ; elle est conservée dans la
sacristie.

Dès les premiers mois de 1780, après plusieurs requêtes antérieures, les habitants adressèrent une nouvelle requête à Joseph de
Barral, évêque de Troyes, pour l'érection en cure de leur chapelle,
ce qui leur fut accordé. Enfin, une nouvelle église, qui était déjà
construite, fut consacrée le 8 décembre 1780. Alors Crésantignes
cessa de faire partie de la paroisse de Saint-Phal.

Cette nouvelle église fut, comme la chapelle, dédiée à saint
Sébastien ; elle se compose d'une nef à trois travées, voûtée en berceau, de deux bas côtés et d'une abside à cinq pans.

La porte principale est en plein cintre sur pieds droits, accompagnés de deux pilastres toscans ; ceux-ci supportent un entablement
avec fronton triangulaire surmonté d'une croix. Une corniche couronne les murs de cette église, et au-dessus de la façade s'élève une
tour en bois renfermant trois cloches fondues en 1838.

Les trois travées de la nef s'ouvrent par un arc plein cintre que
portent des colonnes monolithes cylindriques avec chapiteaux toscans
et base attique reposant sur un petit socle carré. Les cintres des bas

---

1. *Servus tuus reus*, c'est-à-dire ton serviteur coupable.
2. Saint Fale, Crésantignes, Faÿs.

côtés tombent aussi sur des pilastres du même ordre, engagés dans le mur de clôture.

Les bas côtés éclairent toute l'église par six fenêtres cintrées. A la seconde, s'ouvre la porte du midi pour les habitants du village, et celle du nord pour le service du presbytère, bien construit et dans une belle situation. Ces deux portes sont abritées par des porches en pans de bois recrépis et couronnés d'un fronton triangulaire.

La chaire s'appuie à la seconde colonne de la nef, à gauche, et pour tout ornement, se dresse, sur le panneau central, un saint Sébastien.

La cuve baptismale, placée à la première travée du bas côté sud, est en marbre rouge veiné, sans intérêt.

Chœur et chapelles latérales. — Trois stalles et des bancs surmontés d'une grille en bois ferment le chœur. Le lutrin est du siècle dernier. Deux portes donnent accès aux deux chapelles latérales. La chapelle du midi est consacrée à la Vierge; l'autel, d'une grande simplicité, porte un tabernacle du xviiie siècle, orné sur ses angles de petites colonnes ioniques. Un entablement, surmonté d'une galerie à balustre, repose sur les colonnes. Ce tabernacle se termine par une couverture à contre-courbe revêtue d'écailles et sur le haut de laquelle est posée une très jolie petite statuette en marbre de la Vierge, remontant au xive siècle, ayant appartenu à l'ancienne collégiale de Lirey. Le mur de chevet de cette chapelle est décoré de différents motifs symboliques tirés des litanies de la Vierge. Le plafond, entièrement peint, se divise par compartiments; dans celui du milieu est représenté le Couronnement de la Vierge par la sainte Trinité. Ces peintures ont été exécutées en 1870 par M. Andréazzi.

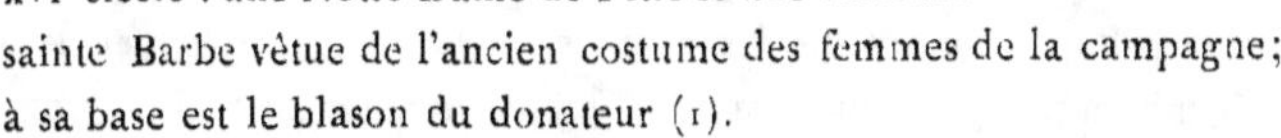

De chaque côté de l'autel ont été placées deux remarquables sculptures des premières années du xvie siècle : une Notre-Dame-de-Pitié et une curieuse sainte Barbe vêtue de l'ancien costume des femmes de la campagne; à sa base est le blason du donateur (1).

La chapelle du nord est sous le vocable de saint Sébastien. On remarque sur les gradins de l'autel deux intéressants bas-reliefs pro-

venant aussi de l'ancienne église de Lirey, fondée en 1353 par Geof-
froy de Charny, seigneur de Lirey; cet édifice a été complètement
détruit depuis la Révolution. Ces bas-reliefs sont encastrés sans goût
dans des motifs de pierre et des fûts de colonnes tronquées; le plus
grand se divise en deux compartiments : celui de droite représentait,
comme sujet principal, la Flagellation; il est complètement détruit.
On voit encore sur le sol les pieds des bourreaux et la base de la
colonne à laquelle était attaché Jésus-Christ (2). Cette scène se passait

2. LA FLAGELLATION ET LA MISE AU TOMBEAU.

en présence de Ponce-Pilate placé sur le balcon d'une galerie voûtée
dont les détails d'architecture sont intéressants. Deux autres personnages accompagnent le gouverneur; comme lui, ils sont appuyés sur
le bord de la galerie regardant ce qui se passe. Le cruel juge se
reconnaît à sa coiffure et au tapis que le sculpteur lui a placé sous le
bras. A droite, deux serviteurs descendent les degrés de l'escalier de
cette tribune, portant sur les épaules un brancard sur lequel est un
objet informe que nous n'avons pu définir : serait-ce le raisin mystique
symbolisant le sang du juste qui va être immolé? « Moïse avait
« envoyé deux jeunes Hébreux reconnaître le pays de Chanaan et

« s'assurer de sa fertilité. Ces hommes étant allés jusqu'au torrent de
« la Grappe de Raisin coupèrent une branche de vigne avec sa grappe,
« que deux hommes portèrent sur un levier. » Dans le deuxième compartiment on assiste à l'ensevelissement du corps de Jésus par Nicodème, Joseph et les saintes femmes. A la hauteur de la voussure en
forme de coquille, deux anges, en partie brisés, portent des banderoles.

Aux extrémités de l'ensemble s'élèvent de riches colonnes sur le
fût desquelles sont accrochés de petits médaillons contenant des pro-

3. LE CALVAIRE.

fils de figures d'empereurs romains. La composition des motifs n'est
pas très remarquable, mais les détails de la décoration sont d'une
richesse bien faite pour séduire et retenir le regard.

Un deuxième bas-relief représentant Jésus crucifié entre deux
larrons est placé au-dessus du précédent. A droite du sujet, l'évanouissement de la Vierge et les lamentations des saintes femmes; en
regard, à gauche, deux soldats se tirent les cheveux, l'un d'eux porte
un violent coup de poignard dans la poitrine de son adversaire afin
d'être seul à s'approprier les dépouilles de Jésus.

Au second plan, d'un côté, Jésus en prière au Jardin des Oliviers; de l'autre côté, le Christ, complètement nu, assis sur l'instrument de son supplice, attend dans un profond abattement et dans ce simple appareil que ses bourreaux, qui se disputent et se tuent un peu plus bas, veuillent bien le clouer sur la croix (3, p. 189).

L'exécution de ces sujets dépasse en ingénuité le grotesque de certains sculpteurs du XVe siècle.

Quel est l'auteur de ces deux bas-reliefs? C'est peut-être Christophe Molu, qui taillait à cette époque le bois et la pierre et ornait les églises de sujets de la Passion dont il se faisait une spécialité.

De chaque côté du retable, deux cavités renferment une statuette de Jésus-Christ et une de saint Roch, tout à fait sans intérêt et ne se rattachant pas, comme exécution, aux bas-reliefs que nous venons de décrire.

Au-dessus de la frise de ce même retable, deux statuettes demi-nature représentent un saint Sébastien et un saint Roch; sur le mur du fond est un grand triangle trinitaire entouré de rayons lumineux et de têtes de chérubins se perdant dans les nuages.

Sanctuaire. — Cette partie de l'édifice a conservé la physionomie des églises du XVIe siècle. Les nervures des voûtes partent des cinq divisions de l'abside pour se concentrer à la clef de cette voûte.

Le maître-autel, placé un peu en avant, est accompagné de quatre colonnes isolées que surmontent des figures d'anges adorateurs debout sur des boules. Ces colonnes rapportées s'élèvent sur un soubassement, se reliant au tombeau de l'autel. Deux colonnes de face sont appuyées contre un pilastre portant un vaste cintre à fronton triangulaire surmonté d'une croix.

Le tableau, d'une bonne facture, mais sans nom d'auteur, représente saint Sébastien, patron de l'église.

La sacristie est à l'angle, formée par la première travée du sanctuaire et par le chevet de la nef méridionale.

ÉGLISE DE LA NATIVITÉ DE LA VIERGE.

FAŸS.

Faÿs est un petit village situé sur le chemin de Saint-Phal à
Jeugny, à vingt kilomètres de Troyes.

L'église, succursale de Saint-Phal, n'est qu'une simple chapelle
sous le vocable de la Nativité de la Vierge.

C'est une pauvre construction en pans de bois, craie et briques:
elle fût édifiée en 1854, sur la place de la mairie et de la maison
d'école, par l'architecte Rozaire fils. Cette église n'est pas orientée:
elle se compose d'une seule nef éclairée par six fenêtres. L'autel,
placé contre le mur de clôture, fait face au midi.

Au-dessus du tabernacle est une Vierge-Mère; contre le mur,
un tableau du xviie siècle provenant de l'ancienne chapelle et représentant la Naissance de la Vierge; à droite et à gauche, deux niches
peintes sur le mur contiennent une sainte Anne et un saint Joseph.

Derrière le chevet se trouvent la sacristie et l'escalier des combles.

On remarque, dans le sanctuaire, une Notre-Dame-de-Douleurs,
du xvie siècle, et une Vierge-Mère de la fin du xiiie siècle.

ÉGLISE SAINT-PIERRE ET SAINT-PAUL

ISLE-AUMONT.

Isle-Aumont, autrefois Isle, est situé à huit kilomètres de Troyes, à quelques pas de la route de Chaource et à la pointe que forment les petites rivières d'Hozain et Mogne, d'où vint à cette commune le nom d'Isle.

Isle-Aumont se compose en réalité de quatre communes formant huit hameaux; ce sont : les Bordes, Bray, Virloup, Vendue-Mignot, Beaucaron, Cormost et Chantemerle.

Dès les premières années de notre ère, il y eut dans ce village des monastères qu'au IXe siècle les Normands détruisirent. Saint Robert, natif de Troyes, fondateur de Molesme et de Cîteaux, rétablit le monastère d'Isle et y fonda, en 1104, un prieuré de l'ordre de Molesme. Plus tard, ce couvent fut détruit comme ceux qui l'avaient précédé et les religieux se trouvèrent dispersés.

La seigneurie d'Aumont fut érigée en marquisat par Henri II, en faveur de Jacques de Clèves. En 1665, Louis XIV, pour récompenser les services d'Antoine Aumont de Rochebaron, maréchal de France, érigea le marquisat en « duché-pairie ».

Les ruines de l'ancien château se voyaient encore, il y a une centaine d'années, sur un monticule de terre, en partie artificiel, d'une étendue d'environ 26 ares.

Les rues du village environnant ce monticule à l'occident sont sans doute les anciens fossés ayant servi de défenses du château et des monastères limitrophes.

L'église paroissiale, dédiée à saint Pierre et à saint Paul, et située sur le point culminant de la butte, s'élève à dix mètres au-dessus du niveau de la partie basse du village; elle forme deux nefs parallèles rectangulaires, avec une abside demi-sphérique pour la vieille nef septentrionale et un chevet pour la nef méridionale (voir le plan 1, p. 395). Ce monument, contemporain de l'église de Moussey, a subi aux xve, xvie et xviiie siècles, des transformations qui en ont altéré le caractère. Ancien prieuré, il fut érigé en paroisse en 1579, sous l'administration du curé Martin Vignotti. L'édifice se composait jadis de trois nefs; celle du nord a été démolie au commencement du siècle pour cause de vétusté.

La porte principale, qui donne entrée dans la vieille nef du xiie siècle, a été reconstruite vraisemblablement dans les dernières années du xve siècle; elle se compose de deux pilastres à retraits, maintenant un arc en contre-courbe qui enveloppe la voussure ogivale du tympan. Les rampants de cet arc, ornés de figures d'anges et de chimères, se terminent par une console disposée pour recevoir une statue. Au tympan est une figure de Christ de l'Apocalypse montrant ses stigmates et accompagné de deux anges adorateurs auxquels on a coupé les ailes.

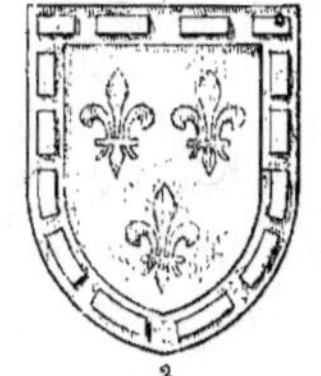

Entre les courbes de l'archivolte et les pilastres sont deux écussons effacés au ciseau: ce qui en reste nous fait supposer que ce devaient être les blasons des ducs d'Aumont et de Bourgogne, de la seconde race (2), car on sait que

Philippe le Hardi écartelait de Bourgogne ancien ses armes, qui sont d'azur semé de fleurs de lis d'or, et une bordure componée d'argent et de gueules.

Deux contreforts maintiennent la poussée du pignon aigu qui s'élève au-dessus des combles. A sa base se dressent des pinacles tronqués et, sur les rampants, de puissants crochets sont sculptés avec une grande habileté.

La pointe du pignon se termine par un socle sur lequel s'élevait une croix; derrière ce support, le timbre de l'horloge porte l'inscription suivante :

1791·LA NATION·LA LOI·LE ROI·LA SECONDE ANNÉE DE LA LIBERTÉ·EDME JACQVES ADNOT JUGE DE PAIX JACQUES PAINGUET MARGUILIER·COCHOIS FONDEUR.

Le mouvement de cette horloge fut rétabli en 1768, ainsi que le constate cette autre inscription :

M. L. PARIS MA FAIT A TROYES LAN 1768 AU TEMPS DE Mr GAYOT CURÉ ET J. ADNOT ET PINGUET CAMUSAT MAR-GUILLIERS EN CHARGE.

Intérieur.— La nef, complètement voûtée en berceau, se compose de quatre travées en plein cintre peu élevé soutenu par des pieds-droits, sauf le dernier qui repose sur un pilier cylindrique.

Au-dessus des arcades sans archivolte s'élève un mur éclairé de chaque côté par de petites fenêtres cintrées. Du côté nord, on a muré les arcades dont les profils sont restés visibles au dehors comme à l'intérieur.

Ces arcades sont occupées par de petits autels ayant pour vocables le Calvaire, sainte Anne, saint Nicolas et saint Éloi. Sur le premier autel sont placés : un *Ecce Homo,* une Notre-Dame-de-Pitié et un Christ au tombeau; ce dernier est un fragment de sculpture très remarquable. Sur le deuxième autel, une sainte Anne et une jolie statuette de sainte Barbe; sur le troisième, un saint Nicolas, et, sur le quatrième, un saint Éloi. Toutes ces statues appartiennent à la belle époque du xvie siècle.

Au midi, les arcades ont été remplacées par des arcs en ogive se
perdant dans la voussure du plafond. Ils reposent sur des piliers cylin-

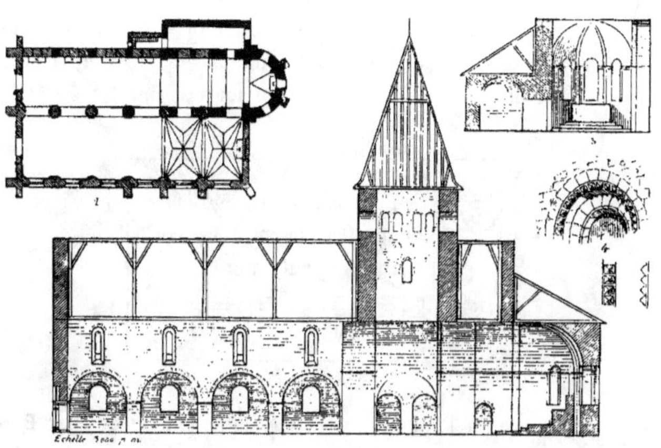

driques du XVIe siècle. Sur le premier pilier, en entrant, on lit l'épitaphe de Jean Berthelin Lebiel, jadis lieutenant criminel en la prévôté.
En voici le fac-similé avec ses lacunes :

> **Cy devant gist feu de bonne memoire Jehan**
> **Berthelin Lebiel** ^{iaty} **lieutenant......... en la**
> **prevoste... bailly de C... qui a ordōne en leglise**
> **de ceaus ung aniverfaire dune meffe par chāne**
> **fepmaine durant lefpace de dix ans continuel;**
> **lequel deceda le vendredi dernier Jour de**
> **feptembre mil vᵉ iiiiˣˣ priez dieu pour les trefpaffez**

Haut., o, 2j. Larg., o 6o.

Le deuxième pilier, en suivant, est décoré d'une statue de saint
Léon. Cette statue est posée sur une console portant : l'écu de France.

le monogramme de Jésus et de Marie et un second blason martelé;
le dernier quartier était aux armes de France. Le tout a pour support un dragon aux formes monstrueuses. A droite de cette console
est gravée une prière adressée à saint Claude, dont la statue est
adossée à celle de saint Léon; elle se termine par deux Alleluia notés
en musique. Nous la reproduisons ici dans toute sa simplicité :

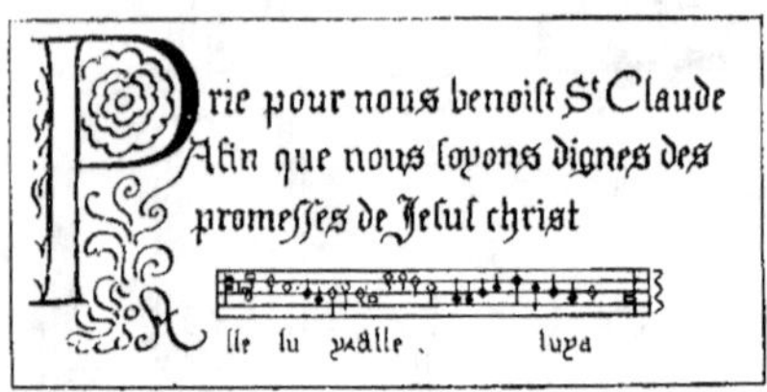

A gauche, se lit l'épitaphe suivante de la femme de Jean Berthelin :

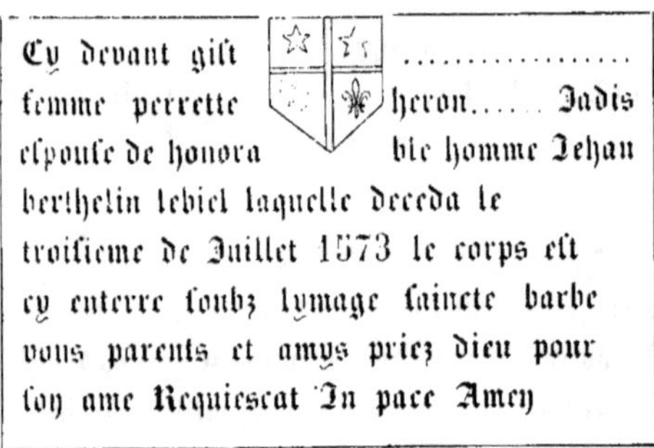

Ancien chœur. — L'ancienne tour occupe la cinquième travée qui
était autrefois le chœur. Elle est portée par quatre pieds-droits reliés
par des pleins cintres que soutiennent des arcs en ogive surbaissés,
construits au XVIe siècle par mesure de consolidation.

Cette tour s'élève un peu au-dessus des combles de l'église.
Quatre ouvertures cintrées qui en occupent les quatre faces prennent

naissance sur un bandeau en biseau. Une fenêtre percée plus bas éclaire
le beffroi portant cette inscription :

FAIT PAR LES SOINGES DE PIERRE FOUVENEL MARGVILLIER
LAN 1788 et le nom du maître charpentier CHAUMONNOT
CHARPANTIER.

Cette tour a été restaurée en 1852 par M. Lédanté, architecte à
Troyes.

La cloche porte à son diamètre 1^m,30 ; sur la partie cylindrique
sont représentés : un saint Claude, une sainte Barbe, une Vierge, saint
Pierre et saint Paul. Elle fut fondue en 1749 par PIERRE DEMONTEAV
et porte sur son cerveau l'inscription suivante :

✝ L'AN 1749 I'AY ETE BENIE PAR M^{TRE} BLAISE CLEMENT
CVRÉ D'ISLE AV MONT NOMMEE PAR EDME DOVSSOT MAR-
GVILLIER EN SECOND ET MARIE ANGELIQVE COLLOT EPOVSE
DE M^{TRE} NICOLAS LEBLANC MARGVILLIER EN CHARGE.

Sur le mouton est inscrit le millésime de 1781.
    Au côté septentrional du chœur s'ouvre la porte de la tou.
la sacristie ; celle-ci n'est rien moins que le chevet de l'ancienne ne.
latérale qui a conservé sa voussure demi-sphérique.
    Ancien sanctuaire.—L'abside mi-circulaire est voûtée en berceau.
Elle est soutenue par des arcs plein cintre et par des nervures taillées
en biseau venant se réunir au sommet de l'arc en demi-cercle qui
supporte la face occidentale de la tour (3, p. 395), et s'éclaire par
trois fenêtres cintrées flanquées de colonnettes, que soutient une
imposte. Au milieu, cette imposte forme saillie circulaire servant de
chapiteau à une colonnette plus forte.
    Extérieurement l'abside est maintenue par quatre contreforts à
retraits ; la baie des fenêtres est formée de plans rentrants à face
oblique et ornés dans leur pourtour d'un rang de têtes de clous
(4, p. 395).
    La fenêtre à droite, nouvellement restaurée, est fermée par une

verrière moderne exécutée en 1868 par Vincent Feste. Elle représente,
en deux sujets, les Apôtres réunis au tombeau de la Vierge et assistant à son Assomption. La verrière de la fenêtre centrale représente
les attributs symboliques des litanies de la Vierge : le miroir, la rose
et le chiffre **A. M.** ; la verrière de la fenêtre de gauche est consacrée
à la naissance de la Vierge.

Au-dessous de la fenêtre de droite est une piscine du xve siècle,
d'exécution assez grossière, se composant de deux
aiguilles pilastres portant un arc en contre-courbe
tréflé, sur les rampants duquel sont des dragons
ailés et des anges portant des écussons lisses. Entre
l'aiguille de soutien et l'arc en contre-courbe, on
voit deux blasons : le premier porte trois oiseaux
avec une étoile en chef (5); le second est timbré
aux armes de France.

Le maître-autel, des plus simples, est surmonté d'un retable en
pierre, représentant Jésus-Christ au milieu de ses Apôtres. L'exécu-

6. RETABLE DE L'ANCIEN SANCTUAIRE.

tion en est très remarquable, c'est une production artistique d'un seul
jet; on sent que, dans l'exécution de cette œuvre, le ciseau fouillait la
pierre en toute liberté, et sous la puissante inspiration d'un homme
de génie, sans le secours d'un modèle. L'ajustement des vêtements
rappelle l'école de Rome; c'est bien une œuvre italienne, mais cepen-

dant complètement étrangère à l'école de Troyes, fondée par le Florentin (6).

Sur ce retable est posée la Vierge au Donateur, statue en pierre
de grandeur naturelle, exécutée vers les
premières années du xvi° siècle, mais taillée par un sculpteur de l'école française
du xv° siècle.

Cette Vierge porte sur le bras gauche
l'Enfant Jésus qui joue avec un petit oiseau
becquetant le bouquet de fleurs que la
Vierge tient de la main droite. A ses pieds,
sur la gauche, est à genoux, les mains
jointes, le curé donateur en costume de
chœur. L'ensemble de cette sculpture pèche
par la pesanteur des draperies, d'ailleurs
étudiées et rendues avec beaucoup de soin
et de talent (7).

Nef méridionale. — La porte d'entrée
de cette seconde nef n'a rien de remarquable ; la baie est formée de deux pilastres
portant un linteau en fraction de cercle,
sans aucune décoration. Les quatre travées
correspondent à celles de la vieille nef ;
elles sont simplement recrépies en berceau,

7.
LA VIERGE AU DONATEUR.

éclairées par des fenêtres plein cintre, dont la construction sans intérêt
remonte au xviii° siècle.

Une chaire à prêcher est fixée au mur méridional de la troisième
travée. Sur le panneau central de cette chaire est représenté un saint
Pierre ; c'est de la menuiserie artistique du xviii° siècle. Il en est de
même du banc-d'œuvre qui lui fait face et des deux stalles fermant le
chœur.

Les deux travées en suivant ont été construites au xvi° siècle ;
elles sont voûtées à double compartiment formant des étoiles à quatre
branches ; les nervures retombent avec les arcs-doubleaux sur des
piliers mi-cylindriques engagés dans les pieds-droits de l'ancienne

construction. Les clefs de voûte représentent : un soleil, le monogramme de Jésus-Christ, un agneau de Dieu, deux anges et un écu
aux armes de France.

La première travée est réservée au chœur fermé sur la nef par
des stalles et des grilles.

Sanctuaire actuel. — La deuxième travée comprend le sanctuaire,
avec un autel très ordinaire s'appuyant
au mur du chevet. Cet autel est accompagné d'un retable à deux colonnes corinthiennes portant un entablement avec
fronton triangulaire surmonté d'une
croix. Au centre est représentée l'Assomption de la Vierge, peinture sur
toile non signée.

De chaque côté de ce retable, sous
deux niches, sont posées deux remarquables statues de la dernière moitié
du xvı⁰ siècle représentant saint Pierre
et saint Robert. Au pied de la statue de
saint Robert est figurée une petite chapelle renfermant ses reliques et rappelant qu'il fut abbé fondateur de Molesme
et de cette église, au commencement du
xii⁰ siècle (8).

B. SAINT ROBERT.

Deux fenêtres ogivales sans meneaux éclairent ce sanctuaire ;
leurs verrières modernes ont été posées en 1874 par M. Vincent Feste.
L'une représente l'atelier de la sainte Famille : Joseph à son établi
rabote des planches. La Vierge est à son rouet. L'Enfant Jésus pousse
également son rabot ; Joseph, en travaillant, contemple son élève
d'un œil satisfait.

L'autre verrière nous montre les patrons titulaires de l'église
paroissiale : saint Pierre et saint Paul et sainte Reine, patronne secondaire.

A l'entrée du village, près du chemin de Chaource, sur les bords
d'une source autrefois miraculeuse, dit-on, mais servant aujourd'hui

de lavoir public, est située la chapelle de Roche, dédiée à sainte
Reine; cette chapelle, construite à la fin du xvie siècle, a été réédifiée
en 1776. Elle n'offre rien de bien intéressant; c'est une petite nef
plafonnée avec un autel au chevet surmonté d'un tableau représentant le martyre de sainte Reine. Sur la toiture est un campanile renfermant une cloche portant l'incription que voici :

✠ ANNÉE 1723 PARAIN HONORABLE HOMME GVILLAVME
BOVRGVIGNAT CHAVDRONNIER A TROYES·MARAINE ANNE
BOVRGVIGNAT V^{VE} JEAN MONTAGNE LABRAVSSEL.

Il existe dans la chapelle une châsse fort modeste renfermant
une précieuse relique de la sainte, donnée à l'église d'Isle-Aumont,
par Mgr l'évêque de Dijon, en l'année 1831.

La clef des claveaux cintrés de la porte d'entrée est ornée d'un
blason martelé dont on voit encore le chevron. Ce blason est entouré
d'une branche de chêne et porte à sa base la date de 1589. Ce sont
sans doute les armes des ducs d'Aumont. D'argent à un chevron de
gueules accompagné de sept merlettes de même, posées quatre en
chef 2 et 2 et trois en pointe 1 et 2.

ÉGLISE DE L'ASSOMPTION.

JAVERNANT

Ce village est situé à vingt kilomètres de Troyes, au bas de la montagne de Villery et à droite de la route d'Auxerre.

La paroisse de Javernant était autrefois succursale de Saint-Jean-de-Bonneval. Elle fut érigée en cure en 1747, sous le vocable de l'Assomption de la Vierge.

En plan, l'église figure une croix latine avec un sanctuaire formant un demi-octogone, c'est-à-dire que l'abside est à cinq pans.

Portail. — La porte principale forme un portail assez richement sculpté. Malgré son défaut d'unité décorative, elle mérite d'être étudiée dans ses détails, traités avec beaucoup d'adresse et de légèreté.

Cette porte est divisée en deux parties par un trumeau très riche d'ornementation. Le pilier, auquel est appliqué un piédestal, s'élève jusqu'à la hauteur du linteau et sert de support à une statue

d'*Ecce Homo* qui ne paraît pas, étant donnée la largeur des accessoires débordant des deux côtés du pilastre, avoir été faite pour la
place qu'elle occupe. Il est de forme circulaire et divisé dans sa
hauteur en trois parties par de petits contreforts à retraits se terminant
en clochetons. La masse de ce support est enrichie de fenêtrages
avec archivoltes dont la courbe, ornée de crochets, s'élève jusqu'à
la frise formant la console,
sur laquelle repose la statue de l'Homme - Dieu,
couronné d'épines. Un
riche dais, ajusté à la hauteur du linteau, abrite cette
statue (1, p. 404).

Les filets du trumeau
viennent faire liaison avec
les moulures des deux linteaux, et les contournent
en formant deux arcs sur-
baissés.

De chaque côté de la
porte, dans l'ébrasement des
pieds-droits, composé de
pilastres disposés oblique-
ment, a été ménagée une
niche vide aujourd'hui,
mais dont le support a les
mêmes proportions et dont
la décoration est aussi riche

PORTE PRINCIPALE.

que celle du trumeau central, avec cette différence que la frise de la
console est ornée d'enfants jouant avec des serpents, qui les mordent;
l'un de ces enfants tient un griffon brisé.

Le dais recouvrant cette niche est orné de trilobes; dans l'angle
des rampants de ces trilobes sont des bustes de femmes très saillants;
l'une d'elles se presse le sein. Dans la frise, de petits griffons se
regardent effarouchés et courent dans les courbes des lobes. Au-dessus

de ce dais, un ange sortant d'une tour qui en fait le couronnement sonne de la trompe et, à une lucarne de l'édifice, apparaît une tête d'enfant surpris sans doute par le bruit qu'il entend.

Cette description concerne le support du côté droit ; celui du côté gauche est orné de la même manière ; deux bustes d'un homme et d'une femme richement vêtus font saillie sur la masse de ce pilastre comme dans celui qui lui fait face. Au-dessus du dais, un ange sonne de la trompe; derrière lui, des arbres; la console est brisée. La statue qui occupait la niche devait tenir un phylactère ou banderole dont une partie se voit encore sur le pied-droit.

Était-ce l'ange Gabriel annonçant à la Vierge qu'elle serait mère de Dieu? En admettant cette interprétation, la Vierge devait être placée à droite, et dans toutes ces figures décoratives, on pourrait voir des allégories. Les figures de l'ornementation des supports sont sans doute celles des prophètes ou des sibylles qui ont annoncé les événements de la naissance et de la vie de Jésus-Christ.

Les sujets représenteraient alors, d'une manière symbolique, l'Allaitement de l'Enfant Jésus par Marie, le Serpent foulé aux pieds comme ayant trompé Ève, les anges annonçant à son de trompe le glorieux mystère de l'Incarnation; la Naissance du Christ devant racheter le péché du premier homme et de la première femme, nous allons voir ce dernier sujet représenté un peu plus haut.

Les pieds-droits de la porte d'entrée sont encore composés de gorges et de filets légers venant, par une courbe élégante, former l'arc ogival qui encadre le tympan.

I. TRUMEAU
DE LA
PORTE PRINCIPALE.

Dans cette voussure profonde se développent des filets en serpenteaux terminés à leurs extrémités par de petites consoles pour recevoir des statuettes. La gorge encadrant le tympan est décorée de mascarons, de figures d'anges et de griffons ; ce tympan, qui est lisse, devait compléter cette décoration par une peinture qui n'a jamais été exécutée.

A la rencontre de la pointe ogivale de l'une des gorges, nous avons lu, il y a une dizaine d'années, les noms de **L. Cabutel** et **C. Parijo**, en tenant compte de l'abréviation qui est encore visible. Suivant le calque que M. Gaulet, curé de Javernant, a bien voulu nous adresser, deux brisures superficielles de la pierre viennent jeter un doute sur l'orthographe de ces deux noms, simplement peints en noir. Ces brisures sont d'autant plus regrettables que c'est la première fois que nous rencontrons des signatures d'artistes sur nos monuments. Voici le fac-similé de ces deux signatures :

·L· caoufel· ·G· pãiio·

Ces sculpteurs dépendaient-ils d'une corporation d'imagiers, ou bien allaient-ils de village en village, appelés par les maîtres maçons, pour décorer les monuments, ainsi que cela se fait encore aujourd'hui ? Nous penchons, sans rien affirmer, pour cette dernière supposition.

Les contreforts des pieds-droits et de la voussure sont divisés en deux parties ; la première, à la hauteur des linteaux de la porte, par deux consoles que maintiennent deux figures représentant : à droite, sainte Catherine ; à gauche, sainte Barbe. La seconde division, chargée de coquilles saillantes, s'élève à la hauteur de la naissance de l'arc en contre-courbe. Ces coquilles sont destinées à protéger des statues qui n'ont pas laissé de traces, si toutefois même elles ont jamais existé.

Dans l'angle formé par les contreforts et le point de départ de l'arc ogival sont : à gauche, Adam, et à droite, Ève, dont la présence explique allégoriquement le sujet principal : l'Annonciation.

Ce groupe rappelle d'une manière complète, mais différente, l'idée religieuse et le motif sculptural de la porte principale de l'église de Bérulles, page 285, probablement décorée par les mêmes artistes.

L'archivolte en contre-courbe est chargée de crochets en forme de choux-frisés ; elle portait à son extrémité une console destinée à recevoir une statue qui fut supprimée au xviie siècle et remplacée par une niche à fronton triangulaire accompagnée des deux vases à parfums couronnant les contreforts. A la pointe des deux arcs, deux anges maintiennent l'écu de France, martelé, surmonté d'une couronne royale, entouré du cordon de Saint-Michel, ordre fondé en 1469, par Louis XI, pour s'attacher par un nouveau serment les gens de qualité.

Au-dessus du pignon de cette façade est le timbre de l'horloge et, au croisement des combles du transept, un petit clocher qui n'est que la base d'une flèche tronquée.

Au côté septentrional est accolée la tourelle conduisant aux combles de l'église.

Intérieur. — La nef se compose de quatre travées voûtées en ogive, avec des arcs-doubleaux et des nervures à moulures concaves reposant sur des colonnes engagées dans les murs de clôture de cette nef dépourvue de bas côtés ; elle s'éclaire par cinq fenêtres : deux à droite, trois à gauche ; celles de droite sans meneaux avec des restants de verrières en grisaille. Les deux premières, à gauche, présen-

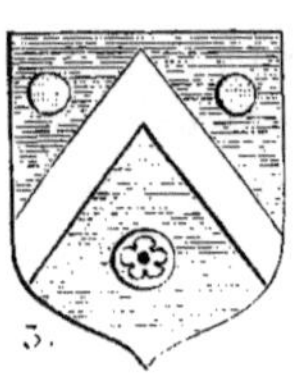

tent ce même aspect ; la troisième, du même côté, se divise en trois parties avec des meneaux cintrés et des lobes ovoïdes dans lesquels figure ce blason d'azur à un chevron d'argent, accompagné de deux besans et d'une rose d'or en pointe (3) avec une bordure peinte au xviie siècle, époque de la réfection totale de cette fenêtre.

A la troisième travée méridionale s'ouvrait la porte de sortie sur le cimetière ; elle est aujourd'hui murée et sans décoration à l'extérieur.

Une chaire à prêcher de la plus grande simplicité est placée à l'angle sud de la nef et du transept.

Chœur et chapelles latérales.— Le chœur se ferme à la quatrième
travée par un appui de communion à balustre; il occupe cette travée
et donne accès aux deux chapelles latérales des croisillons. A droite
est la chapelle consacrée à la Vierge; l'autel, très simple, porte sur son
massif de pierre une table de même nature avec l'inscription du
donateur ainsi conçue :

lan mil v⁰ et dix sept cette ymage fut de nicolas barbier donez

Cette image était une Notre-Dame-de-Pitié, qui était posée sur
la frise au-dessus de l'autel et que nous n'avons pas retrouvée. Au-
dessus du tabernacle, une frise aux profils vigoureux, de style gothique
du xvie siècle, porte plusieurs statues de saints de différentes grandeurs:
saint Fiacre, sainte Barbe et saint Vorle; derrière ce dernier est une
maison en feu rappelant que, dans un incendie, il sauva un enfant, sujet
que nous avons déjà vu représenter, mais différemment, dans l'église
de Bouilly, page 364; vient ensuite un saint Vincent, patron des
vignerons. Au-dessus de ces quatre figures, sur le plat du mur oriental,
sont peintes trois niches qui renferment un saint Roch, une Assomption et un saint Éloi; ces peintures ont été exécutées en 1869, par
M. Andréazzi.

Sur le pilier d'angle de cette chapelle est un saint Jean provenant d'un calvaire; cette statue est posée sur une console qu'un ange
supporte en soutenant lui-même un petit écusson avec le nom de
Sancta Sira.

Cette chapelle est éclairée par une grande fenêtre à trilobes flamboyants divisés en trois jours. Au-dessous, est une petite piscine sans
intérêt.

La chapelle septentrionale est dédiée à saint Nicolas. Son retable,
qui se compose aussi d'une simple frise, porte trois statues d'une
remarquable exécution, ce sont : un saint Claude avec une croix et
une mitre à ses pieds, un saint Gervais et un saint Nicolas.

Une fenêtre, qui s'ouvre au-dessus de ces statues, se divise en trois
parties avec des lobes contrariés. Celle du nord est sans meneaux.
Au pilier d'angle se dresse la statue de sainte Anne instruisant la

Vierge enfant. Toutes ces figures sont du commencement du
XVIe siècle.

Sanctuaire. — Les nervures en diagonales des voûtes de l'abside
reposent sur des consoles chargées de feuillages. Les deux premières
travées sont murées; celle de droite est percée d'une porte conduisant
à la sacristie, ménagée dans l'angle méridional du sanctuaire et du

4. TOMBE DE PIERRE LE PITANCIER (1482 A. S.)

croisillon. Cette porte est à linteau droit, se terminant en pointe d'accolade dont les extrémités reposent sur des pieds-droits profilés dans
leurs pourtours. A côté de cette porte se trouve une petite piscine
décorée de la même manière. A droite de cette même porte, à la hauteur du linteau, on a encastré dans le mur de clôture la petite pierre
tombale de Jacques le Pitancier, tabellion ecclésiastique et notaire
apostolique (4), mort en 1482. Ce tabellion est représenté les mains

joinfes, en costume bourgeois du xvᵉ siècle, portant sur l'épaule son chaperon dont la queue tombe par devant. De sa bouche se développe un phylactère portant un verset tiré de l'évangile de saint Luc, chap. xvııı, v. 13. Il est couché sous une voussure cintrée surmontée d'une archivolte à contre-courbe ornée de crochets, et maintenue par des contreforts à retraits avec aiguilles. Un double cadre entoure la pierre et porte une inscription en vers dont voici le contenu :

Cy devant gift en fepulture·   Tabellion ecclefiaftique·
le corps fubget a pourriture·   fut et notaire apoftolique· [2]
De feu Jaqs le pitācier·   Qⁱ tfpaffa ē lā de grace·
En fō viuet clere difcret hoᵉ·   M · cccc · iiiˣˣ et deux·
Natif dicy tel le renome·   Pries tō dieu q̄ par sa gͤce·
Et pour plus foy loz avancer· [1]   a fō ame vray pardō face· amē·

Cette petite pierre tumulaire mesure en hauteur 1ᵐ,10 sur 0ᵐ,90 de largeur. Les trois travées de l'abside sont éclairées par des fenêtres ogivales divisées en trois parties, vitrées avec des verrières du xvıᵉ siècle qui proviennent de toutes les fenêtres de l'église; c'est un pêle-mêle impossible à décrire. Cependant, malgré cette confusion, nous avons remarqué : la Passion, la Crèche, la Création de l'homme, les Rois Mages, le Calvaire, la Fuite en Égypte et le prophète Jessé endormi au pied de son arbre généalogique. Dans les lobes apparaît ce blason parti : au 1ᵉʳ de gueules à un sautoir d'or; au 2ᵉ de gueules à deux clefs d'argent posées en sautoir.

Le second quartier est probablement aux armes de la famille des Clermont (Tonnerre), ducs de Luxembourg et de Piney, etc., seigneurs de Riceys, Laines-aux-Bois, Donnement, Jasseines, etc. Quant au premier quartier, il doit être aux armes des d'Amoncourt. Dès lors le blason serait celui de Claude d'Amoncourt qui fut le pre-

---

1 Mais ce qui est plus glorieux pour lui, c'est qu'il fut tabellion ecclésiastique, etc.

2. Les notaires apostoliques étaient ceux qui, avant la Révolution, expédiaient et recevaient les actes en matières bénéficiale et spirituelle.

mier des trois maris de Charlotte, troisième fille d'Antoine de Clermont (premier comte de Clermont, vicomte de Tal-
lart, mort en 1578), et de Françoise de Poitiers (4).

Tous ces sujets se trouvent placés dans la
première fenêtre à gauche ; la fenêtre de droite contient un saint Roch et quelques parties de la légende
de saint Jean-Baptiste. Ses panneaux représentent
la conduite du précurseur en prison et sa décapita-
tion, puis le baptême de Jésus-Christ sur les bords du Jourdain ; la
conduite du même Jean-Baptiste à la cour d'Hérode, sa présence
au banquet d'Hérode et la belle Hérodiade, femme de Philippe, son
frère. Dans les lobes aux lignes flamboyantes sont figurés des Prophètes, saint Jean prêchant dans le désert, devant la foule assemblée, le
baptême et la pénitence et, enfin, Dieu le Père dans une gloire céleste.

Toutes ces verrières sont coupées en deux parties, distribuées et
classées sans ordre. Dans la quantité, il y en a beaucoup qui pourraient se compléter et reprendre leur place primitive. Le donateur et
la donatrice s'y trouvent représentés avec la date de la pose de cette
verrière à moitié brisée, dont on ne voit que **mil v**......

Dans la fenêtre centrale nous retrouvons dans le même état les
parties complémentaires de l'Arbre de Jessé, la
légende de saint Jean-Baptiste et un curé donateur en costume de chœur et portant l'aumusse
sur le bras droit ; il est assisté de son patron, saint
Nicolas ; sur son prie-Dieu est placé un curieux blason (5) écartelé : au 1er, de gueules ; au 2e, d'argent ;
au 3e, de gueules à un calice d'or ; au 4e, de sable

à un missel de gueules à tranches d'or. Et un cep de vigne, feuillé et
fruité, au naturel, brochant sur le tout. C'est évidemment le blason
d'un prêtre. Au bas du panneau on lit cette partie d'inscription :
Nicolas.......nane pbre 1518. On distingue encore l'Annonciation,
saint Pierre et saint Paul, l'étable de Bethléem. Dans les lobes est
une merveilleuse composition du couronnement de la Vierge par la
Sainte Trinité qu'entoure une foule de saints anges. Au-dessous
d'eux, tous les ordres des saints disposés de cette manière : les Pro-

phètes, les Apôtres, les Papes et les Évêques, les Martyrs, les Solitaires et les Justes. On reconnaît dans cette foule de bienheureux saint Christophe, le fort des forts, saint Étienne, saint André, sainte Catherine, sainte Barbe, saint Pierre, saint Paul et saint Quentin, etc., tous reconnaissables par leurs attributs respectifs.

Il est à remarquer que les Rois n'y figurent pas; étaient-ils indignes aux yeux du peintre verrier de paraître dans le royaume céleste, après avoir régné en maîtres et possédé un royaume de la terre?

Le maître-autel est en bois avec deux anges adorateurs. La face du tombeau de l'autel est occupée par un médaillon sculpté représentant l'offrande des Rois Mages à Jésus le nouveau-né. Sur les gradins de l'autel s'élève un riche tabernacle de la fin du xviie siècle, à trois faces, rappelant dans ses dispositions celui de l'église de la chapelle Saint-Luc (voyez page 110). Les angles sont maintenus par des colonnes torses surmontées de chapiteaux composites portant un entablement décoré de rinceaux courants et ajourés; les faces sont occupées par de petites niches contenant : sur la face principale le Bon Pasteur, et sur les faces en retour saint Pierre et saint Paul; deux volets dans le même style accompagnent le corps du tabernacle; ils sont divisés et encadrés par des colonnes du même ordre ; les niches sont ornées de la même façon et occupées par saint Jean l'Évangéliste et saint Jean-Baptiste; des colonnes et des consoles renversées soutiennent les extrémités.

Au-dessus s'élève le second compartiment dans des dispositions semblables, avec colonnes torses et consoles sur les angles, supportant une corniche terminée par une galerie à balustre; sur celle-ci sont placées de petites statuettes. On a sculpté et représenté en demi-relief, sur le panneau de face de ce second étage, la Cène, et, sur les côtés fuyants, un saint ciboire et un calice.

Au lieu d'un couronnement en forme de dôme, comme au tabernacle de la chapelle Saint-Luc, celui-ci se termine par des palmes contournées portant une couronne royale, disposition plus moderne n'ayant aucun rapport avec la composition de ce beau tabernacle.

Deux châsses, en forme de tombeau, mais de mauvais goût, occupent l'embrasure des fenêtres de chaque côté du maître-autel.

ÉGLISE SAINT-BARTHÉLEMY.

JEUGNY

L'ancien hameau de Jeugny, situé sur la gauche de la route d'Auxerre, à vingt-quatre kilomètres de Troyes, dépendait autrefois de Saint-Phal : il fut converti en paroisse en 1840.

L'église s'élève sur un bel emplacement; elle est précédée d'un narthex, surmonté d'une tour carrée. Contre la règle liturgique, sa façade est au midi et son abside au nord.

C'est un monument moderne construit de 1846 à 1850. La première pierre fut posée le 8 juin 1846, par M. le chanoine Roizard, vicaire général de l'église cathédrale de Troyes, et par MM. Gauthier, architecte, membre de l'Institut, né à Troyes, qui fut dans son temps un maître éminent de l'école d'architecture, Rosaire, architecte inspecteur, et Morèle, entrepreneur des travaux, en présence de M. Hugot, maire de la commune, de M. Léon Morey, curé de Jeugny, et de tous les curés du canton.

L'édifice fut inauguré deux années après sa construction par le curé de Jeugny, aujourd'hui doyen des Riceys, très simplement à cause des événements politiques du moment.

La dépense totale de cette construction monta à la somme de 100,000 francs, non compris le mobilier et la décoration intérieure.

L'église remplace une petite chapelle dédiée à saint Barthélemy, et desservie jadis par le curé de Saint-Phal.

Elle dénonce, par son style, une époque d'hésitation et de tâtonnement et une intention bien accusée de retour vers les dispositions architecturales des basiliques chrétiennes de l'Italie.

On entre dans l'église Saint-Barthélemy par un narthex ouvert, compris dans la première travée du monument. Cette disposition a permis de pratiquer une chapelle de chaque côté de ce porche.

La chapelle du nord est consacrée à saint Nicolas et celle du midi aux fonts baptismaux. Cette dernière a été dédiée depuis 1880 au Sacré-Cœur et, tout nouvellement, décorée par M. Ceresa, peintre, à Saint-Jean-de-Bonneval. Un médaillon, peint par M. Paul Grolleron, né à Seignelay (Yonne), élève de M. Bonnat, représente le Baptême de Jésus sur les bords du Jourdain, et de chaque côté de la statue du Sacré-Cœur se trouvent deux cartouches, à fonds rouges, où sont représentés les instruments de la Passion.

Près de l'entrée principale de l'église, deux petites portes, dont l'une s'ouvre sur l'escalier pratiqué dans l'épaisseur des murs et conduisant à la tribune de l'orgue qui se trouve placé au premier étage, au-dessus du narthex.

L'intérieur de la basilique ne manque pas d'une certaine grandeur, à cause de ses proportions. Le plan forme un parallélogramme composé de sept travées, y compris celle du chœur, que séparent des colonnes monolithes d'ordre toscan. Ces colonnes portent des arcades au-dessus desquelles règne un vaste entablement et, sur celui-ci, un mur percé de six fenêtres plein cintre.

Les bas côtés s'éclairent par sept fenêtres donnant, avec celles de la nef centrale, beaucoup trop de lumière à l'intérieur. Il y a deux petites portes placées, l'une au nord, l'autre au midi, au-dessous de la fenêtre de la quatrième travée des nefs latérales. Ces nefs sont toutes trois plafonnées en menuiserie à compartiments pour la grande nef, mais à surface unie pour les bas côtés.

Chœur. — Le chœur s'ouvre sur la nef par un arc plein cintre, prenant naissance sur le prolongement de l'entablement qui contourne toute l'église. Il communique aux deux sacristies disposées derrière le chevet des deux chapelles des bas côtés. Ces chapelles ferment les deux nefs; celle de droite est dédiée à la Vierge Marie : elle est décorée de médaillons en camaïeu d'or représentant la rose mystique, le vase spirituel, attributs symboliques des litanies de la Vierge, et l'image de l'Annonciation.

La chapelle de gauche, sous le vocable de Saint-Joseph, est ornée dans le même genre, avec le lis, symbole de la pureté, et une peinture rappelant la Fuite en Égypte : les divins exilés font le chemin à pied sans le secours de leur monture.

Sanctuaire. — Le sanctuaire forme un hémicycle en saillie sur le plan ; il est éclairé par trois fenêtres. Au fond, se trouve un tableau qui représente le martyre de saint Barthélemy, donné par l'État en 1856.

Cette partie de l'église est décorée de peintures à la détrempe, exécutées par M. Andréazzi. Sur la droite, saint Barthélemy prêche devant une foule assemblée, puis, à gauche, Jésus-Christ, accompagné de ses apôtres, appelle saint Barthélemy à l'apostolat.

Les voûtes représentent des attributs de l'Église et, à leur naissance, sont peints les quatre évangélistes.

ÉGLISE NOTRE-DAME-DE-BONNE-NOUVELLE.

MACHY

Petite commune située près de Jeugny, à vingt-trois kilomètres de Troyes.

Machy avait autrefois son château avec une chapelle dédiée à Notre-Dame-de-Bonneval ou de Bonne-Nouvelle. Cette chapelle fut démolie et vendue pour faire place à la nouvelle, construite sur les plans dressés par M. Roussel, architecte du département, et par M. Hippolyte Filloux, entrepreneur à Saint-Germain.

La cérémonie de la pose de la première pierre de la chapelle vicariale de Notre-Dame eut lieu le dimanche 22 avril 1876, sous la présidence de M. l'abbé Morey, ancien curé de Jeugny. La bénédiction solennelle de l'édifice fut donnée le 7 juillet 1878 par Mgr Cortet, évêque de Troyes.

Le plan de cette église est rectangulaire, avec un chevet en saillie, accompagné de deux petites sacristies.

La façade, au-dessus de laquelle s'élève une jolie tour dans le style du XIII° siècle, est d'un aspect imposant; elle se compose d'une porte d'entrée à linteau droit, accompagnée de jambages portant une archivolte cintrée avec trilobe creusé dans le tympan.

Au-dessus, entre deux bandeaux, est percé un œil-de-bœuf éclairant la tribune intérieure.

Le beffroi prend jour par quatre fenêtres cintrées surmontées d'un bandeau circulaire. Une corniche à modillons lui sert de couronnement et, au-dessus de celle-ci, repose une toiture aiguë à quatre versants, surmontée d'une croix et d'un épi fleuronné.

Cette façade se prolonge de chaque côté par les murs de la nef, percés de deux œils-de-bœuf éclairant : à droite, l'escalier qui conduit à la tribune et, à gauche, la chapelle des fonts.

La nef, très simple dans sa construction, n'est pas voûtée, la charpente apparente des combles est maintenue par des entraits en fer qui reposent sur des corbeaux. Elle est éclairée par quatre fenêtres en lancettes, de chaque côté.

Le chevet du sanctuaire est beaucoup moins large que la nef, disposition qui a permis d'établir deux petits autels aux extrémités de la nef, l'un dédié à la Vierge, l'autre à saint Joseph. Les deux fenêtres éclairant ces chapelles sont ornées de peintures représentant la mort de saint Joseph et la Vision de saint Dominique et de sainte Thérèse.

Le sanctuaire s'éclaire par trois œils-de-bœuf. L'autel est en pierre, finement travaillé et dans le style du XIII° siècle, comme le sont aussi les deux petits autels de la nef.

Cette construction paraît très bien entendue, et on reste surpris quand on connaît le chiffre de la dépense, qui n'a pas dépassé la somme de 33,000 francs.

ÉGLISE SAINTE-SYRE.

MONTCEAUX

Montceaux, anciennement Montreaulx, est situé près de la forêt d'Aumont, à seize kilomètres de Troyes, à droite du canal de la haute Seine et de la route de Dijon, et à gauche de la route de Chaource.

L'église, sous le vocable de Sainte-Syre, jadis une succursale de Vaudes, est bâtie sur un plan rectangulaire, à une seule nef, avec une abside plus étroite et à cinq pans.

La façade est abritée par un porche en bois, montant jusqu'à la hauteur du pignon de la nef. Au-dessus de ce pignon s'élève une petite tour en bois surélevée d'un clocher aigu.

On entre dans l'église par une porte cintrée, rétablie en 1872.

La nef offre quelques parties remontant au xii⁰ siècle, mais qui ont été remaniées entièrement depuis la reconstruction du sanctuaire. Sur les côtés de la nef, en entrant, deux petits murs en saillie forment une division ou travée distincte servant, du côté droit, à la chapelle des fonts; du côté gauche, au confessionnal; cette partie s'éclaire par une fenêtre dont les verrières représentent une sainte Syre et une sainte Hélène portant une croix, insigne qui rappelle la découverte de la vraie croix.

La nef proprement dite est plâtrée en berceau; quatre fenêtres l'éclairent. Dans les deux premières, plusieurs fragments de vitrail représentant l'Arbre de Jessé; à droite est l'ancêtre de David endormi sur un riche siège à dossier : il est vêtu d'une robe d'or et coiffé d'un chaperon bleu. Les rameaux de l'arbre portent les Prophètes, dont un seul a conservé son nom **Osias**. Au bas de cette peinture, on lit la date de **l'an mil cinq cens trente-trois**. Dans la fenêtre en face, nous retrouvons **Eleazar, Sador, Jacob** et deux autres rois sans nom. La Vierge occupe le sommet, étant le fruit suprême de l'arbre.

Les murs de la nef sont ornés de plusieurs statues en plâtre, parmi lesquelles nous en avons remarqué une de sainte Marguerite, en pierre, d'un bon style du xvi⁰ siècle.

Dans l'angle formé par la saillie de la nef, de chaque côté du chœur, sont établis deux petits autels de style gothique moderne, arrangés avec goût. Celui du côté méridional est dédié à la Vierge. La table d'autel est posée sur deux petites colonnes avec chapiteaux à crochets, et dans le fond, sous l'autel, est représentée l'Annonciation. Au-dessus du tabernacle se dresse la statue de la Vierge-Mère. Du côté opposé au septentrion est l'autel Saint-Joseph, composé de la même manière et dans le même style; la statue du saint s'élève au-dessus du tabernacle et, sous le tombeau, un petit bas-relief représente la Visitation.

Toute cette décoration en bois a été composée par M. Baudet-Fouquet, sculpteur, à Troyes. Les statues et les bas-reliefs en terre cuite sortent des ateliers de M. Léon Moynet, statuaire à Vendeuvre.

Chœur et sanctuaire. — Le chœur et le sanctuaire, faisant partie de la forme absidale, furent construits vers 1528. Les voûtes

de cette époque sont toujours, à quelques exceptions près, composées de nervures formant des lignes géométriques en pointes d'étoiles
qui viennent s'épanouir dans les angles rentrants des pans coupés de
l'abside. Cette voûte est peinte et constellée d'étoiles avec clefs à trilobes au croisement de chacune des nervures.

LUTRIN, 1528.

Le chœur occupe la première travée; au centre était placé, il y
a quelques années, un petit lutrin du plus haut intérêt qui a été supprimé. Ce lutrin est à la fois une œuvre d'art et un souvenir historique. Il se compose d'une arcature élevée sur un plan triangulaire,
dont la base repose sur la tête aplatie de monstres : c'est le symbole
de la parole de Dieu écrasant l'esprit du mal. A chaque angle, des
pilastres avec chapiteaux renaissance sont doublés par d'autres petits
pilastres recevant la retombée des arcades qui occupent les trois faces

et sont ornées de rinceaux contournés en S. Dans la frise de ce petit édicule est gravée en creux la date de 1528.

Sur la boule du monde surmontant la plate-forme se dresse l'aigle de saint Jean, aux ailes éployées, portant suspendu à son cou

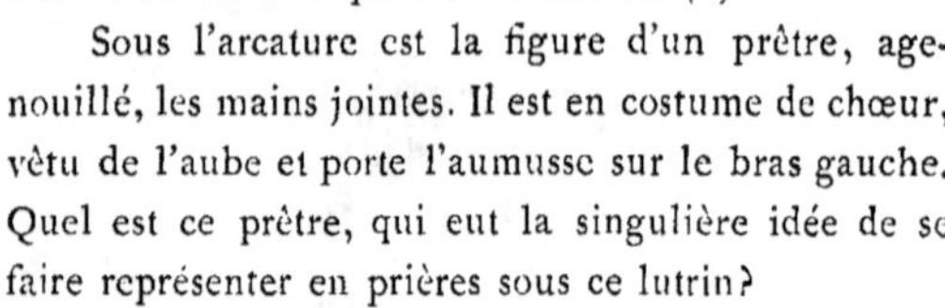

le blason du donateur, d'argent, engrêlé de gueules avec trois têtes d'épervier au naturel (1).

Sous l'arcature est la figure d'un prêtre, agenouillé, les mains jointes. Il est en costume de chœur, vêtu de l'aube et porte l'aumusse sur le bras gauche. Quel est ce prêtre, qui eut la singulière idée de se faire représenter en prières sous ce lutrin?

Le blason appendu au cou de l'aigle nous apprend que ce personnage est Jean Huyard, ancien curé de Saint-Nizier, chanoine de la cathédrale de Troyes, marguillier et comptable de la fabrique de cette église, en 1533, et curé de Montceaux. C'est le même qui, en 1498, de concert avec Guillaume Huyard, avocat du roi, écuyer, maire de la ville de Troyes, et probablement son frère, donna à la cathédrale la verrière de la sixième travée de la nef centrale, à droite, à l'angle du transept. Cette verrière représente divers saints du diocèse de Troyes et fut exécutée par Jean Verrat et Balthazar Godon, peintres verriers à Troyes[1].

Nous avons trouvé dans certains ouvrages que les têtes de faucon du blason étaient de sable.

Une dame Mahaut Huyard, sœur ou nièce peut-être du curé de Montceaux, épousa un sieur Jacques de Marisy; elle était fille de Guillaume Huyard, conseiller et avocat du roi à Troyes, seigneur de Colaverdey (Charmont) et Argentolle, et d'Ysabeau des Essarts[2].

Aujourd'hui, ce joli lutrin est relégué dans un coin obscur de la nef. L'aigle et le portrait sculpté de Jean Huyard sont déposés dans le grenier du presbytère. Il est donc grandement temps de faire

1. Léon Pigeotte, *Étude sur les travaux de la cathédrale de Troyes.*

2. Guillaume Huyard fut député du tiers état pour le bailliage de Troyes aux états de Tours tenus en 1483. Sous Charles VIII, il y soutint avec honneur les droits de ses commettants. (Arnaud, *Voyage archéologique dans le département de l'Aube.*)

connaître par l'étude et par le dessin ceux des monuments religieux qui disparaissent de nos églises, par suite de transformations qui, le plus souvent, découlent de convenances personnelles plutôt que des nécessités du culte.

La première travée, à droite, en entrant dans le chœur, est occupée par la porte de la sacristie, ménagée dans l'angle sud-est de l'abside.

A la seconde travée s'ouvre une fenêtre sans meneaux, à verrière, représentant le douloureux drame de la Passion de Jésus-Christ.

Les sujets se distribuent de gauche à droite et se partagent de la manière suivante : l'Entrée de Jésus-Christ à Jérusalem; Jésus célèbre la Cène avec ses apôtres; Jésus à l'agonie au Jardin des Oliviers. Ces trois panneaux sont modernes et ont été exécutés par M. Vincent-Larcher. La seconde division, ainsi que les suivantes, comprennent toute la partie ancienne qui a dû être exécutée par les peintres verriers Jean Verrat et Balthazar Godon. Ce sont : Jésus trahi par le baiser de Judas; Jésus chez Caïphe, puis chez Hérode; en suivant, Jésus couronné d'épines; Jésus, un roseau à la main, est présenté chez Pilate, il est flagellé; Jésus porte sa croix, aidé de Simon; enfin il est crucifié sur la montagne du Golgotha.

Les verrières de la fenêtre du chevet sont entièrement modernes; elles ont été exécutées par M. Virot, peintre verrier à Troyes. Cette verrière laisse beaucoup à désirer dans tout l'ensemble de toute sa composition; elle représente la Naissance de Jésus; la visite des Rois Mages; le Massacre des Innocents; la Présentation au Temple; Jésus devant les docteurs et Jésus dans l'atelier de Joseph.

Dans les lobes du couronnement sont peints : une Assomption, une Ascension et Dieu le Père bénissant.

La deuxième fenêtre, à gauche, renferme une verrière peinte par M. Erdmann, peintre verrier, à Paris, qui a représenté les sujets suivants : le Baptême de Jésus; Jésus aux noces de Cana; Jésus conversant avec la Samaritaine.

Dans la deuxième partie, Jésus interrogé par les docteurs de la Loi; Jésus sur la montagne de Galilée; enfin Jésus absolvant la femme adultère.

Dans le troisième compartiment, le peintre a figuré Jésus au milieu des enfants, la Transfiguration sur le mont Thabor et Jésus ayant la tête parfumée de myrrhe par Marie-Madeleine.

Il y aurait beaucoup à dire sur le choix et la distribution des sujets, surtout sur le dessin et l'harmonie des couleurs de toute cette nouvelle décoration; mais, fidèle au programme que nous nous sommes tracé, nous n'entreprendrons pas l'étude critique des œuvres modernes quelles qu'elles soient.

Le maître-autel est en pierre, sculpté dans un style gothique moderne. Derrière le tabernacle s'élève une statue du Sacré-Cœur, surmontée d'un pinacle ajouré. La table de l'autel est portée par des pilastres, avec chapiteaux en feuilles de ronces. Le tombeau de l'autel est décoré d'écussons au monogramme de Jésus-Christ et aux initiales de S. C., sainte Croix et S. S., sainte Syre.

Il y avait dans le chœur de l'église de Montceaux deux dalles tumulaires qui ont disparu depuis la nouvelle décoration du mobilier et le renouvellement du carrelage de toute l'église.

La première mesurait 1ᵐ,50 de hauteur sur 0ᵐ,60 de largeur. On lisait en tête et dans la bordure de la pierre **Cy-git-damoiselle-louyze-de**........ et au bas, à droite, **dame-suane-de**....... **Montceaulx**. Cette pierre se trouvait autrefois sous le lutrin, au milieu du chœur. Elle pouvait dater de la seconde moitié du xvıᵉ siècle.

L'autre tombe était à gauche du lutrin. En tête de l'épitaphe était le blason du défunt : d'azur, à une licorne, passant d'argent, surmonté d'une couronne de comte. Au bas de la pierre, une tête de mort posée sur deux os croisés; sa hauteur était de 1ᵐ,55 et sa largeur de 0ᵐ,60. Voici quelle était cette inscription :

Cy git mésire Jacques Hugot avocat en parlel.ᵗ seigneur de Montceavx né a Troyes le 4 avril 1698 et decede le 24 avril 1771

Priez Dieu pour Le Repos de son Ame.

CHATEAU DE MONTCEAUX

Le château de Montceaux est une construction toute récente, se développant à l'entrée de la commune sous un aspect saisissant de grandeur.

Il fut érigé en 1853 et 1854, par M. le comte Jacques-Louis-Patrice-Ernest de Feu de la Mothe, décédé le 30 janvier 1879.

M. de Feu de la Mothe consacra une grande partie de sa vie aux soins de l'amélioration de l'agriculture; c'est dans cet ordre d'idées qu'il fit construire deux fermes considérables en même temps que le château. L'une de ces exploitations agricoles est située à Montceaux, l'autre dans les plaines de Faulx, dite la Ferme de Saint-Jacques.

ÉGLISE SAINT-JEAN-BAPTISTE.

SAINT-JEAN-DE-BONNEVAL

La commune de Saint-Jean est située au sud-est et à gauche de
la route d'Auxerre, à seize kilomètres de Troyes et à un kilomètre de la petite rivière appelée la Mogne.

Elle comprend les communes d'Assenay, de Lirey, qui avait une
collégiale, Notre-Dame de Lirey ; de Villery, sur la route d'Auxerre,
le lieu où Clovis vint recevoir la reine Clotilde qu'il devait épouser ;
de Longeville, où il y avait une chapelle Saint-Michel, de Mau-
pas, de Prunay et de Bonneval, qui donna son nom à la commune
de Saint-Jean.

Une partie de l'ancienne église de Saint-Jean-de-Bonneval ou de
Bonne-Nouvelle tombait de vieillesse au commencement du siècle ; les

derniers restes en furent démolis vers 1825. L'église, qui s'élève aujour-
d'hui sur la place de la commune, est l'œuvre de M. Gauthier,
architecte, membre de l'Institut, le même qui construisit l'église de
Jeugny.

Les six communes dépendant de cette paroisse contribuèrent à
cette construction, dont la première pierre fut posée en 1826, avec le
cérémonial ordinaire, par l'évêque de Troyes, M⁸ʳ de Séguin-des-Hons,
et consacrée sous le vocable de saint Jean-Baptiste, le 22 juin 1830.

Élevée quelques années avant celle de Jeugny, elle est, comme
cette dernière, précédée d'un narthex, surmontée d'une tour et divisée en trois nefs. Les nefs latérales sont terminées par des murs droits
et le sanctuaire par un hémicycle. C'est bien la même ordonnance
que Saint-Barthélemy de Jeugny, mais c'est aussi une œuvre architecturale plus grandiose, dans laquelle se manifeste toute la pureté
du style consacré par les anciennes basiliques romaines.

Intérieur. — La première travée est occupée par le narthex
servant d'entrée et elle est soutenue par deux colonnes monolithes de
l'ordre toscan. On entre dans l'église sous le narthex par une grande
porte, à linteau droit, surmonté d'un entablement. A droite de ce
porche s'ouvre une petite porte latérale, et, à droite comme à gauche,
sont les deux premières travées des bas côtés, consacrées, celle de
droite à la chapelle des fonts, celle de gauche, à l'escalier conduisant
à la tribune ménagée au-dessus du narthex.

Cette tribune forme extérieurement le premier étage de la façade
que décorent trois niches vides. Au-dessus de cette partie de l'édifice
se dresse une tour carrée percée, sur les quatre faces, d'une ouverture
cintrée qui repose sur un soubassement occupé par le cadran de
l'horloge.

A l'intérieur, les huit travées sont séparées par des colonnes
monolithes toscanes portant un entablement qui règne tout autour de
l'église. Sur cet entablement s'élève un mur percé d'une fenêtre cintrée pour chacune des travées. Au-dessus du mur, une corniche contourne le plafond en bois avec bordure à caissons.

Chœur et chapelles latérales. — Le chœur s'ouvre par un
grand arc dont les points de départ s'appuient de chaque côté sur

l'entablement. Il est séparé de la nef par une grille et entouré de vingt-quatre stalles.

Notons ici deux tableaux, représentant une Sainte Famille et un Saint Michel terrassant le démon, et deux petites châsses, sur lesquelles reposent deux intéressantes statuettes, l'une de saint Jean-Baptiste, l'autre est une jolie petite Vierge du commencement du XVIIe siècle, remarquable par la gracieuse simplicité de sa pose et surtout le naturel du geste de l'Enfant Jésus, porté sur le bras gauche de sa mère.

A droite et à gauche du chœur, deux portes donnent accès aux deux sacristies ménagées derrière le chevet des deux chapelles latérales des bas côtés.

La chapelle, à droite du chœur, est dédiée à la Vierge; le retable se compose de deux colonnes doriques, portant un entablement que surmonte un fronton triangulaire; cet ensemble renferme un tableau représentant l'Assomption.

En avant de cette chapelle, dans l'axe de la huitième travée et contre le mur méridional, sur un socle assez élevé et orné de l'agneau symbolique, est posée la statue de saint Jean-Baptiste, sculpture en bois du XVIIe siècle, d'une remarquable exécution.

Du côté septentrional s'élève la chapelle de Saint-Nicolas, décorée et meublée dans le même goût. Le tableau du retable représente le saint évêque de Myre ressuscitant les trois enfants dans la cuve.

Une statue de saint Nicolas, posée sur un socle en avant de la chapelle, comme nous venons de le voir pour celle de saint Jean-Baptiste qui lui fait face, est une sculpture en pierre très remarquable qui appartient à l'école de Troyes et date du XVIe siècle. La richesse des détails de la mitre et de la bordure de la chasuble rappelle les détails de sculpture que nous avons admirés à la statue du même saint décorant un des piliers de l'église Saint-Pantaléon de Troyes.

Sanctuaire. — La voûte du sanctuaire est de forme hémisphérique; elle est décorée, sous l'arcade qui sépare cette partie de l'édifice d'avec le chœur, d'attributs du culte et de caissons à rosaces. Ces peintures à la détrempe sont d'un puissant relief; elles ont été exécutées par M. Andréazzi.

Le maître-autel, d'un aspect grandiose, se compose d'un retable
porté par des consoles dont le centre est occupé par le monogramme
du Christ, au milieu de nuages et de rayons lumineux. Quatre
colonnes d'une belle proportion, à chapiteaux composites, portent
l'entablement avec fronton triangulaire surmonté d'une croix. De
chaque côté de l'autel, deux anges sont en adoration et deux niches

1. CROIX DE GRAND CHEMIN, XVIᵉ SIÈCLE.

peintes sur le mur circulaire contiennent les figures de saint Pierre
et saint Paul.

Un tableau représente le Baptême de Jésus-Christ par saint Jean
copié par le peintre Morlot, natif de Troyes, d'après le tableau original de Mignard, de l'église Saint-Jean de Troyes.

En sortant du village, à l'angle du chemin de Villery, sur un
monticule, abrité par d'énormes noyers, se dresse une croix de grand
chemin, dite Croix-Blanche, à cause de la nature de la pierre dont
elle est formée. C'est un monument intéressant du commencement
du xvıᵉ siècle; il n'en reste malheureusement que le socle; la croix

de pierre a sans doute été brisée il y a longtemps; elle est remplacée par une croix en fer érigée au XVII° siècle (1).

Ce socle, d'une forme élégante, se compose de profils à talon et
de moulures concaves. Aux angles du monument, des anges accroupis sous une console portent un disque sur lequel est gravé en lettres
onciales le monogramme du Christ et, sur la face méridionale, un
bandeau qui portait une inscription de fondation complètement
détruite, et sur lequel cependant on distingue encore l'agneau de
saint Jean (2, p .427).

Ces deux consoles étaient probablement destinées à servir de
supports aux statues de la Vierge et de saint Jean le Bien-Aimé qui
accompagnent toujours Jésus-Christ crucifié. Les angles du soubassement sont appuyés par quatre têtes de mort, symbole de la mort de
l'homme racheté par le sang de Jésus-Christ.

Sur le devant de ce soubassement, on a établi, en 1676, une table
d'autel portée par deux pilastres. Cette addition est des plus regrettables parce qu'elle s'ajuste très mal avec la partie décorative de ce
vieux et précieux reste qui témoigne de la foi de nos pères.

MOUSSEY

Le village de Moussey, situé sur une petite colline, à droite de la route de Chaource, est à huit kilomètres de Troyes.

De cette commune dépendent les hameaux de Bierne, au sud-est, et de Savoie, à l'ouest, anciennes seigneuries des frères Pithou. A la mort de son frère, François Pithou abandonna cet héritage pour fonder, en 1717, le collège de Troyes. Villetard, autre hameau, sur la rive droite de l'Ozain, à gauche de la route de Bourgogne, dépend aussi de Moussey.

La modeste et antique église de Saint-Martin de Moussey est classée parmi les monuments historiques du département de l'Aube. Petite, sans voûte, sans aucunes décorations architecturales, elle n'en est pas moins remarquable par son plan et la simplicité de son style. Elle date de la dernière moitié du XII⁰ siècle. Cette église se compose d'un porche embrassant les travées de trois nefs que terminent des

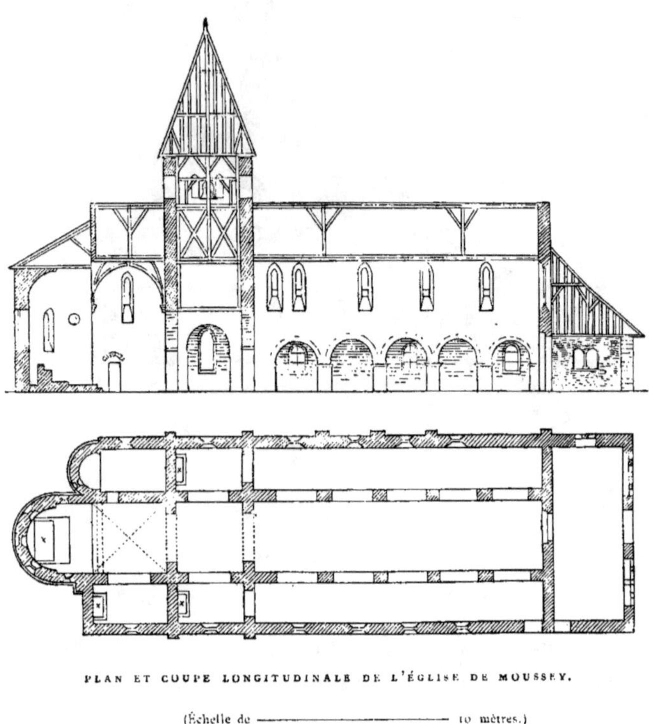

(Échelle de ——————————————— 10 mètres.)

absides circulaires, moins toutefois le collatéral du nord, qui a été reconstruit et remplacé par un mur droit.

Le porche est une curiosité archéologique; il est fermé par un simple mur de 0ᵐ,70 d'épaisseur, couvert d'un toit en appentis s'appuyant sur le mur du pignon de la nef centrale (1, p. 433).

Pour pénétrer sous ce vestibule, il faut descendre deux marches et, de chaque côté de cette entrée, qui est seulement une interruption de ce mur, s'ouvrent deux ouvertures divisées par de petites colonnes trapues et groupées par quatre. Ces colonnes sont ornées de chapiteaux à feuilles droites et les bases formées de tors et armées de griffes; elles supportent des petits pleins cintres bordés de légers filets.

L'une de ces ouvertures, celle de gauche, n'a qu'une colonne pour support (2, p. 433), ainsi que l'unique fenêtre du midi, qui n'a qu'un pilastre sans base, ni chapiteau.

Toutes ces ouvertures ne comprennent qu'une partie de l'épaisseur du mur évidé à l'intérieur par un arc surbaissé (3, p. 433). Une porte cintrée s'ouvre au nord dans l'angle du mur de la nef, pour le passage du porche au presbytère.

L'entrée principale de l'église est sous le vestibule. Elle se compose d'une porte en arc cintré sans aucune décoration. Au-dessus, une grande fenêtre ogivale, dont le style appartient au xvi° siècle, est divisée en deux parties par un meneau portant deux cintres surmontés d'un troisième aux formes ovoïdes.

Cette fenêtre sert actuellement de passage pour conduire à la tribune de l'orgue fixée au mur occidental de l'intérieur de l'église. On accède à cette fenêtre par une simple échelle dressée sous le porche, à gauche de la porte d'entrée. A droite de cette porte se trouve la sépulture d'un des derniers seigneurs de Villemereuil et de Bierne.

Une dalle tumulaire, en partie brisée et effacée, en tête de laquelle est représenté le blason du défunt, d'azur, au chevron d'argent accompagné de trois tours d'or, porte l'épitaphe de Nicolas de Corberon, fils de Nicolas de Corberon, seigneur de Vauchassis, premier président du conseil supérieur d'Alsace, qui mourut à Colmar le 1er avril 1729. En 1718, avec l'agrément du roi, il se démit de sa charge en faveur de son fils aîné, dont nous retrouvons aujourd'hui la sépulture. Celui-ci était né à Metz, en la paroisse de Sainte-Croix, le 30 avril 1690; il fut avocat général en 1712, premier président d'Alsace en 1723, conseiller d'Etat en 1747 et mourut à Troyes, le 10 octobre 1764.

La sépulture de Nicolas de Corberon a dû être déplacée par le curé Hurion qui fit de grands changements dans l'église et dans le cimetière. Courtalon, dans sa topographie troyenne, l'indique comme étant placée près de la croix du cimetière et parle d'une épitaphe sur pierre noire fixée à un pilier de l'église, rappelant les mérites et constatant le décès de ce magistrat; cette inscription n'existe plus. Cette famille avait aussi une sépulture dans la chapelle des notaires à l'église Sainte-Madeleine de Troyes. Originaire de la Bourgogne, la famille de Corberon tire son nom de la terre de Corberon, située entre Beaune et Bellegarde.

Au milieu du porche est une seconde sépulture, celle de Constantin Hurion, curé, bienfaiteur de la commune de Moussey, mort en 1806. Il était curé de cette église depuis 1739.

Intérieur. — On entre également dans l'église de Moussey par la petite porte latérale nord. Sept arcades divisent la nef et les bas côtés dans toute la longueur de l'église. Elles sont au nombre de cinq pour la nef; la sixième comprend la base de la tour et forme, avec deux chapelles latérales qui l'accompagnent, une apparence de transept qui n'existe pas. Les arcades à droite de la nef sont plein cintre. Les trois premières, à gauche, sont ogivales; c'est là une bizarrerie qui se rencontre souvent dans les monuments de transition de cette époque.

Les collatéraux et les chapelles sont éclairés par des fenêtres cintrées qui ont été élargies à la fin du siècle dernier (7). La nef médiane l'est par des fenêtres en lancettes, disposées irrégulièrement.

Entre l'interstice des arcades de la nef, on a, depuis quelques années, disposé des consoles sur lesquelles sont posées des statues de différentes époques. Elles représentent, à gauche, saint Martin, un *Ecce Homo*, sainte Barbe, sainte Catherine, intéressante par la richesse de son costume, et saint Éloi. A droite, une Notre-Dame-de-Pitié, une Vierge-Mère, un saint Nicolas et une sainte Catherine. Toutes ces sculptures datent des xve et xvie siècles, sauf toutefois la statue de la Vierge-Mère, qui remonte au xive siècle.

La chaire à prêcher est une œuvre de menuiserie et de sculpture de l'époque dite Louis XV. Elle s'élève contre le troisième pilier, à droite. Le garde-corps est décoré d'attributs du culte; le dossier est

orné d'un triangle trinitaire accompagné de palmes et d'un vase à
parfums d'où s'échappe une fumée. Les angles s'appuient sur des

consoles feuillagées; elles-mêmes reposent sur la base profilée et renflée du garde-corps. L'abat-voix se termine par des rinceaux contour-

nés se réunissant par une console ornée
de la figure de l'Espérance.

En face est le banc d'œuvre avec
dossier sur lequel est représenté le patron de l'église, saint Martin, évêque de
Tours.

La tour de l'église s'élève à l'intersection de la nef et du chœur (4); chacune
de ses faces est percée de deux petites
fenêtres séparées par un pied-droit, qui

COUPE TRANSVERSALE.

se profile dans la baie et à la naissance des arcades (5, p. 433). Elle
contient une cloche portant cette inscription :

JAY ETE BENISTE PAR M^{tre} DANIEL BOURGEOIS CURE DE
MOUSSEY LAN 1717 ∽ LE PARAIN MESSIRE IEAN HIEROSME
MOLE CHEVALIER SEIG^r DE VILLY VILLEMEUREUIL MONTA-
BERT ET LIEUTENANT DE MESSIEURS LES MARECHAUX DE
FRANCE EN CHAMPAGNE ∽ LA MARENNE DAMOISELLE
GABRIEL DE MESGRIGNY DAME DE LA BRUNELLERIE ∽
DU TEMPS DEDME COPET ET EDME PHILIPPON MARGUIL
LERS EN CHARGE ∽ MATHIEU LUCA M^{tre} FONDEUR MA
FAITE ET EVSTACHE LVCA SON FILS.

Il y a quelques années, cette tour, menaçant ruine, fut consolidée au moyen de colonnes de fonte posées dans l'angle rentrant
des piliers et par le doublement des murs et des arcades dans leur
épaisseur; ces travaux ont été exécutés par Boulanger, architecte
à Troyes.

De cette travée, on communique aux deux chapelles latérales des
bas côtés qui se ferment par un mur droit. Celle de droite est consacrée à saint Nicolas, et celle de gauche à la Vierge.

Chœur et sanctuaire. — Le chœur, éclairé par deux fenêtres

en lancettes, occupe la septième travée, voûtée et agrémentée de
légères moulures, en 1746.

A droite du chœur s'ouvre la porte de la sacristie, ancienne chapelle voûtée en cul-de-four. A gauche, on communique avec la chapelle, jadis seigneuriale, par un grand arc cintré, évasé à l'intérieur,
de 0^m,95 d'épaisseur.

Le tabernacle de l'autel, du XVIIe siècle, répète, par ses dispositions, les édicules de la même époque que nous avons déjà décrites. Il
est à trois pans; les angles s'appuient sur des colonnettes portant un
entablement que surmonte une galerie à balustre; des niches, abritant
de petites figurines de saints, occupent les trois faces. Les volets du
retable sont décorés de la même manière. Le tabernacle se termine
par une toiture en quart de cercle, couverte d'écailles et surmontée
d'un Christ ressuscité.

Pour pénétrer dans le sanctuaire, dallé de marbre noir et blanc,
il faut monter deux marches en marbre noir. L'autel est en marbre
rouge, à filets blancs. Le tableau de l'autel, très mauvaise peinture,
représente le martyre de saint Clair, le patron de la vue, jadis
vénéré parce qu'on lui attribuait le don de guérir les maladies des
yeux et de conserver la vue à ceux qui l'invoquaient; son anniversaire
était pour le pays une seconde fête patronale.

Le sanctuaire est voûté en cul-de-four; il était éclairé par
trois fenêtres en lancettes, mais celle du milieu a été bouchée par
le retable de l'autel; de chaque côté, deux œils-de-bœuf ont été
également murés; celui du sud s'aperçoit parfaitement à l'extérieur (6, p. 433).

Toute cette partie du monument est malheureusement recouverte
de lambris en bois et de panneaux en plâtre stucqué, divisés par des
pilastres toscans, avec corniche à la naissance de la courbe de la
voûte. Une Gloire, composée de nuages, de têtes de chérubins et
de rayons, décore le centre de cette corniche, au-dessus du maître-
autel.

Dans le chœur, sur le sol, parmi le carrelage, on distingue deux
fragments de dalles tumulaires qui se rapportent parfaitement à un
autre fragment engagé sous les marches du sanctuaire.

Ces morceaux réunis portent l'épitaphe suivante :

> **Cy gist Messire Gaucher de foissy en son vivant**
> **seigneur.................. neuf et corvilly chevalier**
> **de lordre du roy.......... Euise pere et fils**[1]
> **qui trespassa Lan mil cinq cens Quat..........**
> **aur et super Int........ Dieu pour li.**

Enfin une autre partie, qui se trouve à l'entrée du chœur, porte la date de **mil cinq cens quatre vingt douze.**

Après Pierre de Dinteville, la terre de Villemereuil passa à la maison de Foissy. Nous connaissons quatre seigneurs de Villemereuil, dit M. d'Arbois de Jubainville, dans sa notice sur cette seigneurie[2]. Jean de Foissy, le premier d'entre eux, vivait en 1464 et était mort en 1477. Il laissa deux fils, Guillaume et Huguet de Foissy, dont le second fut seigneur de Villemereuil. Huguet, mort en 1506, eut pour successeur Henri de Foissy, seigneur de Creney, qui, sur la verrière donnée par lui à l'église de Creney, en 1520, s'intitule capitaine de Chaource. (Voir p. 11).

En 1516, il fut autorisé par Françoise d'Albert, duchesse de Brabant, marquise d'Isle, à construire un pont-levis dans son château de Villemereuil. Après Henri de Foissy vint Gaucher de Foissy, dont nous venons de retrouver la tombe par fragments. Comme son prédécesseur, il prit le titre de seigneur de Creney et reçut en 1566, du duc de Laval, marquis d'Isle, et en 1549, des gens du roi, permission de construire un pont-levis devant ce même château de Villemereuil.

En 1575, les habitants reconnurent lui devoir une poule par feu. Suivant ce que l'on peut encore lire sur les morceaux de sa pierre tombale; il mourut de 1580 à 1590.

Quelques restes de vitraux peints existent encore dans les fenêtres du sanctuaire; ce sont les Rois Mages, la salutation de la Vierge et sainte Élisabeth.

---

1. Gaucher de Foissy remplissait sans doute une fonction auprès des ducs de Guise, alors qu'ils étaient gouverneurs de Champagne et de Brie.

2. *Mémoires de la Société académique de l'Aube.* Année 1868, p. 443.

La croix du cimetière est en fer forgé, posée sur un socle en pierre. Sur les jambages de la croix, on lit : AN. *ætatis suæ 92* .DEDIT C. HURION·PAROCHUS· 1804.

A l'extrémité d'une plantation d'arbres, en face l'église, se voit un calvaire surmonté d'une croix en fer, avec cette inscription sur l'un des supports : PAR. C. HURION DEDIT· 1804. Devant le socle de la croix est établi un autel en pierres et briques surélevé de deux gradins, accompagné de colonnes destinées à recevoir deux statues qui n'ont jamais été posées.

C'est probablement le curé Constantin Hurion qui a décoré à sa façon, c'est-à-dire en les transformant et les dénaturant, certaines parties de l'église. Cependant nous devons reconnaître avec ses contemporains que ce curé a su mériter par ses largesses le titre de bienfaiteur porté sur l'inscription de sa dalle tumulaire.

VILLEBERTIN

Petit hameau dépendant de la commune et de la paroisse de Moussey, à six kilomètres de Troyes, vers la fourche que forment les routes de Bar-sur-Seine et de Chaource.

Villebertin, qui donna son nom à une branche de la famille de Mesgrigny, seigneur de Moussey et de Savoie, l'une des plus illustres et l'une des plus anciennes familles de Troyes, tire son nom patronymique du fief de Mesgrigny; c'est aujourd'hui une commune de l'arrondissement d'Arcis-sur-Aube.

Le château de Villebertin est une construction de 1776, située en contre-bas de la route de Chaource, avec parc et garenne, sillonnés de petits cours d'eau. Le corps de logis principal forme un vaste parallélogramme composé d'un rez-de-chaussée et de deux étages couronnés d'un fronton triangulaire. De chaque côté, le corps de logis se prolonge par deux petits bâtiments à simple rez-de-chaussée. A droite et à gauche sont les cuisines et les communs.

Une grille ferme la propriété du côté de la façade principale et au levant; elle est bordée d'un large fossé alimenté par les eaux de l'Ozain.

Ce château appartient aujourd'hui à M. Frank de Mesgrigny, qui s'est fait une réputation dans les arts par son talent comme paysagiste. Il est le dernier descendant des marquis de Savoie-Villebertin, fils d'Edmond-Edme-Bruno de Mesgrigny, marquis de Mesgrigny, chevalier de la Légion d'honneur, ancien membre du conseil général de l'Aube pendant vingt-cinq ans.

SAINT-LÉGER-LEZ-TROYES

Saint-Léger est situé à six kilomètres de Troyes, sur la rivière la Hurande, venant de Richebourg, hameau de Saint-Pouange.

Cette commune comprend les hameaux de Cervet et d'Herbigny-le-Sec et l'ancien fief de la Planche, maison de culture appartenant à M. Gustave Huot.

Au-dessus du gouffre de l'Étang-l'Abbé et près d'un petit bois appelé le Fief-du-Fort se voyait le château de la Motte, appartenant aux Marisy, seigneurs du lieu. Ce château fut détruit au xve siècle. Suivant un procès-verbal d'enquête du 11 août 1497, établi par Jacques Roffey, lieutenant du bailli de Troyes, à l'effet d'autoriser François de Marisy à construire un pont-levis en sa nouvelle maison au lieu dit de Viezville, de la seigneurie de Cervet[1], un nouveau

---

1. Alphonse Roserot : *Mémoires de la Société académique de l'Aube*, 1876.

château fut construit et subit le sort du premier; il fut assiégé et détruit du temps de la Ligue et remplacé par une maison bourgeoise appartenant aujourd'hui à la famille de la Rupelle.

En 1747, pendant le curage de la rivière, on retrouva quelques pièces d'argenterie provenant du château et les chaînes de son pont-levis.

L'église de Saint-Léger, inachevée, a été construite vers 1510. Elle se compose de trois nefs à quatre travées, avec un sanctuaire en saillie et à cinq pans.

La porte principale est à plein cintre sur deux pieds-droits avec deux pilastres d'ordre ionique surélevés d'un socle pour porter un entablement du même ordre, en assez mauvais état. Au-dessus s'ouvre une fenêtre cintrée divisée en portique. Plus haut, une corniche détermine le pignon qui est en bois et au milieu duquel se trouve le cadran de l'horloge. Le carillon de celle-ci est disposé à la pointe du pignon.

De chaque côté de cette porte ont été ménagées deux niches vides. La poussée des voûtes de la nef est contre-balancée par l'effort de deux énormes contreforts à retraits. Au midi, s'ouvre une petite porte latérale, décorée dans le même style que la porte principale, mais avec beaucoup moins de relief.

La toiture de la nef, d'un effet disgracieux, se prolonge pour couvrir les murs inachevés des bas côtés. A l'intersection du chœur et de la nef, figurée par un transept qui, en réalité, n'existe pas, s'élève le clocher en bois semblable à une tour tronquée. En 1816, à la suite d'un violent orage, la flèche tomba la pointe en bas et s'enfonça de deux mètres en terre.

Une petite tour circulaire, qui s'élève à l'angle de cette apparence de transept, contient l'escalier conduisant aux combles de l'église.

Intérieur. — La grande nef est constituée de quatre travées à nervures et arcs-doubleaux simples, reposant sur des colonnes sans chapiteaux, groupées et faisant corps à la masse du pilier.

Les bas côtés de cette nef sont restés inachevés; deux premières travées sont couvertes seulement par le prolongement des combles de la grande nef que l'on a eu le soin de plafonner.

Des arcs en maçonnerie maintiennent la charpente, contrebutent les piliers isolés de la nef centrale, et viennent prendre leur point d'appui sur les contreforts extérieurs des bas côtés.

La chapelle des fonts occupe la première travée du bas côté septentrional. Une énorme cuve en pierre dure sert de fonts baptismaux; elle est de forme octogonale avec faces cintrées en demi-cercle. Le fond se rétrécit en biseau et vient reposer sur un fût de colonne.

Dans cette chapelle, une peinture sur bois du XVIᵉ siècle représente trois sujets de la légende de saint Nicolas. Dans le premier compartiment, le saint évêque jette un sac d'argent par une fenêtre dans la chambre d'un malheureux vieillard pour le sauver, lui, de la misère, ses trois filles de l'infamie. Une de ses filles tient une quenouille et file le lin; une autre dévide

le fil; la troisième est occupée à coudre. Le sujet du milieu représente saint Nicolas sur la mer venant au secours de navigateurs en détresse. Sur l'immensité de la mer, un petit diablotin dans un bateau à voile fait force de rames pour s'enfuir. Le troisième sujet, à droite, représente saint Nicolas arrêtant l'exécution de trois jeunes officiers qui vont être décapités. Les deux blasons des donateurs sont peints aux deux extrémités du triptyque (1 et 2), et de chaque côté de l'autel se dressent deux statues en pierre, un saint Barthélemy et un *Ecce Homo.*

3. BÉNITIER EN BRONZE (XVIᵉ SIÈCLE).

Un bénitier en bronze, à cinq faces irrégulières, est fixé à l'un des bancs, à l'entrée de la nef, à droite; il porte sur l'un de ses côtés les armes des Marisy, surmontées d'un heaume à lambrequins.

Une chaire, de style gothique moderne, est adossée contre le deuxième pilier, à droite. Les quatre évangélistes écrivant sont sculptés en demi-relief sur les panneaux du garde-corps; sur le dossier, un Christ dans une gloire. L'abat-voix de cette chaire est de même style que le reste du meuble.

Les murs et les contreforts des travées des bas côtés qui suivent sont de construction toute récente et forment des pilastres d'ordre toscan. Une inscription peinte sur le plafond indique la date de cette réédification. La voici :

CETTE RÉPARATION A ÉTÉ FAITE DES SOINS DE MR G. ROUSCAUX CURÉ ET DE M^{RS} J. COPEL ET E. PIERRE ET P. GIBEZ-MARGUILLIER EN CHARGE DE CETTE EGLISE EN 1778 ET PRINCIPAUX HABITANS.

La troisième travée, voûtée, est éclairée par une fenêtre divisée en deux parties et renferme quelques restes de verrières représentant

un saint Étienne lapidé, la Rencontre de sainte Anne et de saint Joachim. Au bas, est figuré le donateur : c'est un prêtre en aube avec l'aumusse sur le bras gauche, agenouillé devant un prie-Dieu sur la face duquel est ce blason (4); derrière lui, saint Nicolas, son patron. En suivant, le deuxième panneau représente la donatrice, mère du donateur; comme lui, elle porte son blason figuré sur le tapis de son prie-Dieu (5).

Le bas côté méridional présente les mêmes dispositions que celui du nord; mais il n'a pas subi de transformation.

La troisième travée qui suit est éclairée par une fenêtre de dimensions beaucoup plus grandes, divisée en trois parties, en forme de portique. Elle renferme une remarquable grisaille représentant la Vision de l'empereur Auguste, très bien conservée, sauf quelques petites incorrections modernes qui nuisent à l'élégance et au dessin de certaines figures. La scène est au milieu de la cour d'un splendide palais. Au centre la sibylle de Cumes montre à César Auguste

Jan de marly escuyer bignour de couet
lan de grace mil cinq cent
de bremende et danoiseie catherine de mil le ca
cinquante huit priez dieu pour
femme ont donne ceste verriere
ces ... trespasses

l'image de la Vierge portant l'Enfant Jésus; la mère de Dieu est entourée d'une gloire lumineuse et de nuages d'où sortent des têtes de chérubins. Dans les contre-courbes des meneaux, des anges chantent en même temps qu'ils jouent de divers instruments; c'est un concert céleste qui, par ses accords, attire les assistants émerveillés. L'empereur fléchit le genou, son sceptre et sa couronne sont à ses pieds. La sibylle est accompagnée de ses suivantes et, à droite, trois officiers de César Auguste partagent avec leur maître les émotions que cette apparition a fait naître dans son cœur.

Cette page légendaire nous rappelle le même sujet, représenté sur une verrière de l'église Saint-Parres-les-Tertres (voyez p. 82), mais avec plus de simplicité dans la composition et dans la mise en scène.

Citons ici les paroles d'un des génies de l'Italie moderne. Dans une épître à Clément VI, Pétrarque introduit Rome qui parle au pape en ces termes :

« Rappelle-toi avec admiration que César Auguste, guidé par
« la voix prophétique de la sibylle, monta jadis sur le rocher du
« Capitole; il y fut stupéfait, dit-on, par une apparition divine.
« O merveilleux enfant! Gloire des cieux! Fils certain du Tout-
« Puissant! Cette illustre ville sera toujours la demeure de toi et
« des tiens, et toujours on appellera Autel du Ciel ce lieu où s'élève
« le temple qui porte le nom de
« Marie. »

Au-dessous de cette peinture et en étant séparés par une jolie frise sont peints les blasons des donateurs (6 et 7), avec leurs devises sur banderoles : MON

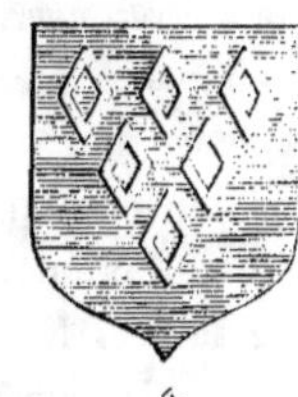

6.

7.

ESPOIR PASSE FORTUNE. — SANS EXCEDER RAISON. et comme entourage des entrelacs des plus fantaisistes, avec figures d'anges et des branches de laurier. Au bas de cette verrière, on lit l'inscription suivante :

Jean·marify efcuyer feigneur de cervet de breviande·et·
damoifelle catherine·de·milly fa femme·ont donne cefte
verriere·Lan de grace mil cinq cent cinquante huit·prie;
dieu pour les trefpaffes.

Cette verrière fut restaurée et remise en plomb en 1860, par
MM. Barbier et Hugot, peintres verriers à Troyes. Les frais de
cette restauration, se montant à 900 francs, ont été acquittés par la
fabrique.

Jean II de Marisy, dit l'aîné, était fils de Claude et de sa première femme Jeanne Le Boucherat; il fut écuyer seigneur de Cervet,
de Breviandes, grènetier au grenier à sel de Troyes, après son père;
il épousa Catherine de Milly, fille de Jean de Milly, seigneur du
Metz.

Chœur et chapelles latérales. — Le chœur occupe la quatrième
travée et une partie de la troisième. Il est fermé par une grille en fer
forgé du xviii⁵ siècle, maintenue de chaque côté par des enroulements qui se prolongent sur le dossier des stalles. En retour, cette
grille prend son point d'appui sur le pilier isolé du chœur. Ce travail,
d'ancienne ferronnerie, n'est pas sans mérite.

Le premier pilier, à droite, est surchargé par deux énormes dais
de l'époque de la Renaissance qui devaient abriter deux grandes statues. Les socles servant d'appui à ces deux figures ont été supprimés
depuis que ce pilier a été recouvert de boiseries comme tous les murs
du sanctuaire et des chapelles latérales.

Au milieu du chœur, sous la lampe, est la tombe de Catherine
de Milly, femme de Jean de Marisy, dont nous venons de parler.
Cette dalle tumulaire est profilée de moulures sur son épaisseur.
Jadis, elle était posée sur des lions accroupis aux quatre angles et
devait avoir sa place dans la chapelle méridionale; les femmes, suivant les coutumes liturgiques, ne devant pas être inhumées dans le
chœur[1].

---

1. Les femmes des seigneurs hauts justiciers, ou qui avaient le patronage de
l'église, pouvaient, comme leurs maris, être inhumées au chœur.

Cette pierre est décorée d'un cartouche contenant l'épitaphe de la défunte surmontée de son blason, parti au 1 d'azur à six macles d'or posées 3, 2, 1 (Marisy); au 2, de sable à un chef d'argent chargé de deux merlettes de sable (Milly), sommé d'un heaume fermé, taré de face, orné d'un bourrelet et de lambrequins, couvrant toute la partie supérieure de la pierre. Une bordure à filets sert de cadre à un texte tiré de Job, chapitre XIX, versets 25, 26 et 27 (8). Catherine de Milly mourut à Troyes, en son hôtel, situé à l'angle de la rue des Quinze-Vingts et de la rue Charbonnet (ancienne rue des Lorgnes), hôtel édifié en 1531 par Claude de Marisy et Michelle Molé, sa femme, reconstruit en 1872 par les soins de M. Évrard, son propriétaire actuel, qui l'a fait rétablir dans tout son ensemble, comme dans ses détails, avec la plus scrupuleuse exactitude.

8.
TOMBE DE CATHERINE DE MILLY,
1562.

A côté de cette tombe est celle d'Odard de Marisy, écuyer seigneur de Cervet et de Bréviandes, avocat au parlement, lieutenant au marquisat d'Isle, après son père, élu en l'élection de Troyes, en 1588. Il épousa Jeanne Barbette, fille de Didier Barbette, avocat au parlement de Troyes.

Cette dalle de marbre noir porte son épitaphe gravée sur lame de cuivre incrustée dans le marbre. Au-dessous et au centre de la tombe sont les armes d'Odard de Marisy, surmontées d'un heaume de profil, avec lambrequins et accompagné de cette devise : BIEN OV MIEVX. Plus bas se lit une stance de quatre vers, rappelant le respect et la prière que l'on doit aux cendres des morts. La bordure de cette tombe est composée des meubles de l'écu séparés par des branches de laurier aux quatre angles (9).

Un lutrin de style Louis XV est au milieu du chœur.

Du chœur, on communique à la chapelle de la Vierge, ménagée à droite, à l'extrémité du collatéral sud. L'autel est en bois, surmonté d'une niche gothique moderne, renfermant une remarquable statue de la Vierge, en pierre, du milieu du XVIe siècle. C'est un chef-d'œuvre de grâce et de distinction. La Vierge Marie est couverte de riches vêtements sculptés avec une finesse extrême. Cette statue fut donnée à l'église à l'époque du mariage de Claude de Marisy avec Michelle Molé, fille de Claude Molé, écuyer, seigneur de Villy-le-Maréchal, et de Barbe Hennequin, ainsi que le constatait, il y a quelques années, le blason sculpté au pied du soubassement de cette belle figure.

9.

TOMBE D'ODARD DE MARISY.
1613.

Sur les boiseries de l'autel, aux deux extrémités, sont placées une Notre-Dame-de-Pitié et une sainte Anne.

A droite, s'ouvre la porte de la sacristie. Celle-ci renfermait, il y a une vingtaine d'années, un objet intéressant; il a disparu :

c'était une paix en cuivre ciselé et doré, représentant une Notre-
Dame-de-Douleurs, portant l'Enfant Jésus sur ses genoux. Le petit
Jésus tenait une fleur de lis de la main droite et la croix de son supplice de la main gauche. Dans les angles, on voyait les instruments
qui ont servi aux scènes douloureuses de la Passion du Fils de Dieu.

Cette petite paix, qui est ici le
dessin réduit d'un cinquième de
la grandeur de l'original, peut
remonter au XVIe siècle, époque de
la captivité de François Ier (10).

Au-dessus de la porte de cette
sacristie est une fenêtre divisée en
trois parties verticales et les sujets
de la verrière en trois divisions
horizontales. Ici, contre la règle,
la série des sujets commence par
le haut. Ils représentent, dans la
première partie, la rencontre de
saint Joachim et de sainte Anne, la
Naissance de la Vierge et la Présentation de la Vierge devant le grand
prêtre. Dans la deuxième partie, le

10.

PAIX DU XVIe SIÈCLE.

Mariage de la Vierge, la Visitation et l'Étable de Bethléem. La
troisième et dernière partie, la Circoncision, les Rois Mages et la
Présentation de Jésus au Temple. Dans les trilobes des divisions de
cette fenêtre, des blasons rappellent les alliances de la famille de
Marisy. Le premier, à gauche, est aux armes de Marisy. (Voyez [6],
p. 443). Le deuxième est écartelé : au premier de Marisy, au deuxième
de Phélippe, au troisième de Louvemont et au quatrième de Valentigny (11, p. 448). Le troisième, écartelé : au 1 et 4 (Marisy) et au 2 et 3
de Louvemont, rappelle que François Ier de Marisy épousa en premières noces Ysabeau de Louvemont (12, p. 448). Plus haut, dans
les lobes flamboyants de cette fenêtre, sont également deux autres blasons : le premier, aux armes de Marisy, est supporté par deux levrettes
d'argent, sommé d'un heaume, et a pour cimier une tête de levrette

issante et pour devise PLVS QVON NE PENSE. — SANS MAL PENSE. Le
deuxième blason est parti au 1ᵉʳ de Boucher de la Rupelle, au 2 de
Trébons, et surmonté d'une couronne de comte. Plusieurs blasons,
tous modernes, appartiennent à la famille Boucher de la Rupelle, qui
a contribué à la restauration de cette verrière. Ils remplacent les armes
qu'on y voyait autrefois, celles des Angenoust et des Laurent alliés à
la famille des Marisy.

Cette verrière a été donnée à l'église par Jean de Marisy, qui
épousa Guillaumette Phélippe, dame de Bligny, fille de Jacquinot
Phélippe et de Catherine la Garmoise, et par François de Marisy, son
fils, maire de Troyes, écuyer, seigneur de Cervet; il avait épousé, en

11.   12.   13.

premières noces, Isabeau de Louvemont, fille d'Étienne de Louvemont, seigneur de Cervet et fille de Marguerine de Valentigny.

La fenêtre placée derrière l'autel de la Vierge contient l'Annonciation, peinture sur verre, restaurée en 1860. Dans les lobes, nous
retrouvons les blasons de cette même famille de Marisy-Molé, donateurs de cette verrière; François de Marisy, époux en secondes noces
de Catherine Molé (13).

Sanctuaire. — En 1857, le conseil de fabrique s'entendit avec
M. Vincent-Larcher, peintre verrier à Troyes, pour restaurer et compléter les verrières du chœur. M. Raoul de Vautibault et sa femme, née
Gabrielle Boucher de la Rupelle, Gustave Huot, Eugène Marchand
de Christon d'Auzon, Adolphe Boucher de la Rupelle et sa femme,
née Stéphanie Marchand de Christon, contribuèrent de leurs deniers
à cette restauration.

Nous allons décrire ces verrières merveilleuses, bien qu'elles

aient subi des changements quelquefois regrettables. La première
fenêtre du côté de l'Évangile contient saint Adrien, saint Antoine,
saint Sébastien et saint Roch et, dans les lobes de l'amortissement de
la fenêtre, saint Éloi. Au bas de ces panneaux, on lisait cette inscription :

> **Can de grace mil cinq cens et vingt et cinq cette vriere
> a este faite de loeuvre de ceans en lhonneur de dieu et
> mosieur fainct febasftien et de monfieur faict Roch-
> priez dieu por les trepaffez.**

Les panneaux de cette verrière ont été complétés par de larges
banderoles portant cette nouvelle inscription :

> *En l'an de grâce 1858, M. J.-B. Salamon, étant curé de
> la p⁽ᵉ⁾, M. Berthelin, maire de la C⁽ᵉ⁾, M. Boucher de la
> Rupelle, président de la F⁽ᵠᵉ⁾, L. Thevenon, S. Lasnier,
> L. Goubaut, J.-B. Berthelin, fabriciens, en l'honneur de
> N.-S. Jésus-Christ, les verrières de ce sanctuaire ont été
> restaurées et complétées.*

La deuxième fenêtre du même côté représente quatre sujets de la
vie de Jésus-Christ : les Noces de Cana, la Guérison de l'aveugle-né,
la Résurrection de Lazare et l'Entrée triomphale de Jésus à Jérusalem. Au bas de la fenêtre sont agenouillés les donateurs, le père et le
fils, la mère et ses trois filles, accompagnés de leurs patrons saint Jean
et saint Léger. On lisait au-dessous cette inscription :

> **Legier Cloquemin laboureur et Janne fa fame demeurant
> a Oreviande ont donnez cette verriere en lan mil cinq
> cens et quatre-priez dieu pour eux et pour les trefpaffes
> que Dieu leur veulle pardonnez.**

Dans l'amortissement de la fenêtre, cette verrière a été com-

plétée par le blason d'Eugène Marchand de Christon d'Auzon, surmonté d'une couronne de comte.

La troisième fenêtre, au milieu de l'abside, était autrefois
cachée par un grand tableau représentant saint Nicolas, aujourd'hui
transporté dans la chapelle des fonts. Dans le haut de cette fenêtre
était représenté le Père éternel, placé maintenant à la deuxième
fenêtre. D'autres panneaux, ayant pour sujets une Résurrection et
une *Mater Dolorosa*, figurent à la cinquième fenêtre. Au bas de ces
panneaux, nous avons lu jadis :

> Maiſtre charles vacher chanoine de legliſe de.... et curé
> de ceans a ꝺone ceſte verriere priez ꝺieu pour lui ſil
> vous plait[1].

Aujourd'hui cette verrière, complètement neuve, représente
la Cène, l'Agonie au Jardin des Oliviers, l'Arrestation de Jésus, le
Fils de Dieu devant le grand prêtre, le Couronnement d'épines,
Jésus tombe sous le poids de sa croix. Puis, dans les trilobes, le Crucifiement. Au bas sont deux textes sur fond d'or, tirés de l'épître de
saint Paul aux Galates, chap. II vers. 20, et chap. VI vers. 14.

> *In fide vivo filii dei qui dilexit me et tradidit semetipsum
> pro me*
> *mihi absit gloriari nisi in cruce Domini nostri Jesu Christi.*

A la tête des lancettes figurent les blasons des Boucher, Marchand d'Auzon et Vautibault-Boucher, donateurs de cette nouvelle
verrière.

La quatrième fenêtre est complétée par quatre motifs : la Résurrection, les Apparitions à la Madeleine, aux disciples d'Émmaüs,
à saint Thomas et la Pêche miraculeuse. Dans les lobes, l'Assomp-

---

1. Parmi les noms compris au rôle des impôts de 1548, on trouve celui de
Charles Vacher, *promoteur, à Troyes, de l'inquisiteur de la foi.* Il est taxé à 56 s. t.
comme ayant patrimoine sur le territoire de Troyes. T. Boutiot, *Histoire de la
ville de Troyes,* V, III, p. 401.

tion de la Vierge. Au bas du vitrail, saint Jean et saint Jacques accompagnent la famille du donateur. On lit cette inscription :

lan de grace mil v⁰ et xxiii Jacques le Sot et Jehan le Sot et Jehanette sa f⁰ avec perrinot et claude sa f⁰ ont cy done ceste presente vriere prie; dieu pour eux et les trespasses.

Jacques le Sot est représenté aux pieds de saint Jacques; Jean le Sot, sa femme, Perrinot et Claude, sa femme, sont tous les quatre agenouillés devant saint Jean-Baptiste.

La cinquième fenêtre, la première à gauche, renferme une Vierge-Mère, les pieds sur un croissant, entourée d'une auréole céleste, un saint Gilles et l'inscription suivante :

En lan de grace mil v⁰ xxxiii ceste vriere a ete donee par Gilles de gommenrier et marie sa seme demorat a Troyes natif de saint Estienne de millieres au diocese de costance (Coutance) en normandie prie; dieu pour eulx.

Cette verrière a été complétée par deux sujets pris à la troisième fenêtre : la Résurrection et une Notre-Dame-de-Douleurs, la poitrine percée de sept glaives, sujet qu'on ne trouve reproduit qu'à partir du xvi⁰ siècle, époque où l'église éprouve toutes les attaques protestantes. Les glaives représentent les sept douleurs de la Vierge-Marie, figurées en grisailles sur des médaillons formant le demi-cercle autour de la mère de Dieu, ce sont : la Circoncision, la Fuite en Égypte, l'Absence de Jésus pendant trois jours, la Rencontre de la mère de Jésus pendant qu'on le conduisait au Calvaire, le Crucifiement, le Corps de Jésus sur les genoux de sa mère et Jésus au tombeau. Ensuite viennent les sujets modernes qui sont : Jésus tombant sous le fardeau de sa croix, le Calvaire et les saintes femmes au tombeau.

Les deux donateurs y sont représentés accompagnés de deux enfants et de leur patron saint Gilles. Sur le prie-Dieu est placé le blason de Gilles de Gommeurier : d'azur à un chevron d'argent accompagné en chef de deux lions au naturel, et, en pointe, d'une sirène de même, tenant un miroir (14).

Chapelle Saint-Léger. — La chapelle Saint-Léger est à gauche du chœur et ferme le bas côté septentrional. L'autel, comme celui de la Vierge, est en bois, genre gothique moderne. Une niche, au centre, renferme une statue de saint Léger, évêque d'Autun, grandeur naturelle, de la même époque et dans le même style que celle de la Vierge et d'une exécution aussi remarquable. La crosse a été refaite en bois. Ces deux statues devaient avoir leur place, à droite, au premier pilier du chœur.

Au-dessus de l'autel, une petite fenêtre contient des restes de verrières représentant saint Nicolas et un calvaire. Deux petites statues accompagnent l'autel : ce sont celle de sainte Catherine et une de saint Antoine. La fenêtre de cette chapelle, à gauche, beaucoup plus grande, était consacrée à la légende du saint, patron de l'église ; elle contient en outre divers panneaux de différentes provenances. A gauche est un saint Michel terrassant le dragon ; en suivant, quatre sujets tirés du martyre de saint Léger : en première ligne se voit la Consécration du saint évêque à l'épiscopat, avec cette inscription :

> **Leger de noble geniture   Servant a Dieu parfaict entiers**
> **Fut elluc en prelature   Comme evefque de potiers**[1].

En suivant, saint Léger amené à coups de poing devant le terrible Ébroin, son rival et son juge. Il est menacé par un voleur qui l'attaque armé d'une massue. Ensuite on le voit de nouveau en présence de son juge ; un des bourreaux cherche à lui couper la langue avec un large coutelas. Saint Léger est représenté dans ces quatre sujets avec ses vêtements sacerdotaux, les bourreaux et les soldats en costumes de hauts-de-chausses avec crevés, comme on les portait sous François Ier.

---

1. C'est une erreur du peintre verrier. Saint Léger était évêque d'Autun et n'a jamais occupé l'évêché de Poitiers.

Dans les lobes se voient encore une *Mater Dolorosa*, un saint abbé et la figure du Christ entourée d'une gloire lumineuse.

Contre le mur méridional de l'édifice, dans le cimetière, près de la saillie de la sacristie, est placée la croix monumentale du Champ de repos; elle occupait anciennement le milieu du cimetière. En 1816, quand la flèche tomba, cette croix fut brisée par les éclats de bois de la charpente de la flèche. Pour éviter de nouveaux accidents, on la plaça contre les murs de l'édifice et on la consolida par des montants en fer. Elle mesure 4^m,50 dans toute son élévation et repose sur un piédestal aux moulures renflées à talons, renforcé sur ses angles par quatre têtes de mort, destinées à maintenir l'équilibre de la colonne.

Cette colonne est de forme carrée et sur ses angles quatre petites colonnettes la décorent; elles portent, à la hauteur de leur chapiteau, un arc trilobé en contrecourbe, orné de crochets. Au centre de la colonne se détache en demi-relief une jolie petite statuette de saint Léger. Le prélat est vêtu de ses habits sacerdotaux, la mitre en tête; il tient sa crosse de la main gauche et de la droite une espèce de bâton, ou bien un sceptre comme maire du palais pendant les troubles de la minorité de Clotaire III. La rugosité de la pierre ne permet pas de préciser l'objet; serait-ce le coutelas qui servit à son martyre?

15.

CROIX DE CIMETIÈRE.

Au-dessous de l'image du saint évêque, on voit un petit cadre en accolade contenant la fondation de cette croix, dont le texte, en caractères gothiques, est devenu complètement illisible. Les détails de sculpture indiquent que ce petit monument a été exécuté au XVIe siècle (15, p. 453).

Elle a beaucoup souffert pendant les luttes religieuses de cette époque, comme nous le font supposer le chapiteau de la colonne, qui est de l'ordre ionique, et la date de cette restauration que nous croyons être l'année 1601, n'ayant pu la lire complètement, engagée qu'elle est sous le collier de fer consolidant sa soudure.

Au-dessus de ce chapiteau se dresse sur la face principale le Christ en croix et sur le revers une Vierge tenant l'Enfant Jésus. Les bras de la croix sont chargés de riches crochets, constatant que la partie supérieure, comme le fût de la colonne, appartient à la première époque. L'addition moderne ne nuit en rien à l'ensemble du monument qui conserve sa parfaite unité et tout son intérêt artistique et archéologique.

ÉGLISE SAINT-MARC.

SAINT-POUANGE

Ce village est situé à huit kilomètres de Troyes, à gauche de la route d'Ervy, près de la petite rivière appelée la Durande.

L'église Saint-Pouange, sans importance, n'ayant qu'une seule nef, avec un sanctuaire à cinq pans, fut bâtie au xvi siècle sur l'emplacement d'une petite église du xiii siècle; celle-ci elle-même fut édifiée au lieu et place d'un oratoire dédié à saint Marc, patron titulaire de la paroisse. Saint-Pouange, qui a donné son nom au pays, n'en est que le patron secondaire.

L'entrée de cette église est une simple porte cintrée flanquée de deux pilastres surmontés de deux statuettes en pierre représentant saint Pouange et sainte Anne.

En retour, au midi, les murs sont encore couronnés d'une corniche à modillons qui appartenait à l'ancienne église.

Au-dessus des combles de la nef est placée l'horloge avec son carillon, et, plus en retraite, s'élève la tour, qui ne dépasse pas les faîtières des combles ; cette tour est couverte d'une toiture pyramidale qui, par son volume, semble avoir autant d'importance que la nef tout entière. Elle renferme une cloche fondue en 1853.

La sacristie est en saillie à la deuxième travée du chœur, et la corniche de cette partie du monument est composée de modillons en quart de cercle, dite de Champagne.

I. STATUE D'ABBÉ
(XVIe SIÈCLE).

La nef plafonnée est éclairée par deux fenêtres en lancettes.

Chœur. — Le chœur s'ouvre par un grand arc ogival reposant sur des massifs saillants à l'intérieur.

Dans les angles de ces piliers sont établis deux petits autels de style gothique moderne ; celui de droite est consacré à saint Pouange. Dans une niche est une jolie statue, dite de saint Pouange, de l'école de Troyes, exécutée au XVIe siècle. Saint Pouange n'était qu'un pauvre solitaire qui vécut au VIe siècle, et passa une partie de sa vie dans le petit oratoire Saint-Marc remplacé depuis par l'église actuelle.

La remarquable statue conservée dans une niche de l'autel de Saint-Pouange est la représentation d'un abbé ; ses vêtements et surtout la crosse qu'il tient de sa main droite indiquent suffisamment son caractère et ne sont nullement les attributs de la figure de saint Pouange. Sur le socle de la statue est sculpté en relief le blason du donateur : un chevron accompagné en chef de deux cors de chasse suspendus à un lien, et, en pointe, une coquille (1).

A gauche, l'autel, dédié à la Vierge, est décoré dans le même goût et suivant les mêmes dispositions. La statue de la Vierge-Mère est la reproduction d'une statue du XVIe siècle, faite par M. Valtat, sculpteur à Troyes. L'Enfant Jésus présente à sa mère un bouquet de roses, que la Vierge accepte avec un sourire gracieux. Ces deux sta-

tues ont pour supports des consoles et sont abritées par des clochetons gothiques sculptés en bois par M. Valtat. La chaire est placée
contre le pilier de clôture de cette chapelle et a été exécutée par le
même sculpteur. Elle est de style gothique, sans intérêt. Aux angles
sont adossées une petite statuette de la Vierge et une
dite de saint Pouange, et sur les panneaux sont représentés les quatre évangélistes.

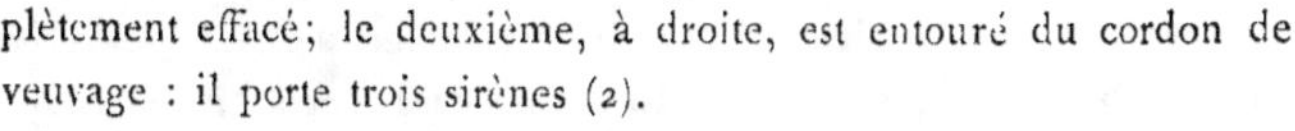

Au milieu du chœur, on voit une dalle tumulaire ornée d'une bordure à feuillage; en tête de
l'inscription de cette tombe ont été gravés les deux
blasons des défunts; le premier, à gauche, est complètement effacé; le deuxième, à droite, est entouré du cordon de
veuvage : il porte trois sirènes (2).

De l'inscription latine, il ne reste que quelques mots parmi
lesquels le nom De La Barre, seigneur de Souleau, et la date du
décès 1662. Cette pierre mesure 1,95 sur 0,85.

A côté de cette tombe est la pierre tumulaire de François
de Mesgrigny, avec cette épitaphe :

En tête de l'inscription est gravé le blason des Mesgrigny, d'argent au lion de sable; couronne de marquis; supports : deux griffons.

Troisième fils de Nicolas III de Mesgrigny et d'Edmée Georgette de Regnier, il était né vers 1660, et servit avec distinction dans les guerres de son époque, fut brigadier des armées et ingénieur en chef des travaux des fortifications[1]. La hauteur de la pierre est de 1,60 et sa largeur de 0,77.

Sanctuaire. — Le sanctuaire est à trois pans, entièrement voûté comme le sont du reste les deux travées du chœur. Trois fenêtres en lancettes l'éclairent; celle de l'abside est partagée en deux jours, surmontés de trilobes. Au bas de la verrière, figure le donateur accompagné de saint Jean-Baptiste, son patron. Ce personnage n'est autre que Jean-Baptiste Menisson, seigneur de Saint-Pouange, de Sainte-Maure, etc. La donatrice fait face à son mari; elle est assistée de saint Claude.

Jean Menisson fut délégué en 1516 par Albert d'Orval, gouverneur de Champagne, avec Jean Molé, près de François Ier, « parce qu'il ne connaissait gens pour mieux parler », pour être consulté sur ce qu'il y aurait à faire pour protéger le commerce, enrichir le royaume et soulager le peuple. Ces deux députés reçurent le 26 août suivant une somme de vingt écus soleil, « pour peines, salaires, et vacations d'avoir vaqué, à Paris, pour les affaires de la ville de Troyes[2] ».

La deuxième rangée de la verrière est occupée par le Crucifiement et une *Mater Dolorosa* tenant le corps de Jésus étendu sur ses genoux.

 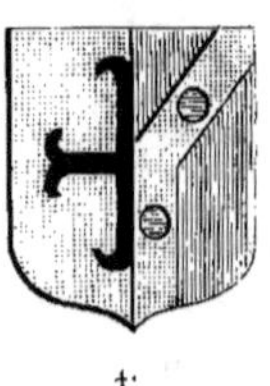

3.   4.

Dans le haut de la fenêtre, on voit saint Marc l'évangéliste et les deux blasons du donateur et de sa femme: l'un porte d'or à une croix ancrée de sable, qui est de Menisson; le second est parti au 1er de Menisson et au 2 de gueules à un pairle d'or chargé de trois tourteaux d'azur (3 et 4).

A droite, toutes les verrières de cette fenêtre sont modernes; elles nous présentent saint Vernier, martyr, honoré dans quelques localités de la Franche-Comté comme patron des vignerons.

1. Boutiot, *Histoire de Troyes*, vol. III, p. 292.

2. Émile Socard, Essai d'histoire généalogique de la famille de Mesgrigny, Mémoires de la Société académique de l'Aube, 1866.

Dans la partie haute de la verrière est représentée la vendange et, dans le bas, le martyre du saint; il est pendu par les pieds.

La verrière de la fenêtre à gauche, du xvi° siècle, a été deshonorée par une restauration toute moderne exécutée en 1853. Elle nous offre, comme sujets principaux : la Naissance de Jésus et l'Adoration des Mages. Dans les lobes, nous avons remarqué les deux blasons des donateurs, appartenant à la famille Légé ou de Léger. Le premier est de gueules à une bande d'argent, chargée de trois aigrettes (?) de sinople tigées de gueules et accompagnée de deux trèfles d'or.

La deuxième est parti : au 1 de gueules avec une bande d'argent, chargée de trois aigrettes? de sinople tigées de gueules et accompagnée de deux trèfles d'or ; au 2 d'azur à un agneau d'argent (5 et 6).

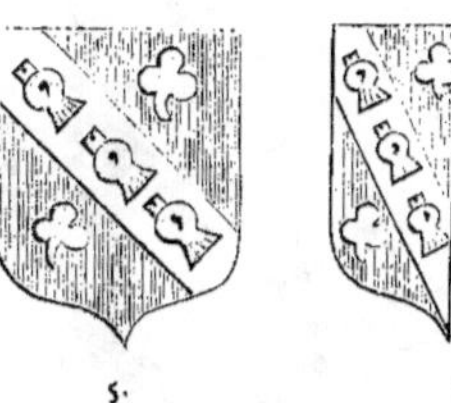

5.   6.

Le maître-autel, très simple, est accompagné de deux statues de saint Pierre et de saint Paul, qui appartiennent au xv° siècle et ornaient, d'après les on-dit des gens du pays, le portail de la cathédrale de Troyes. Rien dans les dimensions assez petites de ces statues ne peut faire supposer qu'elles proviennent vraiment de ce portail dont les proportions sont si grandioses. Cependant un nommé Lefebvre, qui les a charriées sur sa voiture pour les amener à Saint-Pouange, a toujours appuyé et confirmé l'opinion qui veut que ces deux statues aient décoré le portail de la cathédrale de Troyes. Pour nous, qui les avons sérieusement examinées, nous croyons plutôt qu'elles pourraient provenir du portail de l'église Saint-Jacques-aux-Nonnains; elles répondent mieux au style comme aux proportions de cet ancien monument, qui fut détruit pendant la Révolution et dont les statues furent vendues aux enchères publiques.

SAINT-THIBAULT

Saint-Thibault est un village assez important situé à douze kilomètres de Troyes entre la Seine et l'Hozain, petite rivière qui prend sa source aux Bordes, commune de Lantages (Aube). La paroisse dépendait autrefois d'Isle-Aumont.

L'église, dédiée à saint Thibault, comprend une seule nef sans bas côtés avec une abside circulaire en forme de cul-de-four élevé sur une substruction qui pourrait appartenir au XII° siècle.

La façade a conservé une partie de sa décoration ; elle est flanquée de deux aiguilles ou contreforts, suivant le style gothique du commencement du xvie siècle.

La baie est ornée de filets et de gorges au fond desquelles se développent des branches de chêne et des pampres évidés dans la masse. Cette décoration se prolonge et encadre le tympan pour lui servir d'archivolte. Dans ce tympan ont été pratiquées trois niches peu profondes qui antérieurement contenaient des statues. Celle du milieu est seule occupée par un *Ecce Homo* ; les deux autres sont vides.

Ces niches, abritées par de petits dais légers, sculptés à jour, ont pour bases des culs-de-lampe destinés à servir de socles aux statues.

De chaque côté, à la hauteur du tympan, sont deux niches vides, et au-dessus, deux œils-de-bœuf éclairant l'intérieur de la nef, ceux-ci surmontés de deux crochets frisés qui jadis ornaient les rampants de l'ancien pignon.

Au-dessus de l'archivolte, et au centre du mur déterminant le pignon de cette façade, est ménagée une niche de dimensions plus grandes qui abrite une statue équestre de saint Thibault. Le saint, étant de souche de hauts et puissants seigneurs, est représenté sur son destrier, le faucon sur le poing et précédé d'un lévrier (1, p. 464).

Saint Thibault de Provins, d'autres disent de Montmorency, quitta la France, pour aller vivre en Lombardie où il reçut la prêtrise. On prétend qu'avant de mourir, il prit l'habit des Cisterciens et qu'il fut abbé des Vaux-de-Cernay, près de Chevreuse (Seine-et-Oise [1]).

Quoique cette statue soit médiocre, le costume de Thibault est élégant et rappelle même dans ses détails celui que portaient Louis XI et François Ier.

En 1877, le pignon du portail et les murs de l'édifice ont été refaits à neuf par les soins de M. Roussel, architecte ; le pignon se termine par une croix, dont la base est maintenue par deux consoles en saillie sur les rampants du pignon.

---

1. Le monastère de Vaux n'a pas eu d'abbé plus illustre par sa naissance et par ses vertus que saint Thibault de Marli, fils de Bouchard Ier de Montmorency, seigneur de Marli et de Mahaud de Châteaufort. Il mourut le 7 décembre 1246. De Guilhermy. *Inscriptions de la France*, vol. III, p. 444.

Au nord de l'église, la petite tourelle renfermant l'escalier des combles a été refaite et surélevée.

Le même escalier conduit à l'élégante flèche, qui s'élève au milieu de la toiture de la nef et du chœur. Elle renferme deux cloches dont une porte cette inscription :

✝ IN N^IE DO^T IHS S^TR THOBALDE ORA PRO NOBIS BENISTE EN AOVST 1664 PAR V^BE ED^IE P^NE (vénérable et discrète personne) MR D. DE LA PREIZE PBRE CVRE DV DICT LIEV G^VR NOE EN LV^SITE (gouverneur nommé en l'université) DE PARIS HONORABLE HOMME IEHAN GALIEN BOVRGOIS DE TROIS PARAIN. DN^LE ANNE RIGLET ESPOVSE DE MR PIERRE MAILLET CO^RR & ADVOCAT DV ROY AV GRENIER A SEL DE TROIS MARAINE – NICOLAS BOVRGVIGNAT & EDME PVLINAT MAR-GVILLIERS.

Les murs du pourtour de l'église sont décorés d'une jolie corniche en quart de cercle. Une statue de saint Thibault, en pied, du XVIe siècle, d'une très bonne exécution, couronne le pinacle du contre-fort de la nef du côté du sud.

Intérieur. — La nef, plafonnée en berceau, maintenue par des entraits en fer, divise cette partie de l'église en trois travées éclairées par six fenêtres ogivales.

A droite, en entrant, est la cuve baptismale, et dans le mur de clôture une niche renferme une Vierge-Mère du XIVe siècle, remarquable par la distinction, comme par l'ajustement et le rendu de ses vêtements.

La tête est belle, ceinte d'une riche couronne fleuronnée et ses cheveux tombent en ondulant sur ses épaules. La mère de Dieu tient de la main droite un bouquet sur lequel est perché un petit oiseau. L'Enfant Jésus, assis sur le bras gauche de sa mère, présente un petit morceau de pain au volatile, qui, sans s'émouvoir, lui pince le doigt de la main gauche. De la main droite, l'Enfant Jésus maintient un autre petit oiseau par la queue; celui-ci, mal à l'aise, porte au pouce de la Vierge, dont la main se trouve à sa portée, un violent coup de bec. Rien n'est plus gracieux que ce jeune enfant, fils de Dieu, jouant dans les bras sa mère avec des petits oiseaux.

Tous ces détails, quelque peu enfantins, d'une simplicité naïve, ne nuisent en rien au charme et au mérite de cette jolie statue, qui devrait trouver plus près du sanctuaire une place mieux en vue.

En face, dans le mur du nord, se voit une seconde niche renfermant une Notre-Dame-de-Pitié du XVIe siècle. Au bas, sur le sol, est la dalle tumulaire de Gabrielle Berthelin, sur laquelle se trouve l'inscription suivante :

CY GIST DAME MARIE GABRIELLE BERTHELIN, DAME D'ALLE-
MENT DUVERGER, FIEF DES MAREAUX EPOUSE DE MESSIRE
PIERRE JEAN PAILLOT CHEVALIER SEIGNEUR DE FOUCHERES
ET MACHY &^c. DECEDEE LE 19 MARS 1789 AGEE DE
58 ANS. REQUIES CAT IN PACE.[1]

Elle était anciennement à l'entrée du chœur et avant son déplacement mesurait 2,88 sur 1,17 de longueur.

Entre les fenêtres sont les statues de sainte Catherine, de sainte Barbe et de sainte Anne.

La chaire à prêcher, de style gothique moderne, est fixée contre le mur de la troisième travée.

Près de l'entrée du chœur s'élève une tribune portée sur des poteaux en bois et des colonnes de fonte, qui dissimulent la charpente du clocher venant s'appuyer sur le sol en descendant du plafond qu'elle traverse.

Cette tribune prend ses jours sur la nef et le chœur par un grand arc trilobé et deux fausses fenêtres en lancettes; sur les supports se dressent deux petites statuettes, une sainte Marguerite et une Vierge provenant d'un calvaire; sous la tribune, deux chapelles dédiées au Sacré-Cœur et au saint Cœur de Marie. Les deux autels en pierre sont modernes, suivant le style du XIIIe siècle; les statues qui en font l'ornement sortent des ateliers de Vendeuvre.

1. Pierre-Jean Paillot était écuyer et subdélégué de l'intendance de Champagne en 1785 (pièce appartenant à M. Paillot, propriétaire à Ervy).

Chœur. — Le chœur se ferme sur la nef par trois stalles accompagnées de douze autres venant s'appuyer contre les murs décorés de compartiments en grisailles. La voûte en berceau est peinte sur fond bleu avec dorures et bustes de saint Éloi et de saint Edmond, circons-

1. DÉTAIL DU PORTAIL (XVIᵉ SIÈCLE).

crits dans des trilobes sur fond d'or. Au-dessus de ces saintes images, deux anges portent des candélabres, au centre de la voûte est Jésus ressuscité.

Deux fenêtres ogivales éclairent cette partie du monument, du côté du midi. Du côté opposé, il n'y a pas de fenêtre, la sacristie occupant tout le mur de cette travée et celui d'une partie de la nef.

Cette sacristie a son entrée près de la clôture du sanctuaire. Au-dessus de la porte est peint le blason de Mgr Cortet, évêque de Troyes, avec cette devise : *Omnia vincit amor*. Dans la sacristie est une statue de saint Vincent, remontant au xvie siècle.

Sanctuaire. — Le sanctuaire s'éclaire par deux fenêtres ogivales; la première, à droite, se divise en deux parties. La verrière, toute moderne, représente la Vierge-Mère et saint Joseph. Dans les lobes flamboyants, Dieu le père bénit et porte la boule du monde. Cette verrière a été exécutée en 1877 par Vincent-Feste.

Le maître-autel est en pierre; sa table est supportée par deux colonnes. Le tombeau est orné de cinq arcades trilobées, soutenues par des colonnes et contenant la statue du Christ et celles des quatre évangélistes avec leurs attributs figurés sur des médaillons.

Aux extrémités, deux colonnes cannelées isolées laissent échapper de leurs chapiteaux une tige en fer à laquelle se suspendent des couronnes de lumières.

La fenêtre de l'hémicycle, derrière l'autel, contient des verrières du même peintre verrier. Elles représentent saint Thibault visité par ses parents dans son ermitage de Salonique.

De chaque côté de l'autel, deux niches peintes sur le mur renferment un saint Pierre et un saint Paul, et sur le berceau de la voûte, au-dessus de l'autel, sont représentés dans des quatre-feuilles saint Thibault, saint Nicolas et sainte Catherine.

Le chœur et le sanctuaire sont pavés de carreaux dont l'ensemble imite la mosaïque.

SOMMEVAL

Sommeval est situé au pied de la montagne de Bouilly, à l'ouest, dans une profonde vallée bordée de coteaux élevés, à vingt kilomètres de Troyes. Ses dépendances sont les hameaux de Roiselé, la ferme de Vausemain, où était une chapelle à collation royale, et les Briqueteries.

L'église, dédiée à saint Martin, affecte la forme d'une croix latine avec abside hémisphérique.

En façade s'élève une tour, construite vers les dernières années du XVIIᵉ siècle ; des contreforts l'appuient sur ses angles.

Au midi, dans l'espace vide de la saillie de la tour, construite en retraite sur la nef, est la tourelle octogonale de l'escalier conduisant au beffroi et aux combles de l'édifice.

Cette tour, surélevée d'un deuxième étage en charpente couverte d'ardoises, avec une ouverture sur les quatre faces, est surmontée d'une toiture aiguë en forme de clocher. Le beffroi contient trois cloches fondues en 1809.

Intérieur. — On entre sous la tour par une porte cintrée sans aucune décoration donnant dans un vestibule. Là est la seconde entrée dans les mêmes conditions que la première.

En entrant à droite se trouvent les fonts baptismaux dont la cuve ne mérite aucune description.

Le plafond de la nef est formé d'un énorme assemblage de charpente, divisé en sept travées par des poutres transversales et longitudinales reposant sur des corbeaux. Ces divisions forment des compartiments en fractions de carrés et de losanges s'enchevêtrant avec art les uns dans les autres. Ce plafond fut posé en 1862 par les soins de M. Naté, entrepreneur, et sous la surveillance de l'architecte Garrel. Toute l'église est plafonnée de cette manière, excepté le sanctuaire qui a conservé sa voûte hémisphérique.

Chœur. — Le chœur est constitué par les deux travées qui comprennent le transept. Il est fermé par une grille en bois et des bancs à dossier. La chaire est fixée à droite, à l'angle du transept.

Du chœur, on communique aux deux transepts par de larges pleins cintres. A droite se trouve la chapelle de la Vierge ; l'autel est simple ; dans une niche, une statue de la Vierge-Mère, provenant des ateliers de Vendeuvre. Une grande fenêtre l'éclaire au midi et une petite porte latérale s'ouvre au mur occidental.

Contre le pilier recevant le grand arc de l'ouverture de cette chapelle est posée, sur une console, la statue de sainte Marguerite remontant au xvi⁰ siècle, et portant sur son socle l'inscription des donateurs :

Iaquot Chatier et sa feme ont done cette ymage ycy priez Ihesus pr leur ame qui les veille predre au paradis.

La chapelle Saint-Nicolas, ménagée dans le transept nord, est décorée dans le même genre que celle de la Vierge. La niche centrale de l'autel est occupée par une statue de saint Nicolas, sculptée au xvi⁰ siècle, et, sur l'autel, repose l'image d'un évêque de la même époque, sans désignation d'individualité.

Ces deux statues sont en bois et de moyenne grandeur.

Une petite statue de sainte Catherine fait pendant à celle de sainte Marguerite. A l'occident s'ouvre la porte curiale.

Sanctuaire. — Le sanctuaire se termine en cul-de-four et paraît avoir été reconstruit sur l'ancien chevet. Il est orné d'une espèce de clôture en bois couronnée d'un grand arc cintré formant une corniche saillante et provenant du retable du maître-autel de l'église de Saint-Pantaléon de Troyes. Les colonnes corinthiennes de cet ancien retable sont posées, comme un décor volant, devant la saillie du pilastre portant le grand arc du sanctuaire ; ce dernier reçoit sa lumière par une ouverture mi-circulaire pratiquée dans la calotte de la voussure.

Le tabernacle, de style Louis XV, riche de détails de sculpture, est assez grossièrement exécuté. Sur la porte figure le Bon Pasteur ; sur les panneaux des faces fuyantes, saint Parres portant sa tète et un second martyr sans attribut.

Un retable, qui fait suite au tabernacle, est divisé, à droite et à gauche, en deux compartiments séparés par des colonnes composites cannelées, portant la corniche du couronnement. Des niches abritant les quatre évangelistes décorent ces compartiments. Au-dessus de l'ar-cature des niches, de fortes tètes de chérubins servent de point d'appui à des guirlandes de fleurs tombant de chaque côté des arcades.

Ce genre d'édicule sacré, assez répandu dans l'arrondissement de Troyes, est incomplet ; comme tous ceux que nous avons déjà cités, il devait comporter un second étage en forme de dôme. Sans doute a-t-il été brisé ou supprimé.

Contre le mur du sanctuaire, à droite au-dessus de la porte de la sacristie, un tableau représente un épisode de la légende de saint Martin. Jésus-Christ lui apparaît en songe, entouré d'anges au milieu d'une gloire céleste.

Du côté opposé, en face de ce tableau, une autre peinture sur toile représente Jésus-Christ sortant de son tombeau, au milieu de ses gardes effarés et terrifiés. Ce tableau faisait partie du retable dont nous parlons plus haut et décorait autrefois le maître-autel de Saint-Pantaléon de Troyes.

CHATEAU DE VILLEMEREUIL

VILLEMEREUIL

Villemereuil est une petite commune de cent quatre-vingt-dix habitants, dépendant de la paroisse de Moussey. En 1830, elle se composait de trois cent dix habitants.

Le château de Villemereuil est situé entre Moussey et Villy-le-Maréchal, à un kilomètre de la rivière de la Mogne, et sur le ruisseau de l'Ouse, dont les eaux remplissent les anciens fossés.

Ce château et les communs qui en dépendent sont en très bon état de conservation; ils forment un groupe de constructions en pierres et en briques, entourées d'une végétation fleurie, d'un aspect des plus riants. L'ensemble est un parallélogramme formé par un principal corps de bâtiment, flanqué, aux angles, de tours carrées engagées en œuvre, surmontées de toits aigus à quatre versants. Deux pavillons pour les communs font face au château. Le pavillon occidental est accompagné d'une tourelle destinée à la défense du pont-levis qui n'existe plus.

Rien dans la construction du château de Villemereuil ne présente un caractère d'architecture bien déterminé; mais les dispositions du château et celles des bâtiments accessoires et des eaux qui en baignent les murs nous font croire que la construction remonte à la première moitié du xviiie siècle. On sait que le constructeur du château a voulu copier une des faces latérales du château de Saint-Lyébault (Estissac) et qu'il fut édifié en 1715 par Jean-Jérôme Molé, seigneur de Villy-le-Maréchal et de Villemereuil.

Cette date est inscrite sur l'extérieur de la cheminée de l'ancienne chambre d'honneur du château, ce qui est d'accord avec les plaques des foyers des cheminées qui sont aux armes de France terrassant l'aigle d'Autriche, avec cet exergue en tête SEVL. CONTRE TOVS.

Nous allons, en continuant de puiser les renseignements dans la

notice de M. d'Arbois de Jubainville, signalée à la page 436, donner les noms des familles qui ont possédé ce domaine.

Après le décès de Gaucher de Foissy, dont nous parlons plus
haut, Jacques de Lantages en devint propriétaire du chef d'Anne de
Foissy, sa femme. Il eut pour successeur Nicolas d'Aunay, comte de
Marets, grand fauconnier de France. Vint ensuite Claude Molé, seigneur de Villy-le-Maréchal. Ce dernier étant mort en 1660, Simonne
de Mesgrigny, sa femme, administra la terre de Villemereuil. De
1674 à 1705, nous trouvons Pierre-François Molé, et, de 1706 à 1723,
Jean-Jérôme Molé, inhumé dans la chapelle du nord de l'église de
Villy. Après la mort de Jérôme Molé, sans enfants, la seigneurie
appartint à Françoise de Thomassin, sa veuve, femme du dernier Molé
de la branche aînée[1], qui eut pour héritier Nicolas de Corberon,
conseiller d'État, premier président au parlement d'Alsace. Celui-ci
vécut jusqu'en 1764. Louis de Corberon lui succéda; il était abbé de
Saint-Seine, chanoine de Notre-Dame de Paris et mourut en 1770.
Alors Marie-Béatrix Dupré d'Houville, femme de Pierre-Hubert
Devezeaux de Chasseneuil, hérita de la terre de Villemereuil et la
vendit, le 23 août 1776, à Nicolas-Anne-Jean Bonamy, écuyer,
conseiller, secrétaire du roi et ancien directeur général des fermes à
Lyon. Il mourut au mois de juin 1777, laissant Françoise Dareste, sa
veuve, et deux fils mineurs, Laurent et Jean-Jacques Bonamy de
Villemereuil. M. Bonamy de Villemereuil, fils du premier, aujour-
d'hui propriétaire et ancien membre du conseil général de l'Aube,
dirige actuellement, dans les dépendances du château, une exploitation agricole et jardinière, avec dévouement et succès.

1. Conformément aux archives de l'église de Moussey, Jean-Jérôme Molé
est décédé le 18 février 1727, et sa femme Françoise de Thomassin figure encore
sur les registres de la fabrique jusqu'au 13 février 1755.

ÉGLISE DE LA NATIVITÉ DE LA VIERGE

VILLY-LE-MARÉCHAL

Ce village est situé à douze kilomètres de Troyes, entre la rivière
la Mogne et le ruisseau de l'Ouse. Les communes qui en dépendent
sont Villy-le-Bois, Roncenay, ainsi que le hameau de Gigeon, les
fermes de La Côte, le Bochet et Bathisy.

L'église de Villy-le-Maréchal est sous l'invocation de la Nativité
de la Vierge ; son plan est celui de la croix latine.

Sa façade est abritée par un vieux porche vermoulu, d'un aspect
très pittoresque, dont la toiture s'élève jusqu'à la naissance du
pignon en charpente formant saillie sur le mur.

Une porte ogivale, simplement profilée de gorges et de filets,
donne entrée à l'édifice.

Intérieur. — La nef est plafonnée, éclairée par cinq fenêtres en lancettes ; les deux premières, à gauche, sont du xiiie siècle, ainsi que quelques parties des murs : les autres ouvertures et la petite porte méridionale ont été remaniées en même temps que l'église a été reconstruite, vers les premières années du xvie siècle.

Les combles de la nef et la charpente de la flèche reposent sur des poteaux prenant leur point d'appui sur le sol à l'intérieur de la nef. La flèche se dresse avec une grande légèreté au-dessus et à l'extrémité de cette partie de l'édifice.

A droite, en entrant dans la nef, se trouve la cuve baptismale, renflée en bossages, et posée sur un pied ovoïdal cannelé. Dans cette chapelle, fermée par une simple grille en bois, sont rangées, par rang de taille, cinq statues jadis placées dans le sanctuaire ; quelques-unes sont remarquables : elles représentent saint Maur abbé : il tient en laisse, par un simple ruban, un dragon ailé, couché à ses pieds. Ce dragon est le monstre allégorique souvent attribué aux saints qui ont combattu l'idolâtrie, délivré les possédés, ou purgé certains pays de bêtes qui y répandaient la terreur. Saint Maur tient de sa main droite une crosse avec le velum ; sa chasuble est ornée d'une riche bordure de fleurs de lis et d'étoiles à six branches telles que nous voyons sur le blason des Molé. Viennent ensuite : une Vierge-Mère du xive siècle, un évêque, probablement saint Claude, une sainte sans indication de nom et une statuette en bois de saint Nicolas. Ces figures sont abandonnées dans un coin de l'église, attendant que la générosité des fidèles permette de leur rendre la place qu'elles occupaient.

La première fenêtre de cette chapelle des fonts contient des restes de verrières représentant l'adoration des Rois Mages et le Baptême de Jésus-Christ par saint Jean.

La seconde fenêtre a conservé sa verrière, c'est une page des plus riches comme dessin et comme coloris. Elle est consacrée à la glorification de la Vierge, mère de Dieu. La Vierge est assise sur un trône d'or, l'Enfant Jésus repose sur ses genoux : il bénit et porte la boule du monde. Deux anges, qui s'échappent des cieux, posent une couronne d'or sur la tête de Marie. Au-dessus, le Saint-Esprit sort d'un groupe de nuages éclairé d'une lumière céleste. De chaque côté du siège de la

LES ATTRIBUTS SYMBOLIQUES DES LITANIES DE LA VIERGE MARIE

Verrière de la nef, côté septentrional

Vierge Marie, deux anges aux ailes éployées soutiennent des écussons sur lesquels sont représentés les attributs de la Passion. Tel est
l'ensemble de cette merveilleuse verrière qui ne porte pas d'inscription.

La première à gauche, plus petite, ne contient aucune verrière
peinte. La seconde possède la belle verrière que fit poser en 1510
Claude Bérost, curé de Villy, natif de Virey-sous-Bar, arrondissement
de Bar-sur-Seine. Cette peinture, traitée dans les mêmes conditions que
celle qui lui fait face, est encore un sujet à la gloire de la Vierge.

C'est l'Immaculée au milieu des attributs que lui donnent les
litanies. Elle est debout, les mains jointes, les pieds nus posés sur un
croissant, portée sur des nuages, entourée sur sa droite par le soleil,
la lune, d'une porte, d'une rose, d'une tour, d'un miroir, d'un cèdre
et d'un jardin. Et à sa gauche : par un lis, une étoile, une tour, un
trône, un vase, une maison et un olivier.

Tous ces attributs symbolisent qu'elle est rayonnante comme le
soleil, belle comme la lune, la porte du ciel, la rose des jardins, la
tour d'ivoire, le miroir de la sagesse, grande comme le cèdre; parce
qu'elle est encore le jardin fermé, le lis parmi les épines, l'étoile de
la mer, la tour de David, le trône de la sagesse, le vase ou le vaisseau
spirituel, la maison d'or et l'olivier de la beauté.

Dans le haut de cette jolie peinture traduite de l'évangéliste
saint Luc, nous voyons Jésus-Christ, reconnaissable à ses stygmates,
représenté comme Dieu le Père, vêtu d'une dalmatique grecque. Il
porte la couronne impériale, bénit et tient la boule du monde de sa
main gauche. Un phylactère, qui se développe sur les nuages environnants, porte ces paroles de l'Ecriture: **Tota pulchra es amica mea
macula non est in te.** *Tu es toute belle, ma bien-aimée, et il n'y a
pas de tache en toi.*

Le donateur, placé au bas du sujet principal, est accompagné de
saint Claude, son patron; il est agenouillé les mains jointes, avec
l'apparence d'une aumusse sur le bras gauche, fait face à saint
Christophe et à saint Nicolas, pour lesquels il devait avoir une
dévotion toute particulière. Christophe porte l'enfant Jésus sur son
épaule en traversant un fleuve; Claude Bérost lui dit ces mots inscrits
sur une banderole se développant du bas en haut: **X̄poforum·vidcas-**

poſtea-tutus-eris. *Regarde Christophe, tu seras ensuite tranquille.*

La position donnée à ce prêtre, assisté de son patron et en prière devant ces deux saints, peut faire penser qu'il courut de grands dangers pendant des voyages sur les mers. A cette époque en effet on invoquait saint Christophe contre le danger de mort, et saint Nicolas pour obtenir une heureuse traversée sur mer; il en résulterait que cette remarquable verrière pourrait être un *ex voto* dû à la piété et à la reconnaissance de Claude Bérost.

Au-dessous de ce dernier panneau, on lit l'inscription suivante, très naïve dans la mesure et dans la forme de sa versification :

Uenerable home de dieu vray amateᵣ   Demeurs ſciēce et vallᵣ orne

De ceans : et de virey ſoubʒ bar ne   Meſſᵉ Claude beroſt pbr̄e recteᵣ

De frāt vouloir lan m vᵉ et x   poᵣ Illuſtreʒ cette eſgliſe a done

Du doulx Ihs poᵣ guerdō paradis   Ceſte verriere au quel ſoit aſſigne

Il y a beaucoup de fautes dans les inscriptions françaises et latines de cette verrière; cette dernière inscription, pour être plus compréhensible, devrait se lire ainsi :

> *Vénérable homme de Dieu vrai amateur*
> *De mœurs science et valeur orné*
> *Messire Claude Berost, prêtre recteur*
> *De céans et de Virey-sous-Bar né .*
> *De franc vouloir l'an mil cinq cent et dix*
> *Pour illustrer cette église a donné*
> *Du doux Jésus pour guerdon paradis*
> *Cette verrière à laquelle soit assignée.*

Près de cette fenêtre, dans le mur, est encastrée la fondation de Jean Houzelot et de Jeanne Benoît La Bour, natifs de Roncenay. Cette donation sans date paraît être du xviiᵉ siècle. Les donateurs abandonnent à l'église de Villy un demi-arpent de pré situé au finage d'Assenay, hameau de Saint-Jean-de-Bonneval au lieu dit les Marots, tenant à

Jean Caifre le jeune, à Jeanne Houzelot et au sieur Antoine de
Marisy, à l'effet de dire et célébrer des messes et les prières de morts
au jour de leur anniversaire.

En voici le fac-similé.

Cy GISEN^t IEHAN HOUZELOT ET IHNE
BENO'ST LA BOVR IADIS NATIF DE ROSENAY LESQVELZ ONT FONDE A PERPETVITE É LEGLISE
DE GEANS DEVZ BASSE MESSE POVR LE REMI DE DE LEVRS AMES QVI POVR LES AMES DE LEURS
FEVZ PERE ET MERE ET BIEN FECTEVR TRESPASSEZ SVR LA PREMIERE LE VIIIe SEPTEMBRE IO^r
DE LA NTE NRE DAME LA SECONDE LE XVe IANVIER IO^r DE LA SAINCT MORT OV AVX O_CT^e
DICELLES APRS LA DYCTE MESSE LE PERE SE TRASPOA SVR LA FOSSE AVX DEDÁS DE la dite
eglise et DIRA LES sepseaumes et a la Fin ung libera avec les collectes et salve
Regina et sera tenu le cure FOVRNIR il cierges ardas pendans les dites messe auquel
cure les marguilliers de la die egle seront tenus luy Bailler po^r chne des dictes messe
nasse et suffrage cy dess? La soe de Six solz et pour ces enect les ds houzelot et S^r
die Font donne et aulmonne a petuitte a la dcte egle demy arpens de PREY assis ou
Fin dassenay ou Lieu dict es marost TEN a Jehn Caifre le Jeune dun bout a Jhne
houzelot dautre Bout au Srs Anthoine de Marisy-mowar de Franc- a IOCHE- coc
aussy plus a plaines contenu

Hauteur, 0,24. Largeur, 0,54.

Chœur et chapelles latérales. — Le chœur occupe le centre du
transept; il s'ouvre sous un arc ogival reposant sur un groupe de
colonnes à bases renflées, engagées dans les angles de la nef et du
chœur. La voûte est à nervures étoilées et la clef centrale représente
le Christ bénissant d'une main et, de l'autre, portant le globe du
monde.

Le chœur donne accès aux deux chapelles latérales du transept.
L'arc-doubleau de ces deux ouvertures est largement profilé et beaucoup plus bas que les ouvertures de la nef principale. Les voûtes sont
à simples nervures et reposent sur des consoles à choux frisés.

Les chapelles s'éclairent par de larges fenêtres divisées en trois
jours et en forme de portiques.

A droite, est l'autel de la Vierge; le tombeau est composé d'assises
de pierre blanche portant une table d'autel biseautée sur la tranche et
sur laquelle est gravée cette simple inscription, rappelant les noms
des généreux donateurs. La voici :

Jehan-esta-Dict-labry-anthoine le boiteux-Dict-lefvefque-; Jehan-
roy-ont Donne-cefte table-lan mil v^e xiii-prier-Dieu-pour eulx.

Au-dessus de l'autel règne une jolie frise du xvie siècle, avec rinceaux courants et blasons lisses au centre et aux extrémités; le blason du milieu est porté par des anges. La corniche sert de support à une niche abritant une Notre-Dame-de-Pitié de la même époque, exécutée avec beaucoup de talent.

Sur le socle de cette statue on lit :

O vos o͞es qui tranſitis per viam attendite et videte.

A la fenêtre occidentale de cette chapelle, on remarque, dans les trilobes, des restes de peintures sur verre, avec un blason mi-parti au 1er Molé et au 2e Hennequin, dont le lion du chef est sénestré

d'un rencontre de cerf d'or (1). C'est le blason de Claude Molé, seigneur de Villy et de sa femme Barbe Hennequin, fille de Jean, auteur de la branche d'Espagne.

La chapelle septentrionale est sous le vocable de saint Maur, second patron de la paroisse. La voûte porte les armes de Molé, de gueules à deux étoiles d'or en chef et un croissant d'argent en pointe (2). L'autel est surmonté d'un tabernacle Louis XV, décoré de petites statuettes du Christ et des deux premiers apôtres saint Pierre et saint Paul.

Une frise, également du xvie siècle, porte des statues d'une remarquable beauté, qui nous paraissent antérieures à l'école de Troyes ; elles n'en sont pas moins ravissantes par la noblesse des figures, l'élégance des draperies et la finesse de l'exécution.

Ces œuvres sont des plus remarquables et nos musées de province devraient bien les faire mouler afin de mettre plus en lumière ces admirables sculptures complètement perdues au fond de nos campagnes.

Ces statues représentent une Vierge-Mère, une sainte Barbe
et un saint Maur : avec une mitre à ses pieds ; ainsi placée, cette
mitre indique que, par humilité, le saint a refusé cet insigne de
dignité (3).

A droite de l'autel, près du pilier d'angle, est une petite statuette
de saint Yves, patron des gens de robes et des avocats ; celle-ci, par ses

3. STATUES DU RETABLE DE LA CHAPELLE SAINT-NICOLAS (XVIᵉ SIÈCLE).

dimensions, est un véritable bijou de finesse, une petite merveille ! Son
support présente un blason parti au 1ᵉʳ de gueules à deux étoiles d'or
en chef et un croissant d'argent en pointe (Molé) ; au 2ᵉ vairé d'or et
d'azur et un chef de gueules chargé d'un lion léopardé d'argent
(Hennequin).

Ce sont les armes ou de Claude Molé et de Barbe Hennequin,
ci-dessus, ou — en considérant que la tête de cerf, brisure des Hennequin, seigneurs d'Espagne, est omise ici, — de Nicolas Molé, sei-

gneur de Jusanvigny, conseiller au parlement en 1517, et de sa première femme, Jeanne Hennequin (4).

Nous ne sommes aucunement surpris de trouver une statue de saint Yves dans la chapelle seigneuriale des Molé, maison illustre, l'une des gloires de la magistrature française.

Au pied de l'autel est la tombe en pierre blanche, presque usée par le frottement, de Jean-Jérôme Molé, seigneur de Villy-le-Maréchal.

L'inscription se composait d'une vingtaine de lignes; cinq seulement peuvent encore se lire:

CY GIST M^{RE} IEAN IEROME MOLE CHE^R SGNR DE VILLY-LE-
MARECHAL BIERNE MONTABERT...... ET AUTRES LIEUX
ET LIEUTENANT DE MESSIEURS LES MARECHAUX DE FRANCE
EN CHAMPAGNE.

Cette pierre mesure 1^m,98 sur 1^m,12.

Jérôme Molé avait épousé Françoise de Thomassin. Il fut parrain de la cloche de l'église de Moussey en 1717 (voyez p. 434), avec Gabrielle de Mesgrigny, sa cousine, morte sans alliance le 20 octobre 1741.

Sanctuaire. — Le sanctuaire, à cinq pans, est éclairé par trois fenêtres ogivales, dont deux sont à trilobes flamboyants. Cette partie du monument a été, en 1879, ainsi que nous l'avons déjà dit, reconstruite avec soin par M. Fourot, entrepreneur aux Maisons-Blanches (Buchères), sous la direction des maires de Villy-le-Maréchal, Roncenay, Villy-le-Bois et du curé.

La première travée, à droite, comprend la sacristie, qui se trouve derrière, et la porte qui y donne accès.

Dans le mur de la travée, en face, on a trouvé, pendant les travaux entrepris pour cette reconstruction, une pierre gravée portant la fondation de Pierre Alexandre, prêtre, natif et vicaire de Villy, fondation par laquelle il établit à perpétuité, pour le repos de son âme, de celle de ses père et mère, des messes et des prières qui devront se

Messire pierre alexandre pbre-Jadis natifz et vicaire de ceste ville a fonde a pptuit en leglise de
ceans Deux anniuersaires tant pour le remede de son ame que pour les ames de ses feux pere
mere et bienffaicteurs Asavoir le premier le lendemain de pasgues apres les oespres vigiles folenelles
avec les laudes et le lendemain une haulte messe de requiem Etavant lad messe ung Salue regina ou
regina celi et apres lad messe le pbre se transportera sur la fosse au cimetiere de ceans et dira les sept pseaulmes
et a la fin libera me dne et ce auec les collectes Et le second anniuersaire se dira le lendemain de la
pentecoulte aps nespres vigiles et le lendemain vne haulte messe de requiem et le reste ainsi cõe cy dessus
est escript Et sera tenu le cure fornir deux cierges ardes pedant lesd vigilles et messes auquel cure les
marrigles de ceans seront tenuz luy bailler pour chm desd' anniuersaires dix soulz t'. Et pour cest affaire
le d alexandre a done et aulmolne a perpetuit' a la d eglie vne piece de terre lab peuplerz de noyers conten cinq
quartiers seat en ce finage ou lieud denat les trscheres au pres de la croix dasnieres teu dune part au seignr daulte pt
a la voye comue Et dung bout au grat chemi royal Item vne autre piece de terre aussi lab et peuplee de noyes
couten trois arpens seat ou finage de rosenay au lieud a la motee du frestre tenat dune pt a ung chemi de pied dautre pt
a colin theury et dug bout a la voye dud frestre Aumones de franc aloeul Ainsy come plus aplant est cotenu es
lres du don faictes soubz le scel de la puaste de troyes le-dirme Jour daoult Lan--Mil-v-guarente ꝫ:

I. FONDATION DE PIERRE ALEXANDRE, CURÉ DE VILLY (1540).

Cy gist feur Aleradre avec les feuz pere et mere Jadis laboureur dem en cette
ville le guel trespassa le v jour de may mil v z vn Cy gist Jehane vefc du dit
deffut laquelle trespassa le xx jour de feuburier Mil v xxx Cy gist le venerable
et discrete psone messc pre Aleradre pbre jadis vicaire de cette proisse avec les
feuz frez z seurs de feus lesdj deffuct lequel trespassa le iiie Jour daoust Mil v
guarante quatre priez pour eur- Et pour tous les trepasses-Amen-

In requie

2. ÉPITAPHE DE PIERRE ALEXANDRE, CURÉ DE VILLY (1544).

1. Assenay, commune de Saint-Jean-de-Bonneval.
2. Roncenay, commune de Villy-le-Maréchal.

dire le lendemain des fêtes de Pâques et de la Pentecôte. Par cet acte de donation, il abandonne à l'église de Villy différentes pièces de terres sises sur le territoire de Roncenay et d'Assenay.

L'inscription est en beaux caractères gothiques du XVIe siècle. Cette pierre est actuellement déposée dans la chapelle des fonts, près des statues dont nous avons parlé plus haut. Les textes de cette importance sont assez rares dans nos contrées pour espérer qu'un jour cette belle inscription trouvera une place digne de son intérêt; en attendant, nous la publions *in extenso* (1, p. 479).

Ce même curé–vicaire de Villy fut inhumé avec ses père et mère près du mur septentrional de cette première travée, à l'extérieur du monument. Une autre inscription du même caractère est encore en place; elle nous fait connaître que ce curé préféra cette simple sépulture à celle du chœur de l'église, auquel il avait droit, pour reposer de préférence à côté de ses père et mère, dans le cimetière commun à tous les habitants.

Voici cette inscription sur laquelle il avait eu le soin de se faire représenter (2, p. 479).

Sous la lampe du chœur, on voit encore une inscription remontant au 16 juillet 1783, constatant que le chœur de cette église a été recarrelé sous le ministère de messire Jean-Félix Duquesne, curé de cette église.

Le maître autel, de style gothique moderne, est surmonté d'une élégante exposition conçue suivant les principes de l'architecture ogivale du XIIIe siècle. De chaque côté de l'autel, deux colonnes portent chacune un ange tenant une couronne de lumière en forme de candélabre à trois branches. Le tombeau de l'autel est décoré d'arcatures avec images de Jésus-Christ et des quatre Évangélistes, sortant des ateliers de M. Moynet, à Vendeuvre.

La chaire à prêcher est à l'angle sud du transept, le panneau central est orné d'une figure de saint Maur. A côté de cette chaire est un *Ecce Homo* de médiocre intérêt et, en face, une sainte Anne du XVIIe siècle.

ADDITIONS

Page 40. — M. l'abbé Socquard, curé de l'église Saint-Pantaléon, à Troyes, a bien voulu nous donner connaissance d'une épître de saint Paul aux Éphésiens, et nous communiquer une petite note qui nous donne une explication complète du sujet que représente cette belle verrière.

Ce n'est plus ni allégorie, ni jugement dernier, mais une magnifique traduction des versets 10-18 du vi^e chapitre de saint Paul aux Ephésiens.

Le peintre verrier, inspiré par l'apôtre, nous montre le chrétien dans l'action, couvert de la cuirasse de la justice, du bouclier de la foi, du casque du salut, et armé du glaive de la parole de Dieu. Il est assisté et soutenu par les trois vertus théologales, personnifiées par trois belles figures, au-dessus desquelles plane un ange portant d'une main, dans une buire, l'eau baptismale qu'il verse sur la tête de la Foi, et de l'autre, dans un calice, le pain et le vin eucharistiques, nourriture des forts à laquelle il les convie par ces paroles, cause de la méprise : *Venite benedicti*.

Debout, à côté du chrétien combattant, est Jésus-Christ, aux pieds duquel la religion est prosternée.

Jésus-Christ est ici appelé *Angelus fœderis* (Ange de l'alliance), par le peintre qui traduit à la lettre le nom que le prophète Malachie donne en hébreu au Messie et que la Vulgate a rendu par *Angelus testamenti* (Ange du testament, chap. iii, v. 1.)

Après un nouvel examen de la verrière, nous croyons que le Christ portait de la main droite le livre des Évangiles ou le globe du monde, et de la main gauche le glaive à deux tranchants de l'Écriture.

Page 50. — La seigneurie de Vermoise ne fut acquise par la famille Coëffart qu'en 1572 (8 novembre), par Guillemette Pinette, veuve de Nicolas Coëffart. Jusqu'en 1565 elle fut possédée par les Bidault, héritiers des Desrey, qui la vendirent en 1565 à Odard Chapelain, lequel en 1569 la céda à Michel Lardot et celui-ci la vendit à Guillemette ci-dessus.

Page 93. — L'ancien Saint-Sépulcre, depuis 1673, Villacerf, ne fut acquis par les Colbert qu'en 1667. Cette famille possédait depuis la fin du XVIe siècle l'ancien Villacerf, dit depuis 1688 Riancey, qui entra dans la famille Colbert par le mariage d'Odard Colbert avec Marie, fille de Nicolas Foret, seigneur dudit Villacerf.

Page 200. — L'épitaphe de Jean Bezançon est placée aujourd'hui sous la deuxième fenêtre, à droite en entrant. Une autre lame de cuivre, qui n'avait pas sa place à l'église, lors de notre travail, nous est communiquée par M. l'abbé Nioré, secrétaire de l'évêché. Elle est placée sous la première fenêtre et porte cette inscription surmontée d'une serpette et de ciseaux enchevêtrés :

L'AN 1756 CETTE REMISE A ÉTÉ BÂTIE PAR LES SOINS D'VN HABITANT
DE CE LIEV, ACCEPTÉ PAR MR JEAN JÉRÔME JOLLY CVRÉ, LES HABITANTS,
LES ANCIENS MARGVILLIERS ET MARGVILLIERS EN CHARGE DE L'ÉGLISE
ET FABRIQVE DE TORVILLIERS; AVX CONDITIONS DE FAIRE CÉLÉBRER
TOVS LES ANS A PERPÉTVITÉ TROIS MESSES BASSES, SÇAVOIR, VNE
LE IO JANVIER POVR LE REPOS DE L'AME DE FEV GVILLAVME MICHON,
ANCIEN LIEVTENANT DE LA JVSTICE ET PRÉVOTÉ DVD. TORVILLIERS,
VNE LE 4 DÉCEMBRE POVR CELVY DE BARBE BART, PÈRE ET MÈRE
D'EDME MICHON, ET VNE LE IÓ NOVEMBRE POUR CELVI DE L'AME
DVDIT EDME MICHON, LIEVTENANT DE LAD^E PRÉVOTÉ.

*Priez Dieu pour les pauvres pécheurs, ils ont eu la vie comme vous,
et la mort vous arrivera comme à eux.*

Page 300, ligne 1 : *après* 1874, *ajouter :* à l'instigation d'un homme intelligent et dévoué, M. Garnier-Leblanc, propriétaire, à Laperrière.

Page 452, *ajouter à la note :* Cependant on pourrait voir dans le sujet représenté au-dessus de cette inscription l'ordination de saint Léger comme clerc. C'est à Poitiers, en effet, qu'il reçut la cléricature des mains de Diddo, son oncle, évêque de Poitiers. On voit le jeune clerc agenouillé devant l'évêque. Le texte qui nous occupe pourrait bien appartenir à la consécration du saint évêque, dont le panneau n'existe plus ; mais l'erreur indiquée n'en subsisterait pas moins pour l'un ou l'autre de ces deux sujets.

CORRECTIONS

Page 10, ligne dernière : *au lieu de* **ab,** *lisez :* **ob.**

Page 11, lignes 11 et suivantes : *rétablir ainsi le blason :* parti : au 1 vairé d'or et d'azur et un chef de gueules chargé d'un lion passant d'argent; une bordure engrêlée d'argent brochant sur le tout. Au 2, de gueules à deux étoiles d'or en chef et au croissant d'argent en pointe.

Page 12, ligne 12 : *au lieu de* et, *lire :* accompagnée.

Page 15, ligne 10 : *supprimer les mots* en points.

Page 29, ligne 27 : *au lieu de* timbré d'une croix en, *lire :* chargé d'un.

Page 40, ligne 18 : *au lieu de* DEVS MEVS ET DEVS MEVS, *lire :* DOMINVS DEVS ET DEVS MEVS.

Page 40, ligne 24 : *au lieu de* **Feſte aicte,** *lire :* **eſte Faicte.**

Page 40, 3ᵉ note : Lavau est une commune dépendant de Pont-Sainte-Marie, *et non de* Sainte-Maure.

Page 41, ligne 3 : *au lieu de* Arnault, *lire :* Arnaud.

Page 46, ligne 3 : *au lieu de* Thurcy, *lire :* Thurey.

Page 47, ligne 15 : *après le mot* AD, *ajouter* (sic).

Page 50, lignes 1 et 2 : *au lieu de* la commune de Saint-Benoît, *lire :* du hameau de Vannes.

Page 57, ligne 4 : *au lieu de* accolée à, *mettre* puis ces mêmes armes parties de.

Page 58, ligne 27 : *au lieu de* M. Valtat, *lire :* MM. Grandidier et Cathelin.

Page 61, ligne 13 : *au lieu de* l'Assomption de la Vierge, *lire :* le sermon sur la montagne.

Page 65, lignes 16 à 19 : *au lieu de* en outre celui, *mettre* un second blason est parti : au 1, coupé Bizet et Berthier; au 2, de Marisy.

Page 69, ligne 27 : *lire :* Mᵐᵉ veuve de Calmon.

Page 102, ligne 16 : *au lieu de* accolées à, *lire :* parties de.

Page 104, ligne 25 : *après* aujourd'hui, *lire :* M. de Truchis, comte de Lays.

Page 107, ligne 7 : *supprimer le mot* huit.

Page 125, ligne 25 : *au lieu de* aux, *mettre* (d'azur) à.

Page 125, ligne 26 : *au lieu de* au 2, *lire :* qui est.

Page 125, ligne 26 : *après* au chef, *mettre* de... chargé.

Page 144, ligne 19 : *lire :* au 2 d'Angenoust.

Page 150, ligne 16 : *supprimer* la famille.

Page 155, ligne 18 : *au lieu de* niche, *lire :* corniche.

Page 200, ligne 7 : *au lieu de* après Noël et le lendemain, *lire :* après Noël le lendemain.

Page 200, ligne 1 de l'inscription : *au lieu de* Iaen, *lire :* Iean.

Page 200, ligne 11 de l'inscription : *après* Noël, *ajouter* sçavoir.

Page 200, ligne 13   —   : *lire* avec le libera.

Page 200, ligne 16   —   : *au lieu de* Torvilliers, *lire :* Tervilliers.

Page 200, ligne 18   —   : *au lieu de* Jailliant, *lire :* Jalliant.

Page 201, ligne 2 : *au lieu de* sainte Thérèse, *lire :* à la bienheureuse Marguerite-Marie.

Page 201, ligne 19 : *au lieu de* l'Immaculée conception; *lire :* l'Assomption.

Page 208, ligne 9 : *après* chevron, *ajouter* d'argent accompagné.

Page 208, ligne 14 : *au lieu de* nature, *lire :* au naturel.

Page 218, ligne 8 : *au lieu de* chargé d'un, *lire :* à un.

Page 222, ligne 6 : *au lieu de* est, *lire :* de.

Page 290, ligne 10 : *au lieu de* accernées, *lire :* accornées.

Page 308, lignes 32 et 33 : *au lieu de* sur le tout; au 2 et 3, *lisez :* sur le tout bandé.

Page 309, ligne 9 : *après* est, *ajouter* celui.

Page 309, ligne 9 : *supprimer* au chef de gueules chargé d'un léopardé d'argent.

Page 330, ligne 18 : *au lieu de* infonne, *lire :* informe.

Page 365, ligne 12 : *après* parti, *ajouter* au 1.

Page 385, ligne 25 : *avant* brisé, *mettre* et un chef d'or.

Page 395, lignes 4 et 7 : Lebiel, *probablement* Le Vieil.

Page 396, ligne 10 : Lebiel, *probablement* Le Vieil.

Page 398, ligne 14 : *supprimer* timbré.

Page 406, ligne 28 : *après* besans, *ajouter* d'or en chef.

Page 408, ligne 7 : *au lieu de* Pierre, *lire :* Jacques.

Page 420, lignes 5 à 6 : *au lieu* d'argent..., *lire :* d'argent à 3 têtes d'épervier au naturel et une engrêlure de gueules.

Page 472, ligne 12 : *au lieu de* en bois, *lire :* en fer.

LISTE DES SOUSCRIPTEURS

AU PREMIER VOLUME

DE LA STATISTIQUE MONUMENTALE

DU DEPARTEMENT DE L'AUBE

MM.

ADNOT (Prosper), ancien notaire, à Bar-sur-Seine (Aube).

ALEXANDRE, ancien président à la Cour d'appel à Paris.

ANTESSANTY (L'abbé d'), aumônier du lycée, membre de la Société académique de l'Aube, à Troyes.

ANTUSZEWICZ (Gustave), manufacturier, à Troyes.

ARMAND (Le comte), conseiller général, à Arcis-sur-Aube.

ASHER & Cie, à Berlin.

AUDIFFRED (François-Joseph), ancien juge consulaire de la Seine, à Paris.

BABEAU (Albert), secrétaire de la Société académique de l'Aube, à Troyes.

BACQUIAS, docteur-médecin, député de l'Aube, membre de la Société académique de l'Aube, à Troyes.

BALTET (Charles), horticulteur, membre de la Société académique de l'Aube, à Troyes.

BALTET (Ernest), horticulteur, conseiller général, à Troyes.

BALTET (Gaston), négociant, à Troyes.

BARTHÉLEMY (Le comte Édouard de), à Paris.

BARTHÈS & LOWEL, à Londres.

BASSEVILLE, maître d'hôtel, à Troyes.

MM.

BAUFFREMONT (Le prince de), conseiller général, à Brienne (Aube).

BAVEUX (L'abbé, curé de Verrières (Aube).

BERGER, employé à la préfecture, à Troyes.

BERTHÉLEMOT (Mme), propriétaire, à Troyes.

BERTHELIN (L'abbé), vicaire de Sainte-Madeleine, à Troyes.

BERTHERAND, conseiller général, à Chacenay (Aube).

BERTHIER (Charles), propriétaire, à Troyes.

BERTRAND, docteur-médecin, à Ervy (Aube).

BERTRAND-COCHOIS, propriétaire, à Troyes.

BERTRAND-DEBEAUNE, propriétaire, à Troyes.

BIAIS, orfèvre, à Paris.

BIBLIOTHÈQUE DE TROYES.

BLANCHET-CHAMEROY, négociant, à Troyes.

BLAVOYER, ancien député, au château de Voolz (Aube).

BONNEMAIN, archiprêtre, à Nogent-sur-Seine (Aube).

BORGNE fils, négociant, à Troyes.

BOURGEOIS, comptable, à Troyes.

BOURGUIGNAT fils, négociant, à Lusigny (Aube).

BOUTIOT (Henri), négociant, à Troyes.

BRISSON (L'abbé), supérieur du collège Saint-Bernard, à Troyes.

BROUARD, architecte, membre de la Société académique de l'Aube, à Troyes.

BRUN, propriétaire, à Montigny (Aube).

BRULEY-MOSLE, négociant, à Estissac (Aube).

BUXTORF (Emmanuel), mécanicien, membre de la Société académique de l'Aube, à Troyes.

BUXTORF-KŒCKLIN, banquier, à Troyes.

CAFFÉ, imprimeur, à Troyes.

CAHIER (Le R. P.), à Paris.

CARRAUD fils, négociant, à Troyes.

CARRÉ, avocat à la Cour d'appel de Paris.

CARRÉ (Gustave), professeur d'histoire au lycée de Reims.

CARTAUX, à Troyes.

CARTERON, avocat au conseil d'État, à Paris.

CATHELIN, sculpteur, à Troyes.

MM.

CAZELLES, banquier, à Troyes.

CHAMPION, libraire, à Paris.

CHANTRIOT, négociant, à Troyes.

CHAPPOTIN, architecte, à Troyes.

CHAUMONNOT (L'abbé), professeur au petit Séminaire, à Troyes.

CHERTIER, orfèvre, à Paris.

CHOUILLIER, juge de paix, à Ervy (Aube).

COLSON (L'abbé), curé de Crancey (Aube).

COMMISSION (La) des monuments historiques, à Paris.

COQUERET (L'abbé), curé de Saint-Martin-ès-Vignes, à Troyes.

COQUERET, docteur-médecin, à Troyes.

CORNET, maire de Saint-Lyé (Aube).

CORTET (Mgr Pierre), évêque de Troyes.

COSTEL (Victor), ancien président, à Estissac (Aube).

COUDROT, juge de paix, à Aix-en-Othe (Aube).

COUTANT, notaire, à Ervy (Aube).

COUTURAT, manufacturier, conseiller général, à Troyes.

CUNIER fils, à Troyes.

DAGUIN (Arthur), membre de la Société académique de Langres.

DALBANNE (Emmanuel), propriétaire, à Troyes.

DAMOISEAU (K.), manufacturier, à Troyes.

DARNET fils, négociant, à Fouilloy, près Corbie (Somme).

DEGOUET, notaire, ancien conseiller général, à Lusigny (Aube).

DE LA VILLEHERVÉ (Robert), à Paris.

DELISLE (Léopold), membre de l'Institut, administrateur général de la
     Bibliothèque nationale, à Paris.

DENIS, chef d'escadron d'artillerie en retraite, à Auxon (Aube).

DEVREUX, négociant, à Fouilloy, près Corbie (Somme).

DIDRON, peintre verrier, à Paris.

DOÉ (Le baron), au château de Menois (Aube).

DOÉ (Ferdinand), propriétaire au château des Cours, à Saint-Julien (Aube).

DORÉ (Ernest), directeur d'assurances, à Troyes.

DOUÉ, manufacturier, à Troyes.

DOUINE (Ernest), manufacturier, à Troyes.

DOUINE (Veuve Hippolyte),   Idem.

MM.

DRUJON, chef de bureau au cabinet du préfet de police, membre de la Société des amis des livres. à Paris.

DUFÉY-ROBERT, propriétaire, à Saint-André, près Troyes.

DUPONT (ERNEST), à Troyes.

DUPONT-BROCHARD, propriétaire, à Troyes.

DUVIVIER, dessinateur, à Paris.

ÉLOI (VICTOR), architecte, à Paris.

ÉVRARD-DARD, propriétaire, à Troyes.

FAUCIGNY (H. DE), Prince de Lucinge, au château de Sainte-Maure (Aube).

FEU (PATRICE DE), propriétaire au château d'Esserties (Yonne).

FÈVRE (L'abbé), curé de la chapelle Saint-Luc (Aube).

FLÉCHEY, architecte, à Troyes.

FLICHE (Mgr), à Troyes.

FONTAINE, architecte, à Troyes.

FONTAINE (FÉLIX), ancien manufacturier, membre de la Société académique de l'Aube. à Troyes.

FRÉMINET, avocat, ancien député de l'Aube, à Paris.

FURGON, négociant, à Aix-en-Othe (Aube).

GALLEY (DÉSIRÉ), propriétaire, à Lusigny (Aube).

GALLOT, docteur-médecin, conseiller général, à Auxon (Aube).

GAMBEY (L'abbé), curé de l'église Sainte-Madeleine, à Troyes.

GARNIER, vicaire de Saint-Remy, membre de la Société académique de l'Aube.

GAUTHIER (LÉON), professeur à l'École des chartes, à Paris.

GÉRARD, notaire, conseiller général, à Estissac (Aube).

GÉRARD (ÉMILE), dessinateur, à Paris.

GÉRARD-MILLOT, propriétaire, à Troyes.

GERVAIS (RAOUL), avocat, conseiller général, maire de Lusigny (Aube).

GILLET, notaire, à Troyes.

GILLOT, propriétaire, à Survannes, près Chessy (Aube).

GIRARDIN, manufacturier, à Troyes.

GRIGNON, employé à la préfecture, à Troyes.

GUÉNIN (L'abbé), curé de Saint-Phal (Aube).

MM.

HABERT, ancien notaire, à Troyes.

HÉRARD (CAMILLE), avocat à la Cour d'appel, à Paris.

HERBIN (LÉOPOLD), manufacturier, à Troyes.

HENRY, architecte, à Alger.

HERMELIN (CAMILLE), propriétaire, à Saint-Florentin (Yonne).

HERVÉ fils, docteur-médecin, à Troyes.

HONNET fils, peintre, à Troyes.

HOPPENOT (ÉMILE), manufacturier, à Troyes.

HOPPENOT (GEORGES),   Idem.   Idem.

HOPPENOT (PAUL),   Idem.   Idem.

HOTELIN, graveur sur bois, à Paris.

HUGOT, peintre verrier, à Troyes.

HUOT (CHARLES), manufacturier, à Troyes.

HUOT (GUSTAVE), ancien conseiller général, membre de la Société acadé-
    mique de l'Aube, à Saint-Julien, près Troyes.

HUREL, graveur sur bois, à Paris.

JACQUIN, ancien banquier, à Troyes.

JAILLANT, ancien directeur général au ministère de l'intérieur, à Paris.

JAUTRUT (Mlle), propriétaire, à Troyes.

JOFFROY (L'abbé), curé d'Herbisse (Aube).

JORRY, docteur-médecin, conseiller général, à Bouilly (Aube).

JOSSIER (L'abbé), curé de Saint-Urbain, à Troyes.

JOSSIER (L'abbé), curé de Clérey (Aube).

JOURDAIN (L'abbé), curé de Rigny-le-Ferron (Aube).

JOURNÉ (CAMILLE), manufacturier, membre de la Société académique
    de l'Aube, à Troyes.

LABRANCHE (L'abbé), curé doyen, à Estissac (Aube).

LACROIX (LÉOPOLD), libraire à Troyes.

LANCELIN, ancien notaire, propriétaire au château de Chamoy (Aube).

LASTEYRIE (Le comte ROBERT), à Paris.

LAVOCAT (ALEXANDRE), rentier, à Troyes.

LÉAUTEZ, licencié en droit, à Troyes.

LE BRUN, greffier du tribunal, à Pontoise.

LE BRUN (MARCEL), directeur d'assurances, à Troyes.

MM.

LECLERC, architecte, à Troyes.
LÉDANTÉ,   Idem.
LEGOUX (Le baron), propriétaire, à Ervy (Aube).
LORAIN (Paul), architecte, à Paris.

MALARMEY, architecte, à Troyes.
MARÉCHAUX, négociant, à Paris.
MARTIN (Alexis), homme de lettres, à Paris.
MASSON (Gustave), ancien négociant, à Troyes.
MATHIEU, docteur-médecin, à Estissac (Aube).
MAZIEUX (de), major au 2ᵉ régiment de cuirassiers.
MENUEL, architecte, à Paris.
MÉRAT, à Troyes.
MILLARD, ancien représentant du peuple, à Paris.
MINISTÈRE DE L'INSTRUCTION PUBLIQUE ET DES
     BEAUX-ARTS (70 exemplaires).
MITANTIER, ancien notaire, à Troyes.
MOLE, docteur-médecin, à Troyes.
MONY, architecte, à Troyes.
MORIN (L'abbé), curé de Torvilliers.

NÉTY, architecte, à Arcis-sur-Aube.

PAILLOT (Adolphe), propriétaire, à Ervy (Aube).
PARIGOT, propriétaire, à Troyes.
PELOUSE (Mᵐᵉ Marguerite), au château de Chenonceaux (Indre-et-
     Loire).
PERIER (Paul-Casimir), député de l'Aube, conseiller général, au châ-
     teau de Pont-sur-Seine (Aube).
PETIT (Joseph), avocat, membre de la Société académique de l'Aube, à
     Troyes.
PETIT, ancien notaire, à Troyes.
PETIT DE BANTEL, conseiller général, à Mussy-sur-Seine (Aube).
PETITDIDIER, rentier, à Troyes.
PETITJEAN (Th.), bibliophile, à Reims.
PICARD, à Paris.
PICHON (Le baron), président de la Société des bibliophiles, à Paris.

MM.

PIGEOTTE (Léon), membre de la Société académique de l'Aube, à Troyes.

PINCOT (L'abbé), curé de Maraye-en-Othe (Aube).

PINSOT, négociant, à Bouilly (Aube).

PLÉAU (L'abbé), curé d'Arsonval (Aube).

PONCET (L'abbé), curé d'Isle-Aumont (Aube).

PONTIÉ, supérieur du petit Séminaire, à Troyes.

PORON-GRISART, manufacturier, à Troyes.

PORON-MILLOT,   Idem,   à Troyes.

QUINQUARLET-DUPONT, manufacturier, à Troyes.

RAMBOURG, propriétaire, à Coursan (Aube).

REMY, ancien notaire, à Troyes.

RENAULD (Edmond), propriétaire, à Troyes.

RENAUD-LUTEL, négociant, à Troyes.

ROGER (L'abbé, curé de Bûchères (Aube).

ROSEROT-LAPÉROUSE, archiviste adjoint, membre de la Société académique de l'Aube, à Troyes.

ROUSSEL, architecte, à Troyes.

ROUVRAY (de), contrôleur des lignes télégraphiques, à Troyes.

ROY, président de la Cour des comptes, à Paris.

ROYER, avoué, à Troyes.

RUELLE, négociant, à Bar-sur-Aube.

RUSSEL-STURGIS, à Paris.

SALIN, secrétaire de section au conseil d'État, à Paris.

SALLES, ancien préfet de l'Aube.

SAMUEL-MAROT, négociant, à Troyes.

SAUSSIER (Louis), propriétaire, à Troyes.

SAVOYE (Jules), propriétaire, à Montabert (Aube).

SELMERSHEIM, architecte du gouvernement, à Paris.

SÉMINAIRE (Le grand), à Troyes.

SERISIER, négociant, à Troyes.

SICCARDY (L'abbé), chanoine de Sens, à Troyes.

SOCIÉTÉ ACADÉMIQUE DE L'AUBE.

SOCIÉTÉ (LA) d'encouragement aux livres d'art, à Paris.

MM.

SOCQUARD (L'abbé), curé de Saint-Pantaléon, à Troyes.

STEIN (Henri), élève de l'École des chartes, à Paris.

TASSIN, ancien préfet, à Paris.

THÉVENOT, manufacturier, à Troyes.

THIERRY, propriétaire, à Saint-André, membre de la Société académique de l'Aube, près Troyes.

THIERRY, notaire, à Ervy (Aube).

THIERRY-DELANOUE, conseiller général, à Soulaines (Aube).

THIESSET (Mme), à Troyes.

THIESSET fils, à Troyes.

TROYES (La ville de) (6 exemplaires).

TRUCHY (Paul), propriétaire, aux Croûtes, près Ervy (Aube).

TRUELLE (Auguste), membre de la Société académique de l'Aube, ancien trésorier général de l'Aube, à Paris.

TRUELLE SAINT-EVRON, membre de la Société des amis des livres, à Paris.

ULBACH (Louis) homme de lettres, bibliothécaire à l'Arsenal, à Paris.

VACHERAT (Mme), rentière, à Troyes.

VALTON-LEROUGE, négociant, à Troyes.

VANARIEN, manufacturier, à Troyes.

VARIN (Adolphe), graveur, à Paris.

VAUDÉ (Mme veuve), à Troyes.

VAUDÉ (Émile), artiste peintre, membre de la Société académique de l'Aube, à Troyes.

VAUTHIER, docteur-médecin, membre de la Société académique de l'Aube, à Troyes.

VENDEUVRE (Le baron Gabriel de), conseiller général, à Vendeuvre-sur-Barse (Aube).

VERNIER (Fernand), propriétaire, à Troyes.

VICAIRE, rédacteur du *Moniteur*, à Paris.

VILLEMEREUIL (Bonamy de), propriétaire, à Villemereuil (Aube).

VIVIEN (L'abbé), curé de Sainte-Savine, à Troyes.

VIVIEN-BERTRAND, propriétaire, à Saint-Julien, près Troyes.

WERLÉ fils, négociant, à Reims.

TABLE

DES COMMUNES, HAMEAUX, CHATEAUX

ET ANCIENS FIEFS QUI EN DÉPENDENT

CONTENUS DANS LE PREMIER VOLUME

ARRONDISSEMENT DE TROYES

PREMIER CANTON.

	Pages.
Crency	3
Mergey	22
Pont-Sainte-Marie	28
Saint-Benoit-sur-Seine	46
— Vermoise (le Château de)	50
Sainte-Maure	54
— Château de Sainte-Maure	70
— Vannes	71
— Davau (Fief de)	75
Saint-Parre-les-Tertres	76
Villacerf	88
Vailly	94
Villechetif	97

DEUXIÈME CANTON.

Barberey-Saint-Sulpice	99
— le Château	104
Chapelle-Saint-Luc	105
Macey	118

	Pages.
Montgueux	123
Noës (les)	128
Pavillon (le)	145
Payns	149
Saint-Lyé	153
— le Palais épiscopal	167
— Riancey (le domaine)	170
Sainte-Savine	173
Torvilliers	197
Villeloup	209

TROISIÈME CANTON.

Breviandes	213
Laines-aux-Bois	215
Rosières	219
Saint-André-lez-Troyes	221
Saint-Germain-de-Linçon	246
— l'Épine	256
Saint-Julien (Sancey)	258
— Château des Cours	267
— Le petit Château	269

CANTON D'AIX-EN-OTHE.

Pages.

Aix-en-Othe. 271
        —   Saint-Avit 282
Bérulles 284
Maraye-en-Othe 297
Laperrière. 300
Nogent-en-Othe 303
Paisy-Cosdon 307
Rigny-le-Ferron 310
        — La Ferme des Ardens . . 330
Saint-Benoit-sur-Vannes 332
        —   Château de 334
        —   Courmononcle . . . 336
Saint-Mards-en-Othe. 338
Villemoiron 346
Vulaines 354

CANTON DE BOUILLY.

Bouilly 359

Pages.

Buchères 376
        —   Courgerennes. 378
Crésantignes. 385
Fays 391
Isle-Aumont. 392
Javernant.   402
Jeugny. 412
Machy 415
Montceaux. 417
        —   Château de. 423
Saint-Jean-de-Bonneval. 424
Moussey. 429
        —   Villebertin (Château de) 438
Saint-Léger-lez-Troyes 439
Saint-Pouange 455
Saint-Thibault. 460
Sommeval. 466
Villemereuil. 469
Villy-le-Maréchal. 471

PLANCHES

TIRÉES HORS DU TEXTE

	Pages.
Église de Pont-Sainte-Marie. — Lutrin en fer forgé et repoussé	30
— Façade principale	32
— — Porte latérale	36
— — Les Vertus chrétiennes combattant contre les Vices et la Mort	40
Église Sainte-Maure. — Tabernacle en bois doré.	61
Église Saint-Parre-les-Tertres. — Portes latérales	78
— — Vision d'Octave (César-Auguste).	83
Barberey. — Façade principale du château	104
Église de la Chapelle Saint-Luc. — Tabernacle du maître autel et retable de l'autel de la Vierge	110
Église de Montgueux. — Tombe de Nicolas Riglet, maire de Troyes.	125
Église Sainte-Savine. — Retable de la chapelle de la corporation des vignerons, peinture sur bois de 1547	180
Église Saint-André-lez-Troyes. — Façade principale	225
— — Porte latérale.	228
Église d'Aix-en-Othe. — Tapisserie représentant la légende de sainte Reine.	281
Église de Nogent-en-Othe. — Porte d'un panneau de chasse du XIIe siècle	305
Église de Bouilly. — Autel et retable du sanctuaire	370
Église Saint-Léger-lez-Troyes. — Vision d'Octave (César-Auguste).	443
Villemereuil. — Vue du château de Villemereuil.	469
Église de Villy-le-Maréchal. — Les attributs symboliques des litanies de la vierge Marie.	473

Paris. — Typ. A. Quantin, 7, rue Saint-Benoit.

STATISTIQUE MONUMENTALE

DU

DÉPARTEMENT DE L'AUBE

PAR

CH. FICHOT

ACCOMPAGNÉE DE CHROMOLITHOGRAPHIES, DE GRAVURES A L'EAU-FORTE
ET DE DESSINS SUR BOIS

DESSINÉS ET GRAVÉS PAR L'AUTEUR

30ᵉ — LIVRAISON

PARIS — CHEZ L'AUTEUR, 39, RUE DE SÈVRES

TROYES

Chez L'ACROIX, Successeur de Dufey-Robert, libraire
RUE NOTRE-DAME, 83
Et chez tous les Libraires du département de l'Aube

1883

ARRONDISSEMENT DE TROYES

1 volume, 30 livraisons — 2 fr. la livraison

Conditions de la Souscription :

UN VOLUME PAR ARRONDISSEMENT

L'OUVRAGE COMPLET COMPRENDRA 5 VOLUMES

POUR TOUT LE DÉPARTEMENT DE L'AUBE

ON PEUT SOUSCRIRE POUR UN SEUL ARRONDISSEMENT

L'ouvrage se publie par livraisons. — Deux livraisons par mois

2 francs la livraison

30 livraisons par volume à 2 francs — soit 60 francs le volume

Le volume contiendra environ 800 pages, 300 gravures sur bois dans le texte et de 20 à 25 planches à l'eau-forte et en chromolithographie hors texte.

Le placement de cet ouvrage étant très restreint dans un seul département, nous avons fait tirer à 300 exemplaires seulement, pour nous couvrir de nos déboursés et de nos frais de dessins.

25 exemplaires ont été tirés sur papier de Hollande et numérotés

au prix de 4 francs la livraison

Paris. — Imp. A. QUANTIN, 7, rue Saint-Benoît.

9 782329 554976